工业和信息化部"十四五"规划教材

高等学校计算机专业核心课

名师精品·系列教材

C++程序设计思想与方法

慕课版 第4版

C++ Programming Ideas and Methods

(4nd Edition)

翁惠玉 俞勇◉编著

人民邮电出版社

北京

图书在版编目（CIP）数据

C++程序设计 : 思想与方法 : 慕课版 / 翁惠玉，俞勇编著. -- 4版. -- 北京 : 人民邮电出版社，2022.10（2024.6重印）
高等学校计算机专业核心课名师精品系列教材
ISBN 978-7-115-58755-8

Ⅰ. ①C… Ⅱ. ①翁… ②俞… Ⅲ. ①C++语言－程序设计－高等学校－教材 Ⅳ. ①TP312.8

中国版本图书馆CIP数据核字(2022)第034639号

内 容 提 要

本书重点讲授 C++程序设计的思想和方法，包括过程化的程序设计和面向对象的程序设计。本书非常注重程序设计的风格，将各种情况下程序设计风格的要求贯穿于本书的各个章节。

本书的内容分为两个部分：第 1 章～第 9 章为第一部分，主要对一些基本的程序设计思想、概念、技术良好的程序设计风格及过程化的程序设计进行介绍，主要内容包括绪论、程序的基本组成、分支程序设计、循环程序设计、过程封装——函数、批量数据处理——数组、间接访问——指针、数据封装——结构体、模块化开发等；第 10 章～第 16 章为第二部分，重点介绍面向对象的思想，主要内容包括创建新的类型、运算符重载、组合与继承、泛型机制——模板、输入/输出与文件、异常处理等，为了更好地与数据结构课程衔接，介绍了容器和迭代器的相关概念。

本书可作为高等院校计算机专业“C++程序设计”课程的教材，也可供从事计算机软件开发的科研人员参考学习。

◆ 编　　著　翁惠玉　俞　勇
　责任编辑　许金霞
　责任印制　王　郁　陈　犇
◆ 人民邮电出版社出版发行　　北京市丰台区成寿寺路 11 号
　邮编　100164　　电子邮件　315@ptpress.com.cn
　网址　https://www.ptpress.com.cn
　三河市兴达印务有限公司印刷
◆ 开本：787×1092　1/16
　印张：20　　　　　2022 年 10 月第 4 版
　字数：581 千字　　2024 年 6 月河北第 5 次印刷

定价：79.80 元

读者服务热线：(010)81055256　印装质量热线：(010)81055316
反盗版热线：(010)81055315
广告经营许可证：京东市监广登字 20170147 号

前 言

程序设计是计算机专业十分重要的一门课程，也是实践性非常强的一门课程，同时还是一门非常有趣、让学生很有成就感的课程。但在教学过程中，很多学生的反应是听懂了，但不会做，以至于最后丧失了兴趣。我们认为主要的问题是教学过程中教师过于重视程序设计语言本身，强调理解语言的语法，而没有把思路放在如何解决问题和解决问题的方法上面。

本书以介绍基本的程序设计思想、概念和方法为基础，强调算法、抽象等重要的程序设计思想，并选择 C++作为教学语言。C++是业界非常流行的语言，它使用灵活，功能强大，既支持过程化的程序设计，又支持面向对象的程序设计，可以很好地体现程序设计的思想和方法。因为本书旨在强调程序设计思想，并用 C++语言服务于这个目标，所以对于 C++语言的一些特殊成分和技巧将不予重点介绍。

本书是编者根据多年在上海交通大学计算机科学与工程系讲授“程序设计”课程的经验，参考了近年来国内外主要的程序设计教材编写而成的。

本书特点

- **重视思维，强调方法。**相较于程序设计语言本身，本书更强调如何解决问题，强调程序设计的思想和方法。本书全面介绍使用 C++语言进行过程化的程序设计和面向对象的程序设计方法，以及常用的算法设计方法，包括枚举法、贪婪法、分治法、回溯法和动态规划。
- **内容丰富，讲解深入。**本书覆盖面广，且有一定深度。对于函数的调用、变量的作用域、递归的处理等，本书都解释了计算机内部的处理过程，使学生不仅知其然，还知其所以然。
- **突出重点，化解难点。**除第 1 章和第 16 章外，本书其余各章都有“编程规范及常见错误”。编程规范旨在帮助读者养成良好的程序设计风格；常见错误总结了初学者常犯的错误。
- **学以致用，知行合一。**本书采用以应用引出知识点的方法，让读者先了解学习的目的，提高读者的学习兴趣。本书尽可能地利用计算学科中的经典问题，如汉诺塔、八皇后等问题，使读者在学习程序设计的过程中不断加深对计算学科的了解。在面向对象部分，本书通过两个例子（Rational 和 DoubleArray 两个类）串联了面向对象的思想。
- **注重风格，培养习惯。**本书注重程序设计中的规范并将其贯穿于全书的讲解和例题中，例如变量/函数的命名、常用语句的组合、头文件的格式等。
- **课程衔接，承上启下。**本书对数据结构常用的工具做了详细的介绍，例如链接结构、容器和迭代器等。

- **难度可调，适应性强。**本书内容丰富、覆盖面广，但在组织上采用了模块化形式。书中对难度较大的内容都用“*”标注，读者学习时可先忽略此部分，不影响知识的连续性。

教学资源下载

与本书配套的 PPT 课件、源代码、习题答案等资源，读者可在人邮教育社区（www.ryjiaoyu.com）下载。

慕课视频学习

对于慕课视频，读者可扫描下方二维码或登录人邮学院（www.rymooc.com）查找“C++程序设计——思想与方法（慕课版）（第 4 版）”课程观看视频。

致谢

本书得以顺利地编写和出版，编者首先要感谢上海交通大学电信学院程序设计课程组的各位老师，经常与他们在一起讨论，使编者能不断加深对程序设计的理解；其次，还要感谢那些可爱的学生，他们与编者在课上和课后的互动，使编者了解了他们的困惑和学习难点。书中对这些困惑和难点给出了解答，希望能帮助到更多的学生们。

编者

2022 年 8 月

目 录

第 1 章 绪论

自第一台计算机问世以来，计算机技术发展得非常迅速，计算机功能不断扩展、性能突飞猛进。特别是微型计算机的出现，使得计算机的应用从早期单纯的科学计算发展到能够处理各种媒体的信息。计算机也从实验室进入了千家万户。编写程序不再是专属于计算机专业的工作，而是各个专业的技术人员都需要具备的技能。

1.1 程序设计概述

程序设计用于“教会”计算机如何完成某一特定的任务，即设计出计算机完成某个任务的正确程序。学习程序设计就相当于学习当老师，而计算机相当于学生。老师上课前要先备课，然后去上课，最后检查学生的学习情况是否达到了预期效果。对应这 3 个阶段，程序设计可分为 4 个步骤：第一步是算法设计，第二步是编程，第三步是编译与链接，第四步是调试与维护。

什么是程序设计

老师上课前首先要知道学生的知识背景，然后才能有的放矢地去教，学生学习程序设计首先也要了解计算机能做什么。备课是把所要教授的知识用学生能够理解的知识表达出来。同理，设计算法是把解决问题的过程分解成一系列计算机能够完成的基本动作。上课是把备课的内容用学生能够理解的某种语言描述出来。如果给中国学生讲课，就把备课的内容用中文讲出来。如果给美国学生讲课，就把备课的内容用英文讲出来。编程也是如此。如果计算机支持 C 语言，就把算法用 C 语言描述出来。如果计算机支持 Pascal 语言，算法就用 Pascal 语言描述。算法中的每一个步骤都需要与程序设计语言的某个语句相对应。上完课后要检查教学的效果，如果没有达到预期的效果，老师需要检查哪个环节出了问题，解决这些问题，重新再试。同样，编程后要运行程序，检查运行结果是否符合预期的效果，如果不符合预期，程序员则需要检查算法和程序代码，找出问题所在，修改程序，然后重新运行。

因此，在学习程序设计之前，我们先了解一下计算机的基本组成。

1.2 计算机组成

计算机由硬件和软件两个部分组成。硬件是计算机的物理构成，是计算机的物质基础，是看得见、摸得着的。软件包含计算机程序及相关文档，是计算机的“灵魂”。

1.2.1 计算机硬件

经典的计算机硬件结构是由被称为“现代计算机之父”的冯·诺依曼提出的，因此被称为冯·诺依曼体系结构。冯·诺依曼体系结构主要包括以下3个方面的内容。

（1）计算机的硬件由五大部分组成，即运算器、控制器、存储器、输入设备和输出设备，这些部分通过总线或其他设备互相连接，协同完成计算任务。在现代计算机系统中，运算器和控制器通常集成在一块称为中央处理器（Central Processing Unit，CPU）的芯片上。

（2）数据的存储与运算采用二进制表示。

（3）程序和数据一样，存放在存储器中。

运算器是真正执行计算的组件。它在控制器的控制下执行程序中的指令，完成算术运算、逻辑运算和移位运算等。不同厂商生产的计算机由于运算器的设计不同，能够完成的任务也不同，能执行的指令也不完全一样。每台计算机能完成的指令集合称为这台计算机的**指令系统**或**机器语言**。运算器由算术逻辑单元（Arithmetic and Logic Unit，ALU）和寄存器组成。算术逻辑单元用来完成相应的运算，寄存器用来暂存参加运算的数据和中间结果。

控制器用于协调计算机其余部分的工作，它是计算机的“神经中枢”。控制器依次读入程序的每条指令，分析指令，指挥其他各部分共同完成指令要求的任务。控制器由程序计数器（Program Counter，PC）、指令寄存器（Instruction Register，IR）、指令译码器（Instruction Decoder，ID）、时序控制电路及微操作控制电路等组成。程序计数器记录下一条将要执行的指令的存储地址；指令寄存器暂存正在执行的指令；指令译码器用来识别指令的功能，分析指令的操作要求；时序控制电路用来生成时序信号，以协调在指令执行过程中各部件的工作；微操作控制电路用来执行各种操作命令。

存储器用来存储数据和程序。存储器可分为主存储器和外存储器。主存储器又称为**内存**，它用来存放正在运行的程序和数据，具有存取速度快，可直接与运算器、控制器交换信息等特点。一旦断电，内存中的数据将全部丢失。外存储器（包括硬盘、光盘、U盘等）用来存放需长期保存的数据，其特点是存储容量大、成本低，但不能直接与运算器、控制器交换信息，需要时可成批地与内存交换信息。存储器内最小的存储单元是比特（bit）。它可以存放一个二进制位，即一个0或一个1。比特是一个组合词，它是binary digit中字母的组合。通常8比特为1字节（Byte，B）。字节是大部分计算机分配存储器时的最小单位。

输入/输出设备又称外部设备，它是外部与计算机交换信息的“渠道”。输入设备用于输入程序、数据、操作命令、图形、图像和声音等信息，常用的输入设备有键盘、鼠标、扫描仪、手写板及语音输入装置等。输出设备用于显示或输出程序、运算结果、文字、图形、图像等，也可以播放声音和视频等信息，常用的输出设备有显示器、打印机及声音播放装置等。

事实上，计算机的工作过程与我们日常生活中的工作过程非常相似。当被要求做一道四则运算题时，你会将这道题目抄到自己的本子上。本子就相当于主存储器，笔就相当于输入设备。要计算这道题目，你会根据先乘除后加减的原则找出里面的乘除部分，在草稿纸上计算，将结果写回本子上，再执行加减，得到最终结果并写到本子上，最后将本子上交给老师。在此过程中，你的大脑就是CPU，先做乘除、后做加减的动作就是程序，草稿纸就是运算器中的寄存器，把答案交给老师的过程就是输出过程。

1.2.2 计算机软件

计算机硬件是有形的实体，其可以在商店里买到。但如果计算机只有硬件，那么它和一般的家用电器没有什么区别。计算机有魅力是因为它有“七十二般变化”，可以根据我们的要求变换为不同的角色——一会儿是计算器，一会儿是字典，一会儿是CD播放机，一会儿又成了一台照相机。要做到这些，计算机必须有各种软件的支持。硬件相当于人的“躯体”，能做一些最基本的动作。而软件相当于人的思想和处理问题的能力。一个人可能面临各种要处理的问题，他/她必须学习相关的知识；计算机需要解决各种问题，它需要安装各种软件。

软件可以分为系统软件和应用软件。系统软件将计算机的用户与硬件隔离，让用户可以通过软件指挥硬件工作。系统软件与具体的应用无关，但其他软件都要通过系统软件才能发挥作用。操作系统就是典型的系统软件。应用软件是为了支持某一应用而开发的软件，如文字处理软件、财务软件等。

1.3　程序设计语言

程序设计语言是人和计算机进行交流时采用的语言。随着计算机的发展，人类与计算机交互的语言也在进步，从早期的由二进制表示的机器语言发展到了如今的高级语言。

1.3.1　机器语言

机器语言通常也被称为第一代语言。计算机刚出现时，人类和计算机交互的语言只有**机器语言**。每种计算机都有自己的机器语言，机器语言中的每个语句都是一个二进制的比特串。

机器语言是由计算机硬件识别并直接执行的语言。机器语言能够提供的功能是由计算机硬件的设计所决定的，因而都非常简单，否则会导致计算机的硬件设计过于复杂，难以制造。**不同的计算机由于硬件设计的不同，它们的机器语言也是不一样的。**

机器语言的指令一般包括操作码和操作数两个部分。操作码指出了运算的种类，如加、减、移位等。操作数指出了参加运算的数据值或数据值的存储地址，如内存地址或寄存器的编号。机器语言的指令根据其功能一般可以分成控制指令、算术运算指令、逻辑运算指令、数据传送指令和输入/输出指令。

由于机器语言是由硬件实现的，提供的功能相当简单。因此程序员用机器语言编写程序相当困难，就如教一名小学生做微积分一样困难。机器语言使用二进制比特串表示，因此用机器语言编写的程序对于人来说很难阅读和理解。而且程序员在用机器语言编写程序时还必须了解计算机的很多硬件细节，例如计算机有几类寄存器，每类寄存器有多少个，每个寄存器长度是多少，内存大小是多少等。此外，不同的计算机有不同的机器语言，一台计算机上的程序无法在另外一台不同类型的计算机上运行，这样将带来大量的重复劳动。

1.3.2　汇编语言

汇编语言通常被称为第二代语言。为了克服机器语言可读性差的缺点，人们采用了与机器语言指令意义相近的英文缩写作为助记符，于是在 20 世纪 50 年代出现了**汇编语言**。汇编语言是符号化的机器语言，即将机器语言的每条指令符号化，采用一些带有启发性的文字串，如 ADD（加）、SUB（减）、MOV（传送）、LOAD（取）。常数和地址也可以用一些规定符号写在程序中。

与机器语言相比，汇编语言的表达形式比较直观，使程序的阅读和理解更加容易。但计算机硬件只认识由 0、1 组成的机器语言，并不认识由字符组成的汇编语言，不能直接理解和执行用汇编语言写的程序。必须将每一条汇编语言的指令翻译成机器语言的指令后，计算机才能执行。为此，人们创造了一种名为**汇编程序**的程序，让它充当汇编语言程序到机器语言程序的“翻译”，将用汇编语言写的程序翻译为用机器语言写的程序。

汇编语言解决了机器语言的可读性问题，但没有解决机器语言的可移植性问题。而且汇编语言的指令与机器语言的指令基本上是一一对应的，提供的基本功能与机器语言是一致的，都是一些非常基本的功能，所以用汇编语言编写程序还是很困难的。

机器语言和汇编语言统称为低级语言。

1.3.3 高级语言

高级语言也被称为第三代语言。高级语言的出现是计算机程序设计语言的一大飞跃，FORTRAN、COBOL、BASIC、C++等都是高级语言。

高级语言是一种与计算机的指令系统无关、表达形式更接近于科学计算的程序设计语言，从而更容易被科技工作者掌握。程序员只要熟悉几个简单的英文单词、代数表达式以及规定的几个语句格式就可以方便地编写程序，而且不需要知道计算机的硬件环境。

高级语言独立于计算机硬件环境，因而有较好的可移植性。在一台计算机上编写的程序可以在另外一台不同类型的计算机上运行，从而减少了程序员的重复劳动。高级语言提供的功能也比机器语言多，编写程序更加容易。

尽管每种高级语言都有自己的语法规则，但提供的功能基本类似。每种程序设计语言都允许在程序中直接写一些数字或字符串，这些被称为**常量**。对于在写程序时没有确定的值或在程序运行过程中会变化的值，程序员可以给它们一个代号，这些被称为**变量**。高级语言事先做好了很多处理不同数据的工具，这些被称为**数据类型**，如整型、实型和字符型等。每个工具实现一种类型的数据处理，例如，整型解决整数在计算机内是如何表示的、如何实现整数的各种运算等问题。程序需要处理整数时，可以直接用整型这个工具。程序设计语言提供的数据类型越多，功能就越强。如果程序设计语言没有提供某种类型，而程序要处理这种类型的信息时，程序员必须自己编程解决这个问题。例如，某些程序设计语言没有复数这个类型，如果某个程序要处理复数，程序员就必须解决复数的存储和计算问题。高级语言提供了**算术运算**和**逻辑运算**功能，程序员可以用类似于数学中的表达式表示算术运算和逻辑运算。高级语言还提供了将一个常量或表达式计算结果与一个变量关联起来的功能，这称为**变量赋值**。高级语言也可以根据程序执行过程中的某些中间值执行不同的语句，这称为程序设计语言的**控制结构**。对于一些复杂的问题，程序员直接设计出完整的算法有一定的困难，因此通常采用将大问题分解成一系列小问题的方法。程序员在设计解决大问题的算法时可以假设这些小问题已经解决，直接调用解决小问题的程序。每个解决小问题的程序被称为一个**过程单元**。过程单元通常也被称为函数、过程或子程序等。

如果解决某个问题用到的工具都是程序设计语言所提供的工具，如处理整数或实数的运算，这些程序很容易实现。如果用到了一些程序设计语言不提供的工具，程序实现起来则非常困难，如要处理一首歌曲、一张图片或一些复数。我们希望能有一个工具可以播放一首歌曲或编辑一首歌曲，这时可以创建一个工具，即创建一个新的数据类型，如歌曲类型、图片类型或复数类型。这就是**面向对象程序设计**，面向对象的程序设计提供了创建工具的功能。

1.3.4 C++语言

C++语言是本书选用的程序设计语言，它是从 C 语言发展演变而来的。C 语言简洁、灵活、使用方便，具备高级语言的所有功能，并可直接访问内存地址，支持位操作，因而能很好地胜任操作系统及各类应用软件的开发，是一门应用非常广泛的结构化程序设计语言。在 C 语言的基础上增加了面向对象功能的语言，称为 C++语言。

C 语言是 C++语言的基础，C++语言包含了完整的 C 语言的特征和优点，同时又增加了对面向对象程序设计的支持。所以学习 C++语言必须先学习其过程化的部分，即 C 语言部分，再学习它的面向对象部分。

1.4　程序设计过程

要使计算机能够完成某个任务，计算机必须有相应的软件，而软件中最主要的部分是程序。**程序**是计算机完成某个任务所需要的指令集合。通常程序设计都是基于高级语言的。

程序设计具体包括 4 个步骤：第一步是设想计算机如何一步一步地完成这个任务，即将解决问题的过程分解成程序设计语言所能完成的一个个基本动作，这一阶段称为**算法设计**；第二步是用某种高级语言描述整个任务完成的过程，这一阶段称为**编程**；第三步是将高级语言写的程序翻译成硬件认识的机器语言，这一阶段称为**编译与链接**；第四步是检验写好的程序是否能正确完成了给定的任务，这一阶段称为**调试与维护**。

1.4.1　算法设计

算法设计是设计一个使用计算机（更确切地说是某种程序设计语言）提供的基本动作来解决某一问题的方案，是程序设计的“灵魂”。算法设计的难点在于计算机提供的基本功能非常简单，而人们要它完成的任务非常复杂。算法设计必须将复杂的工作分解成一个个简单的、计算机能够完成的基本动作。算法设计必须具有以下 3 个特点。

算法的表示

（1）表述清楚、明确，无二义性。

（2）有效性，即每一个步骤都切实可行。

（3）有限性，即可在执行有限步骤后得到结果。

有些问题非常简单，程序员一下子就可以想到相应的算法，很容易就可以写出一个解决该问题的程序；而当问题很复杂时，程序员就需要进行更多的思考才能想出解决它的算法。与所要解决的问题一样，各种算法的复杂性也千差万别。大多数情况下，一个特定的问题可以有多个不同的解决方案（即算法），在编写程序之前需要考虑许多可行的解决方案，最终选择一个合适的方案。

算法可以用不同的方法表示。常用的方法有传统的流程图、结构化流程图、伪代码等。

流程图是早期提出的一种算法表示方法，由美国国家标准学会（American National Standards Institute，ANSI）制定。流程图用不同的图形表示程序中的各种标准操作，例如用圆角矩形表示算法开始或结束，用平行四边形表示输入或输出，用菱形表示选择，用矩形表示一般的处理，用带箭头的线表示执行的先后次序。例如，两个数相除算法的流程图表示如图 1-1 所示。

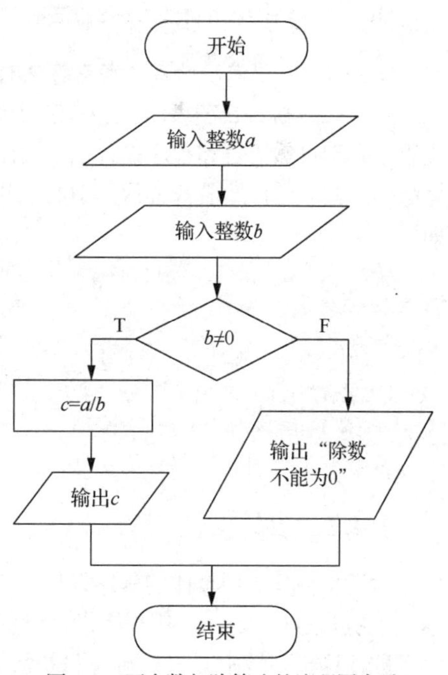

图 1-1　两个数相除算法的流程图表示

流程图表示的算法直观清晰，清楚地表现出各个处理步骤之间的逻辑关系。但流程图对流程线的使用没有严格的限制，流程线可以随意转来转去，使人很难理解算法的逻辑，难以保证程序的正确性。而且流程图占用的篇幅较大，画流程图也比较费时间。

随着结构化程序设计的出现，流程图被一种称为 N-S 的图所代替。结构化程序设计规定程序只能由3种结构组成：顺序结构、分支结构和循环结构。这3种结构的N-S图如图1-2所示。

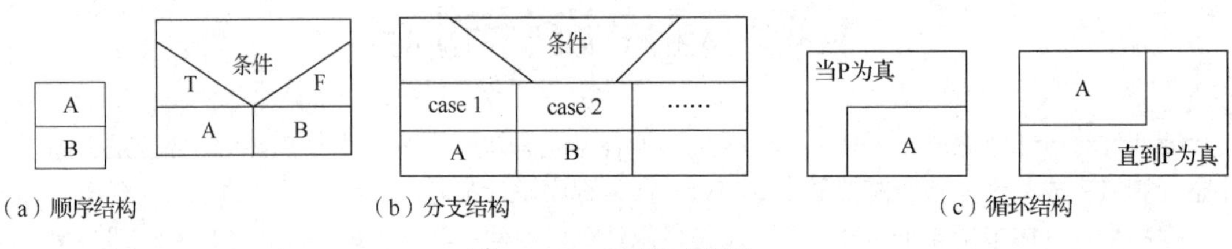

（a）顺序结构　（b）分支结构　（c）循环结构

图1-2　N-S图的基本组件

既然程序可以由这3种结构组合而成，那么结构之间的流程线就不再需要了，全部的算法可以写在一个矩形框内。例如，两个数相除算法的N-S图表示如图1-3所示，判断整数 n 是否为素数算法的N-S图表示如图1-4所示。

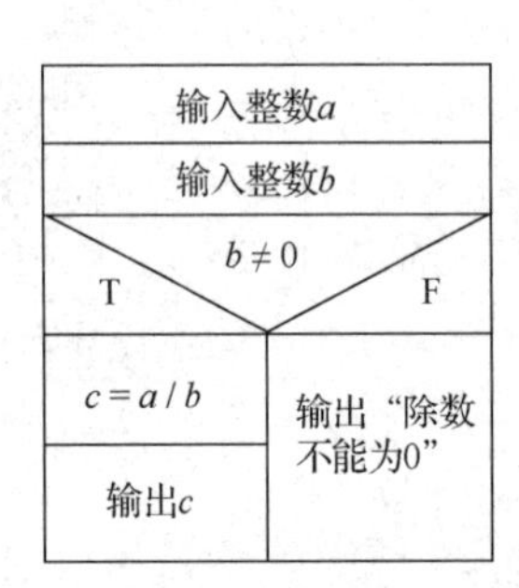

图1-3　两个数相除算法的N-S图表示

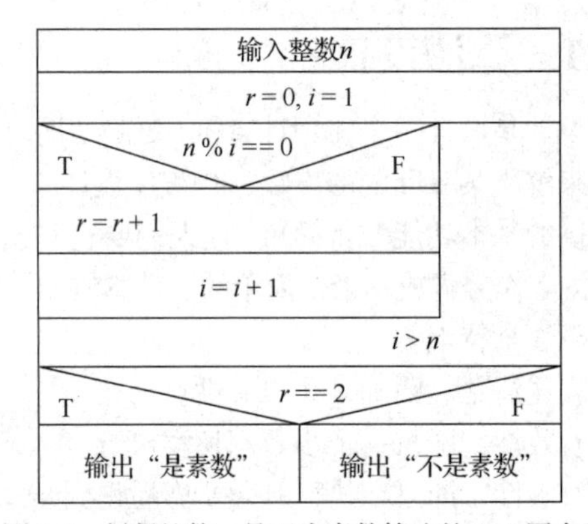

图1-4　判断整数 n 是否为素数算法的N-S图表示

N-S图可以要求设计者在考虑算法时遵循结构化程序设计的规范。

用流程图和N-S图表示算法直观易懂，但画起来太麻烦。另一种表示算法的方法为伪代码。伪代码是介于自然语言和程序设计语言之间的一种表示方法。通常用程序设计语言中的控制结构表示算法的流程，用自然语言表示其中的一些操作。例如，判断整数 n 是否为素数算法用伪C代码表示如下：

```
输入 n
设 r = 0
for (i = 1; i <= n; ++i)
    if (n % i == 0) ++r
if (r == 2) 输出“n 是素数”
else 输出“n 不是素数”
```

本书主要采用伪代码表示算法。

1.4.2　编程

编程是将算法用具体的程序设计语言的语句表达出来，所以程序员必须学习一种程序设计语言。本书采用的是C++语言。用程序设计语言描述的算法称为**程序**，存储在计算机中的程序称为**源文件**。大多数计算机系统中C++的源文件扩展名是“.cpp”。输入程序或修改程序内容的过程称为程序的**编辑**。各个计算机系统的编辑过程差异很大，不可能用一种统一的方式来描述，因此在编辑源文件之前，程序员必须先熟悉所用计算机上的编辑方法。很多操作系统也提供了一些集成开发环境，如Visual Studio是Windows操作系统提供的一个C++的集成开发环境，为程序员提供了从源文件编辑到程序运行过程中的所有环节的支持。

1.4.3 编译与链接

为了让用高级语言编写的程序能够在计算机上运行，必须将程序翻译成该计算机特有的机器语言。在高级语言和机器语言之间执行这种翻译任务的程序叫作**编译器**。

编译器将源程序翻译成特定计算机中的机器语言的程序称为**目标程序**，存储目标程序的文件称为**目标文件**。目标文件不能直接运行，这是因为在现代程序设计中，程序员在写程序时往往会用到一些已有的工具。程序运行时需要用到这些工具的代码，于是需要将目标文件和这些工具的目标文件放在一起，这个过程称为**链接**。存储链接以后代码的文件称为**可执行文件**，这是能直接在某台计算机上运行的程序。已有的工具程序存放在一个**库**中。由一个源文件到一个可执行文件的转换过程（编译与链接过程）如图 1-5 所示。

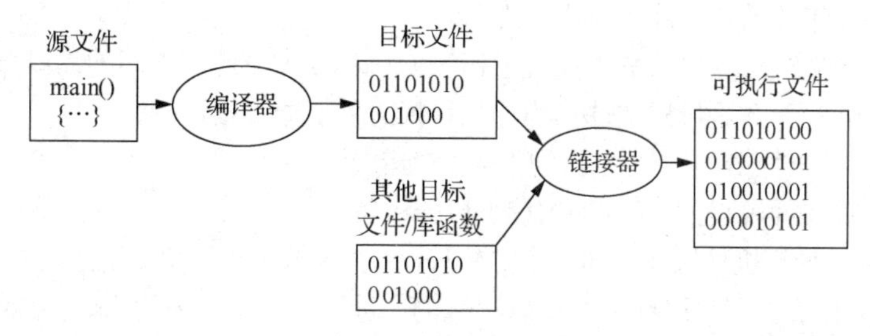

图 1-5　编译与链接过程

在编译过程中，编译器会找出源程序中的语法错误和词法错误。程序员可根据编译器输出的错误信息来修改源程序，直到编译器生成正确的目标代码。

1.4.4 调试与维护

语法错误还不是最令人沮丧的。往往程序运行失败不是因为编写的程序包含语法错误，而是因为程序合乎语法却给出了不正确的结果或者根本没给出结果。检查程序便会发现程序中存在一些逻辑错误，程序员称这种错误为 bug。找出并改正逻辑错误的过程称为**调试**（debug），它是程序设计过程中一个重要的环节。调试一般需要运行程序，通过观察程序的阶段性结果来找出错误的位置和原因。

逻辑错误非常难以察觉。有时程序员非常确信程序的算法是正确的，但随后却发现它不能正确处理以前忽略了的一些情况；或者在程序的某个地方做了一个特殊的假定，但随后却忘记了；又或者犯了一个非常低级的错误。

程序的调试及测试只能发现程序中的错误，而不能证明程序是正确的。因此，在程序的使用过程中可能会不断发现程序中的错误。在使用时发现错误并改正错误的过程称为程序的**维护**。

1.5 小结

本章主要介绍了下列程序设计所需的基础知识和基本概念。

- 计算机包括软件和硬件：硬件是计算机的“躯壳”，软件是计算机的“灵魂”。
- 计算机硬件主要由五大部分组成：运算器、控制器、存储器、输入设备和输出设备。
- 程序设计语言的发展分为机器语言、汇编语言和高级语言 3 个阶段。
- 程序设计包括算法设计、编程、编译与链接、调试与维护等阶段。

1.6 习题

1. 简述计算机的组成及工作过程。
2. 简述主存储器和外存储器的异同点。
3. 所有的计算机能够执行的指令都是相同的吗?
4. 投入正式运行的程序就是完全正确的程序吗?
5. 为什么需要编译? 为什么需要链接?
6. 调试的作用是什么? 如何进行程序调试?
7. 试列出一些常用的系统软件和应用软件。
8. 为什么在不同生产厂商生产的计算机上运行 C++程序需要使用不同的编译器?
9. 什么是源文件? 什么是目标文件? 为什么目标文件不能直接运行?
10. 什么是程序的语法错误? 什么是程序的逻辑错误?
11. 试列举出高级语言的若干优点（相较于机器语言）。
12. 为什么不同的计算机可以运行同一个 C++程序，而不同的计算机不能运行同一个汇编程序?
13. 机器语言为什么要用难以理解、难以记忆的二进制比特串来表示指令，而不用人们容易理解的符号或语言来表示?
14. 为什么电视机只能播放电视台发布的电视节目，DVD 播放机只能播放 DVD 碟片，而计算机却既能当电视机用，又能当 DVD 播放机用，甚至还可以当游戏机用?
15. 说明下面概念的异同点。

① 硬件和软件。

② 算法与程序。

③ 高级语言和机器语言。

④ 语法错误与逻辑错误。

16. 设计一个计算 $\sum_{i=1}^{100}\frac{1}{i}$ 的算法，用 N-S 图和流程图两种方式表示。
17. 设计一个算法，输入一个矩形的长和宽，判断该矩形是不是正方形。用 N-S 图和流程图两种方式表示。
18. 设计一个算法，输入圆的半径，输出它的面积与周长。用 N-S 图和流程图两种方式表示。
19. 设计一个算法，计算下面函数的值。用 N-S 图和流程图两种方式表示。

$$y=\begin{cases}x & (x<1)\\ 2x-1 & (1\leqslant x<10)\\ 3x-11 & (x\geqslant 10)\end{cases}$$

20. 设计一个求解一元二次方程的算法。用 N-S 图和流程图两种方式表示。
21. 设计一个算法，判断输入的年份是否为闰年。用 N-S 图和流程图两种方式表示。
22. 设计一个算法计算出租车的车费。出租车收费标准为：3 公里内收费 14 元；3 公里～10 公里，每公里收费 2.4 元；10 公里以上，每公里收费 3 元。用 N-S 图和流程图两种方式表示。
23. 为什么不能找出程序中所有的逻辑错误并改正，从而保证程序完全正确?

第 2 章 程序的基本组成

写一个程序就像是写一部实验指导书，让计算机按你的“实验指导书”一步步往下做，直至最终完成任务。实验指导书有实验指导书的格式，程序也有程序的格式。本章将从一些简单的程序出发，介绍程序的基本框架及组成程序的最基本元素。

2.1 程序的基本结构

考虑一下设计一个求解一元二次方程的程序。正如第 1 章所述，设计一个程序先要设计算法。如何教会计算机解一元二次方程呢？答案是有很多解一元二次方程的方法，例如凑一个完全平方公式、平方差公式和用十字相乘法分解。但这些方法太灵活，教计算机学习这些方法略有难度。最简单的方法是用标准的公式 $x=\frac{-b\pm\sqrt{b^2-4ac}}{2a}$ 解一元二次方程。在众多的解一元二次方程的方法中，先确定教计算机用标准公式求解，然后开始设计“教学”过程，即算法。这个算法很简单，它的 N-S 图表示如图 2-1 所示。根据这个算法得到的 C++程序如代码清单 2-1 所示。

程序的结构

输入方程的 3 个系数 a、b、c
计算 $x1=\frac{-b+\sqrt{b^2-4ac}}{2a}$ $x2=\frac{-b-\sqrt{b^2-4ac}}{2a}$
输出 $x1$ 和 $x2$

图 2-1　求解一元二次方程算法的 N-S 图表示

代码清单 2-1　求解一元二次方程

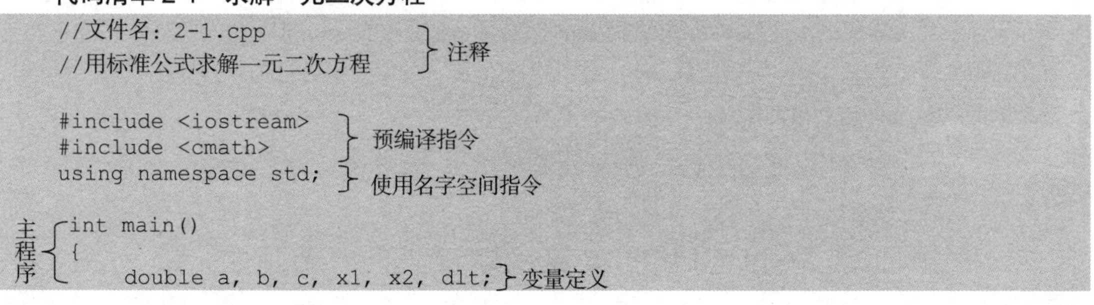

```
//文件名：2-1.cpp
//用标准公式求解一元二次方程

#include <iostream>
#include <cmath>
using namespace std;

int main()
{
    double a, b, c, x1, x2, dlt;
```

```
主程序
    cout << "请输入方程的 3 个系数：" << endl;  } 输入阶段
    cin >> a >> b >> c;

    dlt = b * b - 4 * a * c;
    x1 = (-b + sqrt(dlt)) / 2 / a;            } 计算阶段
    x2 = (-b - sqrt(dlt)) / 2 / a;

    cout << "x1=" << x1 << "  x2=" << x2 << endl;} 输出阶段

    return 0;
}
```

一个 C++程序由注释、预编译指令、使用名字空间指令和主程序组成。主程序由一组函数组成。每个程序至少有一个函数，这个函数的名称必须是 main。

2.1.1 注释

代码清单 2-1 中的第一部分为一段**注释**。在 C++语言中，注释是从//开始到本行结束的文字。C++程序中也可以用 C 语言风格的注释，即在/*与*/之间所有的文字都是注释，可以是连续的几行。

注释是写给人看的，而不是写给计算机执行的指令。它是开发此程序的程序员用人类习惯的语言向其他程序员传递该程序有关信息的一种方式。在编译过程中，注释被完全忽略。

一般来说，每个程序都以一个专门的、从整体描述程序操作过程的注释开头，这种注释称为**程序注释**。它包括源文件名称和一些与程序操作和实现有关的信息。程序注释还可以描述程序中特别复杂的部分，指出可能的使用者，给出如何改变程序行为的一些建议等。注释也可以出现在主程序中，解释程序中一些比较难理解的部分。

因为注释并不是要执行的语句，对程序的运行结果无任何影响，所以很多程序员往往不愿意写。但注释对将来程序的维护非常重要。给程序添加注释是良好的编程习惯。

2.1.2 预编译指令

C++的编译分成两个阶段：预编译和编译，即先执行预编译，再执行编译。预编译处理程序中的预编译指令，即以#开头的指令，如代码清单 2-1 中的#include <iostream>。预编译指令有很多，常用的预编译指令主要有**库包含**。

库包含表示程序使用了某个库。**库**是由程序员自己或其他程序员编写的一组能够实现特定功能的子程序。程序中需要用到这些功能时，程序员不需要自己编写程序，可以直接调用库中的子程序。iostream 是 C++提供的标准输入/输出库，程序中所有数据的输入/输出都由该库提供的功能完成。本书的程序几乎都会用到这个库。cmath 是数学函数库，它包含了一些常用的科学计算函数的实现。求解一元二次方程时用到的求平方根函数就包含在 cmath 库中。

使用一个库必须在程序中给出足够的信息，以便使编译器知道这个库里有哪些工具，这些工具又是如何使用的。大多数情况下，这些信息以**头文件**的形式提供。每个库都有一个头文件，描述库所提供工具的使用信息，以便在程序中用到这些库的功能时编译器可以检查程序中的用法是否正确。iostream 是 iostream 库的头文件。#include 命令的含义就是把头文件 iostream 的内容插入现在正在编写的程序中。

#include 命令有以下两种格式：

```
#include <文件名>
```

和

```
#include "文件名"
```

用尖括号标记的是 C++提供的标准库。C++用尖括号通知预编译器到标准库目录中去寻找尖括号中的文件，并将它插入当前的源文件中。例如，我们可以通过以下语句包含标准库 iostream：

```
#include <iostream>
```

个人编写的库用双引号标记。例如，某个程序员自己写了一个库 user，于是#include 行被写为：

```
#include "user"
```

预编译器先到用户的目录中去寻找相应的文件。如果找不到，再到标准库目录中去寻找。

2.1.3　名字空间

大型的程序通常由很多源文件组成，每个源文件可能由不同的开发人员开发，甚至是由不同的软件公司开发的。开发人员可以自由地命名自己的源文件中的实体，如变量名、函数名等，但这样很可能会造成不同的源文件中有同样的名称。当这些源文件对应的目标文件链接起来形成一个可执行文件时，会造成重名。为了避免这种情况，C++引入了名字空间的概念。把一组程序实体组合在一起构成一个作用域，该作用域称为**名字空间**。同一个名字空间中不能有重名，不同的名字空间中可以定义相同的实体名。引用某个实体时，需要加上名字空间的限定，即“名字空间名::实体名”。

C++的标准库中的实体都是定义在名字空间 std 中的，如代码清单 2-1 中出现的 cin、cout，因此引用 cout 必须写成 std::cout。但这种表示方法非常烦琐，为此 C++引入了一个使用名字空间的指令 using namespace，它的格式如下：

```
using namespace 名字空间名;
```

一旦使用了：

```
using namespace std;
```

程序中的 std::cout 就可以写成 cout，使程序更加简洁。

2.1.4　主程序

代码清单 2-1 所示程序的最后一部分是程序主体，是算法的描述。C++的主程序由一组函数组成。每个程序必须有一个名称为 main 的函数，它是程序运行的入口。运行程序是指从 main 函数的第一个语句执行到最后一个语句。main 函数可以调用程序中的其他函数，每个函数由函数头和函数体两个部分组成。代码清单 2-1 中，int main( )是函数头，后面大括号括起来的部分是函数体。我们可以把函数理解成数学中的函数，函数头相当于数学函数公式中等号的左边部分，函数体相当于等号的右边部分。函数头中的 int 表示函数的执行结果是一个整数，main 是函数名称，( )中的是函数的参数，相当于数学函数中的自变量。( )中为空表示没有参数。函数体从自变量得到函数值的计算过程，即算法的描述，相当于数学函数公式中等号右边的表达式。

函数体可进一步细分为变量定义部分和语句部分。语句部分又可分为输入阶段、计算阶段和输出阶段。一般各阶段之间用一个空行隔开，以便阅读。

变量（也称为**对象**）是一些在程序编写时值尚未确定的或在程序运行过程中会变化的数据的代号。例如，在编写求解一元二次方程的程序时，该方程的 3 个系数值尚未确定，于是用 a、b、c 这 3 个代号来表示。在编写程序时，两个根的值也未确定，于是也给它们取了代号 x1 和 x2。在计算 x1、x2 时，b^2-4ac 要用到两次。为了节省计算时间，这里可以只让它计算一次，把计算结果用代号 dlt 表示。在计算 x1 和 x2 时，凡用到 b^2-4ac 时均用 dlt 表示。

在程序执行过程中，变量的值会被确定。如何保存这些值？C++用变量定义为这些值准备存储空间。代码清单 2-1 中的下列语句就是变量定义。

```
double a, b, c, x1, x2, dlt;
```

它告诉编译器要为 6 个变量准备存储空间。变量前面的 double 说明变量所代表数值的类型是实数。编译器根据类型为变量在内存中预留一定量的空间。

在输入阶段，要求用户输入一元二次方程的3个系数。每个数据的输入过程一般包括两步。首先，应在屏幕上显示一个信息以使用户了解程序需要什么，这类信息通常称为**提示信息**。在屏幕上显示信息是用输出流对象 cout 来完成的，它是输入/输出流库的一部分。与 cout 相关联的设备是显示器。用流插入运算符<<将数据插入 cout 对象中，即显示到屏幕上，如代码清单2-1中的语句：

```
cout << "请输入方程的 3 个系数：" ;
```

可将“请输入方程的3个系数：”显示在显示器上。为了读取数据，程序用了：

```
cin >> a >> b >> c;
```

cin 是输入流对象，它也是输入/输出流库的一部分。与 cin 相关联的设备是键盘。当从键盘输入数据时，形成一个输入流。用流提取运算符>>将数据流中的数据存储到一个或一组事先定义好的变量中。

计算阶段包括计算 b^2-4ac 及 x1 和 x2。计算是通过**算术表达式**实现的，算术表达式与代数中的代数式类似。表达式的计算结果可以用**赋值操作**存储于一个变量中，以备在程序的后面部分使用。

输出阶段是显示计算结果。结果的显示也是使用 cout 对象来完成的，例如：

```
cout << "x1=" << x1 << "   x2=" << x2 << endl;
```

双引号内的内容称为字符串，直接显示在屏幕上。对于其中的变量，则将变量中存储的数值以十进制形式输出。如果输入的 a、b、c 分别是 1、0、-1，则输出的结果为：

```
x1=1    x2=-1
```

函数最后一个语句是 return 0;，它表示把 0 作为函数的运行结果值。一般情况下，main 函数的执行结果都是直接显示在屏幕上，没有其他运行结果。但 C++程序员习惯上将 main 函数设计成返回一个整型值。当运行正常结束时返回 0，非正常时返回其他值。

2.2 变量与常量

编写程序时尚未确定或在程序运行过程中会变化的值称为**变量**。编写程序时已经确定且在程序运行过程中保持不变的值称为**常量**。

2.2.1 变量定义

变量定义

从程序员的角度来看，变量定义是说明程序中有哪些会变化的值、这些值是什么类型的，可以对它们执行哪些操作。从计算机的角度来看，由于程序中有某些值尚未确定，在程序运行的过程中这些值会被确定。当这些值被确定时必须有一个地方保存它们，变量定义是为这些变量准备好存储空间。那么必须为每个变量准备多少空间呢？这取决于变量的类型。因此，C++的变量定义有如下格式。

```
类型名  变量名 1,变量名 2…变量名 n;
```

该语句定义了 n 个指定类型的变量。例如：

```
int num1, num2;
```

该语句定义了两个整型变量 num1 和 num2，而

```
double  area;
```

则定义了一个实型变量。其中，int 和 double 是类型名。

变量有3个重要属性：**名称**、**值**和**类型**。为了理解三者之间的关系，我们可以将变量想象成一个外面贴有标签的盒子。变量的名称写在标签上，以区分不同的盒子；使用时可通过名称来指定某个盒子。变量的值对应于盒子内装的东西。盒子标签上的名称从不改变，但盒子中的内容是可变的。

一旦把新的内容放入盒子，原来的内容就不见了。变量类型表明该盒子中可存放什么类型的内容。

定义变量时一项重要的工作是为变量取一个名称。变量名以及后面提到的常量名、函数名和类名，统称为**标识符**。C++的标识符由一串字符组成且遵循以下规则。

（1）标识符必须以字母或下画线开头。

（2）标识符中的其他字符必须是字母、数字或下画线，不得使用空格和其他特殊符号。

（3）标识符不可以是系统的关键字，如 int、double、for、return 等，关键字在 C++语言中有特殊用途。

（4）标识符是区分大小写的，即变量名中出现的大写字母和小写字母被看作不同的字符，因此 ABC、Abc 和 abc 是 3 个不同的标识符。

（5）关于标识符的长度，各个编译器都有自己的规定。

（6）标识符应使程序员易于明白其作用，做到“见名知意”，一目了然。

C++要求所有的变量在使用前都要先定义。变量定义一方面是为变量准备好存储空间，另一方面是保证变量的正确使用。例如，C++中的取模运算（%）只能用于整型变量，对非整型变量进行取模运算是一个错误操作。有了变量定义，编译器就能检查出这个错误。

变量定义一般放在函数体的开始处或放在一个程序块（即复合语句）的开始处。程序块是用大括号括起来的一组语句。事实上，C++的变量定义可以放在程序中的任何位置。

变量定义一般只是给变量分配相应的存储空间，有时还需要对一些变量设置初值。C++允许在定义变量的同时给变量赋初值。给变量赋初值的方法有以下两种。

```
类型名 变量名 = 初值;
```

和

```
类型名 变量名(初值);
```

变量赋初值及自动类型推断

例如：

```
int count = 0;
```

或

```
int count(0);
```

这些语句都是为变量 count 分配存储空间，并将 0 存储在这个空间中。而

```
float value = 3.4;
```

或

```
float value(3.4);
```

这些语句都是定义单精度变量 value，并赋初值 3.4。

我们可以给被定义的变量中的一部分变量赋初值。例如：

```
int sum = 0, count = 0, num;
```

该语句定义了 3 个整型变量，前两个赋了初值，最后一个没有赋初值。

若定义一个变量时没有为其赋初值，则直接引用这个变量是很危险的，因为此时变量的值为一个随机值。**给变量赋初值是良好的程序设计风格。**

C++11 标准对变量定义提出了一种新的形式，即由编译器自动推断变量的类型。C++11 提供了两种手段：auto 类型说明符和 decltype 类型指示符。

auto 用于根据初值推断类型。例如：

```
auto  sample = 10;
```

由于 10 是整数，因此这里可以推断 sample 是整型变量。此语句定义了一个整型变量 sample 并给它赋了初值 10。

定义在同一个 auto 序列的变量必须能推断成同一类型。例如，下列定义将导致编译器无法推断变量的类型：

```
auto  a = 5, b = 5.5, c = 'A';
```

有时希望编译器帮忙推断类型但并不想用赋初值的方法，此时可以使用 decltype 类型指示符。例如：

```
int a, b;
decltype(a+b) c;
```

编译器并不计算 a+b 的值，而只是从 a 和 b 的类型推导出 a+b 的类型，把它作为变量 c 的类型。本例中，变量 c 的类型为 int，但初值是随机值。

2.2.2 数据类型

C++程序中的每一个数据都必须是 C++的合法类型。数据类型是事先做好的工具。数据类型有两个特征：该类型的数据在内存中是如何表示的及对这类数据允许执行哪些运算。在定义变量时，C++根据变量类型在内存中分配所需要的空间。在应用变量时，C++根据变量类型判断所执行运算的合法性，并按照事先设计好的程序完成相应的操作。每种程序设计语言都有自己预先定义好的一些类型，这些类型称为**基本类型**或**内置类型**。C++可以处理的基本数据类型如图 2-2 所示。

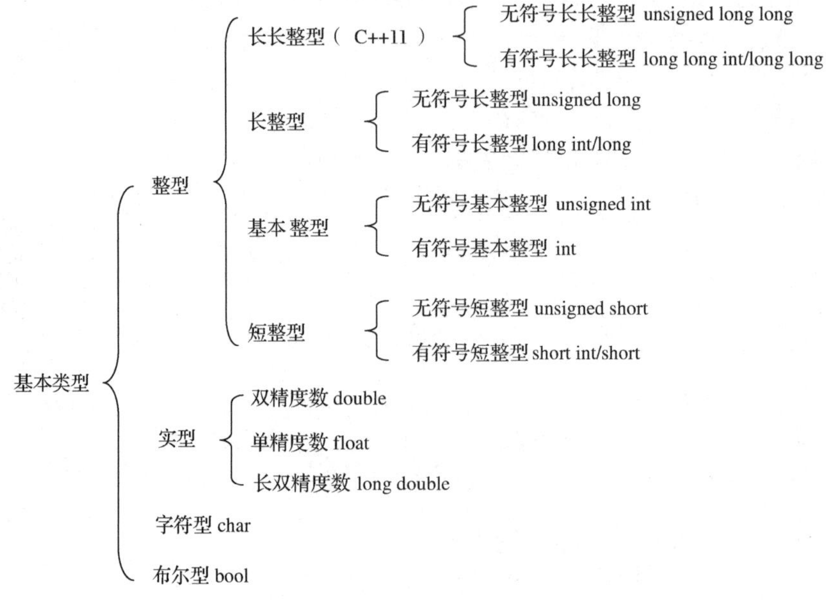

图 2-2 C++基本类型

1. 整型

整型是处理整数的工具。整型数是一个整数，但整型数和整数并不完全相同。整数可以有无穷个，但计算机中的整型数是有穷的，是整数的一个子集。整型数的范围取决于整型数占用内存空间的大小。

整型数在计算机内一般是用补码表示的。正整数的补码是它的二进制表示，负整数的补码是将它的绝对值的二进制表示按位取反后再加 1。例如，若一个整数占 16 位，10 在内存中被表示为 0000000000001010，−10 被表示为 1111111111110110。

在整数的补码表示中，最高位是符号位。正数的符号位为 0，负数的符号位为 1。对 16 位表示而言，正整数的表示范围为 0000000000000000～0111111111111111，即 0～32767；负整数的表示范围为 1000000000000000～1111111111111111，即−32768～−1。

整型数可以执行算术运算和比较运算，这些运算的含义与数学中的完全相同。整型数还可以直接通过 cin 和 cout 对象输入和输出。

根据占用空间的大小，C++中将整型分为短整型、基本整型、长整型和长长整型，它们都可用于处理正整数或负整数，只是占用空间的大小不同，可表示的数值范围不同。长长整型表示范围最大，长整型次之，基本整型再次之，短整型最小。在有些应用中，整数的范围通常都是正整数（如年龄、考试分数和一些计数器）。为了充分利用变量的空间，我们可以将这些变量定义为“无符号”的，即不存储整数的符号，将最高位也看成数据。

C++没有规定每类整数占多少字节，只规定了各类整型数所占的最少字节数，每个编译器可在此基础上加以扩展。标准的整型类型如表 2-1 所示。

表 2-1　标准的整型类型

类型	类型名	占用的空间		表示范围
		C++标准	Visual C++	
基本整型	int	大于或等于 short	4 字节	$-2^{31}\sim2^{31}-1$
短整型	short [int]	至少 2 字节	2 字节	$-2^{15}\sim2^{15}-1$
长整型	long [int]	至少 4 字节	4 字节	$-2^{31}\sim2^{31}-1$
长长整型	long long[int]	至少 8 字节	8 字节	$-2^{63}\sim2^{63}-1$
无符号基本整型	unsigned [int]	同 int		$0\sim2^{32}-1$
无符号短整型	unsigned short [int]	同 short		$0\sim2^{16}-1$
无符号长整型	unsigned long [int]	同 long		$0\sim2^{32}-1$
无符号长长整型	unsigned long long	同 long long		$0\sim2^{64}-1$

方括号内的部分是可以省略的。例如，short int 可简写为 short。

定义一个短整型数 shortnum，可用：

```
short int  shortnum;
```

或

```
short  shortnum;
```

定义一个计数器，可用：

```
unsigned  int  counter;
```

定义一个普通的整型变量 num，可用：

```
int  num;
```

在整型数的内部表示中，正整数的最高位为 0，负整数的最高位为 1。在 Visual C++中，短整型的长度是 16 位，可表示的数值范围为–32768～+32767。设想一个短整型变量的值为+32767，若对这个变量执行加 1 的操作，结果将会如何？32767 的补码表示为 0111111111111111，对它加 1，则变成 1000000000000000。由于最高位为 1，C++不会把这个数解释成+32768，而会把它解释成-32768。这种情况称为“溢出”，但 C++在运行时并不报错。**整型数溢出问题需要程序员靠细心和经验来发现。**

2. 实型

实型

在计算机内部，实型数被表示为 $a\times2^b$ 的形式，a 称为尾数，b 称为指数。这种形式被称为**浮点表示法**，因此实型又称为**浮点型**。在存储实型数时，存储单元分成两个部分：一部分存放指数；另一部分存放尾数。

与整型类似，C++并没有规定实型数应该用多少位表示，更没有规定多少位表示指数、多少位表示尾数，这些都是由编译器决定的。但 C++规定了每类浮点数的最小精度。C++的实型分为单精度（float）、双精度（double）和长双精度（long double）3 种。float 至少必须保证有6位十进制有效数字，double和long double至少必须保证有10位十进制有效数字。在Visual C++中，单精度数占4字节，双精度和长双精度数都占8字节。

定义两个单精度的实型变量x、y，可用：

```
float x, y;
```

定义一个双精度的实型变量z，可用：

```
double z;
```

实型数可以执行算术运算和比较运算，还可以直接通过cin和cout对象输入和输出。

实型数由有限的存储单元组成，能提供的有效数字总是有限的。如果一个实数的位数超过尾数所能表示的范围，有效位以外的数字将被舍去，这样就会产生一些误差。例如，将9876543.21存放在float型的变量x中，那么x中的值为9876540。**计算机不能精确表示实型数。**

3. 字符型

计算机除了能处理数字之外，还能处理文本信息。所有文本信息的基础是字符。字符在计算机内部用一个编号表示。其基本原理是把所有可处理的字符写在一个表中，然后对它们接顺序进行编号。例如，用整数1代表字母A，整数2代表字母B……在用26表示字母Z后，可以继续用整数27、28、29等来表示小写字母、数字、标点符号和其他字符。

字符型

尽管每一台计算机都可以自行规定每个字符的编码，但这样做会出现一些问题。在当今世界，信息通常在不同的计算机之间共享：可以用U盘将程序从一台计算机复制到另一台计算机，也可以让你的计算机直接与国内或国际网上的其他计算机通信。为了使这种通信成为可能，计算机必须能够以某种公共的语言“互相交谈”，而这种公共语言的基础在于计算机有同样的字符编码，以免一台计算机上的字母A在另一台计算机上变成字母Z。于是计算机采用了统一的字符编码标准。最常用的字符编码标准是美国信息交换标准代码（American Standard Code for Information Interchange，ASCII）。ASCII用8位二进制数表示一个字符，即每个字符对应一个0到255之间的整数。本书假设所用的计算机系统采用的是ASCII。

了解字符在内部用什么编码标准是很重要的，但并不需要知道每个字符对应的编码值。当你用键盘输入字母A时，键盘中的硬件自动将此字符翻译成它的ASCII值，即65，然后把它发送给计算机。同样，当计算机把65发送给显示器时，屏幕上会出现字母A。这些工作并不需要用户程序的介入。

尽管不需要记住每个字符的具体编码，但ASCII的以下两个结构特性是值得牢记的，它们在编程中有很重要的用途。事实上，几乎所有的编码都符合这两个结构特性。

- 表示数字0～9的字符编码是连续的，即字符'1'的编码比字符'0'的编码大1，字符'0'的编码加9是字符'9'的编码。
- 字母被分成两段：一段是大写字母（A～Z）；另一段是小写字母（a～z）。在每一段中，ASCII值是连续的。

在C++中，单个字符是用数据类型char来表示的。按非正规的说法，数据类型char的值域是一组能在屏幕上显示或能在键盘上输入的符号。这些符号（包括字母、数字、标点符号、空格、回车符等）是所有文本数据的基本构件。定义字符类型的变量ch，可用以下语句：

```
char ch;
```

变量ch在内存中占1字节的空间，该字节中存放的是对应字符的ASCII值。

字符型的变量可以执行算术运算和比较运算，也可以直接通过cin和cout对象输入和输出。

由于字符在内部用ASCII值表示，即一个整型数，因此字符能像整数一样参与算术运算。结果是按其ASCII值计算的。例如，字符'A'的ASCII值是65，在运算时被当作整数65处理。

尽管对char型的值应用任何算术运算都是合法的，但在它的值域内，不是所有运算都是有意义的。例如，在程序中将'A'乘以'B'是合法的，为了得到结果，计算机取它们的内部编码，即 65 和 66，将它们相乘，得到 4290。而这个整数作为字符毫无意义，事实上，它超出了 ASCII 字符的范围。当对字符进行运算时，仅有少量的算术运算是有意义的。下面列举了几种有意义的运算。

- 对一个字符加上一个整数。如果 c 是一个字符，n 是一个整数，表达式 c+n 表示编码序列中 c 后面的第 n 个字符。例如，如果 n 在 0～9 内，表达式'0'+n 得到的是第 n 个数字的字符编码，如表达式'0'+5 的结果是字符'5'的编码。同样，如果 n 在 1～26 内，表达式'A'+n–1 表示字母表中第 n 个大写字母的字符编码。
- 从一个字符中减去一个整数。表达式 c–n 表示编码序列中 c 前面的第 n 个字符。例如，表达式'Z'–2 的结果是字符'X'的编码。
- 从一个字符中减去另一个字符。如果 c_1 和 c_2 都是字符，那么表达式 $c_1 - c_2$ 表示两个字符在编码序列中的距离。例如，表达式'g'–'f'的值为 1。

比较两个字符的值是常用的运算。比较字符是比较它们的 ASCII 值，经常用来确定字母的次序。例如，在 ASCII 表中 c_1 在 c_2 前面，表达式 $c_1 < c_2$ 的值为"真"。

4. 布尔型

布尔型

布尔型用于表示“真”和“假”这样的逻辑值，主要用来表示条件的成立或不成立。“真”表示相应的条件满足，“假”表示相应的条件不满足。C++中用关键字 bool 表示布尔型。布尔型的值只有两个，即 true 和 false，分别对应逻辑值“真”和“假”。

定义一个布尔型的变量 flag，可用下列语句。

```
bool flag;
```

在 Visual C++中，布尔型的变量占 1 字节。当保存 true 时，该字节的值为 1；当保存 false 时，该字节的值为 0。

布尔型的数据可以执行算术运算、比较运算和逻辑运算。当参加算术运算时，true 对应 1，false 对应 0。布尔型的数据不可以直接输入和输出。如果直接输出一个布尔型的变量，将会显示 0 或 1。

5. 类型或变量占用的空间量

在 C++中，每种类型的变量在内存中占用的内存量随编译器的不同而有所不同。程序员要了解某种类型的变量占用多少空间可以使用 sizeof 运算符，例如，需要了解 int 型的变量占用了多少空间，可用 sizeof(int)；需要了解 float 型的变量占用多少空间，可以用 sizeof(float)。sizeof 还可用于表达式，例如，需要知道表达式'a'+15 的结果值占用多少空间，可以用 sizeof('a'+15)；需要知道变量 x 占用多少空间，可用 sizeof(x)。

6. 类型别名

类型别名

有些程序员原来可能用的不是 C++，而是 Pascal 语言或 FORTRAN 语言。习惯用 Pascal 语言的程序员可能更喜欢用 INTEGER 而不是 int 来表示整型，习惯用 FORTRAN 语言的程序员可能习惯用 REAL 而不是 double 来表示实型。C++提供了一个 typedef 指令，用这个指令可以重新命名一个已有的类型名。例如，把整型命名成 INTEGER，可以用以下语句。

```
typedef int INTEGER;
```

一旦重新命名了类型 int，就可以用两种方法定义一个整型变量——除了可以用：

```
int a;
```

之外，也可以用：

```
INTEGER a;
```

除了用关键字 typedef 声明类型别名外，C++11 还可以用关键字 using 声明类型别名。例如：

```
using REAL = double;
```

该方法用关键字 using 作为别名声明的开始，然后紧跟别名和等号，表示等号左侧的名称是等号右侧名称的别名。

2.2.3 常量与符号常量

写程序时已经确定且不允许修改的量称为**常量**。例如，代码清单 2-1 中 dlt= b*b-4*a*c 中的 4 就是一个常量。常量必须是 C++认可的类型，如 4 是一个合法的整型数。

整型常量

1. 整型常量

整型常量有 3 种表示方法：十进制、八进制和十六进制。

十进制与平时采用的十进制表示是一样的，如 123、756、-18 等。编译器按照数值的大小自动将其表示成 int 或 long int。如果需要计算机把一个 int 范围内的整数看成长整型，可以在这个整数后面加一个“l”或“L”，如 100L 表示把这个 100 看成长整型。

八进制常量以 0 开头。在数学中，0123 通常就被写为 123。但在 C++中，0123 和 123 是不同的。0123 表示八进制数 123，它对应的十进制值是 $1\times8^2+2\times8^1+3\times8^0=83$。

十六进制数以 0x 或 0X 开头。例如，0x123 表示十六进制的 123，它对应的十进制值为 $1\times16^2+2\times16^1+3\times16^0=291$。

八进制或十六进制的常量按照数值大小自动作为无符号整数或无符号长整数。例如，0xFF 被作为 unsigned int，而 0x123456789F 被作为 unsigned long。

实型常量

2. 实型常量

实型常量有两种表示方法：十进制小数形式和科学记数法。十进制小数与日常表示相同，由数字和小数点组成，如 123.4、0.0、.123。科学记数法把实型常量用“尾数×10^指数^”的方式表示。但程序设计语言中不能标识上标，因此用了一种替代的方法：尾数 e 指数或尾数 E 指数。例如，123×10^3 可写成 123e3 或 123E3。注意字母 e 或 E 之前必须有数字，而 e 后面必须是整数，不能有小数。例如，e3、1e3.3、e 等都是非法的科学记数法表示。即使实型数是 10 的幂，如 10^5，也不能表示成 e5，而要表示成 1e5。因为表示成 e5 就产生了二义性，编译器无法确定它是一个实型数还是一个变量名。

C++中，实型常量都被作为 double 型处理。如果要将一个实型常量作为 float 型的数据，此时可在数值后面加上字母 f 或 F，如 1.23F 或 1.2e3F。

字符常量

3. 字符常量

字符常量是用单引号引起来的一个字符。例如，'a' 'D' '1'和'?'等都是字符常量。这些字符被称为**可打印字符**，因为它们都出现在键盘上，也可以显示在屏幕上或用打印机打印出来。例如，在定义了变量 ch 后，我们可用以下语句来对 ch 赋值。

```
ch = 'A';
```

此时 ch 对应的这个字节中存储了十进制值 65，这是大写字母 A 的 ASCII 值。

由于字符类型变量对应的内存中存放的是字符的编码，C++允许直接将编码赋予字符类型的变量。例如，要将'A'赋予变量 ch，此时可以直接用 ch = 65 表示。

虽然 ch = 65 是合法的赋值，但并不建议这样使用，因为这样会影响程序的可移植性。如果将此程序移植到一台不采用 ASCII 的计算机上，ch 中保存的不一定是'A'。但如果使用 ch = 'A'，则在任何计算机上都是正确的。

ASCII 值的长度为 8 比特。ASCII 表可以编码 256 个字符，但可打印字符通常只有 100 个左右，多余的编码通常被计算机用作控制字符，代表某一动作。例如，让光标移到下一行的行首或移到下一行的当前列。这些字符无法通过键盘输入，因此也被称为“非打印字符”。为了输入和表示这些字符，C++采用了一个称为**转义序列**的方式，用一系列可打印的字符表示一个非打印字符。每个转义序列以一个“\”开头。表 2-2 列出了一些预定义特殊字符的转义序列。

表 2-2 特殊字符的转义序列

转义序列	功能
\a	报警声（嘟一声或响铃）
\b	后退一格
\f	换页（开始一新页）
\n	换行（移到下一行的开始）
\r	回车（回到当前行的开始）
\t	Tab（水平移到下一个 tab 区）
\v	垂直移动（垂直移到下一个 tab 区）
\0	空字符（ASCII 值为 0 的字符）
\\	字符\本身
\'	字符'（仅在字符常量中需要反斜杠）
\"	字符"（仅在字符串常量中需要反斜杠）
\ddd	ASCII 值为八进制值 ddd 的字符

虽然每个转义序列由几个字符组成，但它表示的是一个字符，并可以存放在一个字符类型的变量中。在计算机内部，每个序列被转换为一个 ASCII 值。例如，换行符的 ASCII 值为整数 10。

编译器发现反斜杠字符时，会认为是转义序列开始了。如果要表示反斜杠本身，此时必须在一对单引号中用两个连续的反斜杠，如'\\'。同样，当单引号被用作字符常量时，程序员必须在其前面加上一个反斜杠，如'\'。转义序列也可以出现在字符串常量中，例如：

```
cout << "hello, world\nhello, everyone\n";
```

输出两行：

```
hello, world
hello, everyone
```

由于以双引号作为字符串的开始标记和结束标记，因此，当需以双引号作为字符串的一部分时，我们也必须将双引号写成转义序列。例如：

```
cout <<"\"Bother,\" said Pooh.\n";
```

该语句的输出为：

```
"Bother," said Pooh.
```

ASCII 表中的许多特殊字符都没有明确的转义序列，程序中可以直接使用它们的编码，具体可用转义字符\后接该字符内码的八进制表示。例如，字符常量'\177'表示 ASCII 值为八进制数 177 对应的字符。

ASCII 表中的许多特殊字符实际上很少使用。对大多数程序设计应用而言，程序员只需要知道换行（'\n'）、tab（'\t'）等有限的几个就够了。

注意区分字符常量和字符串常量。字符常量用单引号引起来，单引号内只能放一个字符。字符串常量是用双引号引起来的，双引号内可以放一串字符。**特别要注意转义序列，尽管由多个字符组成，但它表示的是一个字符，所以也是用单引号引起来的。**字符常量可以存放在一个字符类型的变量中，但字符类型的变量不能存放字符串。字符串变量的用法将在第 7 章介绍。

4. 布尔常量

布尔类型的值只有两个：true 和 false，它们分别对应逻辑值“真”和“假”。

5. 符号常量

符号常量

对于程序中一些有特殊含义的常量，我们可以给它们取一个有意义的名称，便于读程序的程序员知道该常量的含义。有名称的常量称为**符号常量**。符号常量的定义方法有以下两种。

一种是C语言风格的定义，即用预编译指令#define来定义。定义的格式为：

```
#define  符号常量名  字符串
```

例如，在程序中要为π取一个名称，可用以下定义语句。

```
#define PI 3.14159
```

一旦定义了符号常量，就可以在程序中使用它。例如，程序中需要计算圆的面积，则可用表达式：

```
S = PI * r * r;
```

C语言定义的符号常量也称为“宏”。预编译器执行define指令时用指令中的“字符串”替换程序中所有的符号常量名。例如，对于上述定义，经过预编译后程序中的：

```
S = PI * r * r;
```

被转换成：

```
S = 3.14159 * r * r;
```

由于处理#define指令时采用简单的替换，因此可能出现一些与程序员预期不符的结果。例如：

```
#define RADIUS  3+5
```

程序中有语句：

```
area = PI * RADIUS * RADIUS;
```

程序员期望的是计算一个半径为8的圆的面积，即结果是201.06。但很遗憾，结果是29.4248。为什么会这样？因为C语言对“宏”的处理只是进行简单的替换。上述语句经过替换后的结果是：

```
area = 3.14159 *3+5 * 3+5;
```

另一种是C++语言风格的定义，定义格式为：

```
const  类型名  符号常量名 = 表达式;
```

即将“=”后面表达式的计算结果与前面的符号常量名关联起来。例如，要定义π为符号常量，可用以下定义语句。

```
const double PI = 3.14159;
```

此外，也可以这样定义：

```
int n = 5;
const int N = n + 1;
```

const表示所定义的符号常量只能在定义时被赋初值，而在程序的其余部分不能修改它的值。如果程序中有一条语句：

```
PI = 3.1415926;
```

将导致出现一个编译错误。

符号常量名的命名规范与变量相同。但通常变量名是由小写字母或大小写字母组成的，而符号常量名通常全用大写字母。

使用符号常量可以提高程序的可读性及可维护性。毕竟一个有意义的名称比一个抽象的数字更容易理解。使用符号常量也使将来程序的修改变得容易，例如某程序中用到了10次π的值3.14，程序员如果觉得精度不够，希望将3.14改为3.1415926，则需要修改程序中的10处地方，但如果将π定义成符号常量，则只需要修改一处，即符号常量的定义。

常量表达式

6. 常量表达式和constexpr常量

用const定义符号常量表示该符号常量一旦被定义，它的值就无法被改变。

符号常量的初值可以是一个常量，也可以是一个变量，甚至是一个表达式的计算结果或程序中的某个中间结果。例如：

```
int n;
cin >> n;
const int N = n+1;
```

有时需要符号常量的值是编译时的常量，C++11 提出了一个新的概念：常量表达式。常量表达式是指值在编译时确定且不会被改变的表达式。例如：

```
const int N = 10;
```

中的 N 是常量表达式，因为编译器能确定 N 的值。而

```
int n;
cin >> n;
const int N = n+1;
```

中的 N 不是常量表达式，因为它的值在编译时无法确定，要在运行时才能确定。

为了确保某些值是编译时的常量，C++11 标准允许将常量声明为 constexpr，以通知编译器验证它的值是否为编译时的常量。例如：

```
constexpr int N = 10;
constexpr int M = 10 + N;
```

中的 M 和 N 都是合法的定义。因为 N 的值在编译时已经确定为 10，10 + N 的值也可在编译时确定，所以 M 也是编译时的常量。而

```
int n;
cin >> n;
constexpr int N = n+1;
```

中 N 的值在编译时无法确定，因此上述语句会出现一个编译错误。

2.3　数据的输入/输出

2.3.1　数据的输入

数据的输入

变量值的来源有很多，如程序员可以是定义时通过赋初值的方法给定变量值，也可以是通过赋值运算把一个常量赋予某个变量、把某个表达式的计算结果赋予某个变量、把某个函数执行的结果存放在某个变量中，还可以是从某些设备（磁盘或键盘等）中获取数据。当程序中的某些变量值要到程序运行时才能由用户确定，程序员可以让它在运行时从键盘获取所需要的值。例如，编程序时不知道用户要求解的方程，一直到运行时，才由用户指定方程的 3 个系数，如代码清单 2-1 所示。

C++提供多种从键盘输入数据的方式。最常用的方法是利用 C++标准库中定义的输入流对象 cin 和流提取运算符>>来实现。例如，要输入 int 型的变量 a 和 char 型的变量 c，可用如下语句：

```
cin >> a;
cin >> c;
```

上面的两条输入语句也可以合并成一条：

```
cin >> a >> c;
```

当程序执行到输入语句时会停下来等待用户的输入。此时用户可以输入数据，按 Enter 键（↙）结束。此外，也可以将多个输入数据放在一行中，用空格或制表符分隔。例如，对应上述语句，用户的输入可以是 12m↙、12　m↙、12（按 Tab 键）m↙、12↙　m　↙，>>运算符遇到空白字符（空格、回车符、制表符）或一个不合法的输入字符时结束，并跳过空白字符。执行上述语句时，编译器首先确定变量 a 的类型，从 cin 缓冲区中读取 a 的类型所允许的数据，直到遇到空白字符或

a 类型不可访问的字符。由于 a 是整型变量，'1' '2'是组成整型数的合法字符，于是被读入变量 a，转换成整型数 12 的补码存入变量 a 对应的内存单元。c 是字符类型的变量，允许存放一个字符，于是'm'被读入了 c。

如果某个字符变量的输入值就是空白字符，>>操作是无法读入的，因为>>操作会跳过空白字符。C++提供了另外一种方法，即通过 cin 的成员函数 get 输入。get 函数的用法为：

```
cin.get(字符变量);
```

或

```
字符变量 = cin.get();
```

这两种用法都可以将从键盘输入的数据保存在字符变量中。

注意 get 函数可以输入任何字符（包括空白字符）。例如，a、b、c 是 3 个字符型的变量，对应 cin.get()语句为：

```
a = cin.get();
b = cin.get();
c = cin.get();
```

此时，如果输入为 a□b□c↙，则变量 a 的内容为'a'，变量 b 的内容为空格，变量 c 的内容为'b'。但如果将这个输入用于语句：

```
cin >> a >> b >> c
```

那么变量 a、b、c 的内容分别为'a' 'b'和'c'，因为空格被作为输入值之间的分隔符。

2.3.2 数据的输出

C++允许用标准库中的输出流对象 cout 和流插入运算符<<将变量的内容转换成常量显示在屏幕上。<<操作将数据在内存中的表示转换成文本形式显示在屏幕上。例如，a 是整型变量，它的值是 123，它在内存中的表示为前 3 个字节全 0，最后一个字节为 01111011（假设整型数用 4 字节表示）。当执行：

数据的输出

```
cout << a;
```

时，C++把这 4 字节中的值解释为整型数 123，然后把它的每一位转换成字符输出到屏幕，此时屏幕会显示 123。

此外，也可以一次输出多个变量的值。例如：

```
cout << a << b << c;
```

同时输出了变量 a、b、c 的值。cout 不仅可以输出变量的值，也可以直接输出表达式的执行结果或输出一个常量。如果变量 a=3、b=4，想要输出 3+4=7，此时可用下列输出语句。

```
cout << a << '+' << b << '=' << a+b << endl;
```

其中，endl 表示输出一个换行符，将光标移到下一行的第一列。

字符型数据输出还可以用成员函数 put。put 函数有一个字符类型的形式参数可用。例如：

```
cout.put('A');
```

将字符 A 显示在屏幕上，而

```
cout.put(65);
```

输出 ASCII 值为 65 的字符，输出也是字符 A。

2.3.3 *输入异常

输入异常

数据输入是程序运行时由用户完成的。当用户的输入与程序要求不一致时会导致程序出错。出现输入错误时，程序将忽略后面所有的输入语句。例如，在代码清单 2-2 所示的程序中，输入 3 个整型变量值、输出 3 个变量值以及 3 个变量之和的值。

代码清单 2-2　输入和输出演示

```
//文件名：2-2.cpp
#include <iostream>
using namespace std;

int main()
{
    int a, b, c;

    cout << "请输入 3 个整数：";
    cin >> a ;
    cout << a  << endl;
    cin >> b ;
    cout << b << endl;
    cin >>  c;
    cout << c << endl;
    cout << a + b + c << endl;

  return 0;
}
```

正常程序运行过程如下所示。

```
请输入 3 个整数：1  2  3
1
2
3
6
```

用户如果没有输入 3 个整数，而是输入了：

```
请输入 3 个整数： 2  abcv
```

那结果会是什么？程序正确读入了变量 a 的值，但无法读入 b。因为 b 是整型变量，而 abcv 都不是合法的数字，输入出错，程序忽略后面所有的输入语句。b 和 c 的值都是随机数。某次执行的结果是：

```
请输入 3 个整数： 2  abcv
2
-858933909
-879023454
-1737957361
```

2.4　算术运算

程序中最重要的阶段是计算阶段。计算阶段的主体是算术运算，如代码清单 2-1 中计算 *x*1 和 *x*2。在程序设计语言中，计算是通过算术表达式实现的。

2.4.1　算术表达式

程序设计语言中的算术表达式与数学中的代数表达式非常类似，由算术运算符和运算数组成。C++的算术运算符有+（加法）、-（减法）（若左边无值则为负号）、*（乘法）、/（除法）和%（取模）。其中+、-、*、/的含义与数学中的完全相同；%运算是取两个整数相除后的余数。计算时，采用先乘除、后加减的原则，优先级相同时，从左到右计算，即左结合。%运算的优先级与*和/相同。算术表达式中还允许用小括号改变优先级。例如，在表达式(2+*x*)*(3+*y*)中，先计算表达式 2+*x* 和 3+*y*，然后把这两个表达式的结果相乘。但要注意代数式中改变优先级可以用小括号、方括号和大括号，但 C++程序只允许用小括号。大括号和方括号在 C++中另有用处。

算术表达式

2.4.2 各种类型数据间的混合运算

各种类型数据间的混合运算

在 C++中，整型、实型、字符型和布尔型的数据都可参加算术运算。字符型数据用它的内码参加运算，布尔型数据用 0（false）和 1（true）参加运算。不同类型的数据可以出现在同一表达式中，如 3 + 4.5 – 'a'。但事实上，C++只能执行同类型的数据运算。例如，int 型与 int 型的数据进行运算，double 型与 double 型的数据进行运算。运算结果的类型与运算数类型相同。在进行不同类型的数据运算之前，编译器会自动将运算数转换成同一类型，然后进行运算，这种转换称为**自动类型转换**。转换的总原则是 **short、char 和 bool 型转换成 int 型，占用空间少的向占用空间多的靠拢，数值范围小的向数值范围大的靠拢**。

2.4.3 强制类型转换

强制类型转换

当对两个整型数执行除法运算时，会出现一个有趣的现象。表达式 9/4 的结果是 2，而不是数学意义上的 2.25。这是因为两个运算数都为 int 型，所以计算结果也是 int 型。若想要计算出从数学意义上来讲正确的结果，应当至少有一个运算数为浮点数。此时会发生自动类型转换，将另一个整型运算数转换为 double。例如，下列 3 个表达式：

```
9.0 / 4
9 / 4.0
9.0 / 4.0
```

每个表达式都可以得到浮点型数值 2.25。

但是，如果 9 和 4 分别存储于两个整型变量 x 和 y 中，如何使 x/y 的结果为 2.25 呢？此时不能将这个表达式写为 x.0/y，也不能写成 x/y.0。

解决这一问题的方法是使用强制类型转换。强制类型转换可将某一表达式的结果强制转换成指定的类型。C++的强制类型转换有以下两种形式。

```
(类型名) (表达式)
类型名 (表达式)
```

前者来自 C 语言，后者是 C++提出的格式。因此，想使 x/y 的结果为 2.25，此时可用表达式 double(x)/y 或 x/(double)y 实现。

强制类型转换实际上就是告诉编译器："不必检查类型，把它看成其他类型。"也就是说，在 C++类型系统中引入了一个漏洞，并阻止编译器报告那些类型方面出错的问题。更糟糕的是，编译器会相信它，而不执行任何其他的检查来捕获错误。事实上，无论什么原因，任何一个程序如果使用很多强制类型转换都是值得怀疑的。**一般情况下，应尽可能避免使用强制类型转换。它只是用于解决非常特殊的问题的手段。**

一旦理解了这一点，在遇上一个出故障的程序时，其中一个反应应该是寻找作为"嫌犯"的类型转换。为了方便查找这些错误，C++提供了一个更直接的形式——在强制类型转换时指明转换的性质。强制类型转换运算符有 4 种：静态转换（static_cast）、重解释转换（reinterpret_cast）、常量转换（const_cast）和动态转换（dynamic_cast）。它们的格式如下：

```
转换类型<类型名>(表达式)
```

编译器隐式执行的任何类型转换都是 static_cast。用 static_cast 可以告诉读程序的程序员此处有一个类型转换。例如定义了：

```
char ch;
int d = 10;
```

可以执行 ch = d;，此时发生了一次自动类型转换。更好的用法是：

```
ch = static_cast<char>(d);
```

明确指明此处发生了类型转换。

当需要把一个占用空间较多的类型赋予一个占用空间较少的类型时，使用静态转换非常有用。此时，静态转换告诉程序的读者和编译器：我们知道且不关心潜在的损失。如果不加静态转换，编译器通常会产生一个警告。

其他 3 种类型转换将在用到时再介绍。

2.4.4　数学函数库

cmath 库

在 C++语言中，除了+、−、*、/、%运算以外，其他的数学运算都是通过函数的形式来实现的。这些数学运算函数都在数学函数库 cmath 中，cmath 中的主要函数如表 2-3 所示。使用这些数学函数时，必须在程序开始处写上以下预编译命令。

```
#include <cmath>
```

表 2-3　　cmath 中的主要函数

函数类型	cmath 中对应的函数
绝对值函数($\lvert x\rvert$)	int abs(int x) double fabs(double x)
指数函数(e^x)	double exp(double x)
幂函数(x^y)	double pow(double x, double y)
平方根函数($\sqrt{x}$)	double sqrt(double x)
自然对数函数($\ln x$)	double log(double x)
对数函数($\lg x$)	double log10(double x)
三角函数	double sin(double x) double cos(double x) double tan(double x)
反三角函数	double asin(double x) double acos(double x) double atan(double x)

2.5　赋值运算

2.5.1　赋值表达式

赋值运算

程序中一个重要的操作是将计算的结果暂存起来，以备后用。计算的结果可以暂存在一个变量中。因此，任何程序设计语言都必须提供一个基本的功能：将数据存放到某一个变量中。大多数程序设计语言是用赋值语句实现这一功能的。

C++中，赋值所用的等号被看成一个二元运算符。赋值运算符=有两个运算数——左右各一个。目前可以认为左边的运算数一定是一个变量，右边是一个表达式。整个由赋值运算符连起来的表达式称为**赋值表达式**。执行赋值表达式时，首先计算右边表达式的值，然后将结果存储在赋值运算符左边的变量中。整个赋值表达式的运算结果是左边的变量。

因此：

```
total = 0
```

是一个表达式，该表达式将 0 存放在变量 total 中，整个表达式的结果值是变量 total，它的值为 0。执行：

```
cout << (total = 0);
```

将会显示 0，即 total 的值。

表达式后面加上一个分号形成了 C++中最简单的语句——**表达式语句**。赋值表达式后面加上一个分号形成了赋值语句。例如：

```
total = 0;
```

是一个赋值语句，而

```
total = num1 + num2;
```

也是一个赋值语句。这个语句将变量 num1 和 num2 的值相加，结果存于变量 total 中，整个表达式的结果值是变量 total，其值为 num1 + num2 的结果。

赋值表达式非常像代数中的等式，但要注意两者的含义完全不同。代数中的等式表示等号两边的值是相同的，如 $x=y$ 表示 x 和 y 的值相同。而 C++的等号是一个动作，表示把右边的值存储在左边的变量中，如 x=y 表示把变量 y 的值存放到变量 x 中。同理，x=x+1 在代数中是不成立的，但在 C++中是一个合法的赋值表达式，表示把变量 x 的值加 1 以后重新存放到变量 x 中。

在 C++中，只能出现在赋值运算符右边、不能出现在赋值运算符左边的表达式称为**右值**（rvalue），能出现在赋值运算符左边的表达式称为**左值**（lvalue）。变量是最简单的左值，而 x + y 不是左值，只能作为右值。左值是 C++中一个重要的概念，左值必须有一块可以保存信息的内存空间，而右值是用完即扔的信息。对应于手动计算，右值是草稿纸上的中间结果，左值是作业本上需要永久保留的信息。例如，计算 $z = x + y$，x、y、z 在作业本上有记录它们值的位置。在获得 x 和 y 值之后，就在草稿纸上计算 $x + y$，把结果写到作业本上 z 的地方，然后草稿纸就被扔了。

赋值运算是将右边表达式的值赋予左边的变量，那么很自然地要求右边表达式执行结果的类型和左边变量的类型应该是一致的。当表达式的结果类型和变量类型不一致时，同算术运算一样，程序会发生自动类型转换。将右边表达式的结果转换成左边变量的类型，再赋予左边的变量。各种类型间的转换规则如下。

- 实型转换成整型时，舍弃小数部分。
- 整型转换成实型时，数值不变，但表示成实数形式，如 1 被转换为 1.0。
- 字符型转换成整型时，不同的编译器有不同的处理方法。有些编译器是将字符的内码看成无符号数，即 0～255 内的一个值。另一些编译器是将字符的内码看成有符号数，即−128～127 内的一个值。
- 布尔型转换成整型时，true 为 1，false 为 0。
- 整型转换成字符型时，直接取整型数据的最低 8 位。
- 取值范围较大的整型转换成取值范围较小的整型时，通常直接取低字节。例如，在 Visual C++中将 0xFFFFF 赋予短整型变量 h，则 h 的值为−1。
- long double 型转换成 double 型或 double 型转换成 float 型时，精度降低。如果数值超出目标类型的表示范围，结果值不确定。

2.5.2 赋值的嵌套

赋值的嵌套

C++将赋值作为运算，得到了一些有趣且有用的结果。如果赋值是一个表达式，那么该表达式本身应该有值。进而言之，如果一个赋值表达式产生一个值，那么也一定能将这个赋值表达式嵌入一些更复杂的表达式中。例如，我们可以将表达式 x = 6 作为另一个运算符的运算数，该赋值表达式的值是变量 x，x 的值是 6。因此，表达式 (x = 6) + (y = 7)等价于分别将 x 和 y 的值设置为 6 和 7，并将 x 和 y 相加，整个表达式的值为 13。在 C++中，=的优先级比+低，所以这里的小括号是必需的。将赋值表达式作为更大表达式的一部分称为**赋值嵌套**。

虽然赋值嵌套有时显得非常方便，而且很重要，但经常会使程序难以阅读。因为较大表达式中赋值嵌套使变量值发生的改变很容易被忽略，所以要谨慎使用。

赋值嵌套最重要的应用是将同一个值赋予多个变量的情况。C++语言对赋值的定义允许用以下一条语句代替单独的几条赋值语句。

```
n1 = n2 = n3 = 0;
```

它将 3 个变量的值均赋为 0。它之所以能达到预期效果是因为 C++语言的赋值运算是一个表达式，而且赋值运算符是**右结合**的。整条语句等价于：

```
n1 = (n2 = (n3 = 0));
```

表达式 n3 = 0 先被计算，它将 n3 设置为 0，赋值表达式的结果值是变量 n3。随后执行 n2 = n3，将 n3 的值又赋予 n2，结果再赋予 n1。这种语句称为**多重赋值语句**。

当用到多重赋值语句时，要保证所有的变量都是同类型的，以避免由自动类型转换而产生的与预期不相符的结果。例如，假设变量 d 定义为 double 型，变量 i 定义为 int 型，那么下面这条语句会有什么效果呢？

```
d = i = 1.5;
```

这条语句很可能使读者产生混淆，认为 i 的值是 1，而 d 的值是 1.5。事实上，这个表达式在计算时，先将 1.5 截去小数部分赋予 i，因此 i 得到值 1。表达式 i=1.5 的结果是变量 i，也就是将整型变量 i 的值赋予 d，即将整数 1 赋予了 d，而不是浮点数 1.5，该赋值再引发第二次类型转换，所以最终赋予 d 的值是 1.0。

2.5.3　复合赋值运算符

假设变量 balance 保存某人银行账户的余额，他想往里存一笔钱，数额存在变量 deposit 中。新的余额由表达式 balance + deposit 给出。于是有以下赋值语句：

复合赋值运算符

```
newbalance = balance + deposit;
```

然而在大多数情况下，人们不愿用一个新变量存储结果。存钱的效果就是改变银行账户中的余额，即改变变量 balance 的值，使其加上新存入的数额。与上面的把表达式的结果存入一个新的变量 newbalance 的方法相比，把 balance 和 deposit 的值相加，并将结果重新存入变量 balance 中更可行，即用下面的赋值语句：

```
balance = balance + deposit;
```

尽管上述语句能够达到将 deposit 和 balance 相加并将结果存入 balance 的效果，但它并不是 C++程序员常写的形式。像这样对一个变量执行一些操作并将结果重新存入该变量的语句在程序设计中使用十分频繁，因此 C++语言的设计者特意加入了它的缩略形式。对任意的二元运算符 op：

```
变量 = 变量 op 表达式;
```

上述形式的语句都可以写成：

```
变量 op= 表达式;
```

二元运算符与=结合的运算符称为**复合赋值运算符**。

正因为有了复合赋值运算符，像：

```
balance = balance + deposit;
```

这种常常出现的语句便可用：

```
balance += deposit;
```

来代替。用自然语言表述即为把 deposit 加到 balance 中。

这种缩略形式适用于 C++语言中所有的二元运算符，所以通过下面的语句可以从 balance 中减去 surcharge 的值。

```
balance -= surcharge;
```

C++中赋值运算符（包括复合赋值运算符，如+=、*=等）的优先级比算术运算符的优先级低。

2.5.4 自增和自减运算符

除复合赋值运算符外，C++语言还为另外两个常见的操作，即将一个变量加 1 或减 1，提供了更进一步的缩略形式。将一个变量加 1 称为**自增**该变量，用运算符++表示；将一个变量减 1 称为**自减**该变量，用运算符--表示。例如，语句：

自增和自减运算符

```
++x;
```

等效于

```
x += 1;
```

同样有：

```
--y;
```

等效于

```
y -= 1;
```

自增和自减运算符可以作为前缀，也可以作为后缀。也就是说，++x 和 x++都是 C++中正确的表达式，它们的作用都是将变量 x 中的值增加 1。但这两个表达式的结果值略有不同。当++作为前缀时，表达式的结果值是加 1 后的变量本身；当++作为后缀时，表达式的结果值是变量原先的值。例如，若 x 的值为 1，执行下面两条语句的结果是不同的。

```
y = ++x;
y = x++
```

执行前一语句后，y 的值为 2，x 的值也为 2；而执行后一语句后，x 的值为 2，y 的值为 1。

当仅将一个变量值加 1 或减 1 时，程序员可以使用前缀的++或--，也可以使用后缀的++或--。但一般程序员习惯使用前缀的++或--。道理很简单，因为前缀操作所需的工作更少，只需加 1 或减 1，并返回该变量，而后缀的++或--需要先保存变量原先的值，以便让它作为表达式的结果值，然后变量值再加 1。

2.6 编程规范及常见错误

一个程序不仅要能正确地完成任务，而且要容易理解。如果再加上程序风格优美，令人感到赏心悦目就更好了。那么什么是良好的程序设计风格呢？怎样才能做到呢？判断一个程序写得好不好的标准又是什么呢？遗憾的是，对这些问题很难给出确切的答案。

有很多规则有助于写出较好的程序，下面列出了一些主要规则。

- *用注释告诉其他程序员需要知道些什么。*用注释向其他程序员解释那些很复杂的或只通过阅读程序本身很难理解的部分。如果希望其他程序员能对程序进行修改，最好简要介绍自己是怎么做的。另外，不要过于详细地解释一些很明显的东西。例如，下面这样的注释根本没有什么意义。

```
total += value; //Add value to total
```

最后，也是最重要的，就是确定所加的注释正确地反映了程序当前的状态，修改程序时也要及时更新程序的注释。

- *使用有意义的名称。*在给变量或常量取名称时尽量选择有意义的名称。例如，在支票结算的程序中，变量名 balance 清楚地说明了该变量中包含的值是什么。假如使用一个简单字母 b，可能会使程序更短更容易输入，但这样却降低了这个程序的可读性。变量名通常用小写字母表示，常量名通常用大写字母表示。

- 让程序看上去更清晰。为了让程序看上去更加清晰，建议一个语句占用一行，表达式中的运算符前后各加一个空格。
- 避免直接使用那些有特殊含义的常量。将这些常量定义成符号常量可以进一步提高程序的可读性和可维护性。
- 使用缩进来表示程序中的控制范围。恰当使用缩进可以使程序的结构更加清晰，如函数的函数体相对于函数头缩进若干个空格。
- 如果一个语句含有多个表达式，可使用小括号来保证编译器按你预想的方式去处理。使用小括号是保证代码正确的一种手段。就算有的时候括号不是必需的，但也要使用。虽然这可能带来一些额外的输入，但它能节约大量的修改错误的时间，这些错误往往是对优先级或结合性的误解引起的。
- 用户交互。在处理输入过程时，建议先执行一条输出语句告知用户程序所期望的输入。在程序执行结束时输出一条显示程序完成的信息。
- 明确程序的结构。程序中的各部分之间用空行分隔，例如变量定义阶段和语句部分，使程序的结构更加清晰。
- 不要直接用 ASCII 值。直接用 ASCII 值会影响程序的可移植性。
- 注意整型数的溢出。整型数在内存中占用的空间是有限的。某个运算结果为整型的表达式的计算结果超出了整型数的表示范围称为**溢出**，溢出会造成运算结果不正确。而 C++并不提醒溢出错误，程序员必须保证整型数运算过程中不会溢出。
- 实型数不能精确表示。实型数被表示成浮点形式。如果某个实型数的位数超过尾数的表示范围，则会被截去多余的位数，因此不要比较两个实型数是否相等。
- 谨慎使用嵌套赋值。嵌套赋值中尽量不要包含不同类型的变量，以免出现由于自动类型转换而造成的误差。

程序员的宗旨是让程序更容易阅读。为了达到这个目的，最好重新审视自己的程序风格，就像作家校稿一样。在做程序设计作业时，最好早一些开始；做完后把它扔在一边放几天，然后重新拿出来，看看对你来说它容易读懂吗？容易维护吗？如果发现程序实际上不易读懂，就应该投入时间来修改它。

2.7　小结

本章介绍了 C++程序的一个完整实例，以使读者了解 C++程序的总体结构及工作方式。本章主要内容包括一个完整的 C++程序组成以及一个完整的函数组成。除此之外，本章着重介绍了构成一个程序必不可少的变量定义、C++的内置数据类型以及算术运算、赋值运算和输入/输出。通过本章的学习，读者应能编写一些简单的程序。

2.8　习题

一、简答题

1. 程序开头的注释有什么作用？

2. 库的作用是什么？

3. 在程序中采用符号常量有什么好处？

4. 有哪两种定义符号常量的方法？C++建议的是哪一种？

5. C++定义了一个名为 cmath 的库，其中有一些数学函数。要访问这些函数，程序员需要在程序中引入什么语句？

6. 每个 C++语言程序中都必须定义的函数的名称是什么？

7. 如何定义两个名为 num1 和 num2 的整型变量？如何定义 3 个名为 x、y、z 的实型双精度变量？

8. 简单程序通常由哪 3 个部分组成？

9. 一个数据类型有哪两个重要属性？

10. 两个短整型数相加后，结果是什么类型？

11. 算术表达式 true + false 的结果是多少？结果值是什么类型的？

12. 假设 i、j 和 k 声明为整型变量，执行下列语句后，i、j、k 的值分别是多少？

```
i = (j = 4) * (k = 16);
```

13. 怎样用一个简单语句将 x 和 y 的值设置为 1.0（假设它们都被声明为 double 型）？

14. 假如整型数用两字节表示，写出下列各数在内存中的表示，并写出它们的八进制和十六进制表示。

```
10   32   240   -1   32700
```

15. 辨别下列哪些常量为 C++语言中的合法常量。对于合法常量，分辨其为整型常量还是浮点型常量。

```
42   1,000,000   -17  3.1415926    2+3      123456789   -2.3   0.000001   20
1.1E+11        2.0     1.1X+11      23L      2.2E2.2
```

16. 指出下列哪些是 C++语言中合法的变量名。

a. `x`

b. `formulal`

c. `average_rainfall`

d. `%correct`

e. `short`

f. `tiny`

g. `total output`

h. `aReasonablyLongVariableName`

i. `12MonthTotal`

j. `marginal-cost`

k. `b4hand`

l. `_stk_depth`

17. 一个定义时没有赋初值的变量值是什么？

18. 如果 ch 是字符类型的变量，执行表达式 ch = ch +1 时发生了几次自动类型转换？

19. 如有定义：

```
char ch1 = 'a';
auto ch2  ch1 + 1;
```

问 ch2 是什么类型？如果计算机采用 ASCII，则 ch2 的值是多少？

20. 如有定义：

```
char ch = 'a';
bool flag = true;
decltype (ch + flag) c;
```

c 是什么类型？c 的值是多少？

21. 以下哪些是合法的字符常量？

```
'a'     "ab"    'ab'    '\n'    '0123'    '\0123'    "m"
```

22. 写出完成下列任务的表达式。

a. 取出整型变量 n 的个位数。

b. 取出整型变量 n 的十位以上的数字（包括十位）。

c. 将整型变量 a 和 b 相除后的商存于变量 c，余数存于变量 d。

d. 将字符变量 ch 中保存的小写字母转换成大写字母。

e. 将 double 型的变量 d 中保存的数字按四舍五入的规则转换成整数。

23. 如果 x 的值为 5、y 的值为 10，执行表达式 z = (++x) + (y--)后，x、y、z 的值分别是多少？

24. 若变量 k 为 int 型、x 为 double 型，执行了 k = 3.1415;x = k;后，x 和 k 的值分别是多少？

25. 已知华氏温度到摄氏温度的转换公式为：

$$C=\frac{5}{9}(F-32)$$

某同学编写了一个将华氏温度转换成摄氏温度的程序：

```
int main()
{
    int c, f;

    cout << "请输入华氏温度：";
    cin >> f ;
    c = 5 / 9 * ( f - 32) ;
    cout << "对应的摄氏温度为：" << c;

    return 0;
}
```

但无论输入什么值，程序的输出都是 0。请你帮他找一找哪里出问题了。

26. 为什么下列两组代码中，第一组能通过编译，第二组会出现编译错误？

```
(1)  int n;
     cin >> n;
     const int N = n;
(2)  int n;
     cin >> n;
     constexpr int N = n;
```

二、程序设计题

1. 将代码清单 2-1 原样输入计算机并运行。

2. 设计一个程序完成下述功能：输入两个整型数，输出这两个整型数相除后的商和余数。

3. 输入 9 个小于 8 位的整型数，然后按 3 行输出，每一列都要对齐。例如，输入 1、2、3、11、22、33、111、222、333，输出为：

```
1       2       3
11      22      33
111     222     333
```

4. 某工种按小时计算工资，每月劳动时间（小时）乘以每小时工资等于应发工资，总工资扣除 10%的公积金，剩余的为实发工资。编写一个程序从键盘输入每月劳动时间和每小时工资，输出应发工资和实发工资。

5. 编写一个水果店售货员的结账程序。已知苹果每斤 2.50 元，鸭梨每斤 1.80 元，香蕉每斤 2 元，橘子每斤 1.60 元，要求输入各种水果的质量，输出应付金额，应付金额按四舍五入转成元，再输入顾客付款数，输出应找的零钱。

6. 编写一个程序完成下述功能：输入一个字符，输出它的 ASCII 值。

7. 假设校园电费是 0.6 元/千瓦・时，输入这个月使用了多少千瓦・时的电，算出你要交的电费。假如你只有 1 元、5 角和 1 角的硬币，请问各需要多少 1 元、5 角和 1 角的硬币。例如，这个月使用的电量是 11 千瓦・时，那么输出为：

```
电费：6.6
共需 6 枚 1 元的、1 枚 5 角的和 1 枚 1 角的硬币
```

8. 设计并实现一个银行计算利息的程序，输入为存款金额和存款年限，输出为应得的利息。假设年利率为1.2%，计算利息的公式为：本金 × 年利率 × 存款年限。

9. 编写一个程序读入用户输入的4个整数，输出它们的平均值。程序运行结果的示例如下：

```
请输入4个整型数： 5 7 9 6↙
5 7 9 6的平均值是6.75
```

10. 编写一个程序，输出在你使用的C++编译器中int型的数据占几字节，double型的数据占几字节，short int型的数据占几字节，float型的数据占几字节。

11. 对于一个二维平面上的两个点$(x1,y1)$和$(x2,y2)$，编写一个程序计算两点之间的距离。

12. 编写一个程序，输入圆的半径，输出它的面积。例如输入1，输出为：

```
半径为1的圆的面积是3.14
```

13. 设计一个程序，计算两个输入的复数之和。

第 3 章 分支程序设计

代码清单 2-1 给出了一个解一元二次方程的程序。但运行这个程序有时不能给出正确的结果。例如输入 1、1、1，有些计算机上程序会异常终止，有些计算机上会输出两个根是负无穷大，而不是输出没有根，原因是设计的算法不够完善。在手动解一元二次方程时，首先会检查 a 是否为 0。如果 a 为 0，则不是一元二次方程，不能用标准公式求解。如果 a 不为 0，这时还需检查 b^2-4ac 的值。如果这个值小于 0，则方程无实数解，也不能用标准公式求解。要使解一元二次方程的程序能处理各种各样的情况，必须有一套处理各种情况的机制。这个机制就是**分支程序设计**。

分支程序设计必须具备两个功能：一是区分各种情况；二是根据不同的情况执行不同的语句。前者用关系表达式和逻辑表达式来实现；后者用两个控制语句来实现。

3.1 关系表达式

关系表达式用于比较两个值的大小。C++提供了 6 个关系运算符：<（小于）、<=（小于或等于）、>（大于）、>=（大于或等于）、==（等于）、!=（不等于）。前 4 个运算符的优先级相同，后两个运算符的优先级相同。前 4 个运算符的优先级高于后两个。

关系表达式

关系运算符可以将两个表达式连接起来形成一个关系表达式：

```
表达式 关系运算符 表达式
```

参加关系运算的表达式可以是 C++的各类合法的表达式，其中包括算术表达式、赋值表达式以及关系表达式本身。因此，下列表达式都是合法的关系表达式：

```
a > b      a + b > c - 3      (a = b) < 5      (a > b) == (c < d)    -2 < -1 < 0
```

关系运算符的优先级比算术运算符低，但比赋值运算符高。例如，a + b > c − 3 表示将 a + b 的结果和 c −3 的结果进行比较，而不是 a 加上 b > c 的结果再减去 3。表达式 a = b < 5 表示将关系表达式 b < 5 的运算结果存放在变量 a 中。关系运算符是***左结合***的。表达式−2 <−1 < 0 相当于(−2 <−1) < 0。

计算关系表达式与计算算术表达式和赋值表达式一样，都会进行自动类型转换，将关系运算符两边的运算数转换成相同类型。关系表达式的计算结果是布尔型的值：true 和 false。

使用关系表达式时，特别要注意的是“等于”比较。“等于”运算符是由两个等号（==）组成的。常见的错误是在比较相等时用一个等号，这样编译器会将这个等号当作赋值运算符。

有了关系表达式，就可以区分解一元二次方程程序中的不同情况。例如，判断方程是不是一元二次方程，可以用关系表达式 a==0 实现；判断方程有没有根，可以用 $b^2-4ac<0$ 实现。

3.2 逻辑表达式

逻辑表达式

关系表达式只能表示简单的情况，当要表示更复杂的情况时需要用到逻辑表达式。C++定义了 3 个逻辑运算符：!（逻辑非）、&&（逻辑与）和 ||（逻辑或）。与、或、非的定义与数学中的完全一样。由逻辑运算符连接而成的表达式称为**逻辑表达式**。

!是一元运算符，&&和||是二元运算符。它们之间的优先级为：!最高，&&次之，||最低。事实上，!运算是所有 C++运算符中优先级最高的。它们的准确含义可以用**真值表**来表示。给定布尔值 p 和 q，!、&&和||运算符的真值表如表 3-1 所示。

表 3-1 !、&&和||运算符的真值表

<table>
<tr><th>p</th><th>q</th><th>p && q</th><th>p || q</th><th>!p</th></tr>
<tr><td>false</td><td>false</td><td>false</td><td>false</td><td rowspan="2">true</td></tr>
<tr><td>false</td><td>true</td><td>false</td><td>true</td></tr>
<tr><td>true</td><td>false</td><td>false</td><td>true</td><td rowspan="2">false</td></tr>
<tr><td>true</td><td>true</td><td>true</td><td>true</td></tr>
</table>

如果想知道一个很复杂的逻辑表达式是如何计算的，这时可以先将它分解成这 3 种最基本的运算，然后为每一个基本表达式建立真值表，结果就一目了然了。

一个常见的错误是连接几个关系测试时忘记正确地使用逻辑连接。在数学中常可以看到如下表达式：

```
0 < x < 10
```

虽然它在数学中有意义，表示 x 的值介于 0 到 10 之间。但对 C++语言来说却有不同的含义。C++中的关系运算符是左结合的，所以上述表达式先测试 0<x，如果 x 大于 0，结果为 true，反之为 false，然后判断 true 或 false 是否小于 10。由于关系运算符两边的表达式类型不一致，此时会发生自动类型转换。true 转换为 1，false 转换为 0，继续比较。所以不管 x 的值为多少，上述表达式的值都为 true。为了测试 x 既大于 0 又小于 10，C++需要用下面这样的语句来表达：

```
0 < x && x < 10
```

原则上讲，逻辑运算符的运算对象应该是布尔型的值。但事实上，C++允许运算对象是任何类型。当对象是其他类型时，会进行自动类型转换，0 转为 false，非 0 转为 true。

有些 C++程序员喜欢写一些紧凑的表达式，如(x = a) && (y = b)。这个表达式希望完成 3 项工作：把 a 的值赋予 x，把 b 的值赋予 y，然后将 x 与 y 的值进行“与”运算。但这样的表达式是很危险的。因为在计算逻辑表达式时，有时只需要计算一半就能得到整个表达式的结果。例如，对于&&运算，只要有一个运算对象为 false，则整个表达式就为 false；对于||运算，只要有一个运算对象为 true，结果就为 true。为了提高计算性能，C++提出了一种**短路求值**的计算方法。

在计算 exp1 && exp2 或 exp1 || exp2 形式的表达式时，总是从左到右计算子表达式。一旦能确定整个表达式的值，就终止计算。例如，若&&表达式中的 exp1 为 false，则不需要计算 exp2，因为结果能确定为 false。同理，在 || 表达式的例子中，如果 exp1 的值为 true，就不需要计算 exp2 的值了。在表达式(x = a) && (y = b)中，如果 a 的值为 0，则 y=b 并没有执行。而这种错误是相当难发现的。

短路求值的一个好处是减少计算量，另一个好处是第一个条件能控制第二个条件的执行。在很多情况下，逻辑表达式的右运算数只有在第一部分满足某个条件时才有意义。例如，要表达以下两

个条件：（1）整型变量 x 的值非零；（2）x 能整除 y。由于表达式 y % x 只有在 x 不为 0 时才计算，用 C++语言可表达为：

```
(x != 0) && (y % x == 0)
```

只有在 x 不等于 0 时才会执行 y%x==0。相应的表达式在某些语言中将得不到预期的结果，因为无论何时它都要计算出&&的两个运算对象的值。如果 x 为 0，尽管看起来对 x 有非零测试，但还是会因为除零错误而终止。

有了关系表达式和逻辑表达式，就可以表示复杂的逻辑关系。判断某个字符类型的变量 ch 中的值是否为英文字母，可以用逻辑表达式：

```
ch >= 'a'  && ch <= 'z' || ch >= 'A' && ch <= 'Z'
```

判断某个整型变量 m 能否同时被 2 和 3 整除，可用逻辑表达式：

```
(m % 2 == 0)&& (m %3 == 0)
```

判别某一年 year 是否为闰年，可用逻辑表达式：

```
(year % 4 == 0 && year % 100 != 0) || year % 400 == 0
```

3.3　if 语句

3.3.1　if 语句的形式

C++中按不同情况进行不同处理的语句是 if 语句。if 语句有以下两种形式：

```
if (条件) 语句1
if (条件) 语句1 else 语句2
```

if 语句

第一种形式表示如果条件测试为 true，执行语句 1，否则什么也不做。第二种形式表示条件测试为 true 时执行语句 1，否则执行语句 2。

条件部分原则上应该是一个关系表达式或逻辑表达式，语句部分是对应于某种情况的处理语句。如果处理很简单，只需要一条语句就能完成，则可放入此语句。如果处理相当复杂，需要许多语句才能完成，则可以用一个**语句块**。语句块是一组用大括号{}括起来的语句，在语法上相当于一条语句。语句块也称为**复合语句**。

当某个解决方案需要在满足特定条件的情况下执行一系列语句时，可以用 if 语句的第一种形式。如果条件不满足，构成 if 语句主体的那些语句将被跳过。例如：

```
if (grade >= 60)  cout << "passed";
```

当 grade 的值大于等于 60 时，输出 passed，否则什么也不做。

当程序必须根据测试的结果在两组独立的动作中选择其一时，可以用 if 语句的第二种形式。例如：

```
if (grade >= 60)  cout << "passed";
else  cout << "failed";
```

当 grade 的值大于或等于 60 时，输出 passed，否则输出 failed。

if 语句中，条件为 true 时执行的语句称为 **then 子句**，条件为 false 时执行的语句称为 **else 子句**。

原则上，if 语句中的条件应该是关系表达式或逻辑表达式。但事实上，if 语句中的条件可为任意类型的表达式，可以是算术表达式，也可以是赋值表达式，甚至是一个变量。不管是什么类型的表达式，C++都认为当表达式的值为 0 时表示 false，否则为 true。

也正因为如此，若要判断 x 是否等于 3，初学者可能会错误地使用：

```
if (x = 3) ...
```

而编译器又认为语法是正确的，并不指出错误。程序员会发现当 x 的值不是 3，而是 2 或 5 时，照样执行 then 子句，而 else 子句永远不会被执行。

例 3.1 银行有一年期账户和两年期账户。一年期的年利率是 2.5%，两年期的年利率是 2.8%。设计一个银行利息计算程序，输入账户类型、起始年份、终止年份、存款金额，输出本利和。

要设计此程序，程序员自己必须知道如何计算利息。如果利率为 r、存款年限为 s、存款金额为 m，则本利和为 $m\times(1+r)^s$。由于一年期账户和两年期账户利率不同，公式中的 r 是不同的，程序必须根据用户输入的账户类型确定 r 的值。根据上述思想得到的程序如代码清单 3-1 所示。

代码清单 3-1　计算利息的程序（版本 1）

```
//文件名：3-1.cpp
#include <iostream>
#include <cmath>
using namespace std;

int main()
{
        const double oneYearRate = 0.025, twoYearRate = 0.028;
        double balance, interest;
        int type, startDate, endDate;;

        cout << "请输入存款类型（1：一年期，2：两年期）：";
        cin >> type;
        cout << "请输入存款金额：";
        cin >> balance;
        cout << "请输入起始年份：";
        cin >> startDate;
        cout << "请输入终止年份：";
        cin >> endDate;

        if (type == 1)
            interest = pow( 1 + oneYearRate, endDate - startDate) * balance;
        else
            interest = pow( 1 + twoYearRate, endDate - startDate) * balance;

        cout << balance << " 元存 " << endDate - startDate << " 年的本利和是  "
             << interest << "元" << endl;

        return 0;
}
```

由于利率是相对不变的，程序员可以把存款利率设计成符号常量。这样将来利率修改时，只需要修改符号常量的值。在设计程序时，账户类型、存款金额、起始年份和终止年份都是未知数，必须有对应保存这些值的变量，最终计算得到的本利和也必须有一个变量保存它，所以至少必须定义 5 个变量。存款金额和本利和是实数，被定义成 double 类型。年份是整数，被定义成 int 型。存款类型既不是整数也不是实数，应该是什么类型的变量？它可以用一个代码或一个符号来表示。代码清单 3-1 中用一个整型变量表示存款类型。一年期账户用整数 1 表示，两年期账户用整数 2 表示。在输入阶段，程序请求用户输入账户类型、存款金额、起始年份和终止年份。在计算阶段，用 if 语句区分两种账户，用不同的利率计算本利和。输出阶段输出计算得到的本利和。

运行代码清单 3-1 所示的程序，如计算一年期账户，存款 100 元，存款日期为 2000 年到 2002 年，则运行结果如下：

```
请输入存款类型（1：一年期，2：两年期）：1
请输入存款金额：100
请输入起始年份：2000
请输入终止年份：2002
100 元存 2 年的本利和是 105.0625 元
```

这个程序的处理还是很粗糙的，有些细节还没考虑。例如一年期账户存期不满一年应该按活期处理，输入时终止年份早于起始年份应该报错。有兴趣的读者可以进一步修改此程序。

账户类型也可以用一个字符来表示，例如'O'表示一年期，'T'表示两年期，那么账户类型可定义为字符类型的变量。另外，在代码清单 3-1 中，计算利息的公式被写了两遍，其中只是利率不同而已。如果能用一个变量表示本次计算所用的利率，这个公式就只需要写一遍。为此，可在计算之前，先根据账户类型确定利率。根据这个思想可得到另一版本的利息计算程序，如代码清单 3-2 所示。

代码清单 3-2　计算利息的程序（版本 2）

```
//文件名：3-2.cpp
#include <iostream>
#include <cmath>
using namespace std;

int main()
{
      const double oneYearRate = 0.025, twoYearRate = 0.028;
      double balance, interest, rate;
      int startDate, endDate;;
      char type;

      cout << "请输入存款类型（O：一年期， T：两年期）：";
      cin >> type;
      cout << "请输入存款金额：";
      cin >> balance;
      cout << "请输入起始年份：";
      cin >> startDate;
      cout << "请输入终止年份：";
      cin >> endDate;

      if (type == 'O')
           rate = oneYearRate;
      else
           rate = twoYearRate;
      interest = pow( 1 + rate, endDate - startDate) * balance ;

      cout << balance << " 元存 " << endDate - startDate << " 年的本利和是 " << interest
          << "元" << endl;

      return 0;
}
```

例 3.2　设计一个程序，判断某一年是否为闰年。

判断闰年的方法是：年份如果能整除 400，是闰年；年份如果能整除 4 但不能被 100 整除，是闰年。于是，这里可以写出代码清单 3-3 所示的程序。

代码清单 3-3　判断闰年的程序

```
//文件名：3-3.cpp
#include <iostream>
using namespace std;

int main()
{
    int year;
    bool result;

    cout << "请输入所要验证的年份：";
    cin >> year;
```

```
    result = (year % 4 == 0 && year % 100 !=0)|| year % 400 == 0;

    if (result)  cout << year << "是闰年" << endl;
    else  cout << year << "不是闰年" << endl;

    return 0;
}
```

注意程序中判断 result 是否为 true 用的是 if (result)，而不是 if (result == true)，想一想：为什么能这样写？相较于 result == true，这样写有什么优势？

运行代码清单 3-3 所示的程序，若输入年份为 2000，程序的运行结果如下：

```
请输入所要验证的年份：2000
2000 是闰年
```

若输入年份为 1000，程序的运行结果如下：

```
请输入所要验证的年份：1000
1000 不是闰年
```

3.3.2 if 语句的嵌套

if 语句的嵌套

if 语句的 then 子句和 else 子句可以是任意语句，当然也可以是 if 语句。这种情况称为 **if 语句的嵌套**。由于 if 语句中的 else 子句是可有可无的，有时会造成歧义。假设写了几个逐层嵌套的 if 语句，其中有些 if 语句有 else 子句而有些没有，便很难判断某个 else 子句是属于哪个 if 语句的。例如：

```
if (x < 100) if (x < 90) 语句1; else if (x<80) 语句2; else 语句3;
```

这个语句中包含 3 个 if，但只有两个 else。遇到这个问题时，C++编译器采取一个简单的规则，即每个 else 子句是与在它之前最近的一个没有 else 子句的 if 语句配对的。按照这个规则，上述语句中的第一个 else 对应于第二个 if，第二个 else 对应于第三个 if，最外层的 if 语句没有 else 子句。尽管这条规则对编译器来说处理很方便，但对人来说要快速识别 else 子句属于哪个 if 语句还是比较难。这时就要求通过良好的程序设计风格来解决。例如，通过缩进对齐，清晰地表示出层次关系。上述语句较好的表示方式为：

```
if (x < 100)
   if (x < 90) 语句1;
   else if (x < 80) 语句2;
        else 语句3;
```

上述语句有 3 个 if，两个 else，第一个 if 没有 else 子句。如果第一个 else 对应第一个 if，第二个 if 没有 else 子句，则必须用大括号将第二个 if 语句括起来：

```
if (x < 100) {
   if (x < 90) 语句1;
}
else if (x < 80) 语句2;
     else 语句3;
```

例 3.3 设计一个程序，求一元二次方程 $ax^2+bx+c=0$ 的解。

解一个一元二次方程可能遇到下列几种情况。

（1）$a=0$，退化成一元一次方程。当 b 也为 0 时，该方程是一个非法的方程，否则根为 $-c/b$。

（2）$b^2-4ac=0$，有两个相等的实根。

（3）$b^2-4ac>0$，有两个不等的实根。

（4）$b^2-4ac<0$，无实根。

据此，可以写出解一元二次方程的程序，如代码清单 3-4 所示。在这个程序中，if 语句根据 a

的值分成两种情况。当 a 为 0 时，根据一元一次方程的解法求解。当 a 不等于 0 时，继续采用 if 语句根据 b^2-4ac 的值采用不同的解法。

代码清单 3-4　求一元二次方程解的程序

```
//文件名：3-4.cpp
#include <iostream>
#include <cmath>            //sqrt 所属的库
using namespace std;
int main()
{
    double a, b, c, x1, x2, dlt;

    cout << "请输入 3 个参数：" << endl;
    cout << "输入 a:";  cin >> a ;
    cout << "输入 b:";  cin >> b ;
    cout << "输入 c:";  cin >> c ;

    if (a == 0)
      if (b == 0) cout << "非法方程" << endl;
      else  cout << "是一元一次方程，x = " << -c/b << endl;
    else {
      dlt = b * b - 4 * a * c;
      if (dlt > 0) {                          //有两个实根
            x1 = (-b + sqrt(dlt)) / 2 / a;
            x2 = (-b - sqrt(dlt)) / 2 / a;
            cout << "x1=" << x1 << "   x2=" << x2 << endl;
      }
      else if (dlt == 0)                      //有两个等根
              cout << "x1=x2=" -b/a/2 << endl;
           else cout << "无根" << endl;       //无实根
    }

    return 0;
}
```

若输入 0、1、2，程序的运行结果如下：

```
请输入 3 个参数：
输入 a: 0
输入 b: 1
输入 c: 2
是一元一次方程，x=-2
```

若输入 1、2、3，程序的运行结果如下：

```
请输入 3 个参数：
输入 a: 1
输入 b: 2
输入 c: 3
无根
```

若输入 1、-3、2，程序的运行结果如下：

```
请输入 3 个参数：
输入 a: 1
输入 b: -3
输入 c: 2
x1=2  x2=1
```

若输入 1、2、1，程序的运行结果如下：

```
请输入3个参数:
输入 a: 1
输入 b: 2
输入 c: 1
x1=x2=-1
```

3.3.3 条件表达式

条件表达式

在代码清单3-2中，为了确定本次运行时采用的利率，程序用一个if语句：

```
if (type == 'O')
    rate = oneYearRate;
else
    rate = twoYearRate;
```

对于这些非常简单的分支情况，C++提供了另一个更加简练的表示形式：? :运算符。由? :连接的表达式称为**条件表达式**。与C++中的其他运算符不同，? :有3个运算数。它的形式如下：

```
(条件) ? 表达式1: 表达式2
```

加在条件两边的小括号从语法上讲是不需要的,但有很多C++程序员用它们来强调测试条件的边界。

当C++程序遇到? : 运算符时，首先测试条件。如果条件测试结果为true，则计算表达式1的值，并将它作为整个表达式的值。如果条件测试结果为false，则整个表达式的值为表达式2的值。因而上述语句可改为：

```
rate = (type == 'O')? oneYearRate : twoYearRate;
```

条件表达式的第一个用途就是代替简单的if语句。例如，将变量x和y中值较大的一个赋予max，可以用下列语句：

```
max = (x > y) ? x : y;
```

条件表达式的第二个用途是输出时，输出结果可能因为某个条件而略有不同。例如，如果直接用：

```
cout << flag;
```

输出一个布尔变量flag的值，由于bool型不能直接输出，因此会将bool型转换为int型。flag为true时，输出为1；flag为false时，输出为0。如果希望flag的输出是true或false，可以用if语句：

```
if (flag) cout << "true";
else  cout << "false";
```

这样一个简单的转换需要一个既有then子句又有else子句的if语句来实现。但如果用? : 运算符只需要一条语句：

```
cout << (flag ? "true" : "false") << endl;
```

注意：这里的小括号是必需的，因为<<运算符的优先级比? :运算符的优先级高。

例3.4 设计一个程序，输入一个圆的半径 r 及二维平面上的一个点 (x, y)，判断点 (x, y) 是否落在以原点为圆心、r 为半径的圆内。

以原点为圆心、r 为半径的圆的方程为 $x^2+y^2=r^2$。一个点 (x, y) 是否落在该圆内只需检查 x^2+y^2 的值。如果小于或等于 r^2，则点落在圆内，否则点落在圆外。该过程如代码清单3-5所示。

代码清单3-5 判断点(x, y)是否落在以原点为圆心、r为半径的圆内的程序

```
//文件名: 3-5.cpp
#include <iostream>
using namespace std;

int main()
{
    double radius, x, y;

    cout << "请输入圆的半径: ";
    cin >> radius;
    cout << "请输入点的坐标: ";
```

```
    cin >> x >> y;

    cout << "点(" << x << ", " << y << ")"
         << (x*x + y*y <= radius * radius ?"" : "没有") << "落在圆内" << endl;

    return 0;
}
```

程序某次执行过程为：

```
请输入圆的半径：1
请输入点的坐标：0.5 0.5
点(0.5, 0.5)落在圆内
```

3.4　switch 语句及其应用

当一个程序逻辑上要求根据特定条件做出真假判断并执行相应动作时，if 语句是理想的解决方案。然而，还有一些程序需要更复杂的判断结构，它有两种以上的不同情况。当然，我们可以用嵌套的 if 语句区分多种情况，但更适合这种多分支情况的是 switch 语句，它的语法如下所示。

switch 语句

```
switch (表达式) {
    case 常量表达式 1:语句 1;
    case 常量表达式 2:语句 2;
    ……
    case 常量表达式 n:语句 n;
    default:          语句 n+1;
}
```

switch 语句的主体分成许多独立的由关键字 case 或 default 引入的语句组。一个 case 关键字和紧随其后的下一个 case 或 default 关键字之间的所有语句合称为 **case 子句**。default 关键字及其相应语句合称为 **default 子句**。

switch 语句的执行过程如下。先计算小括号中的表达式的值。当表达式的值等于常量表达式 1 时，执行语句 1 到语句 n+1；当表达式的值等于常量表达式 2 时，执行语句 2 到语句 n+1；依此类推，当表达式的值等于常量表达式 n 时，执行语句 n 到语句 n+1；当表达式的值与任何常量表达式都不匹配时，执行语句 n+1。

default 子句可以省略。当 default 子句被省略时，如果找不到任何可匹配的 case 子句，直接退出 switch 语句。

对于多分支的情况，通常对每个分支的情况都有不同的处理，因此希望执行完相应的 case 子句后就退出 switch 语句，这时可以通过 break 语句实现。break 语句的作用是跳出 switch 语句。将 break 语句作为每个 case 子句的最后一个语句，可以使各个分支互不干扰。

```
switch (控制表达式) {
    case 常量表达式 1: 语句 1; break;
    case 常量表达式 2: 语句 2; break;
    ……
    case 常量表达式 n: 语句 n; break;
    default:          语句 n+1;
}
```

但如果有多个分支执行的语句是相同的，则此时可以把这些分支写在一起，相同的操作只需写一遍。

由于switch语句通常会很长，如果case子句本身较短，程序会较容易阅读。如果有足够的空间，此时将case关键字、子句的语句和break语句放在同一行会更好。

例3.5 在例3.1中增加一个活期账户，活期账户利率是1.2%，试修改代码清单3-1所示的程序。

代码清单3-1用一个if语句区分两类账户，但本例有3类账户，如何区分？一种方法是用嵌套的if语句，例如：

```
if (type == 0) …
else if (type == 1) …
     else …
```

这种结构不太清晰、可读性差，更好的解决方法是用switch语句。具体程序如代码清单3-6所示。

代码清单3-6 利息计算程序

```
//文件名：3-6.cpp
#include <iostream>
#include <cmath>
using namespace std;

int main()
{
    const double rate1Year = 0.025, rate2Year = 0.028, currentRate = 0.012;
    double balance, interest;
    int startDate, endDate, type;

    cout << "请输入存款类型（1：一年期， 2：两年期， 0：活期）：";
    cin >> type;
    cout << "请输入存款金额：";
    cin >> balance;
    cout << "请输入起始日期：";
    cin >> startDate;
    cout << "请输入终止日期：";
    cin >> endDate;

    switch (type) {
        case 0: interest = pow( 1 + currentRate, endDate - startDate) * balance; break;
        case 1: interest = pow( 1 + rate1Year, endDate - startDate) * balance; break;
        case 2: interest = pow( 1 + rate2Year, endDate - startDate) * balance; break;
    }

    cout << balance << " 元存 " << endDate - startDate << " 年的本利和是 " << interest
         << "元" << endl;

    return 0;
}
```

在这个程序中，可以很清晰地看到根据账户类型type的值分成了3种情况进行处理。

例3.6 设计一个程序，将百分制的考试分数转换为A、B、C、D、E 5个等级计分。转换规则如下：

score≥90	A
90 > score≥80	B
80 > score≥70	C
70 > score≥60	D
score < 60	E

解决这个问题的关键也是多分支，它有5个分支。问题是如何设计这个switch语句的控制表达式和常量表达式。初学者首先会想到按照考试分数分成5个分支，于是把这个switch语句写成以下形式：

```
switch (score) {
    case score >= 90:  cout << "A";  break;
    case score >= 80:  cout << "B";  break;
    case score >= 70:  cout << "C";  break;
    case score >= 60:  cout << "D";  break;
    default: cout << "E";
}
```

这个 switch 语句有一个严重的错误：case 后面应该是常量表达式，而在上述语句的常量表达式中却包含了一个变量 score。要解决这个问题，程序员可以修改 switch 后的表达式，使之消除 case 后面的表达式中的变量。观察问题中的转换规则，可以发现考试分数的档次是与考试分数的十位数和百位数有关的，与个位数无关。考试分数去掉个位数以后的结果为 9 或 10，是 A；8 是 B；7 是 C；6 是 D；小于 6 是 E。去掉一个整型数的个位数只需要通过整数的除法：让考试分数除以 10。这样就可以得到代码清单 3-7 所示的程序。

代码清单 3-7　考试分数转换程序

```
//文件名：3-7.cpp
//将百分制的考试分数转换成 5 个等级(A、B、C、D、E)
#include <iostream>
using namespace std;

int main()
{
    int score;

    cout << "请输入分数:";
    cin >> score;

    switch(score / 10) {
        case 10:
        case 9: cout << "A";   break;
        case 8: cout << "B";   break;
        case 7: cout << "C";   break;
        case 6: cout << "D";   break;
        default: cout << "E";
    }
    cout << endl;

    return 0;
}
```

注意在代码清单 3-7 所示的程序中，case 10 后面没有语句，而直接就是 case 9，这表示 10 和 9 两种情况执行的语句是一样的，即 case 9 后面的语句。

若输入 100，程序的运行结果如下：

```
请输入分数:100
A
```

若输入 92，程序的运行结果如下：

```
请输入分数:92
A
```

若输入 66，程序的运行结果如下：

```
请输入分数:66
D
```

若输入 10，程序的运行结果如下：

```
请输入分数:10
E
```

例 3.7 自动出题：设计一个程序自动出四则运算计算题，并批改。

例 3.7

计算机的一个很重要的应用是在教学上。目前，我们应用已学到的知识已经可以编写一个简单的学习软件。假如给正在上小学一二年级的小朋友编写一个程序，练习 10 以内的四则运算，此时应该怎样解决这个问题呢？首先，程序每次运行时应该能出不同类型的题目，这次出加法，下次可能出乘法；其次，每次出的题目的运算数应该不一样；再次，计算机出好题目后应该把题目显示在屏幕上，然后等待小朋友输入答案；最后，计算机要能批改作业，告诉小朋友答案是正确的还是错误的。

上面 4 点中关键的是前两点。只要前两点解决了，应用现有的知识就可以编写出这个程序。第三点用一条输出语句就能实现。第四点可以通过将小朋友输入的答案与计算机计算结果相比较来实现。因此，整个程序的逻辑如下所示。

```
//生成题目
switch (题目类型) {
    case 加法：显示题目，输入和的值，判断正确与否，break;
    case 减法：显示题目，输入差的值，判断正确与否，break;
    case 乘法：显示题目，输入积的值，判断正确与否，break;
    case 除法：显示题目，输入商和余数的值，判断正确与否;
}
```

如何让程序每次执行的时候都出不同的题目？C++提供了一个称为随机数生成器的工具。随机数生成器能随机生成 0～RAND_MAX 内的整型数，其中包括 0 和 RAND_MAX。RAND_MAX 是一个符号常量，定义在库 cstdlib 中，它的值与编译器相关。在 Visual C++中，它的值是 32767。生成随机数的函数是 rand。每次调用 rand 函数都会得到一个 0～RAND_MAX 内的整数，而且这些值的出现是随机、等概率的。

随机数生成器可以完成题目的生成。运算数可以直接调用 rand 函数生成，但问题是生成的数在 0 到 RAND_MAX 之间，而不是 10 以内。这个问题可以通过一个简单的变换解决，如 rand() % 10。此外，也可以将 0～RAND_MAX 内的整数等分成 10 份，如果生成的随机数落在第一份，则映射成 0；如果落在第二份，则映射成 1；……；如果落在第十份，则映射成 9，即 rand() *10/(RAND_MAX+1)。同理可生成运算符。我们可以把 4 个运算符用 0～3 编码，0 表示加法，1 表示减法，2 表示乘法，3 表示除法。这样，生成运算符就可以用算术表达式 rand() % 4 或 rand()*4/(RAND_MAX+1)实现。根据上述思想，可以得到代码清单 3-8 所示的程序。

代码清单 3-8 自动出题程序

```
//文件名：3-8.cpp
//自动出题程序
#include <cstdlib>                    //随机函数所在的库
#include <iostream>
using namespace std;

int main()
{
    int num1, num2, op, result1, result2; //num1,num2:操作数; op: 运算符
                                          //result1, result2:结果
    num1 = rand()* 10 / (RAND_MAX + 1);   //生成运算数
    num2 = rand()* 10 / (RAND_MAX + 1);   //生成运算数
    op = rand()* 4 / (RAND_MAX + 1);      //生成运算符 0:+, 1:-, 2:*, 3:/

    switch (op) {
        case 0: cout << num1 << "+" << num2 << "=?" ;
                cin >> result1;
```

```
            if (num1 + num2 == result1)  cout << "you are right\n";
            else  cout << "you are wrong\n";
            break;
    case 1: cout << num1 << "-" << num2 << "=?" ;
            cin >> result1;
            if (num1 - num2 == result1) cout << "you are right\n";
            else  cout << "you are wrong\n";
            break;
    case 2: cout << num1 << "*" << num2 << "=?" ;
            cin >> result1;
            if (num1*num2 == result1) cout << "you are right\n";
            else  cout << "you are wrong\n";
            break;
    case 3: cout << num1 << "/" << num2 << "=?" ;
            cin >> result1;
            cout << "余数为=?";
            cin >> result2;
            if ((num1 / num2 == result1) && (num1 % num2 == result2))
                cout << "you are right\n";
            else  cout << "you are wrong\n";
            break;
    }

    return 0;
}
```

运行这个程序，读者会发现一个奇怪的现象：无论运行多少次程序，出的题目都是一样的。为什么会这样？rand 函数每次产生的数字不是随机的吗？事实上，计算机不可能产生随机事件。计算机做任何事情都要依据某个算法，随机数也是通过某个算法计算出来的。因此计算机产生的随机数称为**伪随机数**。生成随机数的算法需要一个输入，经过特定算法计算得到的输出即为产生的随机数。本次产生的随机数是生成下一个随机数时的输入。那么第一次产生随机数时的输入是什么？编译器会指定一个默认值，称为随机数的**种子**。由于每次运行程序时给出的种子都是同一个值，因此产生的随机数自然也相同。反映在自动出题程序中时，每次产生的题目都是相同的。要改变这种情况，程序员需要在程序每次运行时指定不同的种子。C++提供了设置种子的函数 srand，允许程序员在程序中设置随机数的种子。但如果程序员设置的种子是一个固定值，那么该程序每次执行得到的随机数序列还是相同的。如何让程序每次执行时选择的种子都不一样呢？在一个计算机系统中，时间总是在变。因此把系统时间设为种子是一个很好的想法。time(NULL)就是取当前的系统时间。为了使用时间，需要包含头文件 ctime。修改后的程序如代码清单 3-9 所示。

代码清单 3-9　修改后的自动出题程序

```
//文件名：3-9.cpp
//自动出题程序
#include <cstdlib>
#include <ctime>
#include <iostream>
using namespace std;

int main()
{
    int num1, num2, op, result1, result2; //num1, num2:操作数; op:运算符
                                          //result1, result2:结果

    srand(time(NULL));                    //随机数种子初始化
    num1 = rand()* 10 / (RAND_MAX + 1);   //生成运算数
    num2 = rand()* 10 / (RAND_MAX + 1);   //生成运算数
```

```
    op = rand()* 4 / (RAND_MAX + 1);      //生成运算符 0:+, 1:-, 2:*, 3:/

    switch (op) {
        case 0: cout << num1 << "+" << num2 << "=?" ;
                cin >> result1;
                if (num1 + num2 == result1)  cout << "you are right\n";
                else  cout << "you are wrong\n";
                break;
        case 1: cout << num1 << "-" << num2 << "=?" ;
                cin >> result1;
                if (num1 - num2 == result1) cout << "you are right\n";
                else  cout << "you are wrong\n";
                break;
        case 2: cout << num1 << "*" << num2 << "=?" ;
                cin >> result1;
                if (num1*num2==result1) cout << "you are right\n";
                else  cout << "you are wrong\n";
                break;
        case 3: cout << num1 << "/" << num2 << "=?" ;
                cin >> result1;
                cout << "余数为=?";
                cin >> result2;
                if ((num1 / num2 == result1) && (num1 % num2 == result2))
                   cout << "you are right\n";
                else  cout << "you are wrong\n";
                break;
        }

        return 0;
}
```

代码清单 3-9 所示的程序运行过程如下：

```
3+5=?8
you  are  right

5/2=?2
余数为=?1
you  are  right

7-5=?8
you  are  wrong
```

这个程序还是比较粗糙的，有很多细节没有考虑。例如，除数为 0、减法的结果为负数等。而且程序的使用也不方便，每次运行只能生成一个题目，而用户通常希望运行程序后会一道接一道地出题，直到用户想退出为止。程序的输出也太单调，不是 you are right 就是 you are wrong，输出信息也能更丰富就好了。随着学习的深入，这些细节可以逐步完善。

3.5 编程规范及常见错误

引入了 if 语句和 switch 语句后，语句就有了“层次”。某些语句是另外一些语句的一个部分，如 if 语句的 then 子句和 else 子句，switch 语句的 case 子句。为了明确显示出语句之间的控制关系，then 子句和 else 子句最好相对于相应的 if 语句缩进若干个空格，case 子句必须相对于 switch 语句缩进若干个空格。

if 语句的条件部分一般是一个关系表达式或逻辑表达式。在写关系表达式时，不要连用关系运算符，如 $x < y < z$ 要写成逻辑表达式 $x < y \&\& y < z$。在写逻辑表达式时，如果是执行“与”运算，

最好将最有可能是 false 的判断放在左边；如果是执行“或”运算，最好将最有可能是 true 的判断放在左边。这样可以减少计算量，提高程序运行的效率。

不要将有副作用的表达式（如赋值、++）作为逻辑运算的运算数。因为短路求值，这些表达式可能没有被执行。

使用 if 语句时，经常容易犯下列错误。

- 在条件后面加上分号。例如 if (a > b); max = a;，编译器会认为这是两个独立的语句；其中第一个 if 语句的 then 子句是空语句，并且没有 else 子句。
- then 子句或 else 子句由一组语句构成时，忘记用大括号将这些语句括起来。这时，编译器只将其中的第一个语句作为 then 子句或 else 子句。
- 当条件部分是判断是否相等时，将==误写为=。

使用 switch 语句时，经常容易犯如下错误。

- case 后面的表达式中包含变量。
- 以为程序只执行匹配的 case 后的语句。实际上，程序从匹配的 case 出发并跨越 case 的边界继续执行其他语句，直到遇到 break 语句或 switch 语句结束。

3.6 小结

本章主要介绍了计算机实现分支程序设计的机制，主要包括两个方面：如何区分不同的情况和如何根据不同的情况执行不同的语句。

简单的情况区分可以用关系表达式实现。通俗地讲，关系运算就是比较。复杂的情况区分可以用逻辑表达式实现。逻辑表达式是用逻辑运算符连接多个表达式，以表示更复杂的情况。

关系运算和逻辑运算的结果是布尔型的值。但我们也可以将其他类型的值用于逻辑表达式，此时，0 表示 false，非 0 表示 true。

根据逻辑判断的结果执行不同的处理有两种途径：if 语句和 switch 语句。if 语句用于两个分支的情况，switch 语句用于多分支的情况。

3.7 习题

一、简答题

1. 写出测试下列情况的关系表达式或逻辑表达式。

a. 测试整型变量 n 的值在 0～9 内，包含 0 和 9。

b. 测试整型变量 a 的值是整型变量 b 的值的一个因子。

c. 测试字符变量 ch 中存储的是一个数字字符。

d. 测试整型变量 a 的值是奇数。

e. 测试整型变量 a 的值是 5。

f. 测试整型变量 a 的值是 7 的倍数。

2. 假设 myFlag 声明为布尔型变量，下面的 if 语句有什么缺陷?

```
if (myFlag == true)...
```

3. 设 a=3，b=4，c=5，写出下列各逻辑表达式的值。

a. a+b > c && b == c

b. a || b+c && b−c

c. !(a>b) &&!c

d. (a!=b) || (b<c)

4. 用一个 if 语句重写下列代码。

```
if (ch == 'E')  ++c;
if (ch == 'E')  cout << c << endl;
```

5. 用一个 switch 语句重写下列代码：

```
if (ch == 'E' || ch == 'e')
    ++countE;
else if (ch == 'A' || ch == 'a')
    ++countA;
else if (ch == 'I' || ch == 'i')
    ++countI;
else
    cout <<  "error";
```

6. 如果 a=5，b=0，c = 1，写出下列表达式的值以及执行了表达式后变量 a、b、c 的值。

a. a || (b += c)

b. b + c && a

c. c = (a == b)

d. (a -= 5) || b++ || --c

e. b < a <= c

7. 修改下面的 switch 语句，使之更简洁。

```
switch (n) {
    case 0: n += x; ++x; break;
    case 1: ++x; break;
    case 2: ++x; break;
    case 3: m = m + n; --x; n = 2; break;
    case 4: n = 2;
}
```

8. 某程序需要判断变量 x 的值是否介于 0 到 10 之间（不包括 0 和 10），程序采用如下语句。

```
if (0 < x < 10) cout << "成立";
else cout << "不成立";
```

但无论 x 的值是多少，程序永远输出“成立”。为什么？

二、程序设计题

1. 从键盘输入 3 个实数，输出其中的最大值、最小值和平均值。

2. 编写一个程序，输入一个整型数，判断输入的整型数是奇数还是偶数。例如，输入 11，输出为：11 是奇数。

3. 编写一个程序，输入两个二维平面上的点，判断哪个点离圆心更近。

4. 有一个函数，其定义如下。

$$y=\begin{cases} x & (x<1) \\ 2x-1 & (1\leqslant x<10) \\ 3x-11 & (x\geqslant 10) \end{cases}$$

编写一个程序，输入 x，输出 y。

5. 编写一个程序，输入一个二次函数，判断该抛物线开口是向上还是向下，输出顶点坐标以及抛物线与 x 轴和 y 轴的交点坐标。

6. 编写一个程序，输入一个二维平面上的直线方程，判断该方程与 x 轴和 y 轴是否有交点，若有交点，则输出交点坐标。

7. 编写一个程序，输入一个角度，判断它的正弦值是正数还是负数。

8. 编写一个计算薪水的程序。某企业有 3 种工资计算方法：计时工资、计件工资和固定月工资。程序首先让用户输入工资计算类别，再按照工资计算类别输入所需的信息。若为计时工资，则输入工作时间及每小时薪水；若为计件工资，输入完成件数及备件的薪水；若为固定工资，则输入月工资。计算本月应发工资。职工工资需要缴纳个人所得税，缴个人所得税的方法是：2000 元以下者免税；2000～2500 元者，超过 2000 元的部分按 5%收税；2500～4000 元者，2000～2500 元的 500 元按 5%收税，超过 2500 的部分按 10%收税；4000 元以上者，2000～2500 元的 500 元按 5%收税，2500～4000 元的 1500 元按 10%收税，超过 4000 元的部分按 15%收税。最后，程序输出职工的应发工资和实发工资。

9. 编写一个程序，输入一个字母，判断该字母是元音字母还是辅音字母。用两种方法实现，第一种用 if 语句实现，第二种用 switch 语句实现。

10. 编写一个程序，输入 3 个非 0 整数，判断这 3 个值是否能构成一个三角形。如果能构成一个三角形，判断这个三角形是否是直角三角形。

11. 恺撒密码是将每个字母循环后移 3 个位置后输出，如'a'变成'd'，'b'变成'e'，'z'变成'c'。编写一个程序，输入一个字母，输出加密后的密码。

12. 编写一个成绩转换程序，转换规则是：A 档是 90～100，B 档是 75～89，C 档是 60～74，其余为 D 档。用 switch 语句实现。

13. 二维平面上的一个与 x 轴平行的矩形可以用两个点来表示。这两个点分别表示矩形的左下方和右上方的两个顶点。编写一个程序，输入两个点($x1$,$y1$)和($x2$,$y2$)，计算对应的矩形面积和周长，并判断该矩形是否是一个正方形。

14. 设计一个停车场的收费系统。停车场有 3 类汽车，分别用 3 个字母表示：C 代表轿车，B 代表客车，T 代表卡车。收费标准如表 3-2 所示。

表 3-2　停车场收费标准

车辆类型	收费标准
轿车	3 小时内，每小时 5 元。3 小时后，每小时 10 元
客车	2 小时内，每小时 10 元。2 小时后，每小时 15 元
卡车	1 小时内，每小时 10 元。1 小时后，每小时 15 元

输入汽车类型和入库、出库的时间，输出应交的停车费。假设停车时间不超过 24 小时。

15. 修改自动出题程序，使之能保证被减数大于减数，除数不会为 0。

第 4 章 循环程序设计

第 3 章介绍了一个计算银行某账户利息的程序。如果需要编写一个计算 10 个账户利息的程序，是不是需要把这段代码重复写 10 遍？答案是不需要。我们可以告诉计算机把这段计算利息的代码重复执行 10 遍。让计算机重复执行某一段代码称为循环。C++提供了两类循环：计数循环和基于哨兵的循环。计数循环用 for 语句实现，基于哨兵的循环用 while 语句和 do-while 语句实现。

4.1 计数循环

4.1.1 for 语句

在某些应用中经常会遇到某一组语句要重复执行 *n* 次。在程序中通常用 for 语句来实现。用 C++可以表示为：

```
for (i = 0; i < n; ++i) {
    需要重复执行的语句;
}
```

for 语句

如果需要重复执行的语句只有一个，可以省略大括号。for 语句由两个不同的部分构成：循环控制行和循环体。

（1）**循环控制行**。for 语句的第一行被称为**循环控制行**，用来指定大括号中的语句将被执行的次数。例如：

```
for (i=0; i<n; ++i)
```

控制大括号中的语句重复执行 *n* 次。循环控制行由 3 个表达式组成：表达式 1（上例中为 i=0）是循环的初始化，指出首次执行循环体前应该做哪些初始化的工作，变量 i 称为**循环变量**，通常用来记录循环执行的次数，表达式 1 一般用来对循环变量赋初值；表达式 2 是循环条件（上例中为 i < n），满足此条件时执行循环体，否则退出整个循环语句；表达式 3 为步长（上例中为++i），表示在每次执行完循环体后循环变量的值如何变化。循环变量通常用来记录循环体已执行的次数，因此表达式 3 通常都是将循环变量的值加 1。

（2）**循环体**。循环体是指需要重复执行的语句，这些语句将按控制行指定的次数重复执行。为了使这个控制关系更明了，循环体内的每一条语句一般都相对于控制行缩进若干个空格，这样 for 语句的控制范围就一目了然了。

根据 for 语句的语法规则，上述语句的执行过程为：将 0 赋予循环变量 i，判别 i 是否小于 n，若判断结果为真，执行循环体，然后 i 加 1；再判别 i 是否小于 n，若判断结果为真，执行循环体，然后 i 再加 1；如此循环往复，直到 i 等于 n。由此可见，在循环控制行的控制下，循环体被执行了 *n* 遍。循环体里所有语句的一次完全执行称为一个**循环周期**。

例 4.1　设计一个计算 10 个账户利息的程序。账户信息如例 3.5 所示。

这是一个非常经典的重复 *n* 次的循环实例。只要用一个 for 循环控制那段计算利息的代码（代码清单 3-6）执行 10 遍就可以了。这个程序的实现如代码清单 4-1 所示。

代码清单 4-1　计算 10 个账户利息的程序

```
//文件名：4-1.cpp
#include <iostream>
using namespace std;

int main()
{
    const double rate1Year = 0.025, rate2Year = 0.028, currentRate = 0.012;
    double balance, interest;
    int startDate, endDate, type, i;

    for (i = 0; i < 10; ++i) {
        cout << "请输入存款类型（1：一年期， 2：两年期， 0：活期）：";
        cin >> type;
        cout << "请输入存款金额：";
        cin >> balance;
        cout << "请输入起始年份：";
        cin >> startDate;
        cout << "请输入终止年份：";
        cin >> endDate;

        switch (type) {
            case 0: interest = pow( 1 + currentRate, endDate - startDate) * balance;
                    break;
            case 1: interest = pow( 1 + rate1Year, endDate - startDate) * balance;
                    break;
            case 2: interest = pow( 1 + rate1Year, endDate - startDate) * balance;
                    break;
        }

        cout << balance << " 元存 " << endDate - startDate << " 年的本利和是 " << interest
            << "元" << endl;
    }

    return 0;
}
```

C++中的变量可以定义在函数体中的任何位置，for 语句也不例外。循环变量通常只在循环语句中有意义，因此通常被定义在循环控制行中。在大多数编译器中，该变量在循环结束时被销毁。例如，代码清单 4-1 中的循环控制行通常被写为：

```
for (int i = 0; i < 10; ++i)
```

for 循环的循环次数不一定是常量，可以是一个变量或某个表达式的执行结果，下面的例子展示了这种用法。

例 4.2　设计一个统计某班级某门考试成绩中的最高分、最低分和平均分的程序。

例 4.2

解决这个问题首先需要知道有多少名学生，需要为每名学生定义一个变量来保存他的成绩，然后依次检查这些变量，找出最大值和最小值。在找的过程中顺便可以把所有的分数都加起来，最后将总和除以人数得到平均值。但问题是，在编程时程序员不知道具体的学生人数，那么如何定义变量呢？

静下心来仔细想想这个问题，想象在没有计算机的情况下，别人依次说出一组数字：7、4、6……，应该如何计算它们的和？答案之一是可以将听到的数挨个记下来，最后加起来。这个方案和刚才讲的思想是一样的，它的确可行，但并不高效。另一种可选方案是在说出数字的同时将它们加起来，记住它们的和，即7加4等于11，11加6等于17……同时记住最小的和最大的值。这样每个考试分数被处理后就不用保存了。因此程序只需要存储当前正在处理的考试分数、目前的和值，以及最大值和最小值就可以了。当处理完最后一个考试分数时，也就得出了结果。按照这个方案，对每个人的处理过程都是一样的：先输入成绩，检查是否是目前为止的最大值，检查是否是目前为止的最小值，把成绩加入总和。有多少个人，这个过程就重复多少次。这正好是一个重复 *n* 次的循环。

这个方案不用长久保存每名学生的成绩，只在处理这名学生的信息时保存一下，处理结束后这个信息就被丢弃了。这样程序只需使用6个变量：正在处理的学生的成绩、当前的和、最大值、最小值、学生数、循环变量。需要重复执行的语句是：读入一个新的学生成绩；将它加入当前的和值中；检查它是否小于最小值，如果是，则替代最小值；检查它是否大于最大值，如果是，则替代最大值。有多少学生，这个过程就重复多少次。

现在可以用新的方案来编写程序了。记住，只需要定义6个变量。程序首先要求用户输入学生的人数，然后根据学生的人数设计一个 for 循环，每个循环周期处理一个学生的信息。每个循环周期中必须执行下面的步骤：

（1）请求用户输入一个整数值，将它存储在变量 value 中；

（2）将 value 加入保存当前和的变量 total 中；

（3）如果 value 大于 max，将 value 存于 max；

（4）如果 value 小于 min，将 value 存于 min。

由此可得出代码清单4-2所示的程序。

代码清单 4-2　统计考试分数的程序

```
//文件名：4-2.cpp
//统计考试分数中的最高分、最低分和平均分
#include <iostream>
using namespace std;

int main()
{
   int value, total, max, min, numOfStudent;          //value 存放当前输入成绩

   //变量的初始化
   total = 0;
   max = 0;
   min = 100;

   cout << "请输入学生人数：";
   cin >> numOfStudent;

   for (int i = 1; i <= numOfStudent; ++i){           //控制处理 n 名学生的信息
        cout << "\n 请输入第" << i << "个人的成绩：";
        cin >> value;
        total += value;
        if (value > max) max = value;
        if (value < min) min = value;
   }

   cout << "\n 最高分：" << max << endl;
   cout << "最低分：" << min << endl;
   cout << "平均分：" << total / numOfStudent << endl;
```

```
    return 0;
}
```

记住，在设计程序时尽量用循环代替重复的语句，使程序更加简洁、美观，同时也提高了程序的可维护性。

例 4.3

循环变量通常是整型变量，用以记录循环的次数。但循环变量还可以是其他类型，如字符型变量。

例 4.3　输出字母 A～Z 的内码。

由于对字母 A 到 Z 做的工作都是一样的，即输出该字母以及对应的内码，因此这里可以用循环实现，而且循环次数是确定的，即重复 26 次，于是代码清单 4-3 用了一个 for 循环。在这个循环中，变化的是所要处理的字母，从 A 变到 Z，而在计算机内部，字母 A 到字母 Z 的编码是连续的，于是选择了一个字符类型的循环变量 ch。初始时，ch 的值是'A'，执行完一个循环周期，ch 加 1 变成了'B'，依次类推，最后变成'Z'。处理完'Z'，ch 再加 1，此时表达式 2 不成立，循环结束。注意：输出 ch 的 ASCII 值必须将 ch 强制转换成 int 型。想一想，还有没有其他方法?

代码清单 4-3　输出字母 A～Z 的内码

```
//文件名：4-3.cpp
#include <iostream>
using namespace std;

int main()
{
    for (char ch = 'A' ;ch <= 'Z'; ++ch)
        cout << ch << '(' << int(ch) << ')' << "  ";

    return 0;
}
```

for 循环的表达式 3 通常都是将循环变量加 1，但也可能有其他的变化方式，如例 4.4 所示。

例 4.4　计算 1 到 100 之间的素数和。

素数是只能被 1 和自己整除的数。按照定义，1 不是素数，2 是素数。任何大于 2 的偶数都不是素数，因为它们至少能被 3 个整数整除——1、2 和自己，所以找 1 到 100 之间的素数只需检查 3 到 100 之间的奇数。对于任意一个大于 2 的奇数 n，检查它是否为素数需要检查 1 到 n 之间的每一个奇数，测试它是否能整除 n。如果能整除 n 的数正好是两个，即 1 和 n，则 n 是素数。枚举 3 到 n 之间的奇数或枚举 1 到 n 之间的奇数，for 循环的表达式 3 不再是将循环变量加 1，而是加 2。按照这个思想实现的程序如代码清单 4-4 所示。

代码清单 4-4　计算 1 到 100 之间的素数和

```
//文件名：4-4.cpp
#include <iostream>
using namespace std;

int main()
{
    int num, k, count, sum = 2;                 //2 肯定是素数，所以 sum 初值为 2

    for (num = 3; num < 100; num += 2) {        //检查 3 到 100 之间的每个奇数是否为素数
        count = 0;
        for ( k = 1; k <= num; k += 2 )         //检查小于 num 的所有奇数
            if (num % k == 0) ++count;
        if (count == 2) sum += num;
    }
```

```
    cout << "1 到 100 的素数和是：" << sum << endl;

    return 0;
}
```

循环变量一般都是从小变到大，但某些情况下也可能是从大变到小。循环终止条件不一定是检查循环次数，也可以是更复杂的关系表达式或逻辑表达式。

例 4.5 编写一个程序，求输入整数的最大因子。

求某个数 *n* 的最大因子最简单的方法是检测从 *n*-1 开始到 1 的每个数，第一个被检测到能整除 *n* 的数就是 *n* 的最大因子。再仔细想想，最大的因子不会超过 *n*/2，因此只需要检测 *n*/2 到 1 的每个数。按照这个思想实现的程序如代码清单 4-5 所示。在代码清单 4-5 中，循环变量的值是从大变到小。

代码清单 4-5 求输入整数的最大因子

```
//文件名：4-5.cpp
#include <iostream>
using namespace std;

int main()
{
    int num, fac;

    cout << "请输入一个整数：";
    cin >> num;

    for (fac = num/2; num % fac != 0; --fac);

        cout << num << "的最大因子是：" << fac << endl;

    return 0;
}
```

注意代码清单 4-5 中的 for 循环语句，在循环控制行后面直接是一个分号。这样表示该循环的循环体是空语句，即没有循环体。这个 for 语句的执行过程是：先计算 fac = num / 2，然后检查 num % fac 是否为 0，当不为 0 时执行表达式--fac，然后检查表达式 2，如此循环往复，直到表达式 2 为假，即找到了一个能整除 num 的数 fac，fac 即为最大因子。

4.1.2 for 语句的进一步讨论

for 语句的进一步讨论

事实上，for 语句的循环控制行中的 3 个表达式可以是任意表达式，而且 3 个表达式都是可选的。如果循环不需要做任何初始化工作，则表达式 1 可以省略。如果循环前需要做多个初始化工作，此时可以将多个初始化工作组合成一个逗号表达式，作为表达式 1。

逗号表达式由一连串基本的表达式组成，基本表达式之间用逗号分开。逗号表达式的执行从第一个基本表达式开始，一个一个依次执行，直到最后一个基本表达式。逗号表达式的值是最后一个基本表达式的结果值。逗号运算符是所有运算符中优先级最低的。在代码清单 4-2 中，循环前需要将循环变量 i 置为 1，将 total 和 max 置为 0，将 min 置为 100，然后可以把这些工作都放在循环控制行中。

```
for (i = 1, total = max = 0, min = 100; i <= numOfStudent; ++i)
```

此外，也可以把所有的初始化工作放在循环语句之前，此时表达式 1 为空。所以上述语句也可修改为：

```
total = max = 0;
min = 100;
i = 1
for (; i <= numOfStudent; ++i){…}
```

尽管上述用法都符合 C++的语法，但习惯将循环变量的初始化放在表达式 1 中，其他的初始化工作放在循环语句的前面。

表达式 2 也不一定是关系表达式。它可以是逻辑表达式，甚至可以是算术表达式。当表达式 2 是算术表达式时，非 0 为 true，0 为 false。

如果表达式 2 省略，即不判断循环条件，循环将无终止地进行下去。永远不会终止的循环称为**死循环或无限循环**。最简单的死循环是：

```
for (;;);
```

要结束一个死循环，必须从键盘上输入特殊的命令来中断程序执行并强制退出。这个特殊的命令因操作系统的不同而不同，所以应该先了解自己的计算机。在 Windows 操作系统下，可以输入 Ctrl+C 或在任务管理器中终止这个程序。

表达式 3 也可以是任何表达式，一般为赋值表达式或逗号表达式。表达式 3 是在每个循环周期结束后对循环变量的修正。表达式 3 也可以省略，此时执行循环体后直接执行表达式 2。

由于 for 循环控制行中的 3 个表达式可以是任意表达式，因此 C++中的 for 循环不仅可以用于计数循环，也可以用于基于哨兵的循环。

4.1.3　for 循环的嵌套

当程序非常复杂时，常常需要将一个 for 循环嵌入另一个 for 循环中。在这种情况下，内层的 for 循环在外层 for 循环的每一个循环周期中都将执行它的所有的循环周期。每个 for 循环都要有一个自己的循环变量以避免循环变量间的互相干扰。

例 4.6　输出九九乘法表。

输出九九乘法表的程序如代码清单 4-6 所示。

代码清单 4-6　输出九九乘法表的程序

```
//文件名：4-6.cpp
#include <iostream>
using namespace std;

int main()
{
    int i, j;

     for (i = 1; i <= 9; ++i){
          for (j = 1; j <= 9; ++j)
              cout << i*j << '\t';
          cout << endl;
     }

     return 0;
}
```

外层 for 循环用 i 作为循环变量，控制乘法表的行的变化。在每一行中，内层 for 循环用 j 作为循环变量，控制输出该行中的 9 个列，每一列的值为 i*j（即行号乘以列号）。注意在每一行结束时必须换行，因此外层循环的循环体由两个语句组成：输出一行和输出换行符。内层循环中的'\t'控制每一行都输出在下一个输出区，使输出能排成一张表。代码清单 4-6 所示的程序输出如下：

```
1	2	3	4	5	6	7	8	9
2	4	6	8	10	12	14	16	18
3	6	9	12	15	18	21	24	27
4	8	12	16	20	24	28	32	36
5	10	15	20	25	30	35	40	45
6	12	18	24	30	36	42	48	54
7	14	21	28	35	42	49	56	63
8	16	24	32	40	48	56	64	72
9	18	27	36	45	54	63	72	81
```

4.1.4　范围 for 循环

范围 for 循环

for 循环中的循环变量值按照某种规律变化。但如果只知道循环变量是取某几个值，但这些值之间并无明确的变化规律，则无法用 for 循环。针对这个问题，C++11 对 for 循环进行了改进，引入了范围 for 循环。例如使循环变量 n 的值依次为 1、9、6、8、3，可用如下的循环控制行：

```
for (int i : {1,9,6,8,3})
```

该循环控制行遍历后面列表中的每一个值。第一个循环周期，i 的值为 1。第二个循环周期，i 的值为 9。依此类推，一共执行了 5 个循环周期。

此外，也可以用自动类型推断的方式定义循环变量。所以上述语句也可改为：

```
for (auto i : {1,9,6,8,3})
```

4.2　break 和 continue 语句

break 和 continue 语句

正常情况下，当表达式 2 的值为假时循环结束。但有时循环体中遇到一些特殊情况需要立即终止循环，此时可以用 break 语句。除了跳出 switch 语句之外，break 语句也可以用于跳出当前的循环语句，执行循环语句的下一个语句。

例 4.4 中检测素数直接用了素数的定义。按照这个算法，在最坏情况下，要检测一个数 *n* 是否为素数需要检查 1 到 *n* 之间的所有奇数，然后检查因子个数是否为 2。事实上，只要检查 3 到 *n*−2 之间的奇数就行了，一旦检测到一个因子就可以说明 *n* 不是素数。反映在程序中，当检测到一个因子时循环可以终止。如何终止循环？这里可以用 break 语句。改进后的素数检测程序如代码清单 4-7 所示。

代码清单 4-7　检查输入是否为素数的程序

```
//文件名：4-7.cpp
#include <iostream>
using namespace std;

int main()
{
  int num, k;

  cout << "请输入要检测的数：";
  cin >> num;

  if (num == 2) {                              //2 是素数
     cout << num << "是素数\n";
     return 0;
  }

  if(num == 1 || num % 2 == 0){               //1 不是素数，2 以外的偶数不是素数
     cout << num << "不是素数\n";
     return 0;
  }

  for (k = 3; k < num; k += 2)
     if (num % k == 0) break;

  if (k < num) cout << num << "不是素数\n";     //由 break 跳出循环
```

```
    else cout << num << "是素数\n";                //正常结束循环

    return 0;
}
```

在代码清单 4-7 中，for 循环有两个出口：一个是表达式 2 的值为假，循环正常结束；另一个是 break 语句，循环提前退出。由 break 语句退出时，表示找到了一个因子，num 不是素数。如果是表达式 2 的值为假退出循环，表示找遍了 3 到 num-2 之间的所有奇数，都没有找到因子，则 num 是素数。在输出阶段，程序检查了 k < num，如果条件成立，表示是由 break 语句跳出循环，否则是由表达式 2 的值为假结束循环。

有一个很容易与 break 语句混淆的语句 continue，它也出现在循环体中。它的作用是跳出当前循环周期，即跳过循环体中 continue 后面的语句，回到循环控制行。

例 4.7　编写一个程序，输出 3 个字母 A、B、C 的所有排列方式。

全排列的第一个位置可以是 A、B、C 中的任意一个，第二、第三个位置也是如此。但 3 个位置的值不能相同，这个问题可以用一个 3 层嵌套的 for 循环来解决。最外层的循环选择第一个位置的值，第二层循环选择第二个位置的值，最里层的循环选择第三个位置的值。3 个循环的循环变量都是从'A'变到'C'。但注意第二个位置的值不能与第一个位置的值相同，第三个位置的值也不能与第一、二个位置的值相同。如何跳过这些情况？这里可以用 continue 语句。完整的程序如代码清单 4-8 所示。

代码清单 4-8　输出 A、B、C 的全排列

```
//文件名：4-8.cpp
//输出 A、B、C 的全排列
#include <iostream>
using namespace std;

int main()
{
    char ch1, ch2, ch3;

    for (ch1 = 'A'; ch1 <= 'C'; ++ch1)    //第一个位置的值
      for (ch2 = 'A'; ch2 <= 'C'; ++ch2)  //第二个位置的值
          if (ch2 == ch1) continue;        //第一个位置的值和第二个位置的值不能相同
          else for (ch3 = 'A'; ch3 <= 'C'; ++ch3)  //第三个位置的值
                if (ch3 == ch1 || ch3 == ch2)
                   continue;               //第三个位置的值和第一、第二个位置的值不能相同
                else cout << ch1 << ch2 << ch3 << '\t';    //输出一个合法的排列

    return 0;
}
```

4.3　基于哨兵的循环

for 循环可以很好、很直观地控制重复次数确定的循环，但很多时候遇到的问题是编程时无法确定重复次数。回顾一下例 4.2 的程序，该程序可以统计某个班级的考试信息，但用户不一定喜欢这个程序。因为在输入学生的考试成绩之前，先要数一数一共有多少人参加考试。如果数错了，将导致灾难性的结果。如果某个班有 100 名学生参加了考试，但把人数误数成 99，那么输入了 99 个成绩后，发现最后一个成绩无法输入，此时输出的结果是不正确的结果。如果误数成 101 个人，那么输入了所有学生成绩后无法得到结果。用户喜欢什么样的工作方式？首先可以肯定用户绝不喜欢给

他增加工作量的工作方式，输入前先数一数人数肯定不是他喜欢的工作。一般来说，用户喜欢拿到成绩单就直接输入。所有成绩都输入后，再输入一个特殊的表示输入结束的标记。处理所有学生成绩是一个重复的工作，这个重复工作什么时候结束取决于输入的信息，这个信息就是哨兵。根据某个条件成立与否来决定是否继续的循环称为**基于哨兵的循环**。实现基于哨兵的循环的语句有 while 和 do-while。

4.3.1 while 语句

while 语句的格式如下：

```
while (表达式) {
    循环体;
}
```

while 循环

与 for 语句一样，当循环体只由一条简单语句构成时，允许去掉加在循环体两边的大括号。

程序执行 while 语句时，先计算表达式的值。如果是 false，循环**终止**，并接着执行在整个 while 循环之后的语句；如果是 true，执行循环体，而后又回到 while 语句的第一行，再次对条件进行检查。

有了 while 循环，程序员可以编写出一个更加人性化的解决例 4.2 问题的程序，如代码清单 4-9 所示。该程序不再需要用户先数一数人数，而是直接输入一个个考试分数，所有成绩输入结束后，输入一个特定的标记，即哨兵。哨兵怎么选是基于哨兵的循环的一个重要问题。在这个程序中，哨兵的选择比较简单，只要选择一个不可能是合法的考试分数的数值就行了。代码清单 4-9 中选择了 -1 作为哨兵。

这个问题的解题思路与代码清单 4-2 类似，但有两个区别：一是重复次数不再确定，而是通过在输入数据中设置一个标志来表示输入结束，因此可用 while 循环代替 for 循环；二是参加考试的人数是由程序统计的而不是由用户输入的。

代码清单 4-9　统计考试分数的程序

```
//文件名：4-9.cpp
//统计考试成绩中的最高分、最低分和平均分
#include <iostream>
using namespace std;

int main()
{
    int value, total, max, min, noOfInput;    //numOfInput：人数

    total = max = noOfInput = 0;
    min = 100;

    cout << "请输入第 1 位学生的成绩：";
    cin >> value;
    while (value != -1){
        ++noOfInput;
        total += value;
        if (value > max) max = value;
        if (value < min) min = value;
        cout << "\n 请输入第" << noOfInput + 1 << "个人的成绩：";
        cin >> value;
    }

    cout << "\n 最高分：" << max << endl;
    cout << "最低分：" << min << endl;
```

```
    cout << "平均分: " << total / noOfInput << endl;

    return 0;
}
```

与 for 循环一样，while 循环的控制条件不一定是关系表达式或逻辑表达式，可以是任意表达式。例如：

```
while(1);
```

这是一个合法的 while 循环语句。但它是一个死循环，因为条件表达式的值永远为 1，而 C++中任何非 0 值都表示 true。

例 4.8 用无穷级数 $e^x = 1 + x + \frac{x^2}{2!} + \frac{x^3}{3!} + \cdots + \frac{x^n}{n!} + \cdots$ 计算 e^x 的近似值，当 $\frac{x^n}{n!}$<0.000001 时结束。

例 4.8

计算 e^x 的近似值是把该级数的每一项依次加到一个变量中。所加的项数随着 x 的变化而变化，在写程序时无法确定。显然，这是一个可以用 while 循环解决的问题。循环的条件是判断 $x^n/n!$是否大于 0.000001。循环体计算 $x^n/n!$，把结果加到总和中。如果令变量 ex 保存 e^x 的值，由于级数的每一项的值在加入总和后就没有用了，因此这里可以用一个变量 item 保存当前正在处理的项的值，那么该程序的伪代码如下：

```
ex = 0;
item = 1;
while (item > 0.000001) {
    ex += item;
    计算新的 item;
}
```

在这段伪代码中，需要进一步细化的是如何计算当前项 item 的值。显然，第 i 项的值为 $x^i/i!$。x^i 是将 x 自乘 i 次，这是一个重复 i 次的循环，它可以用一个 for 循环来实现。

```
for (xn=1, j=1; j<=n; ++j)  xn *= x;
```

$i!=1×2×3×\cdots×i$ 也可以用一个 for 循环实现。这里可以设置一个变量，将 1、2、3……i 依次与该变量相乘，结果存回该变量。

```
for (pi = 1, j=1; j<=i; ++j) pi *= j;
```

最后，令 item = xn / pi 就是第 i 项的值。

这种方法在计算每一项时，需要执行两个重复 i 次的循环。整个程序的运行时间会很长。事实上，有一种简单的方法。在级数中，项的变化是有规律的。程序员可以通过这个规律找出前一项和后一项的关系，通过前一项计算后一项。例如本题中，第 i 项的值为 $x^i/i!$，第 i+1 项的值为 $x^{i+1}/(i+1)!$。如果 item 是第 i 项的值，则第 i+1 项的值为 item*x/(i+1)。这样可以避免两个循环。根据这个思想，可以得到代码清单 4-10 所示的程序。记住，**在程序设计中时刻要注意提高程序的效率，避免不必要的操作；但也不要一味追求程序的效率，把程序写得晦涩难懂**。

代码清单 4-10 计算 e^x 的程序

```
//文件名: 4-10.cpp
#include <iostream>
using namespace std;

int main()
{
    double ex = 0, x, item = 1;    //ex 存储 e^x 的值, item 保存当前项的值
    int i = 0;

    cout << "请输入 x: ";
    cin >> x;
```

```
    while (item > 1e-6){
        ex += item;
        ++i;
        item = item * x / i;
    }

    cout << "e的" << x << "次方等于: " << ex << endl;

    return 0;
}
```

例 4.9 编写一个程序，输入一个句子（以句号结束），统计该句子中的元音字母数、辅音字母数、空格数、数字字符数及其他字符数。

句子是由一个个字符组成的，程序只需要依次读入句子中的每个字符，根据字符值做相应的处理。如果读到句号，统计结束，输出统计结果。由于事先并不知道句子有多长，只知道句子的结尾是句号，因此程序可以用 while 循环来实现。这时，句号就是哨兵。循环体读入一个字符，按照不同的字符进行不同的处理。循环终止条件是读到句号。代码清单 4-11 实现了这个过程。

代码清单 4-11　统计句子中各种字符的出现次数

```
//文件名: 4-11.cpp
#include <iostream>
using namespace std;

int main()
{
    char ch;
    int numVowel = 0, numCons = 0, numSpace = 0, numDigit = 0, numOther = 0;

    cout << "请输入句子: ";
    cin.get(ch);                                //读入一个字符，必须用get函数
    while (ch != '.') {                         //处理每个字符
        if (ch >= 'A' && ch <= 'Z')             //大写字母转成小写字母
            ch = ch - 'A' + 'a';
        if (ch >= 'a' && ch <= 'z')
            if (ch == 'a' || ch == 'e' || ch == 'i' || ch == 'o' || ch == 'u') ++numVowel;
            else ++numCons;
        else if (ch == ' ') ++numSpace;
            else if (ch >= '0' && ch <= '9') ++numDigit;
                else ++numOther;
        cin.get(ch);                            //读入一个字符
    }

    cout << "元音字母数: " << numVowel << endl;
    cout << "辅音字母数: " << numCons << endl;
    cout << "空格数: " << numSpace << endl;
    cout << "数字字符数: " << numDigit << endl;
    cout << "其他字符数: " << numOther << endl;

    return 0;
}
```

想一想：① 能否将读取一个字符的工作放入 while 的循环控制行？如果放入，这样可使程序更加简洁。② 程序中的 cin.get(ch)能否改为 cin >> ch？

do-while 循环

4.3.2　do-while 循环

在 while 循环中，如果进入时条件就为 false，循环体一次都没有执行。如果要确保循环体至少会执行一次，此时可用 do-while 循环。

do-while 循环语句的格式如下：

```
do {
    循环体;
} while (表达式);
```

do-while 循环语句的执行过程为：先执行循环体，然后计算表达式；如果表达式的值为 true，继续执行循环体，否则退出循环。

在代码清单 4-10 中，由于第 1 项必定是要加到总和中的，因此程序也可以用 do-while 语句实现。这里只需要将代码清单 4-10 所示的程序中的 while 语句改成 do-while 语句即可。

```
do {
    ex += item;
    ++i;
    item = item * x / i;
} while (item>1e-6)
```

例 4.10　计算方程 $f(x)=0$ 在某一区间内的实根是常见的问题之一。这个问题的一种解决方法称为**弦截法**。求方程 $f(x)$在区间$[a, b]$($f(a)$与 $f(b)$异号)中的一个实根的方法如下。

（1）$x1 = a, x2 = b$。

（2）连接$[x1, f(x1)]$和$[x2, f(x2)]$的弦与 x 轴的交点坐标可用如下公式求出：

$$x = \frac{x1 \times f(x2) - x2 \times f(x1)}{f(x2) - f(x1)}$$

（3）若 $f(x)$与 $f(x1)$同号，则方程的根在$(x, x2)$区间，将 x 作为新的 $x1$，否则根在$(x1, x)$区间，将 x 设为新的 $x2$。

（4）重复步骤（2）和（3），直到 $f(x)$小于某个指定的精度为止。此时的 x 为方程 $f(x)=0$ 的根。

编写一个程序，计算方程 $x^3 + 2x^2 + 5x - 1 = 0$ 在区间$[-1, 1]$中的根。

由于计算根的近似值、修正区间的工作至少须执行一遍，因此可用 do-while 循环。循环控制行判断是否达到指定精度。循环体计算根的近似值，修正区间。完整程序如代码清单 4-12 所示。

代码清单 4-12　用弦截法求方程的根

```
//文件名：4-12.cpp
#include <iostream>
#include <cmath>
using namespace std;

int main()
{
   double x, x1 = -1, x2 = 1, f2, f1, f, epsilon;

   cout << "请输入精度： ";
   cin >> epsilon;

   do {
      f1 = x1 * x1 * x1 + 2 * x1 * x1 + 5 * x1 - 1;      //计算 f(x1)
      f2 = x2 * x2 * x2 + 2 * x2 * x2 + 5 * x2 - 1;      //计算 f(x2)
      x = (x1 * f2 - x2 * f1) / (f2 - f1);
// 计算(x1, f(x1))和(x2, f(x2))的弦交与 x 轴的交点
      f = x * x * x + 2 * x * x + 5 * x - 1;
      if (f * f1 > 0) x1 = x;  else x2 = x;              //修正区间
   } while (fabs(f) > epsilon);

   cout << "方程的根是：" << x << endl;

   return 0;
}
```

4.4 循环的中途退出

循环的中途退出

代码清单4-9实现了一个读入数据直到读到标志值的程序。用自然语言描述如下。

重复执行以下过程。

（1）读入一个值。

（2）如果读入值与标志值相等，则退出循环。

（3）否则，执行在读入那个特定值情况下需要执行的语句。

该过程与while循环的执行过程不一致。在循环的开始处没有能决定循环是否应该结束的测试。循环的结束条件判断要到读入值后才能执行。这种情况称为**循环中途退出**问题。

解决该问题常用以下两种方法。

第一种解决方案如代码清单4-9所示，将上述步骤改为：

```
读入一个值;
while (读入值与标志值不相等){
    执行数据处理的语句;
    读入一个值;
}
```

让读入一个值的操作重复出现两遍。如果判断循环终止前的工作不多，这是一个可行的解决方法。如果有很多工作，将会出现大量的重复语句。

第二种解决方案是使用break语句。使用break语句能得到与自然语言描述完全一致的结构：

```
while (true) {
    读入一个值;
    if (读入值与标志值相等) break;
    执行数据处理的语句;
}
```

4.5 *输入异常的检测

输入异常的检测及处理

代码清单4-9处理了一组考试成绩。此问题中输入结束标志的选择很简单，只要选择一个不在合法分数范围中的整数即可，如-1。但如果输入的是一组普通的整型数，该如何选择哨兵？每个整数都是一个合法的输入。一种解决方法是利用输入流的输入异常来实现。

流提取运算符>>是一个二元运算符，cin >> x是一个表达式，表达式的结果是左边的对象cin。但如果运行时用户没有输入合法的数据或输入了EOF，输入操作就会失败，此时运算结果是0。例如，程序要求输入一个整型数，但用户输入了一串字母，输入就会失败。EOF是C++预先定义的一个符号常量，表示文件结束（end of file）。C++把键盘的输入看成一个文件，输入EOF表示输入结束，变量没有得到输入值，输入也会失败。我们可以用此特性作为哨兵控制while循环或do-while循环是否继续的条件。

例4.11 设计一个程序，计算一组输入整数的和，输出和值及最后输入的整数值。

这个问题中，如何选择哨兵是一个问题。为此，这里可以将输入异常作为哨兵。完整程序如代码清单4-13所示。

代码清单 4-13　计算一组输入整数的和，输出和值及最后输入的整数值

```
//文件名：4-13.cpp
#include <iostream>
using namespace std;
int main()
{
    int sum = 0, input;

    cout << "Enter numbers: ";
    while (cin >> input)
           sum += input;

    cout << "Last value entered = " << input << endl;
    cout << "Sum = " << sum << endl;

    return 0;
}
```

某次运行过程如下：

```
Enter numbers: 10 -50 -123M  87
Last value entered = -123
Sum = -163
```

本次运行中，while 循环执行了 3 个循环周期。第一个循环周期读入 10，第二个循环周期读入-50，第三个循环周期读入-123。第四次读入时读到字母 M，M 不是组成整数的合法字符，输入失败，while 循环结束。

如果某次运行的输入为：

```
10 -50 -123EOF
```

结果是一样的。如何输入 EOF？不同的操作系统有不同的输入方式。在 Windows 操作系统中，输入 EOF 是输入 Ctrl+Z。

程序如何获知本次输入遇到了什么问题？C++提供了以下 3 个函数。

eof：读到 EOF。

bad：I/O 失败或出现了一些无法诊断的错误。

fail：没能读到预期的数据。

程序可以通过这 3 个函数了解遇到的异常。代码清单 4-14 可以输出遇到的异常。

代码清单 4-14　代码清单 4-13 的改进：检测输入异常

```
//文件名：4-14.cpp
#include <iostream>
using namespace std;
int main()
{
    int sum = 0, input;

    cout << "Enter numbers: ";
    while (cin >> input)
       sum += input;

    if (cin.eof())
       cout << "遇到文件结束\n";
    if (cin.fail())
       cout << "没有得到正确输入\n";
    if (cin.bad())
       cout << "其他错误\n";

    cout << "Last value entered = " << input << endl;
    cout << "Sum = " << sum << endl;
```

```
    return 0;
}
```

再次运行此程序，给出同样的输入，程序将会输出遇到什么问题：

```
Enter numbers: 10 -50 -123M  87
没有得到正确输入
Last value entered = -123
Sum = -163
```

一旦遇到错误，后续的输入语句将被忽略。如果在代码清单4-14的return 0；之前再加上3行代码：

```
cin.get();
cin >> input;
cout << "Last value entered = " << input << endl;
```

试图读入M和87，会发现最后的输出还是-123，而不是87。让输入流重新开始工作，可调用clear函数清除所有错误。如果在cin.get()前加上cin.clear()，程序的执行结果将是：

```
Enter numbers: 10 -50 -123M  87
没有得到正确输入
Last value entered = -123
Sum = -163
Last value entered = 87
```

4.6 *枚举法

有了循环控制结构，就可以实现一种典型的解决问题的方法——**枚举法**。枚举法是一种通用的算法设计方法，它适用于问题的可能解可以一一枚举的情况。枚举法对可能是解的众多候选者按某种顺序进行逐一枚举和检验，从中找出符合要求的候选解作为问题的解。

枚举法

例4.12 有这样一个算式：*ABCD*×*E*=*DCBA*。其中，*A*、*B*、*C*、*D*、*E*代表不同的数字。编写一个程序，找出*A*、*B*、*C*、*D*、*E*分别代表什么数字。

既然*A*、*B*、*C*、*D*、*E*都代表数字，也就是0～9内的一个值，那我们就可以分别枚举出*A*、*B*、*C*、*D*、*E*的每一个可能的值，检查算式*ABCD*×*E*=*DCBA*是否成立。如果成立，输出*A*、*B*、*C*、*D*、*E*的值。枚举*A*、*B*、*C*、*D*、*E*的可能值可以用重复*n*次的循环。*A*和*D*的可能值是1～9，E的可能值是2～9，*B*、*C*的可能值是0～9。枚举*A*、*B*、*C*、*D*、*E*的可能值可以用一个5层嵌套的for循环。按照这个思想实现的程序如代码清单4-15所示。

代码清单4-15 求解*ABCD*×*E*=*DCBA*（解1）

```
//文件名：4-15.cpp
#include <iostream>
using namespace std;

int main()
{
    int A, B, C, D, E, num1, num2;

    for (A = 1; A <= 9; ++A)
     for (B = 0; B <= 9; ++B) {
      if (A == B) continue;                              //A、B不能相等
      for (C = 0; C <= 9; ++C) {
        if (C == A || C == B) continue;                  //C不能等于A，也不能等于B
        for (D = 1; D <= 9; ++D) {
          if (D == A || D == B || D == C) continue;      //D不能等于A、B、C
          for (E = 2; E <= 9; ++E) {
```

```
                if (E == A || E == B || E == C || E == D) continue;
                num1 = A *1000 + B * 100 + C * 10 + D ;              //构成数字 ABCD
                num2 = D * 1000 + C * 100 + B * 10 + A;              //构成数字 DCBA
                if (num1 * E == num2 )
                    cout << num1 << '*' << E << '=' << num2 << endl;
            }
        }
      }
    }

    return 0;
}
```

此问题还可以用另一种解决方法。因为 *ABCD* 和 *DCBA* 都是 4 位数，我们可以检查每一个 4 位数是否符合要求。最小的 4 个数字都不同的 4 位数是 1023，最大的 4 个数字都不同的 4 位数是 9876。枚举所有的 4 位数可以用一个 for 循环实现。在代码清单 4-16 中，用循环变量 num1 枚举每一个可能的 4 位数。在循环体中，首先检查 4 位数的 4 个数字是否相同。如果相同，则放弃该数字。如果 4 个数字都不同，则将该 4 位数颠倒，构造 num2。最后对每一个可能的 E，检查 num1 ＊ E 是否等于 num2。如果成立，则找到了一个可行解。

代码清单 4-16　求解 *ABCD*×*E*=*DCBA*（解 2）

```
//文件名：4-16.cpp
#include <iostream>
using namespace std;

int main()
{
    int num1, num2, A, B, C, D, E;

    for (num1 = 1023; num1 <= 9876; ++num1) {            //枚举每个可能的 4 位数
      A = num1 / 1000;                                  //取出每一位数字 A、B、C、D
      B = num1 % 1000 / 100;
      C = num1 % 100 / 10;
      D = num1 % 10;
      if (D == 0 || A == B || A == C || A == D || B == C || B == D || C == D) continue;
      num2 = D * 1000 + C * 100 + B * 10 + A;           //构造 num2
      for (E = 2; E <= 9; ++E) {                        //检查每个可能的 E
        if (E == A || E == B || E == C || E == D) continue;
        if (num1 * E == num2 )
          cout << num1 << '*' << E << '=' << num2 << endl;
      }
    }

  return 0;
}
```

程序运行结果是：

```
2178*4=8712
```

例 4.13　阶梯问题：有一个长阶梯，若每步上两个台阶，最后剩一个台阶；若每步上 3 个台阶，最后剩两个台阶；若每步上 5 个台阶，最后剩 4 个台阶；若每步上 6 个台阶，最后剩 5 个台阶；若每步上 7 个台阶，最后正好一个台阶都不剩。编写一个程序，输出该楼梯至少有多少个台阶。

这是一个典型的枚举法的程序。根据题意，这个阶梯最少有 7 个台阶，所以我们可以从 7 开始枚举，7、8、9、10……，直到找到了一个数 *n*，正好满足 *n* 除 2 余 1，*n* 除 3 余 2，*n* 除 5 余 4，*n* 除 6 余 5，*n* 除 7 余 0。再仔细想想，其实没有必要按顺序枚举每个数。因为这个数正好能被 7 整除，所以只需枚举从 7 开始的、能被 7 整除的数，即 7、14、21……即可。根据这个思想，可以得到代码清单 4-17 所示的程序。

代码清单 4-17　阶梯问题的程序

```
//文件名：4-17.cpp
#include <iostream>
using namespace std;

int main()
{
    int n;

    for (n = 7; ; n += 7)
      if (n % 2 == 1 && n % 3 == 2 && n % 5 == 4 && n % 6 == 5) break;

    cout << "满足条件的最短的阶梯长度是：" << n << endl;

    return 0;
}
```

该程序运行的结果是：

```
满足条件的最短的阶梯长度是：119
```

例 4.14　用 150 元钱买了 3 种水果，各种水果加起来一共 100 个。西瓜 10 元一个，苹果 3 元一个，橘子 1 元一个。设计一个程序，输出每种水果各买了几个。

这个问题可用枚举法来解。它有两个约束条件：第一是 3 种水果一共 100 个，第二是买 3 种水果一共花了 150 元。也就是说，如果西瓜有 mellon 个，苹果有 apple 个，橘子有 orange 个，那么 mellon + apple + orange 等于 100，10 * mellon + 3 * apple + orange 等于 150。这里可以按一个约束条件列出所有可行的情况，然后对每个可能解检查它是否满足另一个约束条件。按照第二个约束条件，至少必须买一个西瓜，至多只能买 14 个西瓜，因此可能的西瓜数的变化范围是 1～14。当西瓜数确定后，剩下的钱可以用来买苹果和橘子。此时至少必须买一个苹果，至多只能买(150−10×西瓜数)/3−1 个苹果。剩余的钱都可以用来买橘子，一共可以买 150−10×西瓜数−3×苹果数的橘子。这就是一个候选方案。对此方案检查是否满足第一个约束条件，即所有水果数之和为 100 个。如果满足则输出此方案。按照上述思想可以得到代码清单 4-18 所示的程序。

代码清单 4-18　水果问题的程序

```
//文件名：4-18.cpp
#include <iostream>
using namespace std;

int main()
{
    int  mellon, apple, orange;   //分别表示西瓜数、苹果数和橘子数

    for (mellon = 1; mellon < 15; ++mellon)            //可能的西瓜数
       for (apple = 1; apple < (150 - 10 * mellon) / 3; ++apple) { //可能的苹果数
          orange = 150 - 10 * mellon - 3 * apple;      //剩下的钱全买了橘子
          if (mellon + apple + orange == 100){         //3 种水果数之和是否为 100
             cout << "mellon:" << mellon << ' ';
             cout << "apple:" << apple << ' ';
             cout << "orange:" << orange << endl;
          }
       }

    return 0;
}
```

代码清单 4-18 所示的程序的运行结果如下：

```
mellon: 2  apple: 16  orange: 82
mellon: 4  apple: 7   orange: 89
```

虽然枚举法很简单，很容易理解，但往往时间性能比较差。在枚举过程中，尽量减少枚举的候选解，提高程序的时间性能。

贪婪法

4.7　*贪婪法

贪婪法也称贪心算法，用于求问题的最优解，而此问题的解决过程是由一系列阶段组成的。贪婪法在求解过程的每一阶段都选取一个在该阶段看似最优的解，最后把每一阶段的结果合并起来形成一个全局解。贪婪法并不是对所有问题都能得到最优解。

贪婪法是一种很实用的方法。在日常生活中，人们经常用贪婪法来寻找问题的解。例如，如何把孩子培养成一个优秀的人才就是一个求最优解的问题。而很多家长采用的就是贪婪法，在孩子成长的每一阶段都让他受最好的教育。再如，在平时购物找零钱时，为使找回的零钱的硬币数最少，我们不会穷举所有的方法，而是从最大面值的硬币开始，按递减顺序考虑各种面值的硬币。先尽量用最大面值的硬币，当剩下的找零值比最大面值的硬币值小的时候，才考虑第二大面值的硬币。当剩下的找零值比第二大面值的硬币值小的时候，才考虑第三大面值的硬币。这就是在采用贪婪法。贪婪法在这种场合总是最优的，因为银行对其发行的硬币种类和硬币面额进行了巧妙的设计。如果不经过特别设计，贪婪法不一定能得到最优解。例如，硬币的面额分别为 25、21、10、5、2、1 分时，贪婪法就不一定能得到最优解。例如要找 63 分钱，用贪婪法得到的结果是 25、25、10、1、1、1，一共要 6 枚硬币，但最优解是 3 枚 21 分的硬币。

例 4.15　用贪婪法解硬币找零问题。

假设有一种货币，它有面值分别为 1 分、2 分、5 分和 1 角的硬币，最少需要多少枚硬币来找出 *K* 分钱的零钱。按照贪婪法的思想，该问题求解可以分成 4 个阶段。第一阶段计算 1 角硬币的枚数，第二阶段计算 5 分硬币的枚数，依此类推。依据这个思想，可得到代码清单 4-19 所示的程序。

代码清单 4-19　用贪婪法解硬币找零问题的程序

```
//文件名：4-19.cpp
#include <iostream>
using namespace std;

int main()
{
    const int ONEFEN = 1, TWOFEN = 2, FIVEFEN = 5, ONEJIAO = 10;
    int money;
    int onefen = 0, twofen = 0, fivefen = 0, onejiao = 0;

    cout << "输入要找零的钱（以分为单位）："; cin >> money;

    //不断尝试每一种硬币
    if (money >= ONEJIAO) {
        onejiao = money / ONEJIAO;
        money %= ONEJIAO;
    }
    if (money >= FIVEFEN) {
        fivefen = 1;
        money -= FIVEFEN;
    }
    if (money >= TWOFEN) {
        twofen = money / TWOFEN;
        money %= TWOFEN;
    }
    if (money >= ONEFEN) onefen = 1;
```

```
    //输出结果
    cout << "1角硬币数: " << onejiao << endl;
    cout << "5分硬币数: " << fivefen << endl;
    cout << "2分硬币数: " << twofen << endl;
    cout << "1分硬币数: " << onefen << endl;

    return 0;
}
```

例 4.16 给定一组不重复的个位数，例如 5、6、2、9、4、1，找出由其中 3 个数字组成的最大的 3 位数。

这是一个很经典的用贪婪法解决的问题。解决问题的过程可以分为 3 个阶段：第一阶段是找百位数，要使得这个 3 位数最大，百位数必须选所有数中最大的；第二阶段是找十位数，十位数必须选剩余数中最大的；第三阶段是找个位数，个位数也是剩余数中最大的。依据这个思想，可得到代码清单 4-20 所示的程序。

代码清单 4-20　找出由 5、6、2、9、4、1 中的 3 个数字组成的最大 3 位数的程序

```
//文件名: 4-20.cpp
#include <iostream>
using namespace std;

int main()
{
  int num = 0, max = 10, current;      //num: 结果值; max: 上个循环周期选择的值

  for (int digit = 100; digit > 0; digit /= 10) {//依次选择百位数、十位数和个位数
    current = 0;                                 //本次循环周期选择的值
    for (int n: {5, 6, 2, 4, 9, 1})              //选择本阶段的最大值
      if (n > current && n < max) current = n;
    num += digit * current;
    max = current;                               //本阶段的最大值
  }

  cout << num << '\t';

  return 0;
}
```

由于候选数字之间没有固定的变化规律，因此程序用了范围 for 循环。程序的输出结果如下：

```
965
```

虽然贪婪法不是对所有问题都能得到整体的最优解，但是实际应用中的许多问题都可以使用贪婪法得到最优解。有时即使使用贪婪法不能得到问题的最优解，但最终结果也是较优的解。

4.8　编程规范及常见错误

C++的 3 个循环语句都能实现计数循环和基于哨兵的循环，但习惯上，计数循环用 for 语句实现，基于哨兵的循环用 while 和 do-while 语句实现。

在 for 循环中，循环变量的作用是记录循环执行的次数。一个不好的程序设计习惯是在循环体内修改循环变量的值。尽管这不一定会造成程序出错，但会使程序的逻辑混乱。循环语句中的循环体会执行很多次，优化循环体对程序效率的影响非常大，特别是优化嵌套循环。

与条件语句类似，循环语句中也存在某些语句是另外一些语句的一个部分的问题，例如各类循环语句的循环体。为了表示这种控制关系，程序中的循环体应该相对于循环控制行缩进若干个空格。

在使用循环时，常见的错误是在循环控制行后面加一个分号。这时你会发现循环体没有如你所想的那样执行多次，而只是被执行了一次。因为编译器遇见分号就认为循环语句结束了，这个循环语句的循环体是空语句。而真正的循环体被认为是循环语句的下一个语句。

4.9　小结

计算机的强项是不厌其烦地做同样的操作，重复做某个工作是通过循环语句实现的。C++提供了 3 个循环语句。for 语句通常用于计数循环，while 和 do-while 语句一般用于基于哨兵的循环。for 循环一般设置一个循环变量，用以记录循环体的执行次数，在每个循环周期中要更新循环变量的值。while 语句用来指示在满足一定条件的情况下重复执行某些操作。while 语句先判断条件再执行循环体，因此循环体可能一次都不执行。do-while 类似于 while 循环，其区别是 do-while 循环先执行一次循环体，然后判断是否要继续循环。

4.10　习题

一、简答题

1. 假设在 while 语句的循环体中有这样一条语句：当它执行时 while 循环的条件值就变为 false。那么这个循环是立即终止还是完成当前周期？

2. 写出下列 for 语句的控制行。

a. 从 1 计数到 100。

b. 从 2、4、6、8……计数到 100。

c. 从 0 开始，每次计数加 7，直到成为 3 位数。

d. 从 100 开始，反向计数，99、98、97……直到 0。

e. 从'a'变到'z'。

f. 遍历'a' 'g' 'w' 'b' 'd'和'k'。

3. 在语句：

```
for (i = 0; i < n; ++i)
    for (j = 0; j < i; ++j)
        cout << i << j;
```

中，cout << i << j; 执行了多少次？

4. 执行下列语句后，s 的值是多少？

```
s = 0;
for (i = 1; i < 5; ++i)
    s += i;
```

5. 执行下列语句后，sum 的值是多少？

```
sum = 0;
for (auto ch: {'a', 'g', 'd', 'c'})
    sum += ch - 'a';
```

6. 下面哪一个循环重复次数与其他循环不同？

a. `i = 0; while(++i < 100) { cout<< i << " "; }`

b. `for(i = 0; i < 100; ++i) { cout << i << " "; }`

c. `for(i = 100; i >= 1; --i) { cout << i << " "; }`

d. `i = 0; while(i++ < 100) { cout<< i << " "; };`

7. 执行下列语句后，s 的值是多少？

```
s = 0;
for (int i = 1; i <= 10; ++i)
     if (i % 2 == 0 || i % 3 == 0) continue;
     else  s += i;
```

8. 执行下列语句后，s 的值是多少？

```
s = 0;
for (i = 1; i <= 10; ++i)
     if (i % 2 == 0 && i % 3 == 0) break;
     else  s += i;
```

9. 下列循环语句是否是死循环？为什么？

```
for (int k = -1; k < 0; --k);
```

二、程序设计题

1. 已知 $xyz + yzz = 532$，x、y、z 各代表一个不同的数字。编写一个程序求出 x、y、z 分别代表什么数字。

2. 编写一个程序：先读入一个正整数 N，然后计算并显示前 N 个奇数的和。例如，如果 N 为 4，这个程序应显示 16，它是 1+3+5+7 的值。

3. 改写代码清单 4-17，用 while 循环解决阶梯问题。

4. 写一个程序，提示用户输入一个整型数，然后输出这个整型数的每一位数字，数字之间插一个空格。例如，当输入是 12345 时，输出为：1 2 3 4 5。

5. 在数学中，有一个非常知名的斐波那契数列，它是按 13 世纪意大利数学家 Leonardo Fibonacci 的名字命名的。这个数列的前两个数是 0 和 1，之后每一个数是它前两个数的和，因此斐波那契数列的前几个数为：

$F_0=0$
$F_1=1$
$F_2=1$ （0+1）
$F_3=2$ （1+1）
$F_4=3$ （1+2）
$F_5=5$ （2+3）
$F_6=8$ （3+5）

编写一个程序，按顺序显示 F_0 到 F_{15}。

6. 编写一个程序，要求输入一个整型数 N，然后显示一个由 N 行组成的三角形。在这个三角形中，第一行一个“*”，以后每行比上一行多两个“*”，三角形像下面这样尖角朝上。

```
       *
      ***
     *****
    *******
   *********
  ***********
 *************
***************
```

7. 编写一个程序，按如下格式输出九九乘法表。

*	1	2	3	4	5	6	7	8	9
1	1	2	3	4	5	6	7	8	9
2		4	6	8	10	12	14	16	18
3			9	12	15	18	21	24	27
4				16	20	24	28	32	36
5					25	30	35	40	45
6						36	42	48	54
7							49	56	63
8								64	72
9									81

8. 编写一个程序求 $\sum_{n=1}^{30} n!$，要求只做 30 次乘法和 30 次加法。

9. 设计一个程序，求 $1-2+3-4+5-6+\cdots+(-1)^{N-1}N$ 的值。

10. 已知一个 4 位数 a2b3 能被 23 整除，编写一个程序求此 4 位数。

11. 编写一个程序，首先由用户指定题目数量，然后自动出指定数量的 1～100 范围内的+、-、×、÷四则运算的题目，再让用户输入答案，并由程序判别是否正确。若不正确，则要求用户订正；若正确，则出下一题。另外还有下列要求：差不能为负值，除数不能为 0。

12. 编写一个程序，输入一个句子（以句号结束），统计该句子中的单词数（单词和单词间用一个或多个空格分开）。

13. 猜数字游戏：程序首先随机生成一个 1 到 100 的整数，然后由玩家不断输入数字来猜这个数字的大小。猜错了，程序会给出一个提示，然后让玩家继续猜；猜对了就退出程序。例如，随机生成的数是 42，开始提示的范围是 1～100，玩家猜是 30，猜测是错误的，程序输出“太小了”。然后玩家继续输入 60，猜测依然错误，程序输出“太大了”。直到玩家猜到是 42 为止，程序输出“猜对了”。用户最大的猜测次数是 10 次。10 次后，程序输出“失败了”。

14. 设计一个程序，用如下方法计算 x 的平方根：首先猜测 x 的平方根 root 是 $x/2$，然后检查 $\text{root}\times\text{root}$ 与 x 的差，如果差很大，则修正 $\text{root}=\dfrac{\text{root}+\dfrac{x}{\text{root}}}{2}$，再检查 $\text{root}\times\text{root}$ 与 x 的差，重复这个过程，直到满足用户指定的精度。

15. 定积分的物理意义是某个函数与 x 轴围成的区域的面积。定积分可以通过将这块面积分解成一连串的小矩形，计算各小矩形面积和而得到，如图 4-1 所示。这种方法被称为矩形法。小矩形的宽度可由用户指定，高度是这个小矩形中点 x 的函数值 $f(x)$。编写一个程序计算函数 $f(x)=x^2+5x+1$ 在区间$[a,b]$的定积分。a、b 及小矩形的宽度在程序执行时由用户输入。

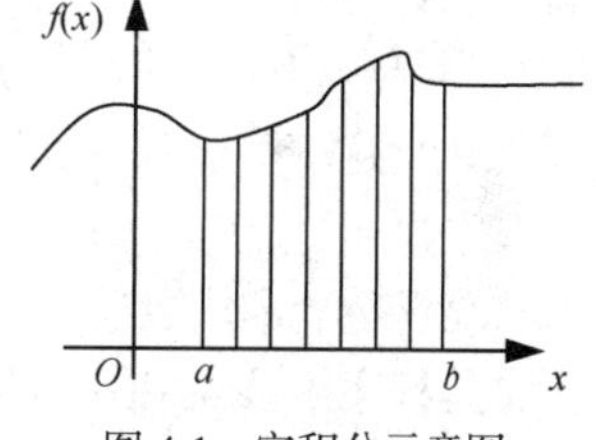

图 4-1 定积分示意图

16. 用第 15 题的方法求 π 的近似值。具体思想如下：在平面坐标系中有一个圆心在原点、半径为 1 的圆，用矩形法计算第一象限的面积 S，$4\times S$ 就是整个圆的面积。圆面积也可以通过 πr^2 来求，因此可得 $\pi=4\times S$。尝试不同的小矩形宽度，以得到不同精度的 π 值。

17. 编写一个程序，用弦截法计算方程 $2x^3-x^2+5x-1=0$ 在区间[0,2]的根，要求精度为 10^{-10}。

18. 最大公因子的问题：给出两个正整数 x 和 y，最大公因子（或缩写为 gcd）是能够同时整除两个正整数的最大数。例如，12 和 8 的最大公因子是 4，4 能整除 12 和 8。12 和 18 的最大公因子是 6。计算最大公因子最简单的方法是采用暴力算法。一开始，简单地“猜测” x 和 y 的最大公因子 gcd 是 x 和 y 中值较小的那一个。然后验证这个假设，用 gcd 整除 x 和 y，检查能否整除。如果能整除，答案就有了。如果不能，将 gcd 值减 1，再继续测试，直到找到一个能整除 x 和 y 的数或假设值减到了 1。前者找到了最大公因子，后者表示 x 和 y 没有最大公因子。试设计一个程序，用暴力算法求 x 和 y 两个正整数的最大公因子。

19. 辗转相除法是古希腊的数学家欧几里得提出的一个求最大公因子的算法，也被称为欧几里得算法。假设 x 大于 y，该算法描述如下。试设计一个程序。

① 取 x 除以 y 的余数，称余数为 gcd。

② 如果 gcd 是 0，过程完成，答案是 y。

③ 如果 gcd 非 0，设 x 等于原来 y 的值，y 等于 gcd，重复整个过程。

第 5 章 过程封装——函数

函数将一组实现某一特定功能的语句封装起来，作为一个程序的“零件”，并为它取一个名字，称为**函数名**。当程序需要执行这个功能时，程序员不需要重复写这段语句，只要写这个函数名即可。

函数概念

函数是程序设计语言中最重要的部分之一，是编写大程序的主要手段。如果需要解决的问题很复杂，程序员在编程时便能考虑到所有的细节问题是很困难的。在程序设计中，通常采用一种称为**自顶向下分解**的方法，将一个大问题分解成若干个小问题，把解决小问题的程序先写好，每个解决小问题的程序就是一个函数。在解决大问题时，程序员不用再考虑每个小问题如何解决，直接调用解决小问题的函数就可以了。这样可以使解决整个问题的程序主流程变得更短、更简单，逻辑更清晰。例如，在解一元二次方程时需要求平方根，由于 C++提供了求平方根的函数，程序员不需要再编写求平方根的程序。解决整个问题的程序是 main 函数，它是程序执行的入口。main 函数调用其他解决小问题的函数共同完成某个任务。

函数的另一个用途是某个功能在程序中的多个地方被执行。如果没有函数，实现这个功能的语句段需要在程序中反复出现。而有了函数，可以把实现这个功能的语句段封装成一个函数，程序中每次执行这一功能时可以**调用**这个函数。这样，不管这个功能执行多少次，实现这个功能的语句只出现一次。

将函数想象成数学中的函数。只要给它一组自变量，它就会计算出函数值。自变量称为**参数**，它通常是程序给被调用函数的输入。函数值称为**返回值**，它是函数输出给调用程序的值。改变输入的参数，函数就能返回不同的值。函数表达式对应于一段语句，它反映了如何从参数得到返回值的过程。某次函数调用时给出的参数值可以是常量、变量或表达式。例如，我们可以将求 sin*x* 的值写成一个函数，它的参数是一个角度，它的返回值是该角度对应的正弦值。若参数为 90°，返回值就是 1.0。

将函数看成上、下各有一小孔的黑盒子。在上面的孔中塞入参数，下面的孔中就会流出一个返回值。调用函数的用户只需要知道不同的参数应该得到什么样的返回值，而不用去管如何从参数得到返回值。

为了方便程序员，C++提供了许多标准函数，根据它们的用途分别放在不同的库中，如 iostream 库包含的是与输入/输出有关的函数，cmath 库包含的是与数学计算有关的函数。除了这些标准函数以外，用户还可以自己设计函数。本章将介绍如何写一个函数以及如何使用函数。

5.1 函数定义

函数定义

编写一个实现某个功能的函数称为函数定义。一旦定义了一个函数，在程序中就可以反复调用这个函数。函数定义要说明两个问题：函数的输入/输出是什么以及该函数如何实现预定的功能。

5.1.1　函数的基本结构

函数的输入/输出在**函数头**中说明，函数如何实现预定的功能由**函数体**解决。函数定义的形式如下：

```
类型名 函数名(形式参数表)
{
      变量定义部分;
      语句部分;
}
```

其中第 1 行是函数头，后 4 行是函数体。在函数头中，类型名指出函数返回值的类型。函数也可以没有返回值，这种函数通常被称为**过程**，此时，返回类型用 void 表示。函数名是函数的唯一标识。函数名是一个标识符，命名规则与变量名相同。变量名一般用一个名词或名词短语表示变量代表的对象，而函数名一般用一个动词短语表示函数的功能。如果函数名由多个单词组成，习惯上每个单词的首字母要大写或用下画线分开各单词。例如，将大写字母转成小写字母的函数可以命名为 ConvertUpperToLower 或 convert_upper_to_lower。形式参数表指出函数运行时需要给它几个参数以及每个参数的类型。形式参数之间用逗号分隔。

普通函数的函数体与 main 函数的函数体一样，由变量定义和语句两个部分组成。变量定义部分定义了语句部分需要用到的变量，语句部分由实现该功能的一组语句组成。但 main 函数的输入通常是直接由用户在键盘输入，执行结果通常是直接显示在屏幕上；而普通函数的输入是从形式参数得来的，执行结果通常以返回值的形式出现。

5.1.2　return 语句

当函数的返回类型不是 void 时，函数必须返回一个值。函数值的返回用 return 语句实现。return 语句的格式如下：

```
return 表达式;
```

或

```
return(表达式);
```

遇到 return 语句后，函数结束执行，将表达式的值作为返回值。如果函数没有返回值，则 return 语句可以省略表达式，仅表示函数执行结束。

return 语句后的表达式结果类型应与函数返回值的类型相同，或者能通过自动类型转换转成返回值的类型。

5.1.3　函数示例

函数示例

例 5.1　无参数、无返回值的函数示例：编写一个函数，输出下面的由 5 行组成的三角形。

```
    *
   ***
  *****
 *******
*********
```

这个函数不需要任何输入，也没有任何计算结果要告诉调用程序，因此不需要参数和返回值。每次函数调用的结果是在屏幕上显示一个上述形状的三角形。函数的实现如代码清单 5-1 所示。

代码清单 5-1　无参数、无返回值的函数示例

```
// 输出一个由 5 行组成的三角形
```

```
// 用法：PrintStar()
void  PrintStar()
{
   cout << "    *\n";
   cout << "   ***\n";
   cout << "  *****\n";
   cout << " *******\n";
   cout << "*********\n";
}
```

例 5.2 有参数、无返回值的函数示例：编写一个输出由 n 行组成的类似于上例中三角形的函数。

程序需要输出一个由 n 行组成的三角形时，可以调用此函数，并将 n 作为参数传给它。当 n 等于 5 时，输出例 5.1 所示的三角形。因此函数需要一个整型参数来表示行数 n，但不需要返回值。

在例 5.1 中，函数体非常简单，直接用 5 个 cout 输出 5 行。在本例中，由于在编写函数时行数 n 并不确定，无法直接用 n 个 cout，此时可以用一个重复 n 次的循环来实现。每个循环周期输出一行。那么，如何输出一行呢？再观察一下每一行的组成。在三角形中，每一行都由两个部分组成：空格和*号。每一行*的个数与行号有关：第 1 行有 1 个*，第 2 行有 3 个*，第 3 行有 5 个*，依此类推，第 i 行有 $2\times i-1$ 个*。每一行的前置空格数也与行号有关：第 n 行没有空格，第 $n-1$ 行有 1 个空格，……，第 1 行有 $n-1$ 个空格，因此第 i 行有 $n-i$ 个空格。根据上述思路可以得到输出由 n 行组成的三角形的函数，如代码清单 5-2 所示。

代码清单 5-2　有参数、无返回值的函数示例

```
//输出一个由 numOfLine 行组成的三角形
//用法：PrintStarN(10);
void PrintStarN(int numOfLine)
{
    int i, j;

    for (i = 1; i <= numOfLine; ++i)  {              //输出第 i 行
        cout << endl;
        for (j = 1; j <= numOfLine - i; ++j)         //输出前置空格
            cout << ' ';
        for (j = 1; j <= 2 * i - 1; ++j)             //输出连续的*号
            cout << "*";
    }
    cout << endl;
}
```

例 5.3 有参数、有返回值的函数示例：计算 $n!$。

这个函数需要一个整型参数 n，函数计算并返回 $n!$的值，因此它需要一个整型、长整型或长长整型的返回值。具体的实现如代码清单 5-3 所示。

代码清单 5-3　有参数、有返回值的函数示例

```
//计算 n!
//用法：fact = p(n);
int p(int n)
{
    int s = 1;

    if ( n < 0)  return (0);
    for (int i = 1; i <=  n;  ++i)
       s *=  i;

    return (s);
}
```

例 5.4 无参数、有返回值的函数示例：从键盘输入一个 1～10 内的整型数。

这个函数从键盘获取数据，函数的使用者不需要传给函数任何的数值。函数的执行结果是从键盘获取的一个 1～10 内的整数，所以函数有一个整型的返回值。

函数体由一个循环组成。循环体由两个语句组成：从键盘输入一个整型数；如果输入的整型数不在 1～10 内，继续循环，否则返回输入的值。函数的实现如代码清单 5-4 所示。

代码清单 5-4 无参数、有返回值的函数示例

```
//从键盘获取一个 1～10 内的整数
//用法：num = GetInput();
int GetInput()
{
   int num;

   while (true) {
     cin >> num;
     if (num >= 1 && num <= 10) return num;
   }
}
```

想一想，如何修改 GetInput 函数，使之能返回一个 n_1 到 n_2 之间的整数。

例 5.5 返回布尔值的函数示例：判断闰年。

该函数有一个整型参数，表示需要判断的年份。函数的返回值是一个布尔类型的值。true 表示该年是闰年，false 表示该年不是闰年。函数的实现如代码清单 5-5 所示。

代码清单 5-5 返回布尔值的函数示例

```
//判断某个年份是否是闰年
//用法：if (IsLeapYear(2016))…
bool IsLeapYear(int year)
{
   return (((year %4 == 0) && (year % 100 != 0)) || (year % 400 == 0));
}
```

返回布尔值的函数也称为**谓词函数**。谓词函数的命名一般以 is 开头，表示判断。例如，判断是否为大写字母的函数可命名为 IsUpper，判断是否是数字的函数可命名为 IsDigit。

5.1.4 *尾置返回类型

在变量定义中，C++11 允许根据某个表达式的结果类型推断变量类型。在函数定义中，C++11 也允许自动推断返回类型，即在返回类型的地方用“decltype(表达式)”表示。例如：

```
decltype(5 + 7)  add(int a , int b)
{
    return  a + b;
}
```

返回类型是 5+7 的结果类型，编译器可自动推断出类型为 int。

事实上，函数 add 的返回类型是 a + b 的类型，编译器可以根据 a 和 b 的类型推断。但如果把函数定义为：

```
decltype(a + b)  add(int a , int b)
{
    return  a + b;
}
```

编译器会报错。因为在处理 decltype 后面的 a + b 时，编译器没见过变量 a 和 b，不知道它们是什么类型的，无法推断 a + b 的结果类型。为此，C++11 提出了一种函数头的形式——尾置返回类型。

尾置返回类型中，函数返回类型用 auto 表示，在形式参数表后用“-> 类型”指出真正的返回类型。例如，代码清单 5-3 中的函数头可写为：

```
auto p(int n) -> int
```

尾置返回类型常用于需要自动推断返回类型的场合。例如，add 函数的返回值是 a + b，编译器应该能推断出返回类型是整型。此时可写成尾置返回类型：

```
auto add(int a , int b)-> decltype(a + b)
{
    return  a + b;
}
```

5.2 函数的使用

函数的执行称为函数调用。但在函数调用前必须先声明函数原型。

5.2.1 函数原型的声明

编写了一个函数后，程序的其他部分就能调用这个函数。但编译器如何知道函数的调用方式是否正确呢？例如，传给函数的参数个数是否正确、对函数返回值的使用是否合法。除非编译器在处理函数调用语句前已遇到过该函数的定义，而这样需要在写程序时严格安排函数定义的次序，被调用的函数定义在调用该函数的语句的前面。当程序由很多函数组成时，这个次序安排是很困难的，甚至是不可能的。C++用函数原型声明来解决函数调用的正确性检查问题。

函数原型的声明

在 C++中，所有的函数在使用前必须被声明。函数声明类似于变量定义。变量定义告诉编译器变量的名称和它包含的值的类型，当程序用到此变量时，编译器会检查变量的用法是否正确。函数声明也类似，只是更详细，它告诉编译器对函数的正确使用方法，以便编译器检查程序中的函数调用是否正确。在 C++中，函数的声明说明以下几项内容。

- 函数的名称。
- 参数的个数和类型，大多数情况下还包括参数的名称。
- 函数返回值的类型。

上述内容在 C++中被称为**函数原型**，这些信息正好是函数头的内容，因此，C++中函数原型的声明具有下列格式：

```
返回类型  函数名(形式参数表);
```

返回类型指出函数执行结果的类型，函数名指出函数的名称，形式参数表指出参数个数和类型，形式参数之间用逗号分开。例如，cmath 库中的 sin 函数的原型为：

```
double sin(double);
```

这个函数原型说明函数 sin 有一个 double 型的参数，返回一个 double 型的值。

函数原型只指定了函数调用者和函数之间传进、传出哪些值。从原型中看不出定义函数的真正语句，甚至看不出函数要干什么。要使用 sin，必须知道返回值是它参数的正弦值。然而，C++编译器不需要这个信息，它只需要知道调用 sin 时必须传给它一个 double 型的值，函数执行结果也是一个 double 型的值。当程序调用此函数时，传给它一个 double 型的数，编译器认为正确；如果传给它一个字符串，编译器就会报错。同样，当程序将函数的执行结果当作 double 型处理时，编译器认为正确；而当作其他类型处理时，编译器就会报错。函数的确切功能是用函数名和相关的文档告诉使用该函数的程序员的，至于函数如何实现指定的功能，使用此函数的程序员无须知道，就如我们在使用计算机时无须知道计算机是如何完成指定的任务，这样将极大简化程序员的工作。

在函数原型声明中，形式参数类型后面还可以跟一个参数名，该名称可标识特定的形式参数的作用，以为程序员提供一些额外的信息。例如，sin 函数原型可以被写为：

```
double  sin(double angleInRadians);
```

以这种形式写的函数原型提供了一些有用的新信息——sin 函数有一个 double 型的参数，该参数是以弧度表示的角度。在定义函数时，必须为参数指定名称，并在相关的介绍函数操作的注释中说明这些名称。

系统标准库中的函数原型的声明包含在相关的头文件中，这就是为什么在用到标准库函数时要包含此函数所属库的头文件的原因。用户自定义的函数一般在源文件头上声明或放在用户自定义的头文件中。

5.2.2　函数调用

执行某个函数称为**函数调用**。函数调用形式如下：

```
函数名(实际参数表)
```

函数调用

其中，实际参数表是本次函数执行的输入。实际参数和形式参数是一一对应的，它们的个数、排列次序要完全相同，类型要兼容，即实际参数与形式参数类型相同或能通过自动类型转换变成形式参数的类型。实际参数和形式参数对应的过程称为**参数传递**。C++的参数传递方式有两种：**值传递**和**引用传递**。本小节先介绍值传递机制。

在值传递中，实际参数可以是常量、变量、表达式，甚至是另一个函数调用。在函数调用时，先计算实际参数值，然后进行参数传递。值传递相当于有一个变量定义过程：定义形式参数并将实际参数作为初值。

如果有多个实际参数，而每个实际参数都是表达式，C++并没有规定这些实际参数表达式的计算次序，而是由编译器决定。因此当实际参数表达式有副作用时，要特别谨慎。例如 f(++x, x)，当 x=1 时，如果实际参数的计算次序是从左到右，则传给 f 的两个参数都是 2；如果实际参数的计算次序是从右到左，则传给 f 的第一个参数为 2，第二个参数为 1。因此，应避免写出与实际参数计算次序有关的调用。

函数调用可以出现在以下两种场合中。

- 无返回值的函数，即过程，通常作为表达式语句出现，即直接在函数调用后加一个分号，形成一个表达式语句，如 PrintStar();或 PrintStarN(7);。
- 有返回值的函数通常作为表达式的一部分。例如，计算 5!+4!+7!，并将结果存于变量 x。因为已定义了一个计算阶乘的函数 p，此时可直接用 x=p(5)+p(4)+p(7)。

5.2.3　将函数与主程序放在一起

函数只是组成程序的一个零件，其本身不能构成一个完整的程序。每个完整的程序都必须有一个名称为 main 的函数，它是程序执行的入口。为了测试某函数是否正确，必须为它写一个 main 函数，并在 main 函数中调用它。如果程序比较短，此时可以将 main 函数和被调用的函数写在一个源文件中。如果程序比较复杂，此时可以将 main 函数和被调用的函数放在不同的源文件中，分别编译。在链接阶段，再将多个目标文件链接成一个可执行文件。链接的方法取决于所用的编译器。例如，要测试 PrintStarN，我们可以写一个完整的程序，如代码清单 5-6 所示。

代码清单 5-6　函数的使用

```
//文件名：5-6.cpp
//多函数程序的组成及函数的使用
#include <iostream>
using namespace std;

void PrintStarN(int);                    //函数原型声明
```

```
int main()
{
    int n;

    cout << "请输入要输出的行数：";
    cin >> n;

    printstarN(n); //函数调用，n 为实际参数

    return 0;
}

//函数：PrintStarN
//用法：PrintStarN(numOfLine)
//作用：在屏幕上显示一个由 numOfLine 行组成的三角形
void PrintStarN(int numOfLine)
{
    int i , j;

    for (i = 1; i <= numOfLine; ++i){
         cout << endl;
         for (j = 1; j <= numOfLine - i; ++j)
              cout << ' ';
    for (j = 1; j <= 2 * i - 1; ++j)
         cout << "*";
    }
    cout << endl;
}
```

在源文件中，一般每个函数前都应该有一段注释，用以说明该函数的名称、用法和用途，阅读程序的程序员只需要阅读注释就能理解程序整体的功能，从而更容易理解整个程序。例如，对于代码清单 5-6 中的程序，一旦知道函数 PrintStarN(n)可以输出一个由 n 行组成的三角形，很容易理解整个程序的功能就是根据用户输入的 n 输出相应的三角形，而不必关心该三角形是如何输出的。

5.2.4 函数调用过程

当在 main 函数或其他函数中发生函数调用时，系统依次执行如下过程。

函数调用过程

- 在 main 函数或调用函数中计算每个实际参数值。
- 用实际参数初始化对应的形式参数。在初始化的过程中，如果形式参数和实际参数值类型不一致，则完成自动类型转换，将实际参数转换成形式参数的类型。
- 依次执行被调用函数的函数体的每条语句，直到遇见 return 语句或函数体结束。
- 计算 return 后面的表达式的值，如果表达式的值类型与函数的返回类型不一致，则完成类型的转换。
- 回到被调用函数。在函数调用的地方用 return 后面表达式的值替代，继续调用函数。

每个函数都可能有形式参数，在函数体内也可能定义了一些变量。因此，每次调用一个函数时，都会为这些变量分配内存空间。当发生函数调用时，系统会为该函数分配一块内存空间，称为一个**帧**。函数的形式参数和函数体内定义的变量都存放在这块空间上。当函数执行结束时，系统回收分配给该函数的帧，存储在这块空间中的变量也就都消失了。下面通过代码清单 5-7 所示的程序说明函数的执行过程，以及执行过程中内存的分配情况。

代码清单 5-7　函数调用实例

```
//文件名：5-7.cpp
//函数调用实例
int p(int);
int max(int a, int b);

int main()
{
    int x, y;

    cin >> x >> y;
    cout << max(x, y);

    return 0 ;
}

int p(int n)
{
    int s = 1;

    if (n < 0) return(0);
    for (int i=1; i<=n; ++i)   s*=i;

    return(s);
}

int max(int a, int b)
{
    int n1, n2;

    n1 = p(a);
    n2 = p(b);

    return (n1 > n2 ? n1 : n2);
}
```

在代码清单 5-7 所示的程序执行时，首先执行的是 main 函数。系统为 main 函数分配了一个帧，main 函数定义了两个变量 x 和 y，如果用户输入的 x 为 2、y 为 3，则 main 函数的帧如下所示。

main	x（2）	y（3）

当执行到 cout << max(x, y)时，main 函数调用了函数 max，并将 x 和 y 作为 max 函数的实际参数。此时，暂停 main 函数的执行，准备执行 max 函数。系统为 max 函数分配了一个帧，这个帧中存储了 4 个变量：两个形式参数，另外两个是函数体内定义的变量。在参数传递时，将 x 的值传给了 a，y 的值传给了 b。因此，当 max 函数开始执行时 a 的值为 2，b 的值为 3，n1 和 n2 的值是随机数。此时内存的情况如下所示，可以看成 max 函数的帧“覆盖”了 main 函数的帧，程序能够访问的变量就是 max 函数中的变量，而 main 函数中的变量暂时不能访问。

<table>
<tr><td>max</td><td>a（2）</td><td>b（3）</td><td>n1</td><td>n2</td></tr>
<tr><td>main</td><td colspan="2">x（2）</td><td colspan="2">y（3）</td></tr>
</table>

max 函数的第一条语句是 n1 = p(a);，此时又调用了函数 p，将 a 作为实际参数。系统为函数 p 分配了一个帧，这个帧中存放了 3 个变量：形式参数 n 和函数体中定义的 s 和 i。在参数传递时，将 a 的值传给 n。因此，当函数 p 执行时，n 的值为 2。此时内存的情况如下所示。

<table>
<tr><td>p</td><td colspan="2">n（2）</td><td>s</td><td>i</td></tr>
<tr><td>max</td><td>a（2）</td><td>b（3）</td><td>n1</td><td>n2</td></tr>
<tr><td>main</td><td colspan="2">x（2）</td><td colspan="2">y（3）</td></tr>
</table>

依次执行函数 p 的语句，直到遇到 return 语句。此时 s 的值为 2。当遇到 return 语句时，用 return

后的表达式构建一个临时变量，p 函数执行结束，所属的帧被回收。回到 max 函数，用临时变量的值替换函数调用，得到 n1 的值为 2，临时变量消亡。此时内存的情况如下所示。

max	a（2）	b（3）	n1（2）	n2
main	x（2）		y（3）	

继续执行 max 函数，它的第二个语句是 n2 = p(b);，又调用了函数 p，将 b 作为实际参数。系统为函数 p 分配了一个帧。在参数传递时，将 b 的值传给 n。因此，当函数 p 执行时，n 的值为 3。此时内存的情况如下所示。

p	n（3）		s	i
max	a（2）	b（3）	n1（2）	n2
main	x（2）		y（3）	

依次执行函数 p 的语句，直到遇到 return 语句。此时 s 的值为 6。当遇到 return 语句时，用 return 后的表达式构建一个临时变量，p 函数执行结束，所属的帧被回收。回到 max 函数，用临时变量的值替换函数调用，得到 n2 的值为 6。此时内存的情况如下所示。

max	a（2）	b（3）	n1（2）	n2（6）
main	x（2）		y（3）	

继续执行 max 函数，此时遇到的语句是 return (n1 > n2?n1: n2)。max 函数执行结束，并将 n1 和 n2 中大的一个（即 6）存放在临时变量中，回收 max 函数的帧。回到 main 函数，用 6 取代 max 函数调用，输出 6。此时内存的情况如下所示。

main	x（2）	y（3）

继续执行 main 函数，遇到 return 语句。main 函数执行结束，回收 main 函数的帧，整个程序执行结束。

5.3 变量的作用域

5.2 节介绍了函数调用过程。无论一个函数在何时被调用，它定义的变量都创建在一个称为**栈**的独立内存区域。函数调用时从栈中分配一个新的帧。函数返回时回收它的帧，并继续在调用者中执行。

局部变量与全局变量

函数内部定义的变量（包括形式参数）仅仅存于一个帧中，只能在函数内部引用，因此被称为**局部变量**。函数返回时，对应的帧被回收，帧中的变量就完全消失了，其他函数无法再引用。

关于 C++的局部变量，有下面几点需要说明。

（1）与某些程序设计语言不同，C++程序的主函数 main 中定义的变量也是局部的，只有在主函数中才能使用。

（2）在一个程序块中也可以定义变量，这些变量值在本程序块中有效。例如：

```
int main()
{
    int a, b;
    …
    {
    int c;
    c = a + b;
    …
    } //c不再有效
    …
}
```

（3）不同的函数中可以有同名的局部变量，不会互相干扰。

然而在 C++中，变量定义也可以出现在所有函数定义之外。以这种方式定义的变量称为**全局变量**。例如，下面的代码段中，变量 g 是全局变量，变量 i 是局部变量。

```
int g;
void MyProcedure()
{
    int i
    …
}
```

局部变量 i 仅在函数 MyProcedure 内有效，而全局变量 g 可以被用在该源文件中随后定义的任何函数中。变量可以被使用的程序部分称为它的**作用域**。局部变量的作用域是定义它的函数或程序块，全局变量的作用域则是源文件中定义它的位置后的其余部分。

与局部变量不同，全局变量被保存在一个在整个程序执行期间始终有效的独立的内存区域。程序中每个函数都可以看到并操作这块独立区域上的变量。

全局变量可以增加函数间的联系“渠道”。由于同一源文件中的所有函数都能引用全局变量，因此，当一个函数改变了某个全局变量的值，其他的函数都能看见，相当于各个函数之间有了直接的信息传输渠道。例如在代码清单 5-8 中，函数 f1 修改了全局变量 g，函数 f2 读到的 g 值是修改后的 g 值。

代码清单 5-8　全局变量实例

```
//文件名：5-8.cpp
#include <iostream>
using namespace std;

void f1();
void f2();
int g = 15;

int main()
{
  cout << g <<endl;
  f1();
  f2();

  return 0;
}

void f1()
{
  g = 20;
}

void f2()
{
  cout << g << endl;
}
```

代码清单 5-8 的输出为：

```
15
20
```

全局变量破坏了函数的独立性，使得同样的函数调用会得到不同的返回值，使程序的正确性难以保证，所以一般不建议使用全局变量。

全局变量和局部变量可以有相同的名称。当全局变量和局部变量同名时，在局部变量的作用域中全局变量被屏蔽。如果确实需要在局部变量的作用域中使用全局变量，我们可以使用作用域运算符“::”。例如，下列程序中定义了两个 PI，一个是全局的 double 型的 PI，另一个是 main 函数中定义的局部的 float 型的 PI。在 main 函数中引用全局的 PI，可以用::PI。

```
double PI = 3.14159265358979;
int main()
{
    float PI = static_cast< float >(::PI);

    cout <<" Local float value of PI = "<< PI
        << "\nGlobal double value of PI = "<< ::PI << endl;

    return 0;
}
```

5.4 变量的存储类别

变量的存储类别

变量的作用域决定了变量的有效范围。变量的存储类别决定了变量的生存期限。在计算机中，内存被分为不同的区域，不同的区域有不同的用途。根据变量在计算机内的存储位置，变量又可以分为自动变量（auto）、静态变量（static）、寄存器变量（register）和外部变量（extern）。变量的存储位置称为变量的**存储类别**。C++完整的变量定义格式如下：

```
存储类别　数据类型　变量名表;
```

自动变量和寄存器变量

5.4.1 自动变量

自动变量用 auto 声明。函数中的局部变量、形式参数或程序块中定义的变量如果不专门声明为其他存储类型，都是自动变量。因此在函数内部以下两个定义是等价的。

```
auto int a, b;
int a, b;
```

自动变量存储在函数的帧中，函数执行结束时，系统回收该帧，自动变量就消失了。当再次调用该函数时，系统重新分配一个帧，这些变量又生成了。由于这类变量是在函数调用时自动生成的，调用结束后自动消亡，因此被称为**自动变量**。

由于 auto 通常被省略，C++11 将 auto 用于自动推断类型，自动变量不再需要，也不能再用 auto 说明。

5.4.2 静态变量

静态变量

如果在程序执行过程中某些变量自始至终都必须存在，如全局变量，这些变量被存储在**全局变量区**。如果想限制这些变量只在某一个范围内使用，此时可以用 static 来实现。存储类别被指定为 static 的变量称为**静态变量**。局部变量和全局变量都可以被定义为静态的。

1. 静态全局变量

如果在一个源文件的头上定义了一个全局变量，则该源文件中的所有函数都能使用该全局变量。不仅如此，该程序的其他源文件中的函数也能使用该全局变量。但在一个结构良好的程序中，一般不希望多个源文件共享某一个全局变量。要达到这个目的，我们可以使用**静态的全局变量**。

若在定义全局变量时，加上关键字 static，例如：

```
static int x;
```

则表示 x 是当前源文件私有的。尽管在程序执行过程中，该变量始终存在，但只有本源文件中的函数可以访问它，其他源文件中的函数不能访问它。

2. 静态局部变量

静态变量的一种有趣的应用是用在局部变量中。一般的局部变量都是自动变量，在函数执行时生成，函数执行结束后消亡。但是，如果把一个局部变量定义为 static，该变量就不再存放在函数对应的帧中，而是存放在全局变量区。当函数执行结束后，该变量不会消亡。在下一次函数调用时，也不再创建该变量，而是继续使用原空间中的值。这样就能把上一次函数调用中的某些信息带到下一次函数调用中。

考察代码清单 5-9 中的程序的输出结果。

代码清单 5-9　静态局部变量的应用

```
//文件名：5-9.cpp
#include <iostream>
using namespace std;

int f(int a);

int main()
{
    for (int i = 0; i < 3; ++i)
        cout << f(2);

    return 0;
}

int f(int a)
{
    int b = 0;
    static int c = 3;

    b = b + 1;
    c = c + 1;

   return(a + b + c);
}
```

代码清单 5-9 的 main 函数调用了 3 次 f（2），并输出 f（2）的结果。如果 f 函数没有定义静态的局部变量，那么 3 次调用的结果应该是相同的。但 f 函数中有一个整型的静态局部变量，情况就不同了。

当第一次调用函数 f 时，定义了变量 a、b 和 c。a、b 是自动变量，定义在 f 函数的帧中。c 是静态变量，定义在全局变量区。a 的初值为 2，b 的初值为 0，c 的初值为 3。函数执行结束时，b 的值为 1，c 的值为 4，函数返回 7。变量 a 和 b 自动消失，但 c 依然存在。第二次调用函数 f 时，系统为 a、b 重新分配了空间并赋初值，但由于 c 已经存在，因此定义 c 的语句被忽略，继续使用上次函数调用时 c 的空间，此时 c 的值为 4（上次调用执行的结果）。第二次调用结束时，b 的值为 1，c 的值为 5，函数返回 8。同理，第三次调用时，c 的值为 5，函数返回 9。

静态变量使用时必须注意以下几点。

- 未被程序员初始化的静态变量都由编译器初始化为 0。
- 静态局部变量的初值是编译时赋的。当运行时重复调用函数时，由于没有重新分配空间，因此也不做初始化。
- 虽然静态局部变量在函数调用结束后仍然存在，但其他函数不能访问它。
- 静态局部变量在程序执行结束时消亡。如果程序中既有静态局部变量又有全局变量，系统先消亡静态局部变量，再消亡全局变量。

5.4.3　寄存器变量

一般情况下，变量的值都存储在内存中。当程序用到某一变量时，由控制器发出指令，将该变量的值从内存读入 CPU 的寄存器进行处理，处理结束后再存入内存。由于内存的存取也是需要消耗时间的，如果某个变量被频繁使用，会浪费很多时间。C++提供了一种解决方案，就是直接把变量的值存储在CPU的寄存器中，用以代替自动变量。这些变量称为**寄存器变量**。

寄存器变量的定义使用关键字register。例如，在某个函数内定义整型变量x：

```
register  int  x;
```

则表示x不是存储在内存中，而是存放在寄存器中。在使用寄存器变量时必须注意只有自动变量才能定义为寄存器变量，全局变量和静态局部变量是不能存储在寄存器中的。

由于各个计算机系统的寄存器个数都不相同，程序员并不知道可以定义多少个寄存器类型的变量，因此寄存器类型的声明只是表达了程序员的一种意向。如果系统中无合适的寄存器可用，编译器会把它设为自动变量。

现在的编译器通常都能识别频繁使用的变量。作为优化的一个部分，编译器并不需要程序员进行register的声明就会自行决定是否将变量存放在寄存器中。

5.4.4　外部变量

外部变量一定是全局变量。全局变量的作用域是从变量定义处到文件结束。如果在定义处以前的函数或另一源文件中的函数也要使用该全局变量，则在引用之前应该对此全局变量用关键字extern进行**外部变量声明**，否则编译器会认为使用了一个没有定义过的变量。例如，代码清单5-10所示的程序在编译时将会产生一个“变量x没有定义”的错误。这是因为全局变量x定义在main函数的后面，在main函数输出变量x时，编译器没见到x的定义。

外部变量

代码清单5-10　全局变量的错误用法

```
//文件名：5-10.cpp
#include <iostream>
using namespace std;
void f();

int main()
{
    f();
    cout << "in main(): x= " << x << endl;    //x没有定义

    return 0;
}

int x;

void f()
{
    cout << "in f(): x= " << x << endl;
}
```

解决此问题的方法是在main函数中增加一个外部变量声明：

```
int main()
{
    extern int x;

    f();
    cout << "in main(): x= " << x << endl;

    return 0;
}
```

外部变量声明extern int x;告诉编译器：这里使用了一个你或许还没有见到过的变量，该变量将在别处定义。

代码清单 5-10 中的情况在真实的程序中很少出现。如果 main 函数也要用全局变量 x，那么可以将 x 的定义放在 main 函数的前面。外部变量声明最主要的用途是使各源文件之间共享全局变量。一个 C++程序通常由许多源文件组成，如果源文件 A 中需要引用源文件 B 定义的全局变量，如 x，该怎么办？如果不加任何说明，在源文件 A 编译时会出错，因为源文件 A 出现了一个没有定义的变量 x。但如果在源文件 A 中也定义了全局变量 x，在程序链接时又会出错，因为链接器发现有两个全局变量 x，也就是出现了同名变量。

解决这个问题的方法是：在一个源文件（如源文件 B）中定义全局变量 x，而在另一个源文件（如源文件 A）中声明用到一个在别处定义的全局变量 x，就像程序用到一个函数时必须声明函数。这样在源文件 A 编译时，由于声明过 x，编译就不会出错。在链接时，链接器会将源文件 B 中的 x 扩展到源文件 A 中。源文件 A 中的 x 称为外部变量。外部变量声明的格式如下：

```
extern 类型名 变量名;
```

例如，可以将代码清单 5-10 中的两个函数分别存放于两个源文件。main 函数存放在源文件 file1.cpp 中，f 函数存放在源文件 file2.cpp 中。file2.cpp 中定义了一个全局变量 x，file1.cpp 为了引用此变量，必须在自己的源文件中将 x 声明为外部变量，如代码清单 5-11 所示。

代码清单 5-11　外部变量应用实例

```
//file1.cpp
#include <iostream>
using namespace std;

void f();
extern int x;    //外部变量的声明

int main()
{
    f();
    cout << "in main(): x= " << x << endl;

    return 0;
}

//file2.cpp
#include <iostream>
using namespace std;

int x;  //全局变量的定义

void f()
{
    cout << "in f(): x= " << x << endl;
}
```

这样的全局变量的使用应当非常谨慎，因为在执行一个函数时可能会修改全局变量的值，而这个全局变量又会影响另一个源文件中的其他函数的执行结果。通常我们希望某一源文件中的全局变量只供该文件中的函数共享，此时可用 static 把此全局变量声明为本源文件私有的变量。这样其他源文件就不可以用 extern 来引用它了。如果在代码清单 5-11 中，把 file2.cpp 中的 x 定义为 static int x;，那么程序链接时会报告“找不到外部符号 x”的错误。

全局变量可以通过 static 声明为某一源文件私有的变量，函数也可以。如果函数定义时在头部前加上 static，那么这个函数只有本源文件中的函数可以调用，不能被其他源文件中的函数调用。这样，每个源文件的开发者可以定义一些自己专用的工具函数。

注意：在使用外部变量时，用术语**外部变量声明**而不是**外部变量定义**。变量的定义和变量的声明是不一样的。变量的定义是根据说明的数据类型为变量准备相应的空间；而变量的声明只是说明该变量应如何使用，并不为它分配空间，就如函数原型声明一样。

5.5 带默认值的函数

某些函数需要用一些固定的实际参数值去调用。例如，以数制 base 输出整型数 value 的函数 print：

```
void print(int value, int base);
```

参数的默认值

在大多数情况下，value 都是以十进制输出的，因此 base 的值总是为 10。以十进制输出时总带第二个参数就显得很累赘。

C++允许在定义或声明函数时为函数的某个参数指定默认值，当调用函数而没有为它指定实际参数时，编译器自动将默认值赋予形式参数。例如，这里可以将 print 函数声明为：

```
void print(int value, int base = 10);
```

如果调用该函数以十进制输出变量 x，则可省略第二个参数：

```
print(x);
```

编译器会根据默认值把这个函数调用改为：

```
print(x, 10);
```

如果以二进制输出变量 x 的值，则可用：

```
print(x, 2);
```

指定函数的默认值简化了函数调用的书写，但是在使用此功能时应注意以下几点。

（1）设计函数原型时，应把有默认值的参数放在参数表的右边。调用函数时，编译器依次把实际参数传给形式参数。没有得到实际参数的形式参数取它的默认值。例如，函数声明：

```
void f(int a, int b=1, int c=2, int d=3);
```

是合法的。当调用此函数时，至少需要给它一个实际参数，最多给它 4 个实际参数。该函数可以有以下 4 种调用形式。

```
f(0);     //形式参数的值为 a=0,b=1,c=2,d=3
f(0,0); //形式参数的值为 a=0,b=0,c=2,d=3
f(0,0,0);     //形式参数的值为 a=0,b=0,c=0,d=3
f(0,0,0,0); //形式参数的值为 a=0,b=0,c=0,d=0
```

一旦某个参数指定了默认值，它后面的所有参数都必须有默认值。下面的带默认值参数的函数声明是错误的。

```
void f(int a, int b=1, int c, int d=2);
```

因为 b 有默认值，而排在它后面的 c 却没有默认值。

（2）指定默认值最好放在函数声明处。因为参数的默认值是提供给函数的调用者使用的，而编译器是根据函数原型声明确定函数调用是否合法的，所以在函数定义时指定默认值是没有意义的，除非该函数定义还起到了函数声明的作用。

（3）在不同的源文件中，函数的参数可以指定为不同的默认值。但在同一源文件中对每个函数的每一个参数只能指定一个默认值。例如，对于上面的 print 函数，如果在某一个功能模块中输出的大多是十进制数，那么在此功能对应的源文件中可以指定 base 的默认值为 10；如果在另一个功能模块中经常要以二进制输出，那么在此功能模块对应的源文件中可以指定默认值为 2。

5.6 内联函数

内联函数

从软件工程的角度讲，把程序实现为一组函数很有好处。它不但可以使程序的总体结构比较清晰，而且可以重用代码，提高程序的正确性、可读性和可维护性，由于函数调用需要系统做一些额外的工作，如分配内存和回收内存，会影响运行时的性能。如果函数比较复杂，运行时间比较长，相比之下，调用时的额外开销可以忽略。但如果函数本身比较简单，运行时间也很短，则调用时的额外开销就显得很大，使用函数似乎得不偿失。为解决这个问题，C++提供了内联函数的功能。

内联函数有函数的外观，但没有调用的开销。编译时，编译器将内联函数的代码复制到调用处来避免函数调用。内联函数的缺点是会产生函数代码的多个副本，并分别插入每一个调用该函数的位置上，从而使生成的目标代码变长。因此，内联函数一般都是一些比较短小的函数。

把一个函数定义为内联函数，只要在函数头部的返回类型前加一个关键字 inline 即可。但在使用内联函数时必须注意内联函数必须定义在被调用之前，否则编译器无法知道应该插入什么代码。

例 5.6　利用内联函数输出 1～100 内的整数的平方表和立方表。

在这个程序中要经常计算某个数的平方和立方，因此我们可把它们设计成两个函数。由于这两个函数相当简单，因此这里可把它们设计成内联函数。具体程序如代码清单 5-12 所示。

代码清单 5-12　用内联函数输出平方表和立方表的程序

```
//文件名：5-12.cpp
#include <iostream>
using namespace std;

inline int square(int x) {return x * x;}
inline int cube(int x) {return x * x * x;}

int main()
{
    cout << "x" << '\t' << "x*x" << '\t' << "x*x*x" << endl;
    for (int i = 1; i <= 100; ++i)
        cout << i << '\t' << square(i) << '\t' << cube(i) << endl;

    return 0;
}
```

编译时，square(i)被替换成 i*i，cube(i)被替换成 i*i*i。运行时并无函数调用的过程。

C++的内联函数通常用来取代 C 语言中的带参数的宏。内联函数对编译器而言只是一个建议，编译器可以根据实际情况决定处理的方式。

5.7　*常量表达式函数

关键字 constexpr 不但可以用来定义常量表达式，还可以用来定义常量表达式函数。常量表达式函数是可用于（但不一定能用于）常量表达式中的函数。定义常量表达式函数需要在函数的返回类型前加上关键字 constexpr。例如：

```
constexpr int f1() {return 10;}
```

常量表达式函数中只能有一个 return 语句，且不允许有其他执行操作的语句，但可以有类型别名、空语句等。例如：

```
constexpr int f2(int n) {if (n % 2) return n + 10; else return 11;}
```

这是非法的常量表达式函数，因为其中包含了两个 return 语句。如果将其改为：

```
constexpr int f2(int n) {return (n % 2) ? n + 10: 11;}
```

则是正确的。

编译时，编译器将函数调用替换成函数的返回值。因此，常量表达式函数被隐式地指定为内联函数。

常量表达式中可以包含常量表达式函数调用。例如：

```
    constexpr int x = 1 + f1();
```

这是正确的，而普通的函数调用绝不可以出现在常量表达式中，否则编译器会报错。如果定义：

```
    int f3() {return 10;}
    constexpr int x = 1 + f3();
```

尽管函数 f3 的返回值是一个编译时的常量，但由于没有声明为 constexpr，编译时会报错。编译器只要看到常量表达式中出现了一个普通函数调用就会立即报错，并不会检查函数调用的结果是否是编译时的常量。

注意：常量表达式函数的返回值可以不是常量。例如，当调用函数 f2 的实际参数是常量时返回值是编译时的常量，当实际参数是变量时返回值为非常量。当把常量表达式函数用于常量表达式时，编译器会检查本次函数调用结果是否是编译时的常量。如果不是常量，则会发出错误信息。

5.8 重载函数

C 语言中不允许出现同名函数。当编写一组功能类似的函数时，必须给它们取不同的函数名。例如，某个程序要求找出一组数据中的最大值，这组数据最多可能有 4 个数据，则必须写 3 个函数：求 2 个值中的最大值、求 3 个值中的最大值、求 4 个值中的最大值的函数。程序员必须为这 3 个函数取不同的函数名，如 max2、max3、max4，这样对函数的用户非常不方便。用户在调用函数之前先要看一看有几个参数，再决定调用哪个函数。

重载函数

为解决此问题，C++提供了一个称为**重载函数**的功能，允许参数个数不同、参数类型不同或两者兼而有之的两个或两个以上的函数有相同的函数名。两个或两个以上的函数共用一个函数名称为**函数重载**，这一组函数称为**重载函数**。

有了重载函数，求一组数据中的最大值的函数就可以取同样的函数名，如 max。这样对函数的用户非常方便，他不用去记一组函数名，只需要知道找最大值的函数就是 max，只要把这组数据传给 max 函数就可以了。这组函数的定义和使用如代码清单 5-13 所示。

代码清单 5-13　重载函数实例

```
//文件名：5-13.cpp
#include <iostream>
using namespace std;

int max(int a1, int a2);
int max(int a1, int a2, int a3);
int max(int a1, int a2, int a3, int a4);

int main()
{
    cout << "max(3, 5) is " << max(3, 5) << endl;
    cout << "max(3, 5, 4) is " << max(3, 5, 4) << endl;
    cout << "max(3, 5, 7, 9) is " << max(3, 5, 7, 9) << endl;

    return 0;
}

int max(int a1, int a2) {return a1 > a2 ? a1 : a2;}

int max(int a1, int a2, int a3)
{
    int tmp;

    if (a1 > a2) tmp = a1; else tmp = a2;
```

```
    if (a3 > tmp) tmp = a3;

    return tmp;
}

int max(int a1, int a2, int a3, int a4)
{
    int tmp;

    if (a1 > a2) tmp = a1; else tmp = a2;
    if (a3 > tmp) tmp = a3;
    if (a4 > tmp) tmp = a4;

    return tmp;
}
```

代码清单 5-13 有 3 个 max 函数，这组函数具有不同的参数个数。重载函数也可以有相同的参数个数，但参数类型不同。例如，求两个数的最大值。这两个数可以是整型数，也可以是实型数，同样可以写出两个重载函数：int max(int, int)和 double max(double, double)。

重载函数为函数的用户提供了方便，但给编译器带来了更多的麻烦。编译器必须确定某一次函数调用到底是调用了哪一个函数。这个过程称为**绑定**（又称为联编或捆绑）。

C++对重载函数的绑定是在编译阶段由编译器根据实际参数和形式参数的匹配情况来决定的。编译器首先会为这一组重载函数中的每个函数取一个不同的内部名称。当发生函数调用时，编译器根据实际参数和形式参数的匹配情况确定具体调用的是哪个函数，用这个函数的内部函数名取代重载的函数名。例如，对代码清单 5-13 中的程序，编译器可能会为这 3 个 max 函数取 3 个不同的内部名称，如max2、max3、max4。函数调用max(3,5)调用的是第一个max函数，编译器会将此调用改为max2 (3,5)。函数调用 max(3,5,7,9)调用的是第三个 max 函数，编译器会将此调用改为 max4(3,5,7,9)。

5.9　函数模板

重载函数方便了函数的使用者。对于一组功能类似的函数，使用者只需要记一个函数名而不是一组函数名。但对于函数的提供者来说，却没有减少任何工作量，他还是要写多个函数。函数模板是使函数的提供者更方便的一项功能。

如果一组重载函数仅仅是参数的类型不一样，程序的逻辑完全一样，用一个符号代替类型，这组函数的代码完全相同，这一组重载函数可以写成一个函数，称为**函数模板**。这样可以将写一组函数的工作减少到了写一个函数模板。

函数模板可以实现类型的参数化（泛型化），即把函数中某些形式参数的类型设计成可变的参数，称为**模板参数**。函数调用时，编译器根据函数实际参数的类型确定模板参数的值，用实际参数的类型取代函数模板中的模板参数，生成不同的**模板函数**。函数模板可以将同一个算法应用于不同的数据类型。

函数模板

5.9.1　函数模板的定义

函数模板的定义以关键字 template 开头，之后是用尖括号括起来的模板形式参数表。每个形式参数前都有关键字 class 或 typename，形式参数之间用逗号分开。形式参数声明后面是函数定义，只是函数中的某些形式参数或局部变量的类型不再是 C++的内置类型或用户自定义的类型，而是模板的形式参数。

要求两个数的最大值，这两个数的最大值可以是整型数，也可以是实型数。这两个函数的程序逻辑完全相同，因此可以用下面的函数模板来解决。

```
template <class T>
T max(T a, T b)
{ return  a>b ? a : b; }
```

这个函数模板适合解决任意类型的两个值求最大值的问题，只要该类型支持 > 操作。

5.9.2 函数模板的实例化

函数模板的使用和普通函数完全一样。函数模板 max 的应用如代码清单 5-14 所示。

代码清单 5-14　函数模板的定义及使用

```
//文件名：5-14.cpp
#include <iostream>
using namespace std;

template <class T>  T max(T a, T b) ;        //函数模板的声明

int main()
{
    cout << "max(3, 5) = " << max(3, 5) <<endl;
    cout << "max(3.3, 2.5) = " << max(3.3, 2.5) <<endl;
    cout << "max('d', 'r') = " << max('d', 'r') <<endl;

    return 0;
}

template <class T>
T max(T a, T b)
{ return  a>b ? a : b; }
```

与普通函数使用时一样，必须在源文件头上声明函数模板。函数模板的声明必须带上模板参数声明，格式为：

```
template <模板参数表> 函数原型;
```

发生函数模板调用时，编译器根据实际参数的类型确定模板参数的值，用实际参数的类型取代函数模板中的模板的形式参数，形成一个真正可执行的函数。该过程称为**模板的实例化**。实例化形成的函数称为**模板函数**。例如，当编译器处理 max(3,5)时，形式参数 3 和 5 都是整型数，编译器可以确定模板参数 T 的类型是 int，于是用 int 替换函数模板中的 T，生成了模板函数：

```
int max(int a, int b)
{ return  a>b ? a : b; }
```

同理，函数调用 max('d', 'r')生成了模板函数：

```
char max(char a, char b)
  {return  a>b ? a : b; }
```

代码清单 5-14 中的一个函数模板 max 相当于写了一组重载函数 max。

5.9.3 *函数模板的显式实例化

在使用函数模板时，通常每个模板的形式参数都要在函数的形式参数表中至少出现一次，这样编译器才能通过函数调用确定模板参数的值。如果某些模板参数在函数的形式参数表中没有出现，则编译器无法推断模板实际参数的类型。例如对如下的模板函数：

函数模板的显式实例化

```
template <class T1, class T2, class T3>
T1 calc(T2 x, T3 y)
{  return x + y;  }
```

调用 calc(5,'a')，编译器可以推断 T2 和 T3 的类型，但无法推断 T1 是什么类型。

这个问题可以用**显式实例化**来解决，即在调用此函数模板时显式告诉编译器这 3 个模板参数的

实际参数类型。模板的实际参数放在一个尖括号中，紧接在函数名后面。例如函数调用：

```
calc<char, int, char>(5,'a');
```

这是正确的调用，结果是'f'。而函数调用：

```
calc<int, int, char>(5,'a');
```

的结果是 102。

函数模板 calc 中的 T2 和 T3 的类型是可以自动推断的，只有 T1 无法推断。显式实例化时可以只指定 T1 的类型。例如：

```
calc<int>(5,'a');
```

此时编译器将 int 作为 T1 的类型，T2 和 T3 从形式参数中推断。

当模板实际参数个数小于形式参数个数时，编译器按从左到右的次序依次匹配。第一个实际参数对应第一个形式参数，第二个实际参数对应第二个形式参数，……，没有得到实际参数的形式参数对应的类型由编译器自动推断。

在函数模板调用时指定模板的实际参数也是一件令人讨厌的事。如果上例中函数的返回类型就是 x + y 的类型，则可以让编译器自动推断。例如 calc('a',5)的值应该是整型，而 calc(4, 7.2)的结果应该是 double 型。怎么表示让编译器推断函数返回值的类型？在 C++11 中可以用尾置返回类型：

```
template<class T1, class T2>
auto cal(T1 x, T2 y)-> decltype(x + y)
{  return x + y;  }
```

编译器根据 x 和 y 的类型推导出 x+y 的类型，提高了语言的方便性和安全性。

5.9.4　*函数模板的特化

函数模板的主要作用是将同样的算法用于不同的类型。例如，求两个内置类型数的最大值，算法都是一样的，所以可写成一个函数模板。但有时对某些特定的类型无法使用通用的算法，此时可以为此类型定义一个特定的版本。例如可以写一个完成两个数加法的函数模板：

函数模板的特化

```
template <class T>
T  add(T a. T b)
{
    return  a + b;
}
```

当 T 是各类整型或浮点型时，这个函数模板都可用。但如果 T 是字符型，这个模板不太适用。例如 add('a', 'b')的结果值是 97+98，这个值不是一个可显示字符的 ASCII 值，没有意义。如果希望对字符类型而言，只允许数字字符和数字字符相加。例如 add('2', '3')的返回值是'5'，其他不合法的字符的返回值都是'0'。此时可以定义一个专门处理字符类型参数的特定版本，称为**函数模板的特化**。当定义特定版本时，模板的形式参数表是空表，即一个<>，函数中模板参数的地方用真正的类型替代。代码清单 5-15 显示了模板特化的用法。

代码清单 5-15　函数模板的特化

```
//文件名：5-15.cpp
#include <iostream>
using namespace std;

template <class T>  T  add(T a, T b);
template <>  char add (char, char);   //函数模板 add 对于 char 型的特化版

int main()
{
    cout << add(3, 5) << '\t';          //调用函数模板
    cout << add(3.5, 4.2) << '\t';      //调用函数模板
    cout << add('a', 'b') << '\t';      //调用特化版本
```

```
    cout << add('3', '5') << '\t';     //调用特化版本
    cout << add('4', '7') << '\t';     //调用特化版本
    cout << add('2', '3') <<endl;      //调用特化版本

    return 0;
}

template <class T>
T  add(T a, T b)
{
    return  a + b;
}

template <>
char  add(char a, char b)
{
    if (a < '0' && a > '9' || b < '0' && b > '9' || a - '0' + b > '9')
        return '0';
    return  a - '0' + b;
}
```

程序的运行结果是：

```
    8  7.7  0  8  0  5
```

5.9.5 *函数模板的重载

函数模板也可以重载。与普通函数重载相同，函数的形式参数表必须不同。例如找任意类型的两个数的最大值可以写成一个函数模板 max，找任意类型的 3 个数的最大值也可以写成一个函数模板 max，这两个函数模板形成了重载。

5.10 递归函数

递归程序设计是程序设计中的一个重要的方法，它的用途非常广泛。递归程序设计是通过递归函数实现的。

5.10.1 递归函数的基本概念

某些问题在规模较小时很容易解决，而规模较大时却很复杂。但这些大规模的问题可以分解成同样形式的若干小规模的问题，将小规模问题的解组合起来可以形成大规模问题的解。

递归函数

假设你在一家慈善机构工作，你的工作是筹集 1000000 元的善款。如果能找到一个人愿意出这 1000000 元，你的工作就很简单了。但是，你可能没有这么慷慨大方的朋友，所以你可能需要募集很多小笔的捐款来凑齐 1000000 元。如果平均每笔捐款额为 100 元，你可以找 10000 个捐赠人让他们每个人捐 100 元。但是，你又不大可能找到 10000 个捐赠人，那该怎么办呢?

当面对的任务超过个人能力所及时，另一种完成任务的办法就是把部分工作交给别人做。如果你能找到 10 个志愿者，请他们每个人筹集 100000 元。你只需要收集这 10 个人募集到的钱就完成任务了。

筹资 100000 元比筹资 1000000 元简单得多，但也绝非易事。这些志愿者又怎么解决这个问题呢?他们也可以运用相同的策略把部分筹募工作交给别人。如果他们每个人都找 10 个筹募志愿者，那么这些筹募志愿者每人就只需筹集 10000 元。这种代理的过程可以层层深入下去，直到筹款人可以一次募集到所有他们需要的捐款。因为平均每笔捐款额为 100 元，志愿者完全可能找到一个愿意捐

献这么多善款的，从而无须找更多人来代理筹款的工作。

上述筹款策略可以用如下伪代码来表示：

```
void CollectContributions(int n)
{
    if (n <= 100) 从一个捐赠人处收集资金;
    else {
        找 10 个志愿者;
        让每个志愿者收集 n/10 元;
        把所有志愿者收集的资金相加;
    }
}
```

上述伪代码中最重要的是：

```
让每个志愿者收集 n/10 元;
```

这一行。这个问题就是原问题的再现，只是规模较原问题小一些。这两个任务的基本特征都是一样的：募捐 n 元，只是 n 值的大小不同。再者，由于要解决的问题实质上是一样的，你可以通过同样的方法来解决，即调用原函数来解决。因此，上述伪代码中的这一行最终可以被下列行取代：

```
CollectContributions (n/10)
```

注意，**如果捐款数额大于 100 元，函数 CollectContributions 最后会调用自己**。

调用自身的函数称为**递归函数**，这种解决问题的方法称为**递归程序设计**。递归技术是一种非常有力的工具。利用递归不但可以使程序书写复杂度降低，而且可以使程序看上去更加美观。

几乎所有的递归函数都有同样的基本结构。典型的递归函数的函数体符合如下范例。

```
if (递归终止的条件测试) return (不需要递归计算的简单解决方案);
else return (包括调用同一函数的递归解决方案);
```

设计一个递归函数时必须注意以下两点。

- 必须有递归终止的条件。
- 必须有一个与递归终止条件相关的形式参数，并且在递归调用中，该参数有规律地递增或递减（越来越接近递归终止条件）。

数学上的很多函数都有很自然的递归解，如阶乘函数 $n!$。按照定义，$n!=1\times2\times3\times\cdots\times(n-1)\times n$，而 $1\times2\times3\times\cdots\times(n-1)$正好是$(n-1)!$。因此 $n!$可写为 $n!=(n-1)!\times n$。0!等于 1，这就是递归终止条件。综上所述，$n!$可用如下递归公式表示：

$$n! = \begin{cases} 1 & (n = 0) \\ (n-1)! \times n & (n > 0) \end{cases}$$

其中 n=0 是递归终止条件，而每次递归调用时，n 的规模都比原来小 1，朝着 n=0 变化。根据定义，很容易写出计算 $n!$的函数：

```
long p(int n)
{
    if (n == 0) return 1;
    else return n * p(n - 1);
}
```

斐波那契数列是计算机学科中一个重要的数列，它的值如下。

0,1,1,2,3,5,8,13,21,⋯

观察这个数列可以发现：第一个数是 0，第二个数是 1，后面的每一个数都是它前面两项的和。因此，斐波那契数列可写成如下的递归形式：

$$F(n) = \begin{cases} 0 & (n = 0) \\ 1 & (n = 1) \\ F(n-1) + F(n-2) & (n > 1) \end{cases}$$

该函数的实现可以直接翻译上述递归公式：

```
int Fibonacci(int n)
{
    if  (n == 0)  return 0;
    else if  (n == 1)  return 1;
         else return  (Fibonacci(n - 1)  + Fibonacci(n - 2));
}
```

从上面两个实例可以看出递归函数逻辑清晰，程序简单，整体感强。但要理解为什么递归函数能正确地得到结果有点困难。其中非常重要的一点就是**递归信任**，信任递归函数的调用能得到正确的结果。对于求阶乘的函数，只要相信p(n−1)能正确计算出(n−1)！的值，那么p(n)的调用结果也必定是正确的。

递归函数的执行由两个阶段组成：递归调用和回溯。例如，计算 *n*！必须调用此函数本身以计算(*n*–1)!，这个过程称为递归调用。有了(*n*–1)!的值就可以计算 *n*!，这个过程称为回溯。用递归函数p求4!的过程如图5-1所示。

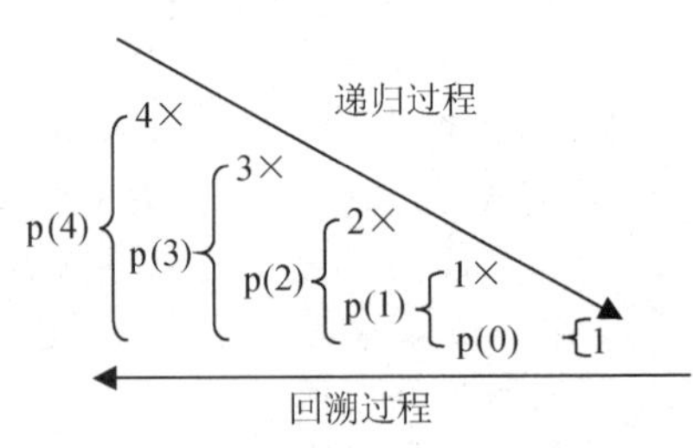

图5-1　递归函数的执行过程

5.10.2　递归函数的应用

例5.7　汉诺塔（tower of hanoi）问题。神庙里有3根宝石柱子，柱子由一个铜座支撑。将64个直径大小不一的金盘子按照从大到小的次序依次套放在第一根柱子上，形成一座金塔，即所谓的**汉诺塔**。将第一根柱子上的64个盘子借助第三根柱子全部移到第二根柱子上，并遵守以下3条规则。

（1）每次只能移动一个盘子。

（2）盘子只能在3根柱子间移动，不能放在别处。

（3）在移动过程中，3根柱子上的盘子必须始终保持大盘在下、小盘在上的状态。

假如只有4个盘子，移动过程如图5-2所示。

图5-2　4个盘子的汉诺塔移动过程

汉诺塔问题是一个典型的用递归解决的问题。任何天才都不可能直接写出移动64个盘子的每一个具体步骤。但利用递归，可以非常简单地解决这个问题。根据递归的思想，64个盘子的汉诺塔问题可以转换为求解63个盘子的汉诺塔问题。如果64个盘子的问题有解，63个盘子的问题肯定能解决，则可先将上面的63个盘子从第一根柱子移到第三根柱子，再将最后一个盘子直接移到第二根柱子，最后再将63个盘子从第三根柱子移到第二根柱子，这样就解决了64个盘子的问题。依此类推，63个盘子的问题可以转换为62个盘子的问题，62个盘子的问题可以转换为61个盘子的问题，直到1个盘子的问题，此时只需将它直接从第一根柱子移到第二根柱子。根据上述思路，可得汉诺塔问题的递归程序，如代码清单5-16所示。

代码清单 5-16　解决汉诺塔问题的函数

```
//汉诺塔问题：将 n 个盘子从 start 借助于 temp 移动到 finish
//用法：Hanoi(64, 'A', 'B', 'C');
void Hanoi(int n, char start, char finish, char temp)
{
    if (n == 1)
        cout << start << "->" << finish << '\t';
    else {
        Hanoi(n - 1, start, temp, finish);
        cout << start << "->" << finish << '\t';
        Hanoi(n - 1, temp, finish, start);
    }
}
```

当 n=3 时，调用 Hanoi(3,'1','3','2')的输出如下：

```
1->3  1->2  3->2  1->3  2->1  2->3  1->3
```

例 5.8　如果 C++只提供输出一个字符的函数 put，设计一个输出非负整型数的函数。

输出一个整数可以看成输出一组字符。例如，输出 1369 就是输出'1' '3' '6'和'9'。问题是得到第一位数不太方便：给定一个数 num，需要一个循环判断 num 的位数，然后才能得到第一个数字。相反最后一个数字可以从 num%10 立即得到（如果 num 小于 10，非负整型数就是 num 本身）。

例 5.8

递归提供了一个很好的解决方案。如果要输出整型数 1369，可以先输出 136，然后输出最后一个数字 9。获取最后一个数字可以用%。输出去掉最后一位数以后的整型数也很容易，因为它和输出 num 是同样的问题。因此，用递归调用就可以实现了。

代码清单 5-17 所示的代码实现了这个输出程序。如果 num 小于 10，直接输出数字 num；否则，通过递归调用输出除最后一个数字外的其他所有数字，然后输出最后一个数字。

代码清单 5-17　输出一个十进制整数的函数定义及使用

```
//文件名：5-17.cpp
#include <iostream>
using namespace std;

void printInt(int);  //输出一个非负整型数

int main()
{
    int num;

    cout << "请输入一个整型数：" << endl;
    cin >> num;

    printInt(num);
    cout << endl;

    return 0;
}

//作用：以十进制输出非负整数 num
//用法：printInt(1234)
void printInt(int num)
{
    if (num < 10)      //递归终止条件
        cout.put(num + '0');
    else {
        printInt(num / 10);
```

```
            cout.put(num % 10 + '0');
        }
    }
```

函数 printInt 的每次递归调用都少了一位数字，所以最后总会到达只剩一位数的情况。

为使代码清单 5-17 的输出函数更有用，这里可以把它扩展到能输出二进制、八进制、十进制和十六进制的非负整数。修改后的程序如代码清单 5-18 所示。该函数和代码清单 5-17 所示的程序有几个区别。第一个区别是该函数要输出各种数制的整数，因此，必须提供一个表示数制的参数 int base，它的值可以是 2、8、10 或 16。当实际参数的值为 2 时，表示以二进制输出。当实际参数的值为 8 时，表示以八进制输出。第二个区别是取整数的最后一位。当以十进制输出时，取最后一位可以用表达式 num % 10 表示。当以数制 base 输出时，取最后一位可以用表达式 num % base 表示。第三个区别是输出某一位的值。十进制每一位的值是从 0 到 9。如果输出的值保存在变量 n 中，则输出时可以用 num +'0'将数字转换成对应的字符，然后用字符输出函数输出。当输出是用二进制、八进制表示时，可以用同样的方法。但当输出是以十六进制表示时，稍有麻烦。因为表示十六进制数的 16 个符号的 ASCII 值是不连续的，不能简单地用一个算术表达式表示。在代码清单 5-18 所示的程序中用一个条件表达式来表示：(num<10) ? num+'0': num–10+'A'。

代码清单 5-18　输出二进制、八进制、十进制或十六进制整数的函数定义及使用

```
//文件名：5-18.cpp
#include <iostream>
using namespace std;

void printInt(int, int);
int main()
{
    int num, base;

    cout << "请输入一个整型数：" << endl;
    cin >> num;
    cout << "请输入要输出的数制：" << endl;
    cin >> base;

    printInt(num, base);
    cout << endl;

    return 0;
}

//作用：以数制 base 输出非负整数 num
//用法：printInt(1234, 8)
void printInt(int num, int base)
{
    if  (num < base) cout.put(((num < 10)? num + '0': num - 10 + 'A'));
    else {
          printInt(num/base, base);
          num %= base;
          cout.put(((num < 10)? num + '0': num - 10 + 'A'));
    }
}
```

5.11　编程规范及常见错误

函数是程序设计的重要组成部分之一。对初学者来说，最困难之处是什么时候构建和怎样去构建一个函数。下面给出一些建议。

- 解决问题的代码较长时，其中的子功能可以抽取成函数。
- 当程序中有一组代码出现多次，而且这组代码具有明确的功能时，程序员可以考虑将这组代码抽取出来作为一个函数。
- 每个函数只做一件事情，不要将多个功能组合在一个函数中。
- 每个函数都可以独立测试，以保证函数的正确性。这样可以降低整个程序的复杂度，便于程序的维护。

每个函数都有一个名称。与变量命名一样，给函数命名时也尽量取有意义的名称。变量名一般是一个名词或名词短语，而函数名一般是一个动词短语，表示函数的功能。

函数在使用前需要声明。函数声明说明函数的用法，函数声明必须以分号结束。

有了函数就可以引入递归程序设计。递归函数就是在函数体中又调用了当前函数本身。递归函数必须有递归终止条件和一个与递归终止条件有关的参数，在递归调用中该参数有规律地递增或递减，使之越来越接近递归终止条件。在递归函数设计中，初学者容易犯的错误之一是缺少递归终止条件，使递归过程永远无法结束。

有了函数，程序中的变量被分成局部变量和全局变量。局部变量是某个函数内部的变量，只有这个函数可以使用这些变量。全局变量属于整个程序，程序中定义在该全局变量之后的所有函数都可以使用这些变量。全局变量为函数间的信息交互提供了便利，但也破坏了函数的独立性。每个函数都是一个独立的功能模块，尽量不要让一个函数影响另一个函数的执行结果。在程序中要慎用全局变量。某些程序员习惯于将所有变量都定义成全局变量，这是一个很不好的习惯。

5.12 小结

本章介绍了程序设计的一个重要概念——函数。函数可以将一段实现独立功能的程序封装起来，通过函数名可执行这一段程序。使用函数可以将程序模块化，每个函数实现一个独立的功能，使程序结构清晰、易读、易于调试和维护。

C++程序是由一组函数组成的。每个程序必须有一个名为 main 的函数，它对应于一般程序设计语言中的主程序。每个 C++程序的执行都是从 main 函数的第一条语句执行到 main 函数的最后一条语句。main 函数的函数体中可能调用其他函数。

函数中定义的变量和形式参数称为局部变量，它们只在函数体内有效。当函数执行时，这些变量可以使用。离开函数后，这些变量就不能使用了。

还有一类变量是定义在所有函数的外面的，被称为全局变量。全局变量的作用域是从定义点到文件结尾，凡是在它后面定义的函数都能使用它。全局变量提供了函数间的一种通信手段。

局部变量和全局变量指出了变量的作用域，即变量的有效范围。根据变量在计算机中的存储位置，变量又可分为自动变量、静态变量、寄存器变量和外部变量。变量的存储范围决定了变量的生存周期。自动变量存放于内存的栈工作区，它在函数调用时生成，在函数执行结束时消亡。静态变量存放于系统的全局变量区，它在定义时生成，在程序执行结束时消亡。寄存器变量存放在 CPU 的寄存器中，它是一类特殊的自动变量。外部变量是一个在其他源文件中定义的全局变量。

一组处理过程相同、被处理数据类型不同的函数可以被定义成一个函数模板。函数模板是实现泛型程序设计的一种手段。

函数也可以调用自己，这样的函数称为递归函数。递归程序设计是一种重要的程序设计方法。

5.13 习题

一、简答题

1. 说明函数原型声明和函数定义的区别。

2. 什么是形式参数？什么是实际参数？

3. 对于函数声明 char f(int a, int b = 80, char c = '0');，下面的调用哪些是合法的，哪些是不合法的？

```
f()      f(10, 20)      f(10, '*')
```

4. 什么是值传递？简述值传递的过程。

5. 什么是函数模板？什么是模板函数？函数模板有什么用途？

6. 什么是函数重载？C++是如何实现函数重载的？

7. 全局变量和局部变量的主要区别是什么？使用全局变量有什么好处和坏处？

8. 变量定义和变量声明有什么区别？

9. 为什么不同的函数中可以有同名的局部变量？为什么这些同名的变量不会产生二义性？

10. 静态局部变量和自动局部变量有什么不同？

11. 如何让一个全局变量或全局函数成为某一源文件独享的全局变量或函数？

12. 如何引用同一个工程中的另一个源文件中的全局变量？

13. 在汉诺塔问题中，如果初始时第一根柱子上有 64 个盘子，将这 64 个盘子移到第三根柱子需要移动多少次盘子？假如计算机每秒钟可执行 1000 万次盘子的移动，完成 64 个盘子的搬移需要多少时间？如果人每秒钟可以搬移一个盘子，那么完成 64 个盘子的搬移需要多少年？

14. 写出调用 f(12)的结果：

```
int f(int n)
{
    if (n == 1) return 1;
    else return 2 * f(n / 2);
}
```

15. 写出调用 f(4)的结果：

```
int f(int n)
{
    if (n == 0 || n == 1)  return 1;
    else return 2 * f(n-1) + f(n-2);
}
```

16. 某程序员设计了一个计算整数幂的函数原型如下。请问有什么问题？

```
int power(int base, exp);
```

17. 设计实现下列功能的函数原型。

① 返回一个字符的 ASCII 值。

② 求 3 个整数的最大值。

③ 求 3 个实数的平均值。

④ 比较 x^y 和 y^x 的大小。

二、程序设计题

1. 设计一个函数，判别一个整数是否为素数。

2. 设计一个函数，使用无穷级数计算 sin$x$ 的值：$\sin x = \frac{x}{1!} - \frac{x^3}{3!} + \frac{x^5}{5!} - \frac{x^7}{7!} + \cdots$。舍去的绝对值应小于$\varepsilon$，$\varepsilon$的值在调用时指定。如果不指定$\varepsilon$的值，则假设为 10^{-6}。

3. 设计一个函数，求两个正整数的最小公倍数。

4. 编写一个函数，输出一个由 n 行组成的平行四边形，每行由 5 个星号组成。当 n 等于 5 时，输出如下所示。

```
*****
 *****
  *****
   *****
    *****
```

用递归和非递归两种方式实现。

5. 设计一个函数，输出小于 10000 的所有 Fibonacci 数。

6. 编写一个函数，要求用户输入一个小写字母。如果用户输入的不是小写字母，则要求重新输入，直到输入了一个小写字母，返回此小写字母。

7. 编写一个递归函数 reverse，它有一个整型参数。reverse 函数按逆序输出参数的值。例如，参数值为 12345 时，函数输出 54321。

8. 编写一个函数 reverse，它有一个整型参数和一个整型的返回值。reverse 函数返回参数值的逆序值。例如，参数值为 12345 时，函数返回 54321。

9. 编写一个函数 int count( )，使得第一次调用时返回 1，第二次调用时返回 2，即返回当前的调用次数。

10. 设计一个函数，用辗转相除法求两个整型数的最大公因子。

11. 假设系统只支持输出一个字符的功能，试设计一个函数 void print(double d)输出一个实型数 d，保留 8 位精度。如果|d|大于 10^8，则按科学记数法输出。

12. 用级数展开法计算平方根。根据泰勒公式：

$$f(x) \cong f(a) + f'(a)(x-a) + f''(a)\frac{(x-a)^2}{2!} + f'''(a)\frac{(x-a)^3}{3!} + \cdots + f^{(n)}(a)\frac{(x-a)^n}{n!}$$

可求得：

$$\sqrt{x} \cong 1 + \frac{1}{2}(x-1) - \frac{1}{4}\frac{(x-1)^2}{2!} + \frac{3}{8}\frac{(x-1)^3}{3!} - \frac{15}{16}\frac{(x-1)^4}{4!} + \cdots$$

设计一个函数计算 $\sqrt{x}$ 的值，要求误差小于 10^{-6}。

13. 用下列方法计算圆的面积：考虑四分之一个圆，将它的面积看成一系列矩形面积之和，每个矩形都有固定的宽度。设计一个函数 int area(double r, int n);，用上述方法计算一个半径为 r 的圆的面积。计算时将四分之一个圆划分成 n 个矩形。如图 5-3 所示。

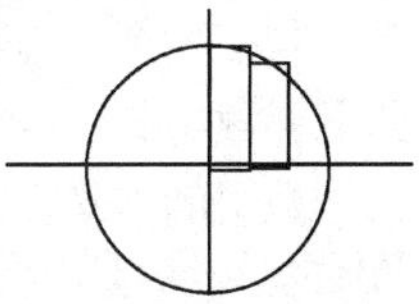

图 5-3　计算圆的面积

14. 设计一个函数 Fib。每调用一次就返回 Fibonacci 序列的下一个值，即第一次调用返回 0，第二次调用返回 1，第三次调用返回 1，第四次调用返回 2……

15. 写一个函数 bool isEven(int n);，当 n 的每一位数都是偶数时，返回 true，否则返回 false。例如，n 的值是 1234，函数返回 false；n 的值为 2484，返回 true。用递归和非递归两种方法实现。

16. 设计一个递归函数，计算 Ackerman 函数的值。Ackerman 函数定义如下：

$$A(m,n) = \begin{cases} n+1 & (m=0) \\ A(m-1,1) & (m \neq 0, n=0) \\ A(m-1, A(m,n-1)) & (m \neq 0, n \neq 0) \end{cases}$$

第 6 章
批量数据处理——数组

例 4.2 要求编写一个程序来输出某个班级某次考试中的最高分、最低分和平均分。但用户还有一个要求：统计成绩的方差。由于计算方差需要用到均值和每位学生的成绩，这时必须保存每位学生的考试成绩，等到平均分统计出来后再计算方差。如何保存每位学生的成绩呢？如果每位学生的成绩用一个整型变量来保存，该程序必须定义许多整型变量，如有 100 位学生就要定义 100 个变量，这样做有两个问题：第一，必须定义许多保存分数的变量，程序会变得冗长，而且每个班级的人数不完全相同，到底应该定义多少个变量也是一个问题；第二，每位学生的成绩都是放在不同的变量中的，计算均值和方差时无法使用循环。

为了解决处理大批量同类数据的问题，程序设计语言提供了一个叫**数组**的组合数据类型。C++也不例外。

6.1 一维数组

最简单的数组是一维数组。一维数组是一个有序数据的集合，数组中的每个元素都有同样的类型。数组有一个表示整个集合的名称，称为数组名。数组中的某一个数据可以用数组名和该数据在集合中的位置来表示。

一维数组的定义及使用

6.1.1 一维数组的定义

定义一个一维数组要给出 3 个信息：数组是一个变量，有一个变量名，即数组名；数组有多少个元素；每个元素的数据类型是什么。综合上述 3 点，C++中一维数组的定义方式如下：

```
类型名  数组名[元素个数];
```

在数组定义中特别要注意的是数组的元素个数必须是编译时的常量，即在程序中以常量或常量表达式的形式出现。也就是说，元素个数在写程序时已经确定。

定义一个包含 10 个元素、每个元素的类型是 double 的数组 doubleArray1 及一个包含 5 个元素的 double 型的数组 doubleArray2 可用下列语句。

```
double  doubleArray1[10],doubleArray2[5];
```

或

```
#define  LEN1  10
const int LEN2 = 5;
double  doubleArray1[LEN1],doubleArray2[LEN2];
```

如果采用 C++11，LEN2 更确切的定义应该是：

```
constexpr int LEN2 = 5;
```

但如果用：

```
int LEN1 = 10, LEN2 = 5;
double  doubleArray1[LEN1],doubleArray2[LEN2];
```

则是非法的，因为 LEN1 和 LEN2 是变量，数组元素个数不能是变量。在某些编译器中，上述语句也可能正确通过编译。但这只是编译器做的优化，不具备通用性。

与其他变量一样，程序员可以在定义数组时为数组元素赋初值，称为数组的初始化。数组有一组初值，这一组初值被括在一个大括号中，初值之间用逗号分开。数组的初始化有以下 3 种形式。

（1）对所有的数组元素赋初值。例如：

```
int a[10] = {0, 1, 2, 3, 4, 5, 6, 7, 8, 9};
```

表示将 0、1、2、3、4、5、6、7、8、9 依次赋予数组 a 的第 0 个、第 1 个……第 9 个元素。

（2）对数组的一部分元素赋初值。例如：

```
int a[10] = {0, 1, 2, 3, 4};
```

表示数组 a 的前 5 个元素的值分别是 0、1、2、3、4，后 5 个元素的值为 0。在对数组元素赋初值时，总是按从前往后的次序赋值。没有赋到初值的元素的初值为 0。因此，让数组中所有元素的初值都为 0，可简单地写成：

```
int a[10] = {0};
```

（3）对全部数组元素赋初值时，可以不指定数组大小，编译器根据给出的初值个数确定数组的规模。例如：

```
int a[] = {0, 1, 2, 3, 4, 5, 6, 7, 8, 9};
```

表示 a 数组有 10 个元素，它们的初值分别为 0、1、2、3、4、5、6、7、8、9。

6.1.2　一维数组元素的引用

一般不能直接对整个数组进行访问，例如给数组赋值或输入/输出整个数组。访问数组通常是访问它的某个元素。数组元素用数组名及该元素在数组中的位置表示：数组名[序号]。序号被称为**下标**。“数组名[下标]”被称为**下标变量**。因此定义了一个数组，相当于定义了一组变量。例如：

```
int a[10];
```

相当于定义了 10 个整型变量 a[0]、a[1]……a[9]。数组的下标从 0 开始，数组 a 合法的下标是 0 到 9。下标可以是常量、变量或任何计算结果为整型的表达式。这样就可以使数组元素的引用变得相当灵活。例如，对数组 a 的 10 个元素执行同样的操作，只需要用一个 for 循环。让循环变量 i 从 0 变到 9，在循环体中完成对数组元素的操作。

例 6.1　定义一个包含 10 个元素的整型数组。从键盘输入 10 个元素的值，并将结果显示在屏幕上。

输入/输出是数组最基本的操作之一。输入/输出数组是通过输入/输出每个下标变量实现的。代码清单 6-1 给出了这个程序。

代码清单 6-1　数组的输入/输出

```
//文件名：6-1.cpp
#include <iostream>
using namespace std;

int main()
{
    int a[10], i;

    cout << "请输入 10 个整型数：\n";
    for (i = 0; i < 10; ++i)
        cin >> a[i];

    cout << "\n 数组的内容为：\n";
```

```
    for (i = 0; i < 10; ++i)
        cout << a[i] << '\t';

    return 0;
}
```

代码清单 6-1 所示的程序的某次运行结果如下：

```
请输入 10 个整型数：
0 1 2 3 4 5 6 7 8 9
数组的内容为：
0   1   2   3   4   5   6   7   8   9
```

C++11 中，遍历数组的所有元素也可以用范围 for 循环。例如，代码清单 6-1 中的输出部分可以改为：

```
for  (int x: a) cout << x << '\t';
```

或

```
for (auto x: a) cout << x << '\t';
```

表示定义了一个整型变量 x，依次代表数组 a 中的每个元素值。但注意，不能用：

```
for  (int x: a) cin >>  x ;
```

输入数组，因为 cin >> x ;表示将数据输入 x，而不是 a[i]。

6.1.3 一维数组的内存映像

定义数组会分配一块连续的空间，空间的大小等于元素个数乘以每个元素所占的空间大小。数组元素按序存放在这块空间中。例如，在 Visual C++中定义 int intarray[5];，则数组 intarray 占用了 20 字节，因为每个整型数占 4 字节。如果这块空间的起始地址为 100，那么 100～103 存放 intarray[0]，104～107 存放 intarray[1]……116～119 存放 intarray[4]。

一维数组的内存映像

C++并不保存每个下标变量的地址，而只保存整个数组的起始地址。数组名对应着存储该数组的空间的起始地址。当引用变量 intarray[idx]时，编译器计算它的地址 intarray+idx×4，对该地址的内容进行操作。例如，若将 intarray[3]赋值为 3，则内存中的情况如下：

随机值	随机值	随机值	3	随机值
100～103	104～107	108～111	112～115	116～119

使用数组时必须注意：C++不检查数组下标的合法性，例如，定义数组 int intarray [10];，合法的下标范围是 0~9，但如果引用 intarray[10]，编译和运行都不会报错。若数组 intarray 的起始地址是 1000，引用 intarray[10]时会对地址为 1040 的内存单元进行操作，而 1040 可能是另一个变量的地址，这个问题称为**下标越界**。在操作数组时，**程序员必须保证下标的合法性，否则程序的运行会出现不可预知的结果。**

6.1.4 一维数组的应用

例 6.2 编写一个程序，统计某次考试的平均成绩和均方差。

例 6.2

代码清单 4-9 用 while 循环实现了统计某次考试的最高分、最低分和平均分，选择-1 作为哨兵。while 循环的每个循环周期处理一个学生信息。所有学生共用了一个存储成绩的变量。但在本例中，这种方法就不行了，因为计算均方差时既需要知道均值，又需要知道每名学生的成绩，所以必须保存每名学生的成绩。

保存学生成绩可以用一个一维整型数组。但每个班的学生人数不完全一样，数组的大小应该为多少呢？答案是可以按照人数最多的班级确定数组的大小。例如，若每个班级最多允许有 50 名学生，那么数组的大小就定义为 50。如果某个班的学生数少于 50，如 45 名学生，用数组的前 45 个元素。这种情况下，定义的数组大小称为**数组的配置长度**，真正使用的部分称为**数组的有效长度**。完成此任务的程序如代码清单 6-2 所示。

代码清单 6-2　统计某次考试的平均成绩和均方差

```
//文件名：6-2.cpp
#include <iostream>
#include <cmath>
using namespace std;

int main()
{
    const int MAX = 100; //定义一个班级中最多的学生数
    int score[MAX], num; //num：某次考试的真实人数
    double average = 0, variance = 0;
    cout << "请输入成绩（-1 表示结束）：\n";
    for (num = 0; num < MAX; ++num){ //输入并统计成绩总和
        cin >> score[num];
        if (score[num] == -1) break;
        average += score[num];
    }
    if (num == 0) return 1;
    average = average / num;           //计算平均成绩
    for (int i = 0; i < num ; ++i)    //计算均方差
       variance += (average - score[i]) * (average - score[i]);
    variance = sqrt(variance / num);
    cout << "平均分是：" << average << "\n 均方差是：" <<  variance <<  endl;
    return 0;
}
```

代码清单 6-2 所示的程序的某次运行结果如下：

```
请输入成绩（-1 表示结束）：
75 74 74 74 75 75 76 -1
平均分是：74.7143
均方差是：0.699854
```

这个程序的缺点是空间浪费问题。如果一个班级最多可以有 100 人，但一般情况下每个班级都只有 50 人左右，那么数组 score 的一半空间是被浪费的。第 7 章和第 8 章将会提供更好的解决方法。

例 6.3　向量是一个很重要的数学概念，编写一个程序来计算两个 10 维向量的数量积。

如果向量 $\boldsymbol{a}=(x_1,x_2,\ldots,x_n)$，向量 $\boldsymbol{b}=(y_1,y_2,\ldots,y_n)$，它们的数量积是 $\boldsymbol{a}\cdot\boldsymbol{b}=|\boldsymbol{a}|\cdot|\boldsymbol{b}|\cdot\cos\alpha=\sum x_i y_i$。

编写这个程序时，首先要考虑如何存储向量。向量是由一组有序的实数表示的，因此它可以用一个实型数组来保存。计算数量积是累计求和，这里可以用一个 for 循环实现。于是可以得到代码清单 6-3 所示的程序。

代码清单 6-3　计算两个 10 维向量的数量积

```
//文件名：6-3.cpp
#include <iostream>
using namespace std;

int main()
{
    const int MAX = 10;
    double a[MAX], b[MAX], result = 0;

    // 输入向量 a、b
    cout << "请输入向量 a 的 10 个分量：";
```

```
    for (int i = 0; i < MAX; ++i)
        cin >> a[i];
    cout << "请输入向量b的10个分量：";
    for (int i = 0; i < MAX; ++i)
        cin >> b[i];

    // 计算a、b的数量积
    for (int i = 0; i < MAX; ++i)
        result += a[i] * b[i];

    cout << "a、b的数量积是：" << result << endl;

    return 0;
}
```

想一想，如果要将代码清单6-3所示的程序修改为计算两个20维向量的数量积，应该如何修改?

6.1.5 一维数组作为函数参数

一维数组传递

当需要向函数传递一组同类数据时，程序员可以将函数参数设计成数组。此时形式参数和实际参数都是数组名。

例6.4 设计一个函数，计算10名学生的考试平均成绩。

这个函数的输入是10名学生的考试成绩。因此，函数的参数是一个包含10个元素的整型数组，函数的返回值是一个整型数，表示平均成绩。函数的定义和使用如代码清单6-4所示。

代码清单6-4 计算10名学生平均成绩的函数定义及使用

```
//文件名：6-4.cpp
#include <iostream>
using namespace std;
int average(int array[10]); //函数原型声明

int main()
{
    int i, score[10];

    cout << "请输入10个成绩：" << endl;
    for (i = 0; i < 10; i++)
       cin >> score[i];

    cout << "平均成绩是：" << average(score) << endl;

    return 0;
}

int average(int array[10])
{
    int sum = 0;

    for (int i = 0; i < 10; ++i)
       sum += array[i];

    return sum / 10;
}
```

程序的运行结果如下：

```
请输入10个成绩：
90 70 60 80 65 89 77 98 60 88
平均成绩是：77
```

同普通的参数传递一样，形式参数的类型和实际参数的类型要一致。因此，当形式参数是数组时，实际参数也应该是数组，而且形式参数数组的类型和实际参数数组的类型也要一致。

对代码清单 6-4 所示的程序做一些小小的修改，会发现一个有趣的现象。如果在函数 average 的 return 语句前增加一个对 array[3]赋值的语句，如 array[3]=90，在 main 函数的 return 语句前增加一个输出 score[3]的语句，会发现输出的值是 90 而不是 80。不是说值传递时形式参数的变化不会影响实际参数吗？为什么 main 函数中的 score[3]被改变了呢？这是由 C++的数组表示机制决定的。

C++中的数组名代表的是数组在内存中的起始地址。按照值传递的机制，在参数传递时用实际参数的值初始化形式参数，即将作为实际参数的数组的起始地址初始化为形式参数的数组名，这样形式参数和实际参数数组具有同样的起始地址，也就是说形式参数和实际参数的数组事实上是同一个数组。函数中对形式参数数组的任何修改实际上是对实际参数数组的修改。所以数组传递的本质是仅传递了数组的起始地址，并不是将作为实际参数的数组中的每个元素值对应传递给形式参数数组的元素。那么在被调用函数中如何知道实际参数数组的大小呢？答案是没有任何获取途径。代码清单 6-4 中约定了数组大小是 10。如果没有约定，数组的大小必须作为一个独立的参数传递。

总结一下，**数组传递实质上传递的是数组起始地址，形式参数和实际参数是同一个数组。传递一个数组需要两个参数：数组名和数组大小。**数组名给出数组的起始地址，数组大小给出该数组的元素个数。

由于数组传递本质上是首地址的传递，真正的元素个数是作为另一个参数传递的，因此形式参数中数组的大小是无意义的，通常可省略。例如，代码清单 6-4 中的函数原型声明和函数定义中的函数头可写为 int average(int array[ ])。

数组传递实际上传递的是地址这一特性非常有用，它可以在函数内部修改作为实际参数的数组元素值。

例 6.5　编写一个程序，实现下面的功能：读入一串整型数据，直到输入一个特定值为止；把这些整型数据逆序排列；输出经过重新排列后的数据。要求每个功能用一个函数来实现。

除了 main 函数外，还需要 3 个函数，即读入一串整型数的函数 ReadIntegerArray、将数组逆序排列的函数 ReverseIntegerArray 和输出数组的函数 PrintIntegerArray。main 函数依次调用 3 个函数。因此，首先要做的工作就是确定 3 个函数的原型。

ReadIntegerArray 函数从键盘接收一个整型数组的数据，它需要告诉 main 函数接收了几个元素以及这些元素的值。接收的元素个数可以通过函数的返回值告知，但输入的数组元素的值如何返回给 main 函数呢？幸运的是，数组传递的特性告诉我们对形式参数的任何修改都是对实际参数的修改，因此我们可以在 main 函数中定义一个整型数组，将此数组传给 ReadIntegerArray 函数。在 ReadIntegerArray 函数中，将输入的数据放入作为形式参数的数组中。为了使这个函数更通用和可靠，还可以增加两个形式参数：实际参数数组的规模和输入结束标记。据此可得 ReadIntegerArray 函数的原型为：

```
int ReadIntegerArray(int array[],int max, int flag)
```

返回值是输入的数组元素的个数，形式参数 array 存放输入元素的数组，max 是实际参数数组的规模，flag 是输入结束标记。

ReverseIntegerArray 函数将参数数组中的元素逆序排列，这一操作很容易实现。同样因为数组传递的特性，在函数内部对形式参数数组的元素逆序排列也反映给了实际参数。因此 ReverseIntegerArray 函数的原型可设计为：

```
void ReverseIntegerArray(int array[],int size)
```

PrintIntegerArray 函数最简单，只需要传递一个数组。它的原型为：

```
void PrintIntegerArray(int array[], int size)
```

按照上述思路得到的程序如代码清单 6-5 所示。

代码清单 6-5　整型数据逆序输出的程序

```
//文件名：6-5.cpp
//读入一串整型数据，将其逆序排列并输出排列后的数据。最多允许处理 10 个数据
#include <iostream>
using namespace std;

int ReadIntegerArray(int array[], int max, int flag);
void ReverseIntegerArray(int array[], int size);
void PrintIntegerArray(int array[], int size);

int main()
{
    const int MAX = 10;
    int IntegerArray[MAX], flag, CurrentSize;

    cout << "请输入结束标记：";
    cin >> flag;

    CurrentSize = ReadIntegerArray(IntegerArray, MAX, flag);
    ReverseIntegerArray(IntegerArray, CurrentSize);
    PrintIntegerArray(IntegerArray, CurrentSize);

    return 0;
}

//函数：ReadIntegerArray
//作用：接收用户的输入，存入数组 array，max 是 array 的大小，flag 是输入结束标记
//当输入数据个数达到最大长度或输入了 flag 时结束
int ReadIntegerArray(int array[], int max, int flag)
{
    int size = 0;

    cout <<"请输入数组元素，以" << flag << "结束：";
    while (size < max) {
        cin >> array[size];
        if (array[size] == flag) break; else ++size;
    }

    return size;
}

//函数：ReverseIntegerArray
//作用：将 array 中的元素按逆序存放，size 为元素个数
void ReverseIntegerArray(int array[], int size)
{
    int i, tmp;

    for (i = 0; i < size / 2; i++){
        tmp = array[i];
        array[i] = array[size - i - 1];
        array[size - i - 1] = tmp;
    }
}

//函数：PrintIntegerArray
//作用：将 array 中的元素显示在屏幕上。size 是 array 中元素的个数
void PrintIntegerArray(int array[], int size)
{
    if (size == 0) return;
    cout << "逆序是：" << endl;
```

```
    for (int i = 0; i < size; ++i)  cout << array[i] << '\t';
    cout << endl;
}
```

程序的运行结果如下：

```
请输入结束标记：0
请输入数组元素，以 0 结束：1 2 3 4 5 6 7 0
逆序是：
7	6	5	4	3	2	1
```

例 6.6　均分纸牌。有 n 堆纸牌，编号分别为 0、1、2……n−1。每堆上有若干张纸牌，但纸牌总数必为 n 的倍数。相邻堆之间可以一次移动若干张纸牌。现要求找出使每堆上纸牌数相同的最少移动次数，例如，n=4，4 堆纸牌分别为 9、8、17、6，移动 3 次可以达到目的：从 2 取 4 张牌放到 3；再从 2 取 3 张牌放到 1；最后从 1 取 1 张牌放到 0。

例 6.6

首先要解决的是如何存储这些纸牌。每堆纸牌存放的是一个数字，n 堆纸牌可以用一个包含 n 个元素的整型数组 num 存储。

如何使移动次数最少呢？这是一个求最优解的问题，该问题可以用贪婪法解决。移动后，每堆中的牌数相同，所以先求出平均数 avg。移动过程由 n−1 个阶段组成，每个阶段评估 i 和 i+1 两个堆之间的移动。按照从左到右的顺序保证第 i 堆的数量正好是平均数。如果第 i 堆的纸牌数不等于平均值，则移动一次，分以下两种情况。

（1）若 num[i] > avg，将 num[i] − avg 张牌从第 i 堆移动到第 i+1 堆。

（2）若 num[i] < avg，将 avg − num[i]张牌从第 i+1 堆移动到第 i 堆。

这两种情况可以统一看作移动|num[i] – avg|张牌。如果 num[i] – avg > 0，从第 i 堆移动到第 i+1 堆，否则从第 i+1 堆移动到第 i 堆。移动后第 i 堆正好是 avg 张牌。

在从第 i+1 堆取出纸牌补充第 i 堆的过程中可能会出现第 i+1 堆的纸牌数不够的情况。例如 n=3，3 堆纸牌数分别为 1、2、27，这时 avg=10，为了使第 0 堆为 10，此时要从第 1 堆移 9 张到第 0 堆，而第 1 堆只有两张可以移，这是不是意味着使用贪婪法是错误的呢？继续按规则分析移牌过程，从第 1 堆移出 9 张到第 0 堆后，第 0 堆有 10 张，第 1 堆剩下−7 张，再从第 2 堆移动 17 张到第 1 堆，刚好 3 堆纸牌数都是 10，最后结果是对的。在移动过程中，只是改变了移动的顺序，而移动次数不变。

解决均分纸牌问题的程序如代码清单 6-6 所示。函数 cardAvg 的参数是这堆纸牌的初始状态，返回值是最少移动次数。

代码清单 6-6　均分纸牌

```
//文件名：6-6.cpp
#include <iostream>
using namespace std;
int cardAvg(int num[], int size);

int main()
{
    int a[3]= {1, 2, 27}, b[4] = {9, 8, 17, 6}, c[4] = {10, 2, 5, 23};

    cout << cardAvg(a, 3) << endl;
    cout << cardAvg(b, 4) << endl;
    cout << cardAvg(c, 4) << endl;

    return 0;
}

int cardAvg(int num[], int size)
{
```

```
    int avg = 0, sum = 0;     //avg：每堆平均牌数；sum：移动次数

    for (int i = 0; i < size; ++i)
        avg += num[i];
    avg /= size;

    for (int i = 0; i < size - 1; ++i)
        if (num[i] != avg) {
            ++sum;
            num[i + 1] -= avg - num[i];
        }

    return sum;
}
```

代码清单6-6中的函数返回了最少移动次数，但没有给出移动过程。对于1、2、27，最少移动次数是2。但初始时第1堆没有9张牌，无法移动，需要先完成第2堆往第1堆的移动。正确的移动过程是：

```
从第2堆移动17张牌到第1堆
从第1堆移动9张牌到第0堆
```

如何得到上述输出？在从左往右的扫描过程中，某些第 *i*+1 堆到第 *i* 堆的移动无法完成。程序可以将这些移动记录下来，等第 *i*+1 堆获得足够的牌以后再完成。如何记录这个信息？记录在哪里？我们注意到当检查了第 *i* 堆和第 *i*+1 堆之间的移动后，第 *i* 堆的牌数一定是平均数，因此没有必要保存。程序可以把移动的牌数记录在num[i]中。如果第 *i* 堆往第 *i*+1 堆移，num[i]为正数，反之为负数。如果num[i]是正数，或者num[i]是负数但num[i+1]是正数，移动可以完成，则输出，否则移动无法完成，暂且保留。在后面的移动过程中，当num[i+1]大于0时，说明移动可以完成，于是向前回溯，直到完成前面所有未完成的移动。按照这个思想实现的函数如代码清单6-7所示。

代码清单6-7　输出移动过程的均分纸牌

```
int cardAvg(int num[], int size)
{
    int avg = 0, sum = 0, flag = 0;

    for (int i = 0; i < size; ++i)
        avg += num[i];
    avg /= size;

    for (int i = 0; i < size - 1; ++i)
        if (num[i] != avg) {
            ++sum;
            num[i+1] -= avg - num[i];
            num[i] -= avg;                   //记录移动的牌数
            if (num[i] > 0)      //从第 i 堆向第 i+1 堆移动，可以完成
                cout << "从第" << i << "堆移动" << num[i] << "张牌到第" << i + 1 <<
                     "堆" << endl;
            else if (num[i+1] > 0)       //第 i+1 堆有足够的牌，可以移动
                    for (int j = i; i>= 0 && num[j] < 0; --j) {     //向前回溯
                        cout << "从第" << j + 1 << "堆移动" << -num[j] << "张牌到第" << j
                             << "堆" << endl;
                        num[j] = 0;
                    }
        }

    return sum;
}
```

当num为{1, 2, 27}时，输出为：

```
从第 2 堆移动 17 张牌到第 1 堆
从第 1 堆移动 9 张牌到第 0 堆
```

当 num 为{9, 8, 17, 6}时，输出为：

```
从第 1 堆移动 1 张牌到第 0 堆
从第 2 堆移动 3 张牌到第 1 堆
从第 2 堆移动 4 张牌到第 3 堆
```

当 num 为{10, 2, 5, 23}时，输出为：

```
从第 3 堆移动 13 张牌到第 2 堆
从第 2 堆移动 8 张牌到第 1 堆
```

6.2　查找

一维数组的一个重要的操作是在数组中检查某个特定的元素是否存在。如果找到了，则输出该元素的存储位置，即下标值。这个操作称为**查找**。最基本、最直接的查找方法是顺序查找。对于已排好序的数组，程序可以采用二分查找。二分查找比顺序查找更有效。下面分别介绍这两种查找方法。

6.2.1　顺序查找

从数组的第一个元素开始，依次往下比较，直到找到要找的元素，输出元素的存储位置；若到数组结束还没有找到要找的元素，则输出错误信息。这种查找方法即为***顺序查找***。显然，顺序查找可以用一个 for 循环来实现。循环变量遍历数组的下标，每个循环周期检查对应的下标变量是否是正在查找的元素。

顺序查找

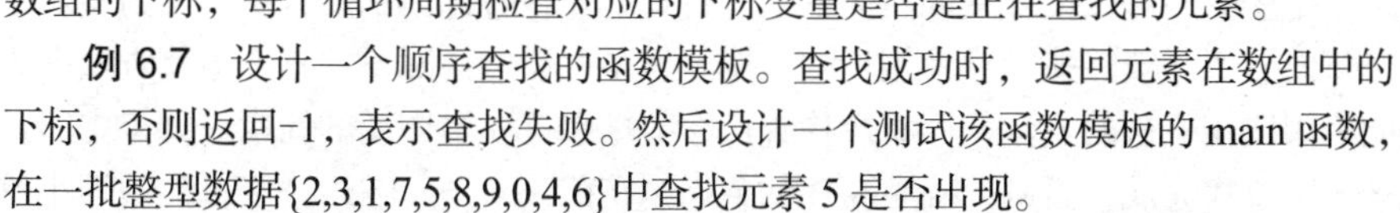

例 6.7　设计一个顺序查找的函数模板。查找成功时，返回元素在数组中的下标，否则返回-1，表示查找失败。然后设计一个测试该函数模板的 main 函数，在一批整型数据{2,3,1,7,5,8,9,0,4,6}中查找元素 5 是否出现。

首先设计函数的原型。该函数适用于任意支持等于比较的数据，模板参数是数组元素的类型。调用函数时必须给出被查找的数据集合以及所要查找的元素值。数据集合可以用一个数组保存。传递一个数组需要两个参数：数组名和数组的有效长度。所以该函数有 3 个参数：数组名、数组规模和被查找元素。函数的执行结果是被查找元素在数组中的位置，即一个整型数；如果被查找元素在数组中不存在，则返回-1。可见，返回值是一个整型数。完整的程序实现及使用如代码清单 6-8 所示。

代码清单 6-8　顺序查找

```
// 文件名：6-8.cpp
#include <iostream>
using namespace std;

template <class T>
int seqsearch(T a[], int size, T x);      //在数组 a 中查找 x

int main()
{
    int array[] = {2, 3, 1, 7, 5, 8, 9, 0, 4, 6};

    cout << seqsearch(array, 10, 5) << endl;

    return 0;
}

template <class T>
int seqsearch(T a[], int size, T x)
```

```
{
    for (int k = 0; k < size; ++k)
        if (x == a[k])  return k;

    return -1;
}
```

函数 seqsearch 用一个 for 循环依次检查数组的每个元素。该循环有两个出口：一个是循环控制行中的表达式 2 为 false，表示已经检查了所有元素，都不是要寻找的元素，查找失败，返回-1；另一个是找到了所要寻找的元素，此时的循环变量值正好是该元素的下标，直接返回 k 的值。

在顺序查找中，如果数组中有 *n* 个元素，最好的情况是数组中第一个元素即是被查找的元素，此时只需要执行一次比较就完成了查找。最坏的情况是被查找的元素是最后一个元素或被查找的元素根本不存在，此时程序必须检查所有元素后才能得出结论，即需要执行 *n* 次比较操作。

6.2.2 二分查找

二分查找

顺序查找的实现相当简单明了。但是，如果被查找的数组很大，要查找的元素又靠近数组的尾端或在数组中根本不存在，则查找的时间可能就会很长。设想一下，在一本包含 5 万余词的《新英汉词典》中顺序查找某一个单词，最坏情况下就要比较 5 万余次。在手动比较的情况下，几乎是不可能实现的。但为什么我们能在词典中很快找到要找的单词呢？关键就在于《新英汉词典》是按字母顺序排列的。当要在词典中找一个单词时，我们不会从第一个单词检查到最后一个单词，而是先估计一下这个词出现的大概位置，然后翻到词典的某一页，如果翻过头了，则向前修正，反之如果太靠前面了，则向后修正。

如果待查数据是已排序的，可以按照查词典的方法进行查找。在查词典的过程中，因为有对单词分布情况的了解，所以一下子就能找到比较接近的位置。但是一般的情况下并不知道待查数据的分布情况，所以只能采用比较机械的方法，即每次检查待查数据中排在最中间的元素。如果中间元素就是要查找的元素，则查找完成，否则，确定要找的数据是在前一半还是在后一半，然后缩小范围，在前一半或后一半内继续查找。例如，在图 6-1 所示的集合中查找 28。开始时，检查整个数组的中间元素，中间元素的下标值为(0+10)/ 2 = 5，存储在 5 号单元的内容是 22，22 不等于 28，因此需要继续查找。而另一方面，你知道 28 所在位置一定是在 22 的后面，因为这个数组是有序的。所以可以立即得出结论：下标值从 0 到 5 的元素不可能是 28，这样通过一次比较就排除了 6 个元素（而在顺序查找中，一次比较只能排除一个元素）。接着在 24 到 33 之间查找 28，这段数据的中间元素的下标是 (6+10) / 2 = 8，存储在 8 号单元的内容正好是要找的元素 28，这时查找就结束了。因此用二分查找法查找 28 只需要进行两次比较，而顺序查找需要进行 9 次比较。

如果用 low 和 high 表示查找区间的两个端点，上述查找过程如图 6-1 所示。

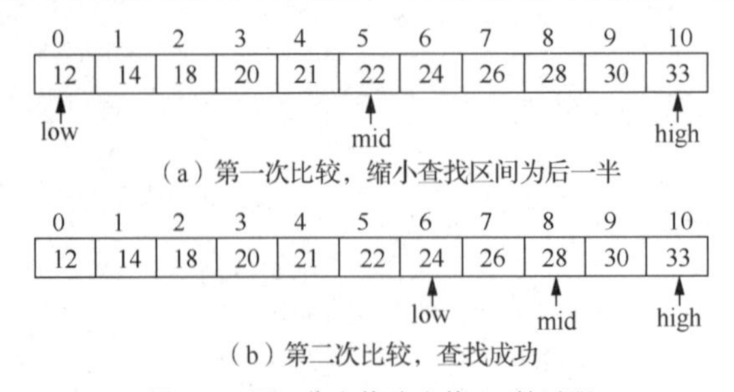

图 6-1　用二分查找法查找 28 的过程

假如在图 6-1 所示的有序数据集中查找 23。开始时查找的下标范围是[0,10]，同样是先检查中间元素。中间元素的下标值为(0+10) / 2 = 5，存储在 5 号单元的内容是 22，22 不等于 23，需要继续查找。因为 23 大于 22，所以下标为 0 到 5 的元素被抛弃了，把查找范围修改为[6,10]。这时中间元素的下标是 8，8 号单元的内容是 28，28 比 23 大，所以 8 号到 10 号单元的内容不可能是 23，进一步把查找范围缩小到[6,7]。继续计算中间元素的下标(6+7) / 2 = 6，6 号单元的内容是 24，24 比 23 大，6 及 6 以后的元素被抛弃了，这时查找范围为[6,5]。这个查找区间是不存在的，所以 23 在表中不存在。这个过程如图 6-2 所示。

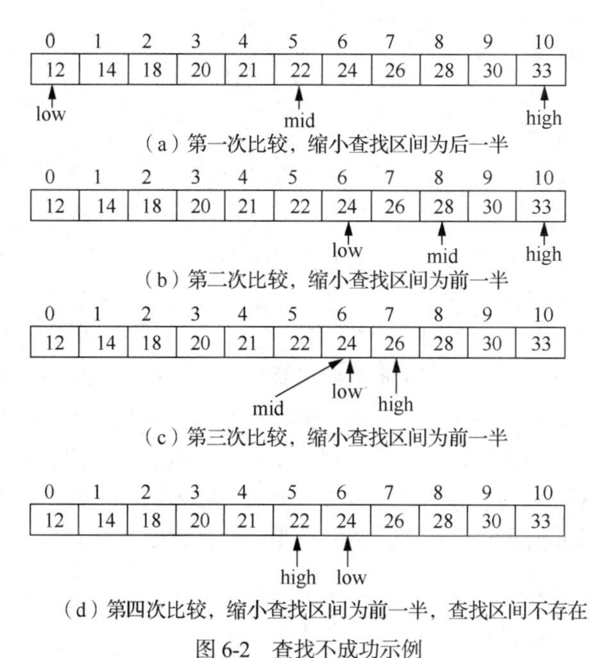

图 6-2　查找不成功示例

总结一下，**二分查找**首先在整个表中查找中间元素，然后根据这个元素的值确定下一步将在哪一半进行查找，将查找范围缩小一半，继续用同样的方法查找。开始时，搜索范围覆盖整个数组，即 low = 0，high = size－1。随着查找的继续进行，搜索区间将逐渐缩小，直到元素被找到。如果最后两个下标值交叉了，即 low 大于 high，表示所要查找的值不在数组中。

例 6.8　设计一个二分查找的函数模板。查找成功时，返回元素在数组中的下标，否则返回-1，表示查找失败。然后设计一个测试该函数模板的 main 函数，在一批整型数据{0,1,2,3,4,5,6,7,8,9}中查找元素 5 是否出现。

解决这个问题的程序如代码清单 6-9 所示。

代码清单 6-9　二分查找程序

```
// 文件名：6-9.cpp
#include <iostream>
using namespace std;

template <class T>
int binarysearch(T a[], int size, T x);      //在数组 a 中查找 x

int main()
{
    int array[] = {0,1,2,3,4,5,6,7,8,9};

    cout << binarysearch(array, 10, 5) << endl;

    return 0;
```

```
}

template <class T>
int binarysearch(T a[], int size, T x)
{
    int low = 0, high = size - 1, mid;

    while (low <= high) {           //查找区间存在
        mid = (low + high) / 2;   //计算中间位置
        if (x == a[mid])  return mid; //找到
        if (x < a[mid])                //修改查找区间
           high = mid - 1;
        else low = mid + 1;
    }

    return -1;
}
```

由上述讨论可知，二分查找算法比顺序查找算法更有效。二分查找比较的次数取决于所要查找的元素在数组中的位置。对于包含 n 个元素的数组，最坏的情况下必须查到查找区间只剩下一个元素时才能找到或者确定该元素不在数组中。第一次比较后，所要搜索的区间立刻减小为原来的一半，只剩下 $n/2$ 个元素。第二次比较后，再去掉这些元素的一半，剩下 $n/4$ 个元素。每次比较后被查找的元素数都减半。最后搜索区间将变为 1，即只需要将这个元素与需要查找的元素进行比较。达到这一点所需的步数等于将 n 不断除以 2 并最终得到 1 所需要的次数，即 $\text{lb}\, n$ 次。

顺序查找最坏情况下需要比较 n 次，二分查找最多需要比较 $\text{lb}\, n$ 次。n 和 $\text{lb}\, n$ 的差别究竟有多大？表 6-1 给出了不同的 n 值和它相对应的最精确 $\text{lb}\, n$ 的整数值。

表 6-1　　n 与 $\text{lb}\, n$

顺序查找 n 次	二分查找 $\text{lb}\, n$ 次
10	3
100	7
1000	10
1000000	20
1000000000	30

从表 6-1 中的数据可以看出，对于小规模的数组，这两个值差别不大，两种算法都能很好地完成搜索任务。然而，如果该数组的元素个数为 1000000000，在最坏的情况下顺序查找算法需要执行 1000000000 次比较，而二分查找算法最多只需要执行 30 次比较。

6.3　排序

在 6.2.2 小节中可以看到，如果待查数据是有序的，则程序可以极大地减少查找时间。因此对于一大批需要经常查找的数据而言，事先对它们进行排序是有意义的。

排序的方法有很多，如插入排序、选择排序、交换排序等。下面介绍两种比较简单的排序方法：直接选择排序法和冒泡排序法。

直接选择排序法

6.3.1　直接选择排序法

在众多排序算法中，最容易理解的一种就是**选择排序**算法。选择排序每次选择一个元素放在它最终要放的位置。如果要将数据按非递减次序排列，一般的过程是先找到整个数组中的最小的元素并把它交换到数组的起始位置，然后在剩下的元素中找最小的元素并把它交换到第二个位置上，对整个数组继续执行这个过程，最终将得到按从小到大顺序排列的数组。不同的最小元素选择方法得到不同的选择排序算法。**直接选择排序**是选择排序算法中最简单的一种，在找最小元素时采用最原始的方法——顺序查找。

为了理解直接选择排序算法，我们以排列下面的数组作为例子。

31	41	59	26	53	58	97	93
0	1	2	3	4	5	6	7

通过顺序检查数组元素可知这个数组中最小的元素值是 26，它在数组中的位置是 3，因此将它和位置 0 的数据进行交换。交换后的数组如下：

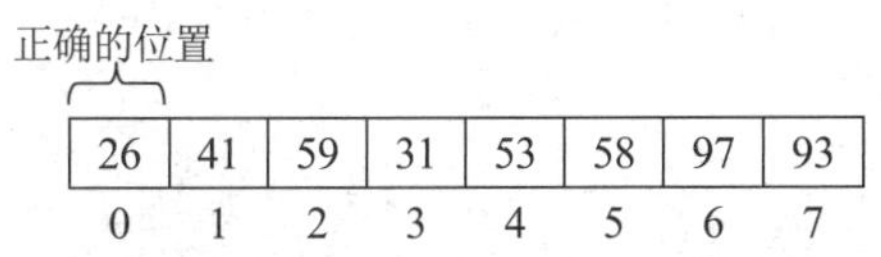

位置 0 中的数据是该数组的最小值，符合最终的排序要求。现在，可以处理表中的剩下部分。用同样的策略正确填入数组的位置 1 中的值。剩余的最小值（除了 26 已经被正确放置以外）是 31，现在它的位置是 3。将它和位置为 1 的元素进行交换，可以得到下面的状态，前两个元素在正确的位置上。

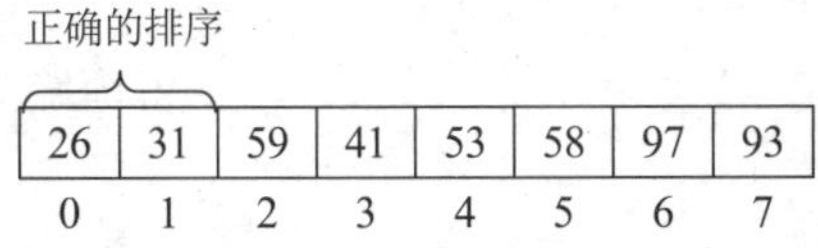

在下一个周期中，再将下一个最小值（应该是 41）和位置 2 中的元素值进行交换。

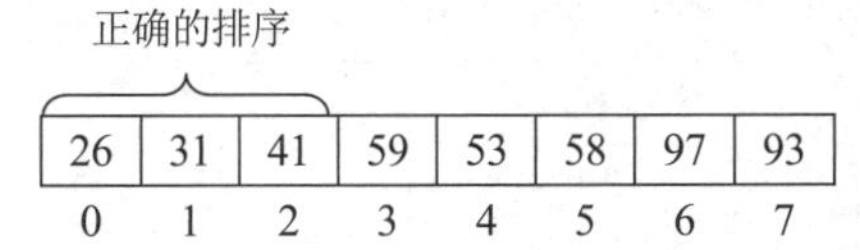

如果继续执行这个过程，将正确填入位置 3 和位置 4，依此类推，直到数组被完全排序。

为了弄清楚在整个算法中具体的某一步该对哪个元素进行操作，可以想象用你的左手手指依次指明每一个下标位置。开始时，左手手指指向 0 号单元。对每一个左手位置，可以用你的右手手指找出剩余的元素中的最小元素。一旦找到这样的元素，就可以把两个手指指出的值进行交换。在实现时，你的左手手指和右手手指分别用两个变量 lh 和 rh 来代替，它们分别代表相应的元素在数组中的下标值。

上述过程可以用下面的伪代码表示。

```
for (lh = 0; lh < n; ++lh)  {
     设 rh 是从 lh 直到数组结束的所有元素中最小值元素的下标;
     将 lh 位置和 rh 位置的值进行交换;
}
```

将这段伪代码转换成 C++语句不是很难，只要使用一个嵌套的 for 循环即可。

例 6.9　设计一个采用直接选择排序法的排序函数模板，并设计一个调用此函数的 main 函数排序一个元素值分别为 2、5、1、9、10、0、4、8、7、6 的数组。

函数的模板参数是待排序的元素类型。调用排序函数时需要给它所需排序的一组元素，因此函数的参数是一个数组。函数的执行结果是一个排序后的数组。如何返回一个数组？目前并无这样的方法。但幸运的是，数组传递机制告诉我们形式参数数组和实际参数数组是同一个数组。排序函数对形式参数数组的修改也就是对实际参数数组的修改。函数调用结束时，实际参数数组中的元素已经是有序的了，所以排序函数不需要返回值。采用直接选择排序法解决这个问题的程序如代码清单 6-10 所示。

代码清单 6-10　直接选择排序的程序

```
// 文件名：6-10.cpp
#include <iostream>
using namespace std;

template <class T>
void selectSort(T a[], int size);

int main()
{
    int array[] = {2, 5, 1, 9, 10, 0, 4, 8, 7, 6};

    selectSort(array, 10);

    for (int k = 0; k < 10; ++k)
    cout << array[k] << "   ";

    return 0;
}

template <class T>
void selectSort(T a[], int size)
{
    for (int lh = 0; lh < size; ++lh) { //依次将正确的元素放入 a[lh]
        int min = lh;
        for (int k = lh; k < size; ++k) //找出 lh 到最后一个元素中的最小元素下标 min
            if ( a[k] < a[min] )   min = k;
        T tmp = a[lh];                        //交换 lh 和 min 的值
        a[lh] = a[min];
        a[min] = tmp;
    }
}
```

6.3.2　冒泡排序法

冒泡排序法

冒泡排序是另一种常用的排序算法，它是通过调整违反次序的相邻元素的位置达到排序的目的的。如果想使数组元素按非递减的次序排列，冒泡排序法的过程如下：从头到尾比较相邻的两个元素，将小的换到前面，大的换到后面。经过了从头到尾的一趟比较后，就把最大的元素交换到了最后一个位置。这个过程称为**第一趟起泡**。然后对从头开始到倒数第二个元素进行第二趟起泡，将第二大的元素放到倒数第二个位置……依此类推，经过第 n-1 趟起泡后，将第 n-1 大的元素放入位置 1。此时，最小的元素就放在了位置 0，完成排序。

以排列下面的数组作为例子：

31	41	59	26	53	58	97	93
0	1	2	3	4	5	6	7

经过第一趟起泡，把最大的元素 97 交换到最后。数组内容如下：

31	41	26	53	58	59	93	97
0	1	2	3	4	5	6	7

然后对元素 0 到 6 进行第二趟起泡，把第二大的元素 93 交换到下标 6 的位置。数组内容如下：

31	26	41	53	58	59	93	97
0	1	2	3	4	5	6	7

第三趟起泡是对元素 0 到 5，把第三大的元素 59 交换到下标 5 的位置。数组内容如下：

26	31	41	53	58	59	93	97
0	1	2	3	4	5	6	7

总结一下，排序 n 个元素需要进行 n–1 趟起泡，这个过程可以用一个 1 到 n–1 的 for 循环来控制。第 i 趟起泡的结果是将第 i 大的元素交换到第 n–i 号单元。第 i 趟起泡检查下标 0 到 n–i–1 的元素，如果这个元素和它后面的元素违反了排序要求，则交换这两个元素。这个过程又可以用一个 0 到 n–i–1 的 for 循环来实现。所以整个冒泡排序就是一个两层嵌套的 for 循环。

一般来讲，n 个元素的冒泡排序需要进行 n–1 趟起泡，但事实上，每次冒泡不仅能将最大元素交换到最后的位置，也能使其他元素更加有序，所以往往不需要进行 n–1 趟起泡。如何知道起泡过程可以提前结束？如果在一趟起泡过程中没有发生任何数据交换，则说明这批数据中相邻元素都满足前面小后面大的次序，也就是这批数据已经是排好序的了，无须再进行后续的起泡过程。如果待排序的数据放在数组 a 中，冒泡排序法的伪代码可以表示如下：

```
for (i = 1; i < n; ++i) {
     for (j = 0; j < n - i; ++j)
         if (a[j] > a[j+1]) 交换 a[j]和 a[j+1];
     if (这次起泡没有发生过数据交换) break;
}
```

例 6.10　设计一个采用冒泡排序法的排序函数模板，并设计一个调用此函数的 main 函数排列一个元素值分别为 2、5、1、9、10、0、4、8、7、6 的数组。

完成排序的程序如代码清单 6-11 所示。为了记录在一趟起泡中有没有发生过交换，函数定义了一个布尔变量 flag。在每次起泡前将 flag 设为 false，表示没有发生交换。在起泡过程中如果发生交换，将 flag 置为 true。当一趟起泡结束后，如果 flag 仍为 0，则说明没有发生过交换，此时可以结束排序。

代码清单 6-11　冒泡排序函数模板及应用程序

```
// 文件名：6-11.cpp
#include <iostream>
using namespace std;

template <class T>
void bubblesort(T a[], int size);

int main()
{
     int k, array[] = {2, 5, 1, 9, 10, 0, 4, 8, 7, 6};

     bubblesort(array, 10);

     for (k = 0; k < 10; ++k)
         cout << array[k] << "  ";

     return 0;
}

template <class T>
void bubblesort(T a[], int size)
{
     for (int i = 1; i < size; ++i) {          //控制 size-1 次起泡
         bool flag = false;                     //flag 记录一趟起泡中有没有发生过交换
         for (int j = 0; j < size-i; ++j)       //一趟起泡过程
             if (a[j+1] < a[j])  {
                 T tmp = a[j];
                 a[j] = a[j+1];
                 a[j+1] = tmp;
                 flag = true;
             }
         if (!flag) break;                      //一趟起泡中没有发生交换，排序提前结束
     }
}
```

6.4 二维数组

数组的元素可以是任何类型。如果数组的每一个元素又是一个数组，则被称为**多维数组**。最常用的多维数组是二维数组，即每个元素都是一维数组的数组。

二维数组

6.4.1 二维数组的定义

二维数组可以看成数学中的矩阵，它由行和列组成。定义一个二维数组必须说明它有几行几列。二维数组定义的形式如下：

```
类型名　数组名[行数][列数];
```

类型名是二维数组中每个元素的类型；与一维数组一样，行数和列数也必须是常量。当把二维数组看成元素为一维数组的数组时，行数是数组的元素个数，列数是每个元素（也是一个一维数组）中元素的个数。例如，定义：

```
int a[4][5];
```

表示定义了一个4行5列的二维数组a，每个元素的类型是整型。此外，也可以看成定义了一个有4个元素的一维数组，每个元素的类型是一个由5个元素组成的一维整型数组。

二维数组可以在定义时赋初值。我们可以用以下3种方法对二维数组进行初始化。

（1）对所有元素赋初值。将所有元素的初值按行序放在一个大括号中，即先是第1行的所有元素值，接着是第2行的所有元素值，依此类推。例如：

```
int a[3][4] = {1,2,3,4,5,6,7,8,9,10,11,12};
```

编译器依次把大括号中的值赋予第一行的每个元素，然后是第二行的每个元素，依此类推。初始化后的数组如下所示。

$$\begin{bmatrix} 1 & 2 & 3 & 4 \\ 5 & 6 & 7 & 8 \\ 9 & 10 & 11 & 12 \end{bmatrix}$$

通过大括号把每一行括起来，数组表示更加清晰。

```
int a[3][4] = {{1,2,3,4}, {5,6,7,8}, {9,10,11,12}};
```

（2）对部分元素赋值。与一维数组一样，二维数组也可以对部分元素赋值。计算机将初始化列表中的数值按行序依次赋予每个元素，没有赋到初值的元素初值为0。例如：

```
int a[3][4] = {1,2,3,4,5};
```

初始化后的数组如下所示。

$$\begin{bmatrix} 1 & 2 & 3 & 4 \\ 5 & 0 & 0 & 0 \\ 0 & 0 & 0 & 0 \end{bmatrix}$$

（3）对每一行的部分元素赋初值。例如：

```
int a[3][4] = {{1,2},{3,4},{5}};
```

初始化后的数组如下所示。

$$\begin{bmatrix} 1 & 2 & 0 & 0 \\ 3 & 4 & 0 & 0 \\ 5 & 0 & 0 & 0 \end{bmatrix}$$

6.4.2 二维数组元素的引用

二维数组有两种引用方法，常用的是引用矩阵中的每一个元素。二维数组的每个元素用所在的行、列号指定。如果定义数组a为：

```
    int a[4][5];
```

相当于定义了 20 个整型变量，即 a[0][0]、a[0][1]……a[0][4]……a[3][0]、a[3][1]……a[3][4]。第一个下标表示行号，第二个下标表示列号。例如，a[2][3]是数组 a 的第二行第三列的元素（从 0 开始编号）。与一维数组一样，下标的编号也是从 0 开始的。

第二种引用方法是引用每一行，用 a[0]……a[3]表示。a[i]是一个一维数组的名称，代表整个第 i 行，它有 5 个整型的元素。

与一维数组一样，在引用二维数组的元素时计算机也不检查下标的合法性。下标的合法性必须由程序员自己保证。

6.4.3　二维数组的内存映像

一旦定义了一个二维数组，系统就在内存中准备一块连续的空间，数组的所有元素都存放在这块空间中。在这块空间中，先放第 0 行，再放第 1 行……。每一行又是一个一维数组，先放第 0 列，再放第 1 列……。例如，定义整型数组 a[4][5]，则该数组元素的存放次序如图 6-3 所示。

a[0][0]
a[0][1]
……
a[0][4]
a[1][0]
……
a[3][4]

图 6-3　二维数组的内部表示

6.4.4　二维数组的应用

二维数组通常用于表示数学中的矩阵。

例 6.11

例 6.11　矩阵的乘法。二维数组的一个主要用途是表示矩阵，矩阵的乘法是矩阵的重要运算之一。矩阵 $\boldsymbol{C}=\boldsymbol{A}\times\boldsymbol{B}$ 要求 $\boldsymbol{A}$ 的列数等于 $\boldsymbol{B}$ 的行数。若 $\boldsymbol{A}$ 是 L 行 M 列的矩阵，$\boldsymbol{B}$ 是 M 行 N 列的矩阵，则 $\boldsymbol{C}$ 是 L 行 N 列的矩阵。程序中它的每个元素的值为 $c[i][j]=\sum_{k=1}^{m}a[i][k]\times b[k][j]$。试设计一个程序，输入两个矩阵 $\boldsymbol{A}$ 和 $\boldsymbol{B}$，输出矩阵 $\boldsymbol{C}$。

这是二维数组的典型应用。其中，矩阵 $\boldsymbol{A}$、$\boldsymbol{B}$ 和 $\boldsymbol{C}$ 可以用 3 个二维数组来表示。设计这个程序的关键是计算 $c[i][j]$。对矩阵 $\boldsymbol{C}$ 的每一行计算它每一列的元素值需要一个两层的嵌套循环，每个 $c[i][j]$ 的计算又需要一个循环，所以程序的主体是由一个三层嵌套循环构成的。具体程序如代码清单 6-12 所示。

代码清单 6-12　矩阵乘法的程序

```
//文件名：6-12.cpp
#include <iostream>
using namespace std;
#define MAX_SIZE 10  //矩阵的最大规模

int main()
{
    int a[MAX_SIZE][MAX_SIZE], b[MAX_SIZE][MAX_SIZE], c[MAX_SIZE][MAX_SIZE];
    int i, j, k, NumOfRowA, NumOfColA, NumOfColB;

    //输入 A 和 B 的大小
    cout << "\n 输入 A 的行数、列数和 B 的列数：";
    cin >> NumOfRowA  >> NumOfColA >> NumOfColB;

    //输入 A、B
    cout << "\n 输入 A:\n";
    for (i = 0; i < NumOfRowA; ++i)
        for (j = 0; j < NumOfColA; ++j)  {
            cout << "a[" << i << "][" << j << "] = ";
            cin >> a[i][j];
        }
```

```
    cout << "\n 输入 B:\n";
    for (i = 0; i < NumOfColA; ++i)
        for (j = 0; j < NumOfColB; ++j) {
            cout << "b[" << i << "][" << j << "] = ";
            cin >> b[i][j];
        }

    //计算 A×B
    for (i = 0; i < NumOfRowA; ++i)
        for (j = 0; j < NumOfColB; ++j) {
             c[i][j] = 0;
             for (k = 0; k < NumOfColA; ++k)
                 c[i][j] += a[i][k] * b[k][j];
        }

    //输出 C
    cout << "\n 输出 C:";
    for (i = 0; i < NumOfRowA; ++i) {
        cout << endl;
        for (j = 0; j < NumOfColB; ++j)
            cout << c[i][j] << '\t';
    }

    return 0;
}
```

一维数组的操作通常用一个 for 循环实现。而二维数组的操作通常用一个两层嵌套的 for 循环来实现。外层循环处理每一行，里层循环处理某行中的每一列。

例 6.12

例 6.12 N 阶魔阵是一个 $N\times N$ 的由 1 到 N^2 之间的自然数构成的矩阵，其中 N 为奇数。它的每一行、每一列和对角线之和均相等。例如，一个三阶魔阵如下所示，它的每一行、每一列及对角线之和均为 15。

8	1	6
3	5	7
4	9	2

编写一个程序输出任意 N 阶魔阵。

想必很多人小时候都曾填过这样的魔阵。事实上，有一个很简单的方法可以生成这个魔阵。生成 N 阶魔阵只要将 1 到 N^2 依次填入矩阵，填入的位置由如下规则确定。

- 1 放在第一行中间一列。
- 下一个元素存放在当前元素的上一行、下一列。
- 如果上一行、下一列已经有内容，则下一个元素的存放位置为当前列的下一行。

在找上一行、下一行或下一列时，必须把这个矩阵看成回绕的。也就是说，当前行是最后一行时，下一行为第 0 行；当前列为最后一列时，下一列为第 0 列；当前行为第 0 行时，上一行为最后一行。

有了上述规则，生成 N 阶魔阵的算法可以表示为下述伪代码。

```
row = 0; col = N / 2;
magic[row][col] = 1;
for (i = 2; i <= N * N; ++i) {
     if(上一行、下一列有空) 设置上一行、下一列为当前位置;
     else 设置当前列的下一行为当前位置;
     将 i 放入当前位置;
}
```

其中二维数组 magic 用来存储 N 阶魔阵，变量 row 表示当前行，变量 col 表示当前列。

这段伪代码中有两个问题需要解决：第一，如何表示当前单元有空；第二，如何实现找新位置时的回绕。第一个问题可以通过对数组元素设置一个特殊的初值（如 0）来解决，第二个问题可以通过取模运算来解决。如果当前行的位置不在最后一行，下一行的位置是当前行加 1。如果当前行是最后一行，下一行的位置是 0。这正好可以用表达式(row + 1)%N 来实现。在找上一行时也可以用同样的方法处理。如果当前行不是第 0 行，上一行为当前行减 1。如果当前行为第 0 行，上一行为第 N-1 行。这时可以用表达式(row – 1 + N)%N 实现。由此可得到代码清单 6-13 所示的程序。

代码清单 6-13　输出 *N* 阶魔阵的程序

```
//文件名：6-13.cpp
#include <iostream>
using namespace std;

#define MAX 15          //最高为输出 15 阶魔阵

int main()
{
    int magic[MAX][MAX] = {0}; //将 magic 每个元素设为 0
    int row, col, count, scale;

    //输入阶数 scale
    cout << "input scale\n";
    cin >> scale;

    //生成魔阵
    row = 0;
    col = (scale - 1) / 2;
    magic[row][col] = 1;
    for (count = 2; count <= scale * scale; count++) {
        if (magic[(row - 1 + scale) % scale][(col + 1) % scale] == 0) {
             row = (row - 1 + scale) % scale;
             col = (col + 1) % scale;
        }
        else  row = (row + 1) % scale;
        magic[row][col] = count;
    }

    //输出
    for (row = 0; row < scale; row++){
         for (col = 0; col < scale; col++)
             cout << magic[row][col] << '\t';
         cout << endl;
    }

    return 0;
}
```

6.4.5　二维数组作为函数参数

二维数组传递

二维数组是元素类型为一维数组的数组。二维数组 int a[5][7]表示数组有 5 个元素，每个元素是一个由 7 个整型数组成的一维数组。将一维数组作为函数的形式参数时需要指出数组元素的类型以及在数组名后用[]表示该参数是一个数组，二维数组也是如此。如果实际参数是二维数组 int a[5][7]，则形式参数可表示成 int a[5][7]，也可以表示成 int a[][7]。注意，第二个下标一定要指定，而且必须是编译时的常量，因为它是数组 a[5]的元素类型的一个部分。

二维数组的传递也是传递起始地址，所以形式参数和实际参数是同一个二维数组。

例 6.13 二维数组的输入/输出都需要一个嵌套的 for 循环，这样会使程序显得很啰唆。例如，代码清单 6-12 中的大部分代码都在处理矩阵的输入/输出。如果能将矩阵的输入和输出设计成函数，则程序会简洁许多。试设计两个函数，分别完成列数为 5 的整型二维数组的输入和输出。

首先设计函数原型。这两个函数的参数都是一个列数为 5 的二维数组。输出函数输出二维数组的元素值，没有其他的执行结果，因此返回类型是 void。输入函数将输入信息写入形式参数。由于形式参数和实际参数是同一数组，因此也不需要返回值。这两个函数及相应的测试程序如代码清单 6-14 所示。

代码清单 6-14　二维数组的输入/输出函数

```
// 文件名：6-14.cpp
#include <iostream>
using namespace std;

void inputMatrix(int a[][5], int row);
void printMatrix(int a[][5], int row);

int main()
{
    int array[3][5];

    inputMatrix(array, 2);
    printMatrix(array, 2);
    inputMatrix(array, 3);
    printMatrix(array, 3);

    return 0;
}

void inputMatrix(int a[][5], int row)
{
    for (int i = 0; i < row; ++i) {
        cout <<"\n 请输入第" << i << "行的 5 个元素：";
        for (int j = 0; j < 5; ++j)
            cin >> a[i][j];
    }
}

void printMatrix(int a[][5], int row)
{
    for (int i = 0; i < row; ++i) {
        cout << endl;
        for (int j = 0; j < 5; ++j)
            cout << a[i][j] << '\t';
    }
}
```

测试程序先输入数组 array 的前两行，再输出由前两行组成的二维数组。然后输入整个二维数组的值，再输出整个二维数组的值。

注意：形式参数数组中必须指明列数。

这两个函数的通用性不够强，只能输入/输出由 5 列组成的二维数组。如果需要输入由 6 列、7 列组成的二维数组，必须再写两个输入 6 列、7 列的二维数组的函数。

6.5 字符串

除了科学计算以外，计算机主要的用途是文字处理。第 2 章已经介绍了如何保存、表示和处理一个字符，但更多的时候是需要把一系列字符当作一个处理单元，例如一个单词或一个句子。由一系列字符组成的数据称为**字符串**。C++中的字符串常量是用一个双引号引起来、由'\0'作为结束符的一组字符，如代码清单 2-1 中的"x1="就是一个字符串常量。字符串变量有两种处理方式：一种是从 C 语言继承的；另一种是 C++的 string 类。

6.5.1　C 语言风格的字符串

C 语言风格的字符串

字符串的本质是一系列的有序字符，这正好符合数组的两个特性，即所有元素都是字符，这些字符按先后次序排成一个序列。C 语言没有字符串类型，它是用字符数组来保存字符串的。如果要定义一个存放"Hello,world"的字符串变量，此时可以定义一个长度至少为 12 个字符的字符数组，把"Hello,world"作为初值。

```
char ch[] = { 'H', 'e', 'l', 'l', 'o', ',', 'w', 'o', 'r', 'l', 'd', '\0'};
```

定义数组时也可以指定规模，但此时要记住数组规模是字符串长度加 1，因为最后有一个'\0'。

C++还提供了以下两种字符串赋初值的方式。

```
char ch[] = {"Hello,world"};
```

或

```
char ch[] = "Hello,world";
```

这两种方式是等价的，它们都会自动分配一个含有 12 个字符的数组，把这些字符依次放进去，最后插入'\0'。

不包含任何字符的字符串称为**空字符串**。空字符串用一个双引号表示，即""。空字符串并不是不占空间，而是占用了 1 字节的空间，这个字节中存储了一个'\0'。

注意：C++中的'a'和"a"是不一样的。事实上，这两者有着本质的区别。前者是一个字符常量，在内存中占 1 字节，里面存放着字符 a 的内码值。而后者是一个字符串，用一个字符数组存储，占两字节的空间：第一个字节存放了字母 a 的内码值，而第二个字节存放了'\0'。

1. 字符串的输入/输出

字符串的输入/输出

字符串的输入/输出有以下 3 种方法。

- 逐个字符的输入/输出，这种操作与普通的数组操作一样。
- 将整个字符串一次性用对象 cin 和 cout 的>>和<<操作完成输入或输出。
- 通过 cin 的成员函数 get 或 getline 输入。

如果定义了一个字符数组 ch，输入 ch 可直接用：

```
cin >> ch;
```

这样将使从键盘输入的字符依次存放在数组 ch 中，直到遇到空白字符，并在最后插入字符'\0'。输出 ch 可直接用：

```
cout << ch;
```

这时数组 ch 中的字符依次被显示在屏幕上，直到遇到'\0'。

在用>>输入字符串时需要注意以下两个问题。

第一个问题是无法输入空白字符。与其他类型一样，>>输入是以空格符、回车符或制表符作为结束符的，因此输入的字符串中不能包含空白字符，如空格。

第二个问题是无法控制输入的字符串长度。>>操作将一个个输入的字符依次放入字符数组，直到遇到空白字符。在此过程中不检查输入的字符个数是否超过数组长度。输入的字符个数超过数组长度就会占用不属于该数组的空间，这种现象称为**内存溢出**。内存溢出会导致一些无法预知的错误。因此，在用>>输入字符串时，最好先输出一个提示信息来说明字符串的最大长度，提醒用户输入时不要超出最大长度。

上述两个问题的解决方案是用 cin 的成员函数 get 和 getline。函数的格式为：

```
cin.get(字符数组, 数组长度, 结束标记);
cin.getline(字符数组, 数组长度, 结束标记);
```

两个函数都是从键盘接收一个包含任意字符的字符串，直到遇到了指定的结束标记或到达了数组长度减 1（必须为'\0'预留空间）的位置。结束标记也可以不指定，此时默认回车符为结束标记。两个函数的区别在于结束字符的处理方式。get 函数将它留在输入缓冲区中，而 getline 函数则把它从输入缓冲区中删除。例如，ch1 和 ch2 都是长度为 80 的字符数组，执行如下语句：

```
cin.getline(ch1, 80, '.');
cin.getline(ch2, 80);
```

如果对应的输入为 aaa bbb ccc.ddd eee fff ggg↙，则 ch1 的值为“aaa bbb ccc”，ch2 的值为“ddd eee fff ggg”。而如果把第一个输入改为：

```
cin.get(ch1, 80, '.');
```

则 ch2 的值为“. ddd eee fff ggg”。

2. 字符串处理函数

字符串的操作主要有复制、拼接、比较等。因为字符串不是系统的内置类型，而是以数组形式存储的，所以不能用系统内置的运算符来操作。例如，把字符串 s1 赋予 s2 不能直接用 s2=s1，比较两个字符串的大小也不能直接用 s1>s2。因为 s1 和 s2 都是数组名，数组名是存储数组元素的内存地址，不能赋值。对数组名做比较也是无意义的。数组操作是通过操作它的元素实现的，字符串也不例外。字符串赋值必须由一个循环来完成对应元素之间的赋值。字符串的比较也是通过比较两个字符数组的对应元素实现的。由于字符串的赋值、比较等操作在程序中经常会被用到，为方便编程，C 语言提供了一个 C++中也可以用的处理字符串的函数库 cstring。cstring 包含的主要函数如表 6-2 所示。

字符串处理函数

表 6-2 主要的字符串处理函数

函数	作用
strcpy(dst, src)	将字符串从 src 复制到 dst。函数的返回值是 dst 的地址
strncpy(dst, src, n)	至多从 src 复制 *n* 个字符到 dst。函数的返回值是 dst 的地址
strcat(dst, src)	将 src 拼接到 dst 后。函数的返回值是 dst 的地址
strncat(dst, src, n)	从 src 至多取 *n* 个字符拼接到 dst 后。函数的返回值是 dst 的地址
strlen(s)	返回字符串 s 的长度，即字符串中的字符个数
strcmp(s1, s2)	比较 s1 和 s2。如果 s1>s2，返回值为正数；如果 s1=s1，返回值为 0；如果 s1<s2，返回值为负数
strncmp(s1, s2, n)	与 strcmp 类似，但至多比较 *n* 个字符
strchr(s, ch)	返回一个指向 s 中第一次出现 ch 的地址
strrchr(s, ch)	返回一个指向 s 中最后一次出现 ch 的地址
strstr(s1, s2)	返回一个指向 s1 中第一次出现 s2 的地址

使用 strcpy 和 strcat 函数时必须注意 dst 必须是一个字符数组，不可以是字符串常量，而且该字符数组必须足够大，能容纳被复制或被拼接后的字符串，否则将出现**内存溢出**，程序会出现不可预知的错误，因为这些函数并不知道 dst 数组的大小。

C++中字符串的比较规则与其他语言中的规则相同，即对两个字符串从左到右逐个字符进行比较（按字符内码值的大小），直到出现不同的字符或遇到'\0'为止。若全部字符都相同，则认为两个字符串相等；若出现不同的字符，则以该字符的比较结果作为字符串的比较结果。若一个字符串遇到了'\0'而另一个字符串还没有结束，则认为没有结束的字符串大。例如，"abc"小于"bcd"，"aa"小于"aaa"，"xyz"等于"xyz"。

3. 字符串的应用

例 6.14

例 6.14 输入一行文字，统计有多少个单词。单词和单词之间用空格分开。

首先考虑如何保存输入的一行文字。一行文字是一个字符串，因此其可以用一个字符数组来保存。由于输入的行长度是可变的，因此规定了一个最大的长度 MAX 作为数组的配置长度。统计单词的问题可以这样考虑：单词的数量可以由空格的数量得到（连续若干个空格作为一个空格，一行开头的空格不统计在内）。这里可以设置一个计数器 num 表示单词个数，开始时 num=0。程序从头到尾扫描字符串，当发现当前字符为非空格，而当前字符的前一个字符是空格时，表示找到了一个新的单词，num 加 1。当整个字符串扫描结束后，num 的值就是单词数。按照这个思路实现的程序如代码清单 6-15 所示。

代码清单 6-15 统计单词数的程序

```
//文件名：6-15.cpp
#include <iostream>
using namespace std;

int main()
{
    const int LEN = 80;
    char sentence[LEN+1], prev = ' ';      //prev 表示当前字符的前一个字符
    int i, num = 0;

    cin.getline(sentence, LEN+1);

    for (i = 0; sentence[i] != '\0'; ++i) {
        if (prev == ' ' && sentence[i] != ' ') ++num;
         prev = sentence[i];
    }

    cout << "单词个数为：" << num << endl;

    return 0;
}
```

这个程序有两个需要注意的地方：第一个是句子的输入必须用 getline 而不能用>>操作；第二个是 for 循环的终止条件，尽管数组 sentence 的配置长度是 LEN+1，但 for 循环的次数并不是 LEN+1，而是输入字符串的实际长度。

例 6.15

例 6.15 统计一组输入整数的和。输入时，整数之间用空格分开。这组整数可以是以八进制、十进制或十六进制表示的。八进制以 0 开头，如 075。十六进制以 0x 或 0X 开头，如 0x1F9。其他均为十进制。输入以回车符作为结束符。例如输入为：123 021 0x2F 30，输出为 217，即 123+17+47+30。

设计这个程序首先要解决输入问题。至今为止，输入整数都是用>>操作实现的，输入的整数都是以十进制表示的。C++也支持八进制和十六进制的输入，本书将在第 14 章介绍。但本例的问题在于编程时我们并不知道某个数用户准备以什么基数输入，等到接收完输入才知道基数。为此，只能在输入后由程序来判别。这里可以将数据以字符串的形式输入，由程序区分出一个个整数，并将它们转换成真正的整数并加入总和。按照这个思想实现的程序如代码清单 6-16 所示。假设最长的输入是 80 个字符。

代码清单 6-16 计算输入数据之和

```
//文件名：6-16.cpp
#include <iostream>
using namespace std;

int main()
```

```
{
    char str[81];
    int sum = 0, data, i = 0, flag;   //flag记录当前正在处理的整数的基数

    cin.getline(str, 81);
    while (str[i] == ' ') ++i;          //跳过前置的空格

    while (str[i] != '\0') {            //每个循环周期取出一个整数加入总和
        // 区分基数
        if (str[i] != '0') flag = 10; //十进制
        else {
           if (str[i+1] == 'x' || str[i+1] == 'X') {  //十六进制
              flag = 16;
              i += 2;
           }
           else { flag = 8; ++i; }                          //八进制
        }

        // 将字符串表示的整数转换成整型数
        data = 0;
        switch (flag) {
          case 10: while (str[i] != ' ' && str[i] != '\0')
                      data = data * 10 + str[i++] -'0';
                    break;
          case 8: while (str[i] != ' ' && str[i] != '\0')
                      data = data * 8 + str[i++] -'0';
                    break;
          case 16: while (str[i] != ' ' && str[i] != '\0') {
                      data = data * 16;
                      if (str[i] >='A' && str[i] <= 'F') data += str[i++] -'A' + 10;
                      else if (str[i] >='a' && str[i] <= 'f')
                                data += str[i++] -'a' + 10;
                           else data += str[i++] -'0';
                      }
        }
        sum += data;
        while (str[i] == ' ') ++i;    //跳过空格
    }

    cout << sum << endl;

    return 0;
}
```

4. **字符串作为函数参数**

字符串是用字符数组存储的，传递字符串就是传递一个字符数组。但是C语言风格的字符串有结束符'\0'，所以字符串传递只需要一个参数，即数组名。函数从数组名表示的地址开始处理，直到遇到'\0'。例如，将例6.14写成一个函数，函数的参数是一个字符串，返回值是一个整数，如代码清单6-17所示。

字符串传递

代码清单6-17　统计单词数的函数

```
int count(char sentence[])
{
    int i, num = 0;
    char prev = ' ';

    for (i = 0; sentence[i] != '\0'; ++i) {
        if (prev == ' ' && sentence[i] != ' ') ++num;
            prev = sentence[i];
```

```
    }

    return num;
}
```

6.5.2　*string 类

string 类

string 类是 C++专门处理字符串的库。它可以将字符串变量定义为 string 类型，而不是字符数组。string 类对象的操作可以用运算符实现。

使用 string 类，必须在程序中包含头文件 string。string 类位于名字空间 std 中。string 类隐藏了字符串的数组性质，使程序能够像处理普通变量那样处理字符串。代码清单 6-18 说明了 string 对象与字符数组之间的一些相同点和不同点。

代码清单 6-18　string 类的使用

```
//文件名：6-18.cpp
#include <iostream>
#include <string>
using namespace std;

int main()
{
    char charr1[20];                     //定义一个字符数组，保存一个 C 语言风格的字符串
    char charr2[20] = "C language";    //定义一个 C 语言风格的字符串并赋初值
    string str1;                         //定义一个 C++风格的字符串变量
    string str2 = "C++ language";      //定义一个 C++风格的字符串变量并赋初值

    cout << "输入 C 语言风格字符串：";
    cin >> charr1;
    cout << "输入 C++风格字符串：";
    cin >> str1;                            //用 cin 输入
    cout << "输出两个字符串:\n";
    cout << charr1 << " " << charr2 << " "
         << str1 << " " << str2 << endl; //都是用 cout 输出
    cout <<  charr2 << "中第 3 个字符是 "  << charr2[2] << endl;
    cout << str2 << "的第 3 个字符是 " << str2[2] << endl;    //都可以用下标变量

    return 0;
}
```

从这个示例可知，在很多方面，string 对象的使用与字符数组的使用相同，如我们可以使用字符串常量初始化 string 对象，可以使用 cin 将键盘输入存储到 string 对象中，可以使用 cout 来显示 string 对象，可以用下标变量访问存储在 string 对象中的字符。

string 对象和字符数组之间的主要区别是 string 类型的变量是简单变量，而不是数组，不需要声明大小。例如，str1 的定义创建一个长度为 0 的 string 对象，但程序将输入读取到 str1 中时会自动调整 str1 的长度，这样使得 string 对象使用更方便，也更安全，不会有内存溢出的问题发生。

使用 string 类时，某些操作比使用数组时更简单。例如，不能将一个数组赋予另一个数组，所以：

```
    charr1 = charr2;
```

是错误的。但我们可以将一个 string 对象赋予另一个 string 对象，所以：

```
    str1 = str2;
```

是正确的。此外，我们可以用运算符+连接两个字符串，可以使用运算符+=将一个字符串连接到另一个字符串的末尾，可以用关系运算符比较两个字符串。

string 类对象的输入也是用>>操作，但>>是以空白字符作为结束符的，所以无法输入空格。如果需要读入包括空格的一行，可用：

```
getline(cin, string对象);
```

与 C 语言风格的字符串读入不同，此处不用指出字符串的最大长度，因为 string 对象会自动调整长度。代码清单 6-19 演示了这些用法。

代码清单 6-19　string 对象的使用

```
//文件名：6-19.cpp
#include <iostream>
#include <string>
using namespace std;

int main()
{
    string str1, str3;
    string str2 = "str2";

    str1 = str2;                //字符串复制
    cout << str1 << "   " << str1.size() << endl;           //输出字符串及长度
    cout << (str1 == str2 ? "true" : "false") << endl;     //字符串比较

    cin >> str1;                //字符串输入，不能输入空格
    getline(cin, str2);         //字符串输入，可以输入空格
    cout << str1  << "  "  << str1.size()<< endl;
    cout << str2  << "  "  << str2.size()<< endl;

    str1 += str2;               //字符串连接
    cout << str1  << "  "  << str1.size()<< endl;

    str3 = str1 + str2;         //字符串连接
    cout << str3  << "  "  << str3.size()<< endl;

    return 0;
}
```

代码清单 6-19 的某次执行结果如下：

```
str2   4
true
aaa bbb ccc ddd
aaa   3
bbb ccc ddd   12
aaa bbb ccc ddd    15
aaa bbb ccc ddd bbb ccc ddd    27
```

string 类的对象可以作为函数的参数和返回值。其用法与内置类型的用法一样，是值传递。

6.6　*基于递归的算法

6.6.1　回溯法

回溯法

回溯法也称试探法，它用于寻找问题的一个可行解。该方法首先暂时放弃问题规模大小的限制，从最小规模开始将问题的候选解按某种顺序逐一枚举和检验，选择一个可行的候选解，然后扩大规模，继续试探。当达到要求的规模时，这组候选解就形成了整个问题的解。如果在某一规模找不到可行的候选解，则回到前一规模，在前一规模的候选解中继续选择其他的可行解。八皇后问题和分书问题都是典型的用回溯法解决的问题。

例 6.16　八皇后问题：在一个 8×8 的棋盘上放 8 个皇后，使 8 个皇后中没有两个或两个以上的

皇后出现在同一行、同一列或同一对角线上。

寻找八皇后问题的一个可行解是从空配置开始，在合理配置了第 1 列到第 *m* 列的基础上再配置 *m*+1 列，直到第 8 列的配置也合理时，就找到了一个解。在每一列上有 8 种配置。从第 1 行开始依次检查每一行，直到找到可行的位置，然后继续配置下一列。如果检查到第 8 行还找不到一个合理的配置，就要回溯，去改变前一列的配置。我们可以将配置第 *k* 列及后面所有列的过程写成一个函数 bool queen(k)。当第 *k* 列到第 8 列都找到可行解时，返回 true，否则返回 false。找出八皇后问题的一个解只需要调用 queen (1)。配置第 *k* 列时，依次检查第 1 行到第 8 行。如果找到一个可行的位置，而此时 *k* 等于 8，表示找到了八皇后问题的一个解，输出解。如果 *k* 不等于 8，则调用 queen (k+1) 继续配置第 *k*+1 列。如果找遍了所有行，都不可行，则返回 false，回到调用它的函数，即 queen (k−1)，在第 *k*−1 列上重新找一个合适的位置。这个过程可以抽象成如下伪代码。

```
bool queen(k)
{
    for (i = 1; i <= 8; ++i)
        if (第 k 列的皇后放在第 i 行是可行的) {
            在第 i 行放入皇后;
            if(k == 8)输出解,返回 true;
            if(queen(k + 1))返回 true;
            取消第 i 行的皇后;
        }
    返回 false;
}
```

在真正编写程序前，还要解决两个问题：如何表示一个棋盘及如何测试候选解是否合理。表示棋盘最直观的方法是采用一个 8×8 的二维数组，但仔细考查就会发现没有必要，因为每一列上恰好放一个皇后，所以只需要一个一维数组（设为 col[9]），值 col[j]表示在棋盘第 *j* 列上的皇后位置。例如 col[3]的值为 4，表示第 3 列的皇后在第 4 行。

为了检查皇后的位置是否冲突，引入以下 3 个布尔型的工作数组。

- 数组 row[9]，row [A]=true 表示第 A 行上还没有皇后。
- 数组 digLeft[16]，digLeft [A]=true 表示第 A 条右高左低斜线上没有皇后，从左上角依次编到右下角（1～15）。第 *i* 行第 *k* 列所在的斜线编号为 *k*+*i*−1。
- 数组 digRight[16]，digRight [A]=true 表示第 A 条左高右低斜线上没有皇后，从左下角依次编到右上角（1～15）。第 *i* 行第 *k* 列所在的斜线编号为 8+*k*−*i*。

第 *i* 行第 *k* 列上是否能放置皇后，必须检查 row[i]、digLeft[k+i−1]和 digRight[8+k−i]的值。如果都为 true，表示不会冲突。当把第 *k* 列的皇后放在第 *i* 行上时，将这 3 个变量都设为 false。

寻找八皇后问题的一个可行解的程序如代码清单 6-20 所示。

代码清单 6-20 寻找八皇后问题的一个可行解的程序

```
//文件名：6-20.cpp
#include <iostream>
using namespace std;

bool queen (int k);
int col[9];
bool row[9], digLeft[17], digRight[17];

int main()
{
    int j;

    for(j = 0; j <= 8; j++) row[j] = true;
    for(j = 0; j <= 16; j++) digLeft[j] = digRight[j] = true;
```

```
    queen (1);

    return 0;
}

//在 8×8 棋盘的第 k 列上找合理的配置
bool queen(int k)
{
    for (int i = 1; i < 9; i++)                          //检查每一行是否可以放皇后
       if (row[i] && digLeft[k+i-1] && digRight[8+k-i])  {   //可以放在第 i 行
           col[k] = i;
           row[i] = digLeft[k+i-1] = digRight[8+k-i] = false;
           if (k == 8) {                                  //达到规模
               for (int j = 1; j <= 8; j++)               //输出解
                   cout << j << ' ' << col[j] << '\t' ;
               return true ;                              //返回成功
           }
           if (queen(k + 1))  return true ;       //继续配置第 k+1 列，并成功
          row[i] = digLeft[k+i-1] = digRight[8+k-i] = true;// 回溯
       }
    return  false;                                //检查了所有行都无法放皇后
}
```

程序的执行结果是：

```
1 1    2 5    3 8    4 6    5 3    6 7    7 2    8 4
```

如果需要找到八皇后问题的所有解，只需遍历所有方案，即不管 k+1 列是否成功，都继续检查其他方案。修改后的函数如代码清单 6-21 所示。

代码清单 6-21　求解八皇后问题的所有解的函数

```
void queen_all(int k)
{
     for (int i = 1; i < 9; i++)                     //依次在 1 至 8 行上配置 k 列的皇后
         if (row[i] && digLeft[k+i-1] && digRight[8+k-i]) {      //可行位置
             col[k] = i;
             row[i] = digLeft[k+i-1] = digRight[8+k-i] = false; //对应位置有皇后
             if (k == 8) {                                      //找到一个可行解
                 for (int j = 1; j <= 8; j++)
                      cout << j << " " << col[j]<< '\t' ;
             }
             else  queen_all(k + 1);                          //递归至第 k+1 列
             row[i] = digLeft[k+i-1] = digRight[8+k-i] = true;//找下一个可行解
         }
}
```

例 6.17　分书问题。有编号为 0、1、2、3、4 的 5 本书，准备分给 5 个人 A、B、C、D、E，每个人的阅读兴趣用一个二维数组描述：

```
like[i][j] = true    //i 喜欢书 j
like[i][j] = false   //i 不喜欢书 j
```

编写一个程序，输出一个皆大欢喜的分书方案。

解决这个问题首先要解决信息的存储问题。我们可以用一个二维的布尔型数组 like 存储用户的兴趣；用一个一维的整型数组 take 表示某本书分给了某人，take[i] = j 表示第 i 本书分给了第 j 个人。如果第 i 本书尚未被分配，给 take[i]一个特殊值，如−1。解题思路与八皇后问题的解题思路类似，先给第 1 个人分书，在给第 i–1 个人分配了合理的书后，再尝试给第 i 个人分配书，如果他喜欢的书都已被分配，则从第 i 个人回溯到第 i–1 个人，重新给第 i–1 个人分配书。为此设计函数 bool trynext(i)，在已为 0 到 i–1 个人分书的基础上，为第 i 个人分配书。trynext(i)依次尝试把书 j 分给人 i。如果第 i 个

人不喜欢第 j 本书，则尝试下一本书，如果喜欢，并且第 j 本书尚未被分配，则把书 j 分配给 i，然后调用 trynext(i+1)继续为第 i+1 个人分书。如果 trynext(i+1)返回 true，表示 i+1 以后的人都得到了喜欢的书，返回 true。如果 i 喜欢的书都已被分配，则返回 false。trynext 函数的实现如代码清单 6-22 所示。

代码清单 6-22　分书问题的函数

```
// 在 i-1 个人已经分好书的前提下，为第 i 个人分书
// 用法：trynext(0);
bool trynext(int i)
{
    for (int j = 0; j < 5; ++j) {
        if (like[i][j] && take[j] == -1){     //i 喜欢 j，并且 j 未被分配
            take[j] = i;                       //j 分给 i
            if (i == 4)  {                     //找到一种新方案，输出此方案
                cout << " 书\t 人" << endl;
                for (int k = 0; k < 5; k++)
                    cout <<k << '\t' << char(take[k] +'A') << endl;
                return true ;
            }
            if ( trynext(i + 1)) return true; //i+1 及以后的人都得到了想要的书
            take[j] = -1;                       //回溯，尝试找下一方案
        }
    }
    return false ;
}
```

当 like 矩阵的值为：

$$\begin{bmatrix} \text{false} & \text{false} & \text{true} & \text{true} & \text{false} \\ \text{true} & \text{true} & \text{false} & \text{false} & \text{true} \\ \text{false} & \text{true} & \text{true} & \text{false} & \text{true} \\ \text{false} & \text{false} & \text{false} & \text{true} & \text{false} \\ \text{false} & \text{true} & \text{false} & \text{false} & \text{true} \end{bmatrix}$$

时，调用 trynext(0)的输出如下：

```
书    人
0     B
1     C
2     A
3     D
4     E
```

想一想如何找出所有的可行方案。

6.6.2　分治法

分治法也许是使用最广泛的算法设计技术，其基本思想是将一个大问题分成若干个同类的小问题，由小问题的解构造出大问题的解。把大问题分成小问题称为“分”，从小问题的解构造大问题的解称为“治”。

分治法

分治法通常都是用递归实现的。如果把解决问题的过程抽象成一个函数，求出同类小问题的解就是递归调用该函数。

例 6.18　设计一个实现快速排序的函数模板。快速排序主要思路如下。

- 将待排序的数据放入数组 a 中，从 a[low]到 a[high]。
- 如果待排序元素个数为 0 或 1，排序结束。
- 从待排序的数据中任意选择一个数据作为分段基准，并将它放入变量 k 中。
- 将待排序的数据分成两组，一组比 k 小，放入数组的前一半；另一组比 k 大，放入数组的后一半；将 k 放入中间位置。

- 对前一半和后一半分别重复用上述方法排序。

快速排序的实现中主要有下面两个问题。

- 如何选择作为分段基准的元素？不同的选择对不同的排序数据会产生不同的时间效益。常用的有3种方法：选取第一个元素；选取第一个、中间一个和最后一个中的中间元素；随机选择一个元素作为基准元素。第一种方法程序比较简单，但当待排序数据比较有序或本身就是有序时，时间效率很低；但如果待排序数据很乱、很随机，则时间效率较高。后两种方法能较好地适用各种待排序的数据，但程序更复杂。为简单起见，我们选用第一种方法。
- 如何分段？分段也有多种方法。最简单的是再定义一个同样大小的数组，顺序扫描原数组，如果比基准元素k小，则从新数组的左边开始放，否则从新数组的右边开始放，最后将基准元素放到新数组唯一的空余空间中。这种方法的空间效益较低。如果待排序的元素数量很大，浪费的空间是很大的。在快速排序中通常采用一种很巧妙的方法，该方法只用一个额外的存储单元。

如果有一个函数divide能实现分段并返回基准元素的位置，快速排序的函数将非常简单，如代码清单6-23所示。

代码清单6-23　快速排序函数

```
//快速排序程序：将数组a中从low到high之间的元素按递增次序排列
//用法：quicksort(a, 0, n - 1);
template <class T>
void quicksort(T a[], int low, int high)
{
    int mid;

    if (low >= high) return;           //待分段的元素只有一个或0个，排序结束
    mid = divide(a, low, high);        //low作为基准元素，划分数组，返回中间元素的下标
    quicksort( a, low, mid - 1);       //排序左一半
    quicksort( a, mid + 1, high);      //排序右一半
}
```

接下来的主要工作就是完成划分。首先设置两个变量low和high。初始时，low存储第一个元素的下标，high存储最后一个元素的下标。首先将low中的元素放在一个变量k中，这样low的位置就空出来了。接下来重复下列步骤。

（1）从右向左开始检查。如果high中的值大于k，该位置中的值位置正确，high减1，继续往前检查，直到遇到一个小于k的值。

（2）将下标为high的值放入low的位置，此时high的位置又空出来了。然后从low位置开始从左向右检查，直到遇到一个大于k的值。

（3）将下标为low的值放入high的位置，重复第1步，直到low和high重叠，将k放入此位置。

例如，数据5、7、3、0、4、2、1、9、6、8的划分步骤如下所示。

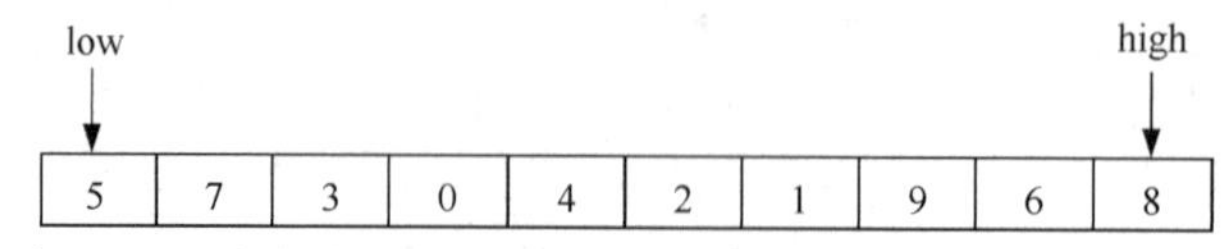

将5放入变量k中。high从右向左进行扫描，遇到比5小的元素停止（此处为元素1）。将1放入low中。

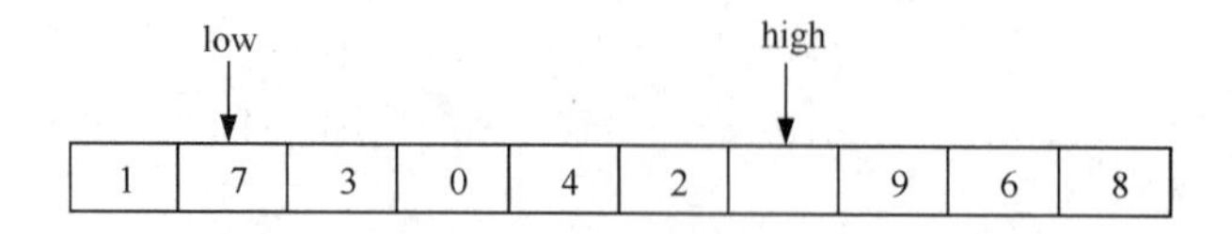

low 从左往右扫描，遇到比 5 大的元素停止。此时遇到的是 7，将 7 放到 high 中。low 的位置又空出来了。

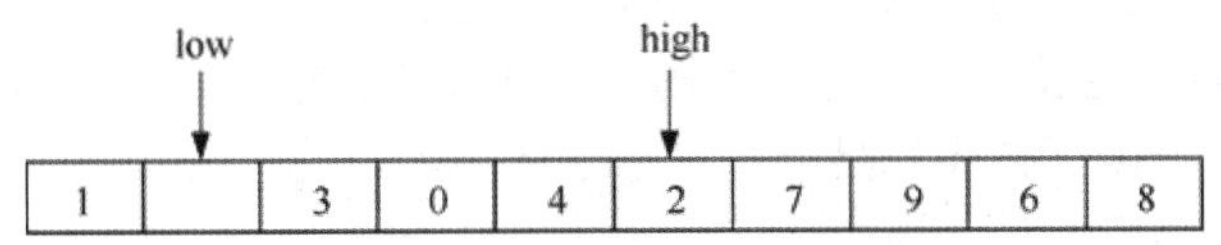

high 从右到左继续扫描，遇到比 5 小的元素停止。此时遇到的是 2，将 2 放到 low 中。high 的位置又空出来了。

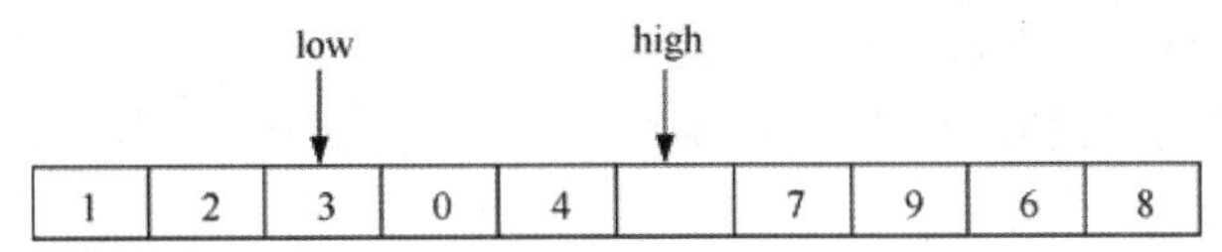

low 从左往右扫描，直到遇到 high，将 5 放入 low。

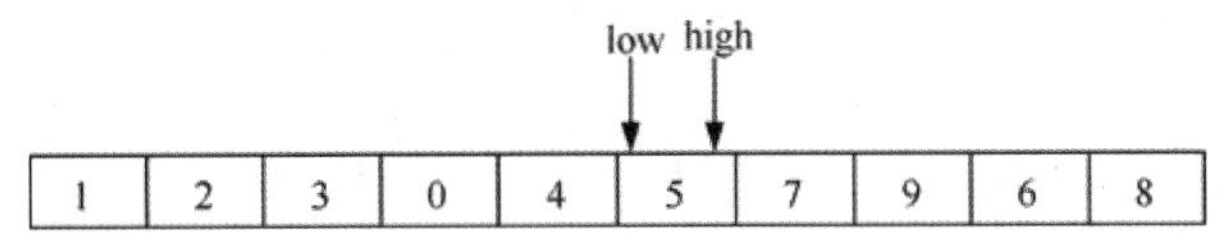

至此，一次划分结束。数据被分成了两半：1、2、3、0、4 和 7、9、6、8。5 已经在正确的位置上了。

综合上述思想可以得到代码清单 6-24 所示的分段函数。

代码清单 6-24　分段函数的实现

```
//将数组 a 的元素分成两段。小于 a[0]的放在数组的前一半，大于 a[0]的放在后一半，a[0]放在中间
//用法：divide(a, 0, n-1);
template <class T>
int divide( T a[], int low, int high)
{
    T k = a[low];

    do {
        while (low < high && a[high] >= k) --high;
        if (low < high) {
            a[low] = a[high];
            ++low;
        }
        while (low < high && a[low] <= k) ++low;
        if (low < high)  {
            a[high] = a[low];
            --high;
        }
    } while (low != high);
    a[low] = k;

    return low;
}
```

6.6.3　动态规划

动态规划

在某些问题中经常会遇到一个复杂的问题被分成几个子问题的情况，但这些子问题有部分重复。如果用分治法，可能会使得递归调用的次数呈指数增长，如斐波那契数列的计算。

斐波那契数列是递归定义的，第 i 个斐波那契数是前两个斐波那契数之和。写一个计算 F_N 的递归过程似乎是很自然的事情。这个递归过程如 5.10.1 小节所示，可以工作，但

运算时间可能很长。在相对比较快的计算机上，计算 F_{40} 也需要较长的时间。事实上，计算 F_{40} 只要执行 39 次加法，用那么多的时间是荒唐的。

根本的问题在于这个递归过程执行了大量的冗余运算。为计算 fib(n)，递归地计算 fib(n−1)。当这个递归调用返回时，通过另一个递归调用计算 fib(n−2)。但是在计算 fib(n−1)的过程中已经计算了 fib(n−2)，因此对 fib(n−2)的调用是浪费的、冗余的计算。事实上，对 fib(n−2)调用了两次而不是一次。

调用两个函数不只是让程序的运行时间加倍，事实比这还要糟：每个对 fib(n−1)的调用和每个对 fib(n−2)的调用都会产生一个对 fib(n−3)的调用，对 fib(n−3)调用了 3 次。每个对 fib(n−2)或 fib(n−3)的调用都会产生一个对 fib(n−4)的调用，因此对 fib(n−4)调用了 5 次。这样就产生了一个连锁效应：每个递归调用会做越来越多的冗余工作。fib 函数递归调用次数的爆炸式增长如图 6-4 所示。

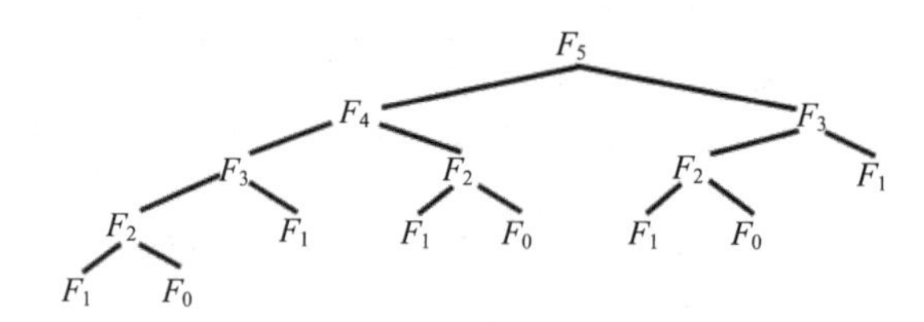

图 6-4　fib(5)的计算过程

为了节约重复求相同子问题的时间，这里可引入一个数组。从最小规模开始计算问题的解，不管某个解对最终解是否有用，都把它保存在该数组中。在计算规模较大问题需要用到规模较小问题的解时，可以从数组中直接取出答案，这就是动态规划的基本思想。例如，要求 fib(n)，程序员可以设置一个包含 n+1 个元素的数组 f，并设 f[0]=0，f[1]=1，然后用 f[n]=f[n−1]+f[n−2]依次计算 f[2]、f[3]……f[n]。这样计算 fib(n)只执行了 n–1 次加法。

尽管动态规划是为了解决分治法的冗余计算而引入的，但实现时动态规划和分治法的过程正好相反。分治法是从大问题着手分解出一个个小问题，通过递归调用求出小问题的解。而动态规划是从小到大构建问题的解，先求出规模最小的问题的解，再用已有的解构建规模稍大的问题的解，直到达到了要求的规模。下面用硬币找零问题进一步说明动态规划的应用。

例 6.19　硬币找零问题。一种货币有面值为 C_1、C_2……C_n（分）的硬币，求解最少需要多少个硬币来找出 K 分钱的零钱。

例 6.19

怎么解决硬币找零问题呢？这里可以采用分治的思想：如果可以用一个硬币找零，这就是答案，否则，对每个可能的值 i 分别计算找 i 分钱和 K–i 分钱需要的最小硬币数，然后选择硬币数和最小的这组方案。

例如，如果有面值分别为 1、5、10、21、25 分的硬币，为了找出 63 分钱的零钱，我们可以分别尝试下列情况。

- 找出 1 分钱和 62 分钱分别需要的硬币数是 1 和 4。因此，找出 63 分钱需要使用 5 个硬币。
- 找出 2 分钱和 61 分钱分别需要 2 个和 4 个硬币，一共是 6 个硬币。
- 找出 3 分钱和 60 分钱分别需要 3 个和 3 个硬币，一共是 6 个硬币。
- ……

继续尝试所有的可能性。可以看到一个 21 分和 42 分的分解，它可以分别是 1 个和 2 个硬币，因此，这个找零问题的答案是 3 个 21 分的硬币。

这种方法可以用一个很简单的递归算法来实现，伪代码如下：

```
int coin(int k)
{
    int i, tmp;
```

```
    int coinNum = k;        // 初始时假设都用 1 分硬币找零

    if(能用一个硬币找零)return 1;
    for (i = 1; i < k; ++i)
        if ((tmp = coin(i) + coin(k - i)) < coinNum) coinNum = tmp;
    return coinNum;
}
```

这个算法的效率很低，就如求斐波那契数列一样，在求 coin(k)的过程中，某些 coin(i)会被反复调用多次，而且让 i 顺序增长也不合理。例如，硬币的面值分别为 1、5、10、21、25 分，在分解了 1 和 *k*–1 后再分解成 2 和 *k*–2 是没意义的，因为没有币值为 2 的硬币，2 显然必须被分解成两个 1。一个较为合理的方法是按硬币额分解。例如，对于 63 分钱，可以在以下方案中选一个最优的方案。

- 一个 1 分的硬币加上找零 62 分钱的最优方案。
- 一个 5 分的硬币加上找零 58 分钱的最优方案。
- 一个 10 分的硬币加上找零 53 分钱的最优方案。
- 一个 21 分的硬币加上找零 42 分钱的最优方案。
- 一个 25 分的硬币加上找零 38 分钱的最优方案。

这个算法的问题仍然是由于重复计算带来的效率低问题。

效率低下主要还是重复计算造成的。因此，我们可采用动态规划，即从小到大计算找零的方案。先找到 0 分钱的找零方案，再找到 1 分钱的找零方案……直到找到了 63 分钱的找零方案。在每次得到一个方案时，就把方案存储起来。当再次遇到这个子问题时就不用重复计算了。

在本例中，用 coinsUsed[i]代表找 i 分零钱所需的最小硬币数，然后从小到大填写 coinsUsed[i]。而当 i 等于 k 时的解就是正在寻找的解。

如果数组 coins 存储某种币制对应的硬币币值，differentCoins 表示不同币值的硬币数，maxChange 表示要找的零钱，则算法过程如下：先找出 0 分钱的最优找零方法，把最小硬币数存入 coinUsed[0]，0 分钱的找零就是零个币值为 0 的硬币，因此 coinUsed[0]为 0。然后依次找出 1 分钱、2 分钱、3 分钱……的找零方法。对每个要找的零钱 i 可以通过尝试所有的币值为 coin 的硬币，把 i 分解成某个 coin 和 i-coin，由于 i-coin 小于 i，它的解已经存在，存放在 coinUsed[i-coin]中，则所需硬币数为 coinUsed[i-coin] + 1。对所有硬币取最小的 coinUsed[i-coin] + 1 作为 i 分钱找零的最优答案，最终得到的 coinUsed[maxchange]的值就是所需的答案。根据该算法得到的函数实现如代码清单 6-25 所示。

代码清单 6-25　解决硬币找零问题的函数

```
//找出找零 maxChange 分钱的最少硬币数
//coins 存放不同的硬币币值，differentCoins 是不同币值的硬币数
//coinUsed[k]是找出 k 分零钱的最少硬币数
void makechange( int coins[ ], int differentCoins, int maxChange, int coinUsed[] )
{
    coinUsed[0] = 0;
    for(int cents = 1; cents <= maxChange; cents++){  //找出 cents 分的找零方案
        int minCoins = cents;                         //都用 1 分硬币找零,硬币数最大
        for (int j = 1; j < differentCoins; j++) {    //尝试所有硬币
            if(coins[j] > cents) continue;            //coin[j]的值大于要找的零钱
            if(coinUsed[cents - coins[j]]+ 1 < minCoins)  //尝试 coins[i]
                minCoins = coinUsed[cents - coins[j]] + 1;    //用此硬币
        }
        coinUsed[cents] = minCoins;
    }
}
```

这段代码只给出了找零 maxChange 所需的最少硬币数，而没有给出具体由哪些硬币组成。读者可自行修改这个程序，使之可以得到这个信息。

6.7　编程规范及常见错误

C++数组的下标是从 0 开始的，n 个元素的数组的合法下标范围是 0 到 n-1。初学者常犯的错误之一是处理数组时让下标从 1 开始变化到 n。这个错误很难察觉，因为 C++编译器不检查下标范围的合法性，但会导致运行时出现不可预计的问题。

虽然数组名是一个变量，但与普通的整型或实型变量不同，它不是左值，不能放在赋值运算符的左边。我们不能直接对一个数组赋值，也不能将一个数组赋予另一个数组。数组的赋值要用一个循环，在对应的下标变量之间互相赋值。一维数组用一个 for 循环，每个循环周期处理一个数组元素。二维数组用一个两层嵌套的 for 循环，外层循环处理行，里层循环处理某行的每一列。

C 语言中的字符串是用数组存储的。注意数组的长度必须比字符串中的字符个数多 1。C++中的字符串可以用数组存储，也可以用 string 类的对象存储。

数组不能直接用 cin 和 cout 对象分别进行输入和输出。数组的输入/输出是通过输入/输出它的每一个元素实现的。但有一个例外，当用一个字符数组存储一个字符串时，这个字符数组能直接输入/输出。用>>输入一个字符串时必须注意空白字符和内存溢出的问题。

6.8　小结

本章介绍了一维数组的概念及应用。一维数组通常用来存储具有相同数据类型且按顺序排列的一系列数据。数组中的每一个值称作元素，通常用下标值表示它在数组中的位置。C++数组的下标都是从 0 开始的。数组中的元素用数组名后加用方括号括起来的下标来引用。数组的下标可以是任意的计算结果能自动转换成整型数的表达式，其数据类型包括整型、字符型。一维数组通常用一个 for 循环访问。

当定义一个数组时，必须指定数组的大小，数组大小必须是常量。如果在编写程序时无法确定处理的数据量，程序员可按照最大的数据量定义数组。

一维数组最常见的操作是排序和查找。本章介绍了直接选择排序和冒泡排序两种常用的排序算法，以及顺序查找和二分查找两种常用的查找算法。

数组元素本身又是数组的数组称为多维数组。多维数组中的元素用多个下标表示。最常用的多维数组是二维数组，即每个元素都是一维数组的数组。二维数组可以看成一个二维表，引用二维数组的元素需要指定两个下标，第一个下标是行号，第二个下标是列号。二维数组通常用一个两层嵌套的 for 循环访问。外层循环遍历每一行，里层循环遍历某一行的每一列。

字符串可以看成一组有序的字符。程序中要存储一个字符串变量时，可以定义一个字符数组。每个字符串必须以'\0'结束，因此，字符数组的元素个数要比字符串中的字符数多一个。字符串不能用内置运算符操作，必须使用 cstring 库中提供的函数或自己编程来操作。

C++还提供了一个字符串类 string。字符串类对象可以直接用运算符进行运算，用+实现连接，用>、<等符号实现比较。

数组可以作为函数的参数。数组传递是传递数组的起始地址，形式参数和实际参数是同一数组。传递数组需要两个参数：数组名和数组规模。

6.9　习题

一、简答题

1. 写出下列数组变量的定义。

a. 一个含有 100 个双精度浮点型数据的名为 realArray 的数组。

b. 一个含有 16 个布尔型数据的名为 inUse 的数组。

c. 一个含有 1000 个字符串、每个字符串的最大长度为 20 的名为 lines 的数组。

2. 用 for 循环实现下述整型数组的初始化操作。

squares

0	1	4	9	16	25	36	49	64	81	100
0	1	2	3	4	5	6	7	8	9	10

3. 用 for 循环实现下述字符型数组的初始化操作。

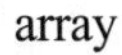
array

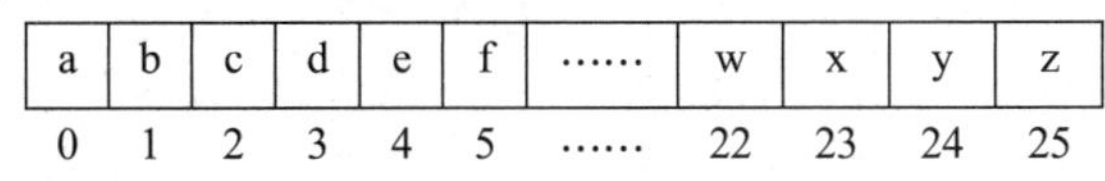

a	b	c	d	e	f	……	w	x	y	z
0	1	2	3	4	5	……	22	23	24	25

4. 什么是数组的配置长度和有效长度？

5. 什么是多维数组？

6. 要使整型数组 a[10]的第一个元素值为 1，第二个元素值为 2……最后一个元素值为 10，某人写了下面语句，请指出错误。

```
for (i = 1; i <= 10; ++i) a[i] = i;
```

7. 已知有定义 char s[10];，执行下列语句后会有什么问题？

```
strcpy(s, "hello world");
```

8. 写出定义一个整型二维数组并赋如下初值的语句。

$$\begin{bmatrix} 1 & 0 & 0 & 0 \\ 0 & 2 & 0 & 0 \\ 0 & 0 & 3 & 0 \\ 0 & 0 & 0 & 4 \end{bmatrix}$$

9. 定义一个 26×26 的字符数组，写出为它赋如下值的语句。

a　b　c　d　e　f　…　x　y　z
b　c　d　e　f　g　…　y　z　a
…　　　…　　　…　　　…
y　z　a　b　c　d　…　v　w　x
z　a　b　c　d　e　…　w　x　y

二、程序设计题

1. 编写一个函数，将一个整型数组中的负整数放在前面，正整数放在后面。

2. 编写一个程序，输入一个字符串，输出其中每个字符在字母表中的序号；不是英文字母的字符，输出 0。例如，输入为“acbf8g”，输出为 132607。

3. 编写一个函数 stringCopy，将一个 C 语言风格的字符串复制到另一个字符串。

4. 修改解决硬币找零问题的程序，使之能输出解的组成。

5. 设计一个函数，将一个 C 语言风格的字符串转换成 double 型的数值，并输出该数字乘 2 后的结果。例如，输入的是“123.456R$4”，则输出为 246.912。

6. 编写一个程序，统计输入字符串中元音字母、辅音字母及其他字符的个数。例如，输入为

"as2df,e-=rt"，则输出为：

```
元音字母  2
辅音字母  5
其他字符  4
```

7. 编写一个程序，计算一个 5 阶行列式的值。

8. 将直接选择排序设计成一个递归函数。

9. 将代码清单 6-9 中的二分查找改为递归函数。

10. 编写一个函数，从字符串中提取有效的整数，返回它们的总和。例如，对于字符串"123ab56 33.2"，返回值为 214，即 123+56+33+2 的结果。

11. 编写一个程序，从键盘上输入一篇英文文章。文章的实际长度随输入变化，最长有 10 行，每行最多 80 个字符。要求分别统计出其中的英文字母、数字、空格和其他字符的个数。

12. 在公元前 3 世纪，古希腊天文学家埃拉托色尼发现了一种找出不大于 n 的所有自然数中的素数的算法，即埃拉托色尼筛选法。这种算法首先需要按顺序写出 2～n 中所有的数。以 n=20 为例：

```
2  3  4  5  6  7  8  9  10  11  12  13  14  15  16  17  18  19  20
```

把第一个元素画圈，表示它是素数，然后依次对后续元素进行如下操作：如果后面的元素是画圈元素的倍数，就画×，表示该数不是素数。在执行完第一步后，会得到素数 2，而所有是 2 的倍数的数将全被划掉，因为它们肯定不是素数。接下来，只需要重复上述操作，把第一个既没有被画圈又没有画×的元素圈起来，然后把后续的是它的倍数的数全部画×。本例中这次操作将得到素数 3，而所有是 3 的倍数的数都被划掉。依此类推，最后数组中所有的元素不是画圈就是画×。所有被圈起来的元素是素数，而所有画×的元素是合数。编写一个程序实现埃拉托色尼筛选法，筛选范围是 2～1000。

13. 设计一个函数模板，在 M 个元素的数组中找出第 N 大的元素（$N < M$）。

14. 设计一个井字游戏，两个玩家一个打圈（○）、另一个打叉（×），轮流在 3×3 的格上打自己的符号，最先以横、直、斜连成一线则为胜。如果双方都下得正确无误，将得和局。

15. 国际标准书号 ISBN 用来唯一标识一本合法出版的图书。它由 10 位数字组成。这 10 位数字分成 4 个部分。例如，0-07-881809-5。其中，第一部分是国家或地区编号，第二部分是出版商编号，第三部分是图书编号，第四部分是校验数字。一个合法的 ISBN，10 位数字的加权和正好能被 11 整除，每位数字的权值是它对应的位数。对于 0-07-881809-5，校验结果为(0×10+0×9+7×8+8×7+8×6+1×5+8×4+0×3+9×2+5×1)% 11 = 0，所以这个 ISBN 是合法的。为了扩大 ISBN 系统的容量，人们又将 10 位的 ISBN 扩展成 13 位数。13 位的 ISBN 分为 5 个部分，即在 10 位数前加上 3 位 ENA（欧洲商品编号）图书产品代码"978"。例如，978-7-115-18309-5。13 位的校验方法也是计算加权和，检验加权和是否能被 10 整除。但所加的权不是位数，而是根据一个系数表——1313131313131 进行加权。对于 978-7-115-18309-5，校验结果为(9×1+7×3+8×1+7×3+1×1+1×3+5×1+1×3+8×1+3×3+0×1+9×3+5×1)%10=0。编写一个程序，检验输入的 ISBN 是否合法。输入的 ISBN 可以是 10 位，也可以是 13 位。

16. 编写一个函数，传入 5 个 1 位正整数，例如 1、3、0、8、6，输出由这 5 个数字组成的最大的 5 位数。要求用递归解决。注意：可以有重复数字，如 1、7、4、3、7、4。

17. 编写一个字符串排序的函数，每个字符串长度最长为 10。

第 7 章 间接访问——指针

指针是 C++中的重要概念，它是内存的一个地址。利用指针可以尽可能多地使用由硬件本身提供的功能。不理解指针是如何工作的就不能很好地理解 C++程序。想成为出色的 C++程序员，必须学习如何在程序中有效地使用指针。

指针有多种用途：指针可以增加变量的访问途径，使变量不仅能够通过变量名直接访问，也可以通过指针间接访问；指针可以使程序中的不同部分共享数据；通过指针可以在程序执行过程中动态申请空间。

7.1 指针概述

7.1.1 指针与间接访问

程序运行时每个变量都会有一块内存空间，变量的值存放在这块空间中。内存中的每个字节都有一个编号，每个变量对应的内存的起始编号称为这个变量的地址。程序可以通过变量名访问这个地址中的数据，这种访问方式称为**直接访问**。

指针概述

直接访问就如你知道 A 朋友（变量）家在哪里（地址），你想去他家玩，就可以直接到那个地方去。如果你不知道 A 朋友家在哪里，但另外有个 B 朋友知道，你可以从 B 朋友处得到 A 朋友家的地址，再按地址去 A 朋友家。这种访问方式称为**间接访问**。在 C++中，B 朋友被称为**指针变量**，并称为 B 指向变量 A。

从上例可以看出，指针变量就是保存另一个变量地址的变量。指针变量存在的意义在于提供间接访问，即从一个变量访问到另一个变量，使变量访问更加灵活。

7.1.2 指针变量的定义

指针存储的是一个内存地址，它的主要用途是间接访问所指向的地址中的内容。因此，定义一个指针变量要说明 3 个问题：该变量的名称是什么，该变量中存储的是一个地址（即一个指针），该地址中存储的是什么类型的数据。在 C++中，指针变量的定义如下。

```
类型名  *指针变量名;
```

其中，*表示后面定义的变量是一个指针变量，类型名表示该变量指向的地址中存储数据的类型。例如，定义：

```
int *p;
```

表示定义了一个指针变量 p，该指针变量保存的地址中存储的是一个整型数。类似地，定义：

```
char *cptr
```

表示定义了一个指向字符型数据的指针变量 cptr。虽然变量 p 和 cptr 中存储的都是地址值，在内存中占有同样大小的空间，但这两个指针在 C++语言中是有区别的。编译器会用不同的方式解释指针指向的地址中的内容。指针指向的变量的类型称为指针的**基类型**。p 的基类型为 int，cptr 的基类型是 char。

注意：表示变量为指针的星号在语法上属于变量名，不属于前面的类型名。如果使用同一个定义语句定义两个同类型的指针，必须给每个变量都加上星号标志，例如：

```
int *p1, *p2;
```

而定义：

```
int *p1, p2;
```

则表示定义 p1 为指向整型的指针，而 p2 是整型变量。

7.1.3 指针的基本操作

指针变量最基本的操作是赋值和访问。指针变量的赋值是将某个内存地址保存在该指针变量中。指针变量的访问有两种方法：一种是访问指针变量本身的内容；另一种是访问它指向的地址中的内容，即提供间接访问。

指针的使用

1. 指针变量的赋值

指针变量中保存的是一个内存地址，是一个编号，编号是一个正整数。按照这个逻辑，似乎可以将任何整数存放在指针变量中。但这样做是没有意义的。例如，将 5 赋予指针变量 p，这样通过指针 p 可以访问 5 号内存单元。但 5 号单元存放的是什么信息？是整数、实数还是字符？这个程序能不能用 5 号单元？

指针变量中保存的地址一定是同一个程序中的某个变量的地址，以后可以间接访问这个变量。因此，为指针赋值有两种方法：一种是将本程序的某一变量的地址赋予指针变量；另一种是将指针变量的值赋予同类的指针变量。

让指针变量指向某一变量是将一个变量的地址存入指针变量。但程序员并不知道变量在内存中的地址，为此，C++提供了一个取地址运算符&。&运算符是一个一元运算符，运算对象是一个变量，运算结果是该变量的内存地址。例如，定义：

```
int *p, x;
```

可以用 p = &x 将变量 x 的地址存入指针变量 p。指针变量也可以在定义时赋初值，例如：

```
int x, *p = &x;
```

定义了整型变量 x 和指向整型的指针 p，同时让 p 指向 x。

与普通类型的变量一样，C++在定义指针变量时只负责分配空间。除非在定义变量时为变量赋初值，否则该变量的初值是一个随机值。因此，间接访问该指针指向的空间是没有意义的，甚至是很危险的。如果某个指针暂且不用，我们可以将它设置为一个空指针，即设置为 NULL（或 nullptr），表示不指向任何变量。NULL 是 C++定义的一个符号常量，它的值为整数 0。nullptr 是 C++11 提出的一个表示空指针的指针常量，可以自动转成各种类型的指针，但不能自动转成整型。间接访问时先检查指针是否为空指针是很有必要的，这样可以确保指针指向的空间是有效的。

除了可以直接把某个变量的地址赋予一个指针变量外，同类的指针变量之间也可以相互赋值，表示两个指针指向同一内存空间。例如，有定义：

```
int x = 1, y = 2, *p1 = &x, *p2 = &y;
```

系统会在内存中分别为 4 个变量准备空间，把 1 存入 x，把 2 存入 y，把 x 的地址存入指针 p1，把 y 的地址存入指针 p2。如果本次运行时 x 的地址是 1000，y 的地址是 1004，那么 p1 的值是 1000，p2 的值是 1004。如果在上述语句的基础上继续执行 p1 = p2，执行完这个赋值表达式后，p1 的值也变成了 1004，p1 和 p2 指向同一空间，即指向 p2 指向的变量 y，对变量 x 和 y 的值没有任何影响。

在对指针进行赋值的时候必须注意，赋值号两边的指针类型必须相同。**不同类型的指针之间不能赋值**。道理很简单，如果 p1 是指向整型数的指针，而 p2 是指向 double 型的指针，执行 p2 = p1，然后间接访问 p2 指向的地址，会发生什么问题？由于 p2 是指向 double 型的指针，在 Visual C++中间接访问 p2 指向的内存时会取 8 字节的内容，然后把它解释成一个 double 型的数，而整型变量在 Visual C++中只占 4 字节。即使两个指针类型不同，但指向的空间大小是一样的，这两个指针间的赋值还是没有意义的。如果 p1 是指向整型数的指针，而 p2 是指向 float 型的指针，执行 p2 = p1，然后间接访问 p2 指向的单元，则会将一个整型数在内存中的表示解释成一个单精度数。这是没有意义的。因此，C++不允许不同类型的指针之间互相赋值。如果必须在不同类型的指针间相互赋值，必须使用强制类型转换，表示程序员知道该赋值的危险。例如：

```
p2 = reinterpret_cast<float *> p1;
```

表示将 p1 指向的单元重新解释成 float 型的数值。

2. 指针变量的访问

定义指针变量的目的并不是要知道某一变量的地址，而是希望通过指针间接地访问另一变量。因此，C++定义了一个间接访问运算符*（亦称解引用运算符）。*运算符是一元运算符，它的运算对象是一个指针。*运算符根据指针的类型，返回其指向的变量。例如，有定义：

```
int x, y;
int *intp;
```

这两个定义为 3 个变量分配了内存空间，两个是 int 型，一个是指向整型的指针。为了更具体，假设这些值在计算机中存放的地址如图 7-1 所示。

执行了语句：

```
x = 3; y = 4; intp = &x;
```

之后内存中的情形如图 7-2 所示。

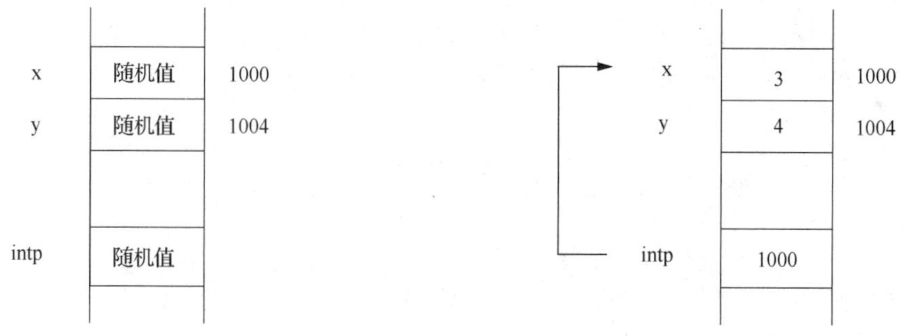

图 7-1　为 x、y、intp 分配内存空间　　图 7-2　执行 x = 3;y = 4;intp = &x;之后内存的情形

由于 intp 指向变量 x，因此*intp 就是变量 x。如果执行了语句：

```
*intp = y + 4;
```

intp 本身的值并没有改变，它的值仍然为 1000，仍然指向变量 x。但是 intp 指向的单元内的值，即 x 的值，被改变了。改变后的内存情形如图 7-3 所示。

指针变量可以指向不同的变量。例如，上例中 intp 指向 x，我们可以通过对 intp 进行重新赋值改变指针的指向。让 intp 指向 y 只要执行 intp = &y，这时，intp 与 x 再无任何关系，且此时*intp 的值为 4，即变量 y 的值，如图 7-4 所示。

3. 统配指针类型 void

在 C++中，程序员可以将指针的基类型声明为 void。void 类型的指针只说明了这个变量中存放的是一个内存地址，但未说明该地址中存放的是什么类型的数据。在 C++中，只有相同类型的指针之间能互相赋值，但任何类型的指针都可以赋给 void 类型的指针，因此 void 类型的指针被称为**统配指针类型**。

统配指针类型的定义方式如下。

```
void *指针变量名;
```

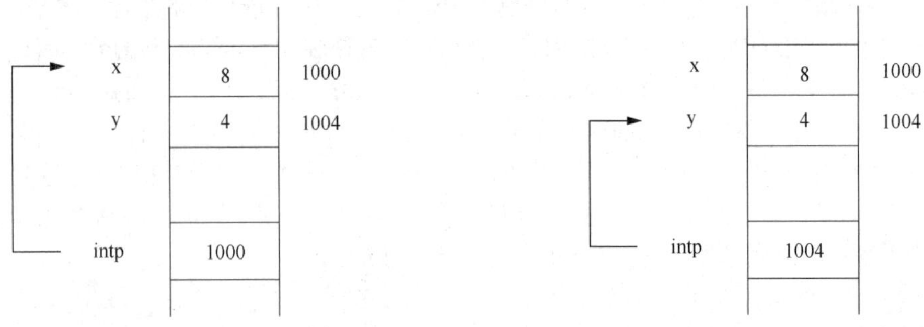

图 7-3　又执行*intp = y + 4;之后内存的情形　　图 7-4　又执行 intp = &y;之后内存的情形

统配指针类型的应用将在后面用到时介绍。

4. 指针与常量限定符 const

有了指针后，变量不仅能通过变量名直接访问，也能通过指针间接访问。这样增加了程序的灵活性，但也给程序的调试带来了困难，因为程序员很难确定某个变量是否被修改。为了防止通过指针随意修改变量的值，程序员可以采用常量限定符 const 来限制通过指针修改它指向的地址中的内容。

const 限定符可以用来定义常量，也可以与指针一起使用。const 限定符与指针一起使用的组合情况比较复杂，总结起来有以下 3 种。

（1）**常量指针**：一个指向的内容是常量的指针变量。常量指针只限制指针的间接访问，而指针本身的访问不受限制。定义常量指针需要在类型前加关键字 const。例如，下列语句定义了一个指向整型常量的指针 p，并在初始化时让它指向整型变量 x。

```
const int *p = &x;
```

由于使用了 const 说明指针指向的内容是一个常量，因而*p 不能修改，而 p 可以修改。如果程序中有类似于如下赋值，编译器会指出"左值是一个常量"。

```
*p = 30;
```

但是，由于 p 是一个普通的指针变量，因此我们可以让指针指向另一个地址。例如，下面的语句则是正确的。

```
p = &y;
```

由于 p 是指向整型常量的指针，不能通过 p 修改 y 的值，因此通过 p 进行间接访问是安全的，不会修改被访问单元的值。

（2）**指针常量**：指针本身是个常量，它固定指向某一变量。因此它本身的值不能变，但它指向的地址中的值是可变的。指针常量的定义是在指针变量名前加关键字 const。例如：

```
int *const p = &x;
```

定义一个名为 p 的指针常量，指向变量 x，而且永远只能指向 x，不能指向其他地址。但它指向的地址里的内容是可变的，即 p 不能修改，而*p 可以修改。因此，*p = 20 是正确的赋值，而 p= &y 则是不正确的赋值。

指针常量定义时必须给出初值。

（3）**指向常量的指针常量**：指针本身不能改变，指向的地址中的值也不能改变。指向常量的指针常量的定义如下：

```
const int * const p = &x;
```

这条语句的含义是定义一个名为 p 的指向常量的指针常量，让它指向变量 x 的地址，且永远只能指向 x，不能指向其他地址，并且不能通过它修改指向的地址里的内容。因此，*p = 20 和 p= &y 都是不正确的赋值。

记住这 3 种指针的定义格式有点困难，到底 const 应该加在哪里？const 的位置是有规律的。const 在哪一个语法单位前，限制的就是哪一个部分。例如，const int *p;中，const 在 int 前，限定的就是 int 的值是不能变的，即指针指向的单元内容是不能变的。再如，int *const p;中，const 在 p 前面，限定的就是 p，即指针值是不能变的。

7.2　指针运算与数组

7.2.1　指针运算

指针保存的是一个内存地址，内存地址本质上是一个整数。对指针执行算术运算是理所当然的。尽管对整数可以执行任何算术运算，但对两个指针执行乘除运算是没有意义的。C++规定对指针只能执行加减运算。**指针的加减考虑了指针的基类型**。对指针变量 p 加 1，p 的值增加了一个基类型的长度。如果 p 是指向整型的指针且它的值为 1000，在 Visual Studio 中执行了++p 后，它的值为 1004。

对一个指向某个简单变量的指针执行加减运算是没有意义的。指针的运算是与数组有关的。如果指针 p 指向数组 array 的第 *k* 个元素，那么 p+i 指向第 *k*+*i* 个元素，p−i 指向第 *k*−*i* 个元素。

7.2.2　用指针访问数组

C++最不寻常的特征中，最有趣的是数组名保存了数组的起始地址。也就是说，数组名是一个指针。只不过它是一个指针常量，它的值不能变。

指针运算与数组

如果定义了整型指针 p 和一个整型数组 intarray，由于 p 和 intarray 的类型是一致的，因此程序可以执行 p = intarray。一旦执行了这个赋值语句，p 与 intarray 就是等价的，我们可以将 p 看成一个数组名。对 p 可以执行任何有关数组的操作，例如，p[3]引用 intarray[3]。同理，也可以对数组名执行加法运算，如 intarray+k 就是数组 intarray 的第 *k* 个元素的地址，因此可以用*(intarray+k)表示 intarray[k]。

了解了数组和指针的关系，数组的操作就更灵活了。例如，输出数组 intarray 的 5 个元素，下面 5 行代码都是合法的。

```
for ( i = 0; i < 5; ++i ) cout << intarray [i];
for ( i = 0; i < 5; ++i ) cout <<  * (intarray + i);
for ( p = intarray; p < intarray + 5; ++p ) cout <<  *p;
for ( p = intarray, i = 0; i < 5; ++i ) cout << * (p + i);
for ( p = intarray, i = 0; i < 5; ++i ) cout <<  p[i];
```

这是否意味着数组和指针是等价的？不，数组和指针是完全不同的。定义：

```
int intarray [5];
```

和定义：

```
int *p;
```

间最根本的区别在于内存的分配。假如整型数在内存中占 4 字节，地址的长度也是 4 字节，那么第一个定义为数组分配了 20 字节的连续内存，能够存放 5 个整型数。第二个定义只分配了 4 字节的内存空间，其大小只能存放一个内存地址。

认识这一区别对于程序员来说是至关重要的。如果定义一个数组，则需要有存放数组元素的内存空间；如果定义一个指针变量，则只需要一个存储地址的空间。指针变量在初始化之前与任何内存空间都无关。**只有在将一个数组名赋予一个指针后，该指针才具备数组名的行为**。

7.3 动态内存分配

7.3.1 动态变量

每个程序需要用到几个变量在编写程序时应该确定，每个数组有几个元素也必须在编写程序时就确定。有时在编程序时并不知道需要多大的数组或需要多少个变量，直到程序开始运行，根据某一个当前运行值才能确定。例如，设计一个输出魔阵的程序，直到输入了魔阵的阶数后才知道数组应该有多大。

动态变量

在第6章中，我们建议按最大的可能值定义数组，每次运行时使用数组的一部分元素。当元素个数变化不是太大时，这个方案是可行的；但如果元素个数的变化范围很大，就太浪费空间了。

这个问题的一个更好的解决方案是**动态变量**机制。动态变量是指在编写程序时无法确定它们的存在，当程序运行起来，随着程序的运行，根据程序的需求动态产生和消亡的变量。由于动态变量不能在程序中定义，也就无法给它们取名称，因此动态变量的访问需要通过指向动态变量的指针间接访问。

使用动态变量必须定义一个相应类型的指针，然后通过动态变量申请的功能向系统申请一块空间，将空间的地址存入该指针变量，这样就可以间接访问动态变量了。当程序运行结束时，系统会自动回收指针占用的空间，但并不会回收指针指向的动态变量的空间，动态变量的空间需要程序员在程序中显式地释放。因此要实现动态内存分配，必须提供以下3个功能。

- 定义指针变量。
- 申请动态空间。
- 回收动态空间。

7.3.2 动态变量的创建

动态变量通常存放在一个称为堆的内存区域中，它是用运算符new创建的。运算符new可以创建一个简单变量或一个数组。创建一个简单的动态变量的格式如下：

```
new 类型名;
```

这个操作申请一块能存放相应类型数据的空间，操作的结果是这块空间的首地址。例如，申请一个int型的动态变量，将20存于其中，可以用下列语句。

```
int *p;
p = new int;
*p = 20;
```

由于new操作是有类型的，它的结果只能赋予同类指针，因此下面的操作是非法的。

```
int *p;
p = new double;
```

在创建动态变量时，还可以指定空间中的初值。例如：

```
int *p = new int(20);
```

相当于前面的3个语句，即定义指针变量p，指向一个动态变量，并为动态变量赋初值20。

在C++11中，如果申请动态变量时给出初值，此时可以使用auto推断所需分配的对象类型。例如：

```
auto p1 = new auto(10);
```

编译器可从中推断出p1是一个基类型为整型的指针。

用new操作也可以申请一维数组。它的格式如下：

```
new 类型名[元素个数];
```

这个操作申请一块连续的空间，存放指定类型的一组元素，操作的结果是这块空间的首地址。例如，申请一个包含 10 个元素的 int 型的动态数组，可以用下列语句。

```
int *p;
p = new int[10];
```

此时，p 指向这块空间的首地址，相当于一个数组名。将 p 数组的第二个元素赋值为 20，可用赋值运算 p[2] = 20。

动态数组和普通数组的最大区别在于，它的规模可以是程序运行过程中某一变量的值或某一表达式的计算结果，而普通数组的长度必须是编译时的常量。例如，n 是一个整型变量，以下语句：

```
p = new int [2*n];
```

表示申请了一个动态数组，它的元素个数是变量 n 当前值的两倍。但下列操作在 C++中是非法的：

```
int p[2*n];
```

因为 C++规定定义数组时，数组的规模必须是常量。

C++3 中，动态数组不能指定初值，数组元素的初值都是随机数。C++11 对此做了改进，允许为动态数组指定初值。初值被列在一个大括号中，放在方括号的后面。例如：

```
int *p = new int[5]{1,2,3,4,5};
```

申请了一个包含 5 个元素的动态数组，5 个元素的初值分别为 1、2、3、4、5。如果给出的初值个数少于数组元素个数，剩余元素被赋初值 0。如果给出的初值个数多于数组元素个数，则 new 操作失败。但注意，不能申请 auto 类型的动态数组。

另外还需要注意的是，动态数组只能用下标变量访问，不能用范围 for 循环访问。

new 操作可以申请一个动态的一维数组，它是否可以申请动态的二维数组或三维数组呢？答案是可以，但并不能通过一个简单的 new 操作实现，需要程序员自己解决。

7.3.3　动态变量的消亡

在 C++程序运行期间，动态变量不会消亡。甚至，在一个函数中创建了一个动态变量，函数返回后该动态变量依然存在，仍然可以使用。回收动态变量的空间必须显式地使之消亡。消亡动态变量可以使用 delete 操作。对应于动态变量和动态数组，delete 有以下两种用法。

消亡一个动态变量，可以用：

```
delete 指针变量;
```

该操作将会回收该指针指向的空间。例如：

```
int *p = new int(10);
delete p;
```

消亡一个动态数组，可以用：

```
delete [] 指针变量;
```

回收由该指针变量值作为数组首地址的数组的空间。但如果该动态数组是字符数组，delete 操作可以不加方括号。

一旦释放了内存变量，计算机重新收回这些区域。虽然指针仍然指向这个地址，但已不能再使用这些区域。如果再间接访问这块空间，将导致程序运行错误。

7.3.4　内存泄漏

在动态变量的使用中，最常出现的问题就是内存泄漏。**内存泄漏**是指申请了一个动态变量，而后不再需要这个动态变量时没有删除它；或者把一个动态变量的地址放入一个指针变量，而在此变量没有删除之前又让指针指向另一个动态变量。这样原来那块空间就丢失了。计算机认为你在继续使用它们，而你却不知道它们在哪里。

为了避免出现这种情况，应该用 delete 明确地告诉计算机这些区域不再使用。

释放内存对一些程序不重要，但对有些程序非常重要。如果你的程序要运行很长时间，而且存在内存泄漏，这样程序最终可能会耗尽所有内存，直至崩溃。

7.3.5 动态变量的应用

例 7.1 设计一个计算某次考试成绩的均值和均方差的程序。程序运行时，先输入学生数，然后输入每名学生的成绩，最后程序给出均值和均方差。

例 7.1

第 6 章已经介绍了一个计算某次考试成绩的均值和均方差的程序，如代码清单 6-2 所示。但该程序有两个问题：第一，该程序有学生人数的限定，最多是 100 名学生，如果某次考试的人数超过 100 个，该程序就无法工作；第二，如果参加考试的人数很少，如只有 10 个，该程序将造成 90%空间的浪费。

解决这两个问题的途径就是使用动态数组。这里可以根据实际参加考试的人数申请一个存放考试成绩的动态数组。按照这个思想实现的程序如代码清单 7-1 所示。

代码清单 7-1　统计某次考试的平均成绩和均方差

```
//文件名：7-1.cpp
#include <iostream>
#include <cmath>
using namespace std;

int main()
{
    int *score, num,  i;                //score 为存放成绩的数组名
    double average = 0, variance = 0;

    //输入阶段
    cout << "请输入参加考试的人数：";
    cin >> num;
    score = new int[num];               //申请一个动态数组 score

    cout << "请输入成绩：\n";
    for (i = 0; i < num; ++i)
       cin >> score[i];

    //计算平均成绩
    for (i = 0; i < num; ++i)
       average += score[num];
    average = average / num;

    //计算均方差
    for (i = 0; i < num ; ++i)
       variance += (average - score[i]) * (average - score[i]);
    variance = sqrt(variance) / num;
    cout << "平均分是：" << average << "\n 均方差是：" <<  variance <<  endl;
    delete [] score;        //释放动态数组的空间
    return 0;
}
```

7.4 字符串再讨论

C 语言风格的字符串用字符数组存储，而数组名又是一个指向字符的指针，因此字符串也可以

用指向字符的指针表示。例如，string 是指向字符的指针，它有以下 3 种用法。

① string = "abcde"。

② char ch[10]; string = ch;。

③ string = new char[10];。

第一种情况看起来有点奇怪——把一个字符串赋予一个指针。这个语句应该理解为将存储字符串"abcde"的内存地址赋予指针变量 string。程序运行过程中字符串常量被存放在内存中。由于 C++将数组名解释成指向数组首地址的指针，因此我们可以把此指针变量当成数组的首地址，通过下标访问字符串中的字符，例如，string[3]的值是 d。但由于该指针指向的是一个常量，因此不能修改此字符串中的任何字符，也不能将这个指针作为 strcpy 函数的第一个参数。

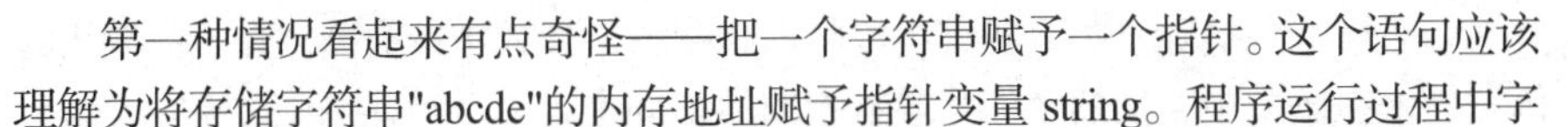

第二种情况中，指针指向存储字符串的数组。

第三种情况中，真正的字符串是存储在堆工作区中的。例如，某函数中有定义：

```
char *s1, *s2;
char ch[] = "ffff";
```

执行：

```
s1 = ch;
s2 = new char[10];
strcpy(s2, "ghj");
```

则内存情况如图 7-5 所示。

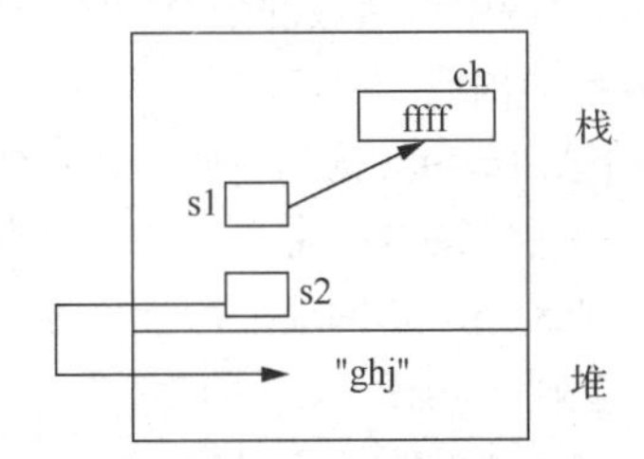

图 7-5　用指向字符的指针表示字符的两种用法对比示例

7.5　指针与函数

7.5.1　指针作为形式参数

函数的参数不仅可以是整型、实型、字符型等数据，也可以是指针。它的作用是将一个变量的地址传到一个函数中。指针传递可以减少参数传递的代价以及让函数和被调用函数共享同一块内存空间。

为了对地址传递机制的本质有一个基本的了解，首先来看一个经典的例子：编写一个交换两个变量值的函数 swap。初学者往往会编写这样一个函数：

```
void swap(int a, int b)
{
    int c = a;
    a = b;
    b = c;
}
```

如果在某个函数中需要交换两个整型变量 x 和 y 的值，此时可以调用 swap(x, y)。结果发现，变量 x 和 y 的值并没有交换。这是为什么呢？原因在于 C++的参数传递方式是值传递。值传递就是实际参数只是形式参数的初值。函数中形式参数的变化不会影响实际参数。在调用 swap(x,y)时，用 x 的值作为 a 的初值，用 y 的值作为 b 的初值。swap 函数将 a 和 b 的数据进行了交换，但这个交换并不影响实际参数 x 和 y。事实上，由于 a 和 b 是局部变量，当 swap 函数执行结束时，这两个变量根本就不存在。

为了使形式参数的变化影响到实际参数，我们可以将形式参数定义成指针类型，在函数调用时将实际参数的地址传过去，在函数中交换两个形式参数指向的空间中的内容，如下所示。

```
void  swap(int *a, int *b)
{
     int c = *a;
     *a = *b;
     *b = c;
}
```

由于形式参数是整型指针，因此实际参数必须是一个整型变量的地址。当要交换变量 x 和 y 的值时，程序可以调用 swap(&x, &y)。如果 x=3，y=4，则调用时内存的情况如图 7-6 所示，即将实际参数 x 和 y 的地址分别存入形式参数 a 和 b。

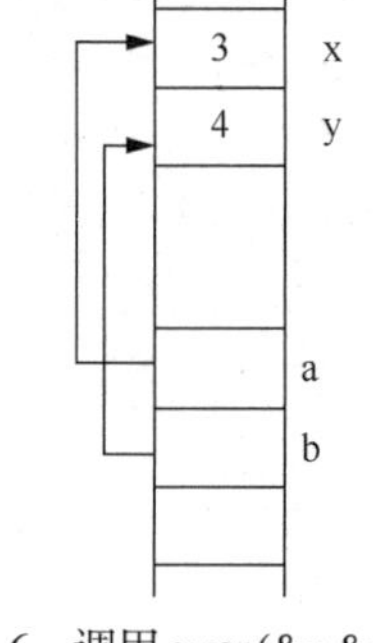

图 7-6　调用 swap(&x,&y)时内存的情况

在函数内交换了 a 指向的单元和 b 指向的单元的内容，即 x 和 y 的内容。函数执行结束时，尽管 a 和 b 已不存在，但 x 和 y 的内容已被交换。

用指针作为参数可以在函数中修改调用该函数的函数中的变量值，必须小心使用。

例 7.2　设计一个解一元二次方程的函数。

例 7.2

函数只能有一个返回值，该返回值由 return 语句返回。而一个一元二次方程有两个解，如何让函数返回两个解？一种解决方案是在主函数中为方程的解准备好空间，如定义两个变量 x1 和 x2，把 x1 和 x2 的地址传给解方程的函数，解方程函数将方程的解存入指定的地址。因此，函数原型可设计为：

```
void SolveQuadratic(double a, double b, double c, double *px1,
                    double *px2)
```

解方程 $ax^2+bx+c=0$，可以调用：

```
SolveQuadratic(a, b, c, &x1, &x2)
```

调用结束后变量 x1 和 x2 中包含方程的两个根。

由此可见，指针作为参数传递可以使函数有多个返回值。有了指针传递后，函数的参数不再仅仅是函数的输入，也可以是函数的输出。**输入参数一般用值传递，而输出参数可以用指针传递。在设计函数原型时，一般将输入参数放在前面，输出参数放在后面。**

尽管此函数能够解决一元二次方程返回两个根的问题，但它还有一些缺陷，即在解一个一元二次方程时，并不是每个一元二次方程都有两个不同根，有时可能有两个等根，有时可能没有根。函数的调用者如何知道 x1 和 x2 中包含的是否是有效的解？为此可以对函数原型稍加修改，让它返回一个整型数，该整型数表示解的情况。调用者可以根据返回值决定如何处理 x1 和 x2。根据上述思想设计的解一元二次方程的函数及其应用如代码清单 7-2 所示。

代码清单 7-2　解一元二次方程的函数及其应用

```
//文件名：7-2.cpp
#include <iostream>
#include <cmath>
using namespace std;
int SolveQuadratic(double a, double b, double c, double *px1, double *px2);

int main()
{
```

```
    double a, b, c, x1, x2;
    int result;

    cout << "请输入 a, b, c: ";
    cin >> a >> b >> c;

    result = SolveQuadratic(a, b, c, &x1, &x2);
    switch (result) {
        case 0: cout << "方程有两个不同的根: x1 = " << x1 << "  x2 = " << x2; break;
        case 1: cout << "方程有两个等根: " << x1; break;
        case 2: cout << "方程无根"; break;
        case 3: cout << "不是一元二次方程";
    }

        return 0;
}

//这是一个解一元二次方程的函数，a、b、c 是方程的系数，px1 和 px2 是存放方程解的地址
//函数的返回值表示根的情况: 0——有两个不等根
//                         1——有两个等根，在 px1 中
//                         2——根不存在
//                         3——降级为一元一次方程
int SolveQuadratic(double a, double b, double c, double *px1, double *px2)
{
    double disc, sqrtDisc;
    if(a == 0) return 3;              //不是一元二次方程
    disc = b * b - 4 * a * c;
    if(disc < 0) return 2;          //无根
    if (disc == 0) { *px1 = -b /(2 * a); return 1;}  //等根
    //两个不等根
    sqrtDisc = sqrt(disc);
    *px1 = (-b + sqrtDisc) / (2 * a);
    *px2 = (-b - sqrtDisc) / (2 * a);

    return 0;
}
```

7.5.2　数组作为函数参数再讨论

数组的进一步讨论

数组传递时，形式参数和实际参数实际上是共享了同一块存储空间。函数内对形式参数数组的任何修改都是对实际参数数组的修改。

学习了指针后，对此问题就更容易理解了。因为数组名代表的是数组的首地址，所以数组传递即指针传递。实际上，C++是将数组参数作为指针来处理的。代码清单 7-3 所示的程序做了一个简单的测试。

代码清单 7-3　数组传递的本质是地址传递的示例程序

```
//文件名: 7-3.cpp
#include <iostream>
using namespace std;
void f(int arr[]);
int main()
{
    int array[] = {1, 2, 3, 4, 5, 6, 7, 8, 9, 0};
    cout << sizeof(array) << endl;
    f(array);
    return 0;
```

```
}

void f(int arr[])
{
    cout << sizeof(arr) << endl;
}
```

程序的输出如下：

```
40
4
```

输出表明：在main函数中，数组array占用了40字节，即10个整型数占用的空间；在函数f中，形式参数数组arr占用的内存量是4字节，即一个指针所占的空间量。因此，当数组名作为函数参数传递时，形式参数表示为数组和指针实质上是一样的。只要作为实际参数的指针指向的数组空间是存在的，那么实际参数写成数组和指针也是一样的。

尽管传递数组时，形式参数可以写成数组，也可以写成指针，但作为一般规则，声明参数必须能体现出各个参数的用途。如果函数将形式参数作为数组使用，那么应该将该参数声明为数组。如果函数将形式参数作为指针使用，间接访问其指向的内容，那么应该将该参数声明为指针。当传递的是一个数组时，必须用另一个参数指出数组中的元素个数。

用这个观点来看数组传递的问题，可以使程序更加灵活。例如，有一个排序函数：

```
void sort(int p[], int n)
```

可以排序数组p，数组p有*n*个元素。如果要排序一个有10个元素的数组a，程序可调用sort(a,10)。如果要排序前一半元素，则程序可调用sort(a,5)。如果要排序后一半元素，则程序可调用sort(a+5,5)。

例7.3 设计一个函数，用分治法在一个整型数组中找出最大值和最小值。

用分治法解决这个问题的具体方法如下所述。

- 如果数组中只有一个元素，那么最大值和最小值都是这个元素（这种情况不需要递归）。
- 否则，将数组分成两半，递归找出前一半的最大值和最小值以及后一半的最大值和最小值。然后取两个最大值中的较大者作为整个数组的最大值，取两个最小值中的较小者作为整个数组的最小值。

按照分治法的思想，我们可设计出函数的原型。该函数输入的是数组的某一段数据，返回的是这一段数据中的最大值和最小值。因此该函数有4个参数：一个数组、数组中的元素个数、这段数据中的最大值、这段数据中的最小值。前面两个是函数的输入，用值传递；后面两个是函数的输出，用指针传递。因此函数的原型可设计为：

```
void minmax(int a[], int n, int *min_ptr, int *max_ptr);
```

函数的伪代码如下：

```
void minmax(int a[], int n, int *min_ptr, int *max_ptr)
{
    if (n==1) 最大值、最小值都是a[0];
    else {
          对数组a的前一半和后一半分别调用minmax;
          取两个最大值中的较大者作为最大值;
          取两个最小值中的较小者作为最小值;
    }
}
```

将这段伪代码进一步细化，可得到完整的程序，如代码清单7-4所示。

代码清单7-4 找整型数组中的最大值和最小值的程序

```
void minmax(int a[], int n, int *min_ptr, int *max_ptr)
{
    int  min1, max1, min2, max2;

    if (n == 1) *min_ptr = *max_ptr = a[0];
```

```
    else {
        minmax(a, n/2, &min1, &max1);      //找前一半的最大值和最小值
        minmax(a + n/2, n - n / 2, &min2, &max2); //找后一半的最大值和最小值
        if (min1 < min2)  *min_ptr = min1;  else  *min_ptr = min2;
        if (max1 < max2)  *max_ptr = max2;  else  *max_ptr = max1;
    }
}
```

7.5.3　字符串作为函数参数

字符串作为函数参数

C 语言风格的字符串本质上是一个字符数组。传递字符串与传递数组是一样的，形式参数和实际参数都可写成字符数组或指向字符的指针。但如果传递的是一个字符串，通常使用指向字符的指针。由于字符串有一个特定的结束标志'\0'，因此传递字符串只需要一个参数，即指向字符串中第一个字符的指针。例如，将代码清单 6-15 中的统计单词数的程序改写成一个函数，则函数原型可写为：

```
int word (const char *);
```

如果形式参数表示为指针，函数中通常也用间接访问的形式访问字符串。该函数的实现如代码清单 7-5 所示。

代码清单 7-5　字符串作为函数参数的示例程序

```
int count(const char *s)       //限定函数不可以修改 s 指向的单元值
{
  int cnt = 0;

  while (*s != '\0') {         //遍历字符串
     while (*s == ' ') ++s;  //跳过空白字符
     if (*s != '\0') {         //找到一个单词
          ++cnt;
          while (*s != ' ' && *s != '\0') ++s;  //跳过单词
     }
  }

  return cnt;
}
```

7.5.4　返回指针的函数

返回指针的函数

函数的返回值可以是一个指针。表示函数的返回值是一个指针时，只需在函数名前加一个*。例 7.4 给出了这样的一个应用。

例 7.4　设计一个从一个字符串中取出一个子串的函数。

首先设计函数的原型。从一个字符串中取出一个子串需要给出 3 个信息：从哪一个字符串中取、子字符串的起点、子字符串的终点。所以这个函数有 3 个参数：字符串、起点和终点。字符串可以用一个指向字符的指针表示，起点和终点都是整型数。函数执行结果是一个字符串，表示一个字符串可以用一个指向字符的指针。因此，函数的返回值是一个指向字符的指针。该函数的原型为：

```
char * subString(const char *, int, int);
```

该函数的实现如代码清单 7-6 所示。

代码清单 7-6　返回指针的函数示例程序

```
char *subString(const char *s, int start, int end)
{
   int len = strlen(s);

   if (start < 0 || start >= len || end < 0 || end >= len || start > end) {
```

```
        cout << "起始或终止位置错" << endl;
        return nullptr;
    }

    char *sub = new char[end - start + 2];         // 为子字符串准备空间
    strncpy(sub, s + start, end - start +1);

    return sub;
}
```

函数首先检查起点和终点的正确性，根据起点和终点值决定子字符串的长度，并申请一个存储子字符串的动态数组，然后将字符串 s 从起点到终点的字符复制到动态数组中，并返回此动态数组。

值得注意的是，当函数的返回值是指针时，返回地址对应的变量可以是全局变量、动态变量或函数中某个静态局部变量，但不能是函数的自动局部变量。因为当函数返回后，自动局部变量已消失，调用者通过函数返回的地址去访问地址中的内容时，发现已无权使用该地址。

代码清单 7-6 中的函数返回了一个动态数组。动态变量的空间需要用 delete 运算释放。在执行 delete 操作之前，该空间都可以使用。所以离开了函数 subString 以后，这块空间依然可用。

7.6 引用类型

指针提供了通过一个变量间接访问另一个变量的途径。特别是当指针作为函数的参数时，调用者和被调用函数共享同一块空间，提高了函数调用的效率。但是指针也会带来一些问题，如它会使程序的可靠性下降以及书写比较烦琐等。

为了获得指针的效果，并且避免指针的问题，C++提供了另外一种类型——引用类型，它也能通过一个变量访问另一个变量，而且比指针类型安全。

引用类型

7.6.1 引用的定义及应用

引用是给变量（更确切地说是给左值）取一个别名，以使一块内存空间通过几个变量名来访问。声明引用类型的变量需要在变量名前加上符号&，并且必须指定初值，即被引用的变量。例如：

```
int i;
int &j = i;
```

其中第二个语句定义了变量 j 是变量 i 的别名。当编译器遇到这个语句时，它并不会为变量 j 分配空间，而只是把变量 j 和变量 i 的地址关联起来。i 与 j 用的是同一个内存单元，通过 j 可以访问 i 的空间。例如：

```
i = 1;
cout << j;     //输出结果是 1
j = 2;
cout << i;     //输出结果是 2
```

引用实际上是一种隐式指针。但每次引用变量时，可以不用书写运算符“*”，因而简化了程序的书写。

定义引用类型的变量时也可以加上 const 限定。例如：

```
int  a;
const int &b = a;
```

这是合法的。尽管 a 和 b 对应的是同一内存单元，但 a 是变量，b 是常量。修改这块空间的值只能通过变量 a。

引用类型的变量也能用作范围 for 循环的循环变量。例如输入数组 a，可以用：

```
for (int  &k : a) cin >>  k;
```

表示将变量 k 依次作为数组每个元素的别名，输入 k 就是输入数组元素。

引用传递

7.6.2　引用传递

C++引入引用的主要目的是将引用作为函数的参数。7.5.1 小节介绍了一个 swap 函数：

```
void swap(int *a, int *b)
{

    int c = *a;
    *a = *b;
    *b = c;
}
```

这个函数能交换两个实际参数的值。交换变量 x 和 y 的值时可以调用 swap(&x,&y)，但这个函数看起来很烦琐，函数中的 3 个赋值语句中的指针变量前都要加运算符*。函数调用看起来也不舒服，在 x 和 y 前都要加取地址符&。如果把形式参数改成引用类型，可以达到同样的目的，而且形式简单。使用引用类型参数的 swap 函数如下：

```
void swap(int &a, int &b)
{
    int c = a;
    a = b;
    b = c;
}
```

这里可以调用此函数交换变量 x 和 y 的值。在调用 swap(x,y)时，相当于发生了两个引用类型的变量定义 int &a = x, &b = y;，即 a、b 分别是变量 x 和 y 的别名，a 和 x 共用一块空间，b 和 y 共用一块空间。因此，在函数内部 a 和 b 的交换就是 x 和 y 的交换。

在使用引用类型的参数时必须注意，调用时对应的实际参数必须为左值表达式。

例 7.5　例 6.15 要求统计一组正整数的和，这组正整数可以是以八进制、十进制或十六进制表示的，代码清单 6-16 采用字符串保存这组数字，然后从中区分出一个个正整数并将其相加。该程序把所有的问题都集中在 main 函数中解决，所以 main 函数略显长，读起来不够清晰。借助于函数这个工具，可以设计一个逻辑更加清晰的程序。

该程序有一个非常独立的功能：把字符串表示的不同基数的正整数转换成一个整型数。为此希望抽取出一个从字符串 s 中取出第一个整型数的函数。函数的原型为：

```
int convertToInt(const char *s);
```

例如字符串 s 是“123 045 0x2F 30”，函数的返回值是整数 123。

该函数的问题是：如何知道下一次函数调用时应该在原字符串中删去“123”，传给它的参数是“045 0x2F 30”？答案是采用引用传递。利用引用传递可以将函数中指针值的变化传递回来，即将函数原型改为：

```
int convertToInt(constchar *&s);
```

即形式参数指针和实际参数指针是同一个变量。根据这个思想可以得到代码清单 7-7 所示的函数。

代码清单 7-7　例 6.15 的优化

```
//文件名：7-7.cpp
#include <iostream>
using namespace std;
int convertToInt(const char *&s);

int main()
{
```

```
    const char *source = "123 045 0x2F 30";
    int sum = 0;

    while (*source != '\0')
        sum += convertToInt(source);

    cout << sum << endl;

    return 0;
}

//返回 s 中的第一个整数，并将指针 s 移到该整数后的第一个字符
int convertToInt(const char *&s)
{
    int data = 0, base;

    while (*s == ' ') ++s;
    if (*s == '\0') return 0;

    if (*s != '0') base = 10;
    else if (* (s+1) == 'X' || * (s+1) == 'x' ) {base = 16; s += 2;}
         else {base = 8; ++s; }

    switch (base) {
        case 10: while (*s != ' ' && *s != '\0')
                     data = data * 10 + *(s++) -'0';
                 break;
        case 8: while (*s != ' ' && *s != '\0')
                     data = data * 8 + *(s++) -'0';
                 break;
        case 16: while (*s != ' ' && *s != '\0') {
                     data = data * 16;
                     if (*s >='A' && *s <= 'F') data += * (s++) -'A' + 10;
                     else if  (*s >='a' && *s <= 'f') data += * (s++) -'a' + 10;
                          else data += *(s++) - '0';
        }
    }
    return data;
}
```

引用传递可以减少函数调用的代价。函数不需要为引用传递的参数分配内存空间，也不需要复制实际参数的副本。但引用传递也存在着一定的危险。在函数执行的过程中，实际参数的值可能被改变。如果需要利用引用传递的高效率而又不想实际参数被修改，此时可以使用 const 的引用传递，即用 const 限定形式参数表中的引用传递参数。这样，该形式参数在函数中充当的是常量的角色，不能被修改。例如，求 a、b 两个整型变量最大值的函数原型可设计为：

```
int  max(const int &a, const int &b);
```

常量的引用传递通常用来替代值传递，特别是在传递的参数占用空间较大的场合。

常量引用传递时，实际参数可以是变量，也可以是常量。当实际参数是变量时，形式参数是实际参数的引用，但不能修改实际参数。如果形式参数是常量时，函数会创建一个临时变量。

返回引用的函数

7.6.3 返回引用的函数

函数的返回值可以是引用类型，它表示函数的返回值是函数内某一个变量的引用。当函数返回值是引用类型时，不需要创建一个临时变量存放返回值，而是直接返回 return 后的变量本身。返回引用不仅可以提高效率，更重要的是可以将函数调用作为赋值

运算符的左运算数，即将函数调用作为左值。返回引用值的函数示例程序如代码清单 7-8 所示。

代码清单 7-8　返回引用值的函数示例程序

```
//文件名：7-8.cpp
#include <iostream>
using namespace std;
int a[]={1, 3, 5, 7, 9};
int &index(int);          //声明返回引用的函数

int main()
{
    index(2) = 25;        //函数调用作为左值
    cout << index(2);
    return  0;
}

int &index(int j)
{
   return a[j];
}
```

由于采用了引用返回，函数调用 index(i)是其返回值 a[i]的别名，它可以作为左值。赋值语句 index(2) = 25 相当于 a[2] = 25。如果不希望引用返回值被修改，返回值应该被声明为 const，如 const int &index (int j)。

注意：**在定义返回引用值的函数时，不能返回该函数的自动局部变量**。因为自动局部变量的作用域为函数内部，当函数返回时，该变量就消失了。引用该变量是一个无效的引用，导致程序运行时出错。返回引用值的函数中，返回的值也不能是一个表达式。因为表达式不是左值，而是一个临时值，返回后该临时值也不存在了。返回引用值的函数的返回值一般是程序的全局变量、动态变量或静态的局部变量。确保引用返回正确的最好方法就是问一下自己，返回的这个变量在函数执行结束后是否存在。

7.6.4　右值引用

右值引用

C++11 引入了一个非常重要的概念：右值引用。要理解右值引用，程序员就必须先区分左值与右值。

左值表达式是指运算结果值有固定的内存空间，如变量，因而可以放在赋值号的左边。右值表达式是指运算结束后就不再存在的临时变量，该变量被使用后就消亡了。例如：

```
x = y + z;
```

x、y、z 都是左值，在内存中有一块对应的空间。而 y+z 的结果则是右值，当把 y+z 的结果存入变量 x 后，y+z 的结果就消失了。区分左值与右值的便捷方法是：看能不能对表达式取地址，如果能，则为左值，否则为右值。

C++3 中引用类型的变量只能是左值，除非声明的是 const 的引用，因而称之为***左值引用***。而 C++11 引入了右值引用。右值引用以&&来表示，它的初值只能是一个将要被销毁的对象。例如：

```
int x = 10;
int &&y = x + 9;
int &&z = 8 *9 % 4;
```

由于右值引用只能绑定到临时对象，即该对象将要被销毁，这意味着右值引用的变量可以接管所引用的对象的资源。定义 y 和 z 时都没有分配空间，而是接管了存储右边表达式计算结果的临时变量的空间。y 接管了存放 x+9 结果值的临时变量的空间。z 接管了存放 8 * 9 % 4 结果值的临时变量的空间。C++11 提出右值引用的目的是支持移动语义，本书第 10 章和第 11 章将会介绍移动操作。

7.7 指针数组与多级指针

7.7.1 指针数组

由于指针本身也是变量，因此一组同类指针也可以像其他变量一样形成一个数组。如果一个数组的元素均为某一类型的指针，则称该数组为**指针数组**。一维指针数组的定义形式如下：

```
类型名 *数组名[数组长度];
```

例如：

```
char *string[10];
```

定义了一个名为string的指针数组，该数组有10个元素，每个元素都是一个指向字符的指针。C++中指向字符的指针通常用来表示字符串，因此数组string可以用来存储一组字符串。例如，需要保存一组城市名时，可定义：

```
char *city[ ] = { "Atlanta", "Boston", "Chicago", "Denver", "Detroit", "Hoston",
"Los Angeles", "Miami", "New York", "Philadelphia", "San Francisco", "Seattle"};
```

注意，数组city存储的是12个指针，而不是12个城市名。真正的城市名是存储在数据段区域或静态变量区中的。在Visual studio中，数组city占48字节。每个数组元素保存一个存储对应城市名的内存地址。上述定义在内存中的存储结构如图7-7所示。

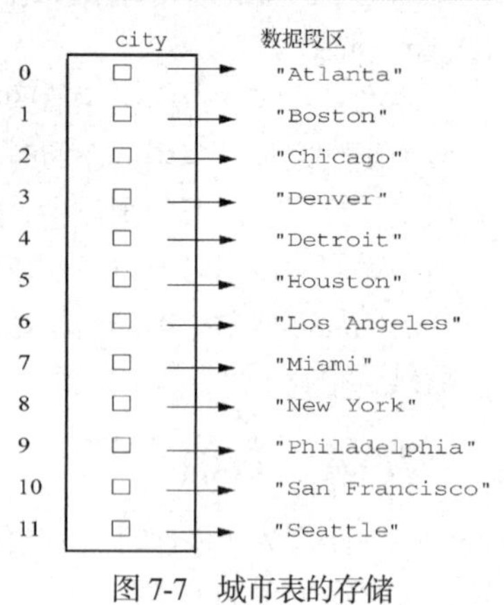

图7-7 城市表的存储

例7.6 编写一个函数，用二分法查找某一个城市名在城市表中是否出现。要求用递归实现。

按照题意，这个函数有两个参数，即城市表和要查找的城市名，并返回一个整型值，表示所要查找的城市在城市表中的位置。前者是一个字符串的数组，即指针数组；后者是一个字符串，即指向字符的指针。但由于要求用递归实现，在参数中要有表示递归终止的参数，即查找的范围。查找范围可以用两个整型参数表示。因此，这个函数共有4个参数。函数的实现如代码清单7-9所示。

代码清单7-9 二分查找的递归实现

```
//该函数用二分查找在cityTable中查找cityName是否出现
//lh和rh表示查找范围
int binarySearch(char *cityTable[], int lh, int rh, char *cityName)
{
    int mid, result;     //mid:中间元素的下标值; result:中间元素和cityName的比较结果

    if (lh <= rh) {
        mid =(lh + rh)/2;
        result = strcmp(cityTable[mid], cityName);
        if (result == 0) return mid; //找到
        else if (result > 0) return binarySearch(cityTable, lh, mid - 1, cityName);
            else return binarySearch(cityTable, mid + 1, rh, cityName);
    }

    return -1; //没有找到
}
```

用递归实现的二分查找比非递归更容易理解。函数首先找中间元素，中间元素如果就是要查找的元素，查找成功并返回，否则检查中间元素和被查找元素的关系。如果被查找元素小于中间元素，

程序对前一半递归调用查找函数，否则对后一半递归调用查找函数。

7.7.2　*main 函数的参数

指针数组的一个重要用途是在 main 函数的参数中。如果读者曾使用过命令行界面，会发现在输入命令时经常会在命令名后面跟一些参数。例如，DOS 中的改变当前目录的命令：

main 函数的参数

```
cd directory1
```

其中，cd 为命令的名称，即对应于改变当前目录命令程序的可执行文件名；directory1 就是这个命令对应的参数。那么，这些参数是怎样传递给可执行文件的呢？每个可执行文件对应的源程序必定有一个 main 函数，这些参数是作为 main 函数的参数传入的。

到目前为止，程序中的 main 函数都是没有参数的，也没有用到它的返回值。事实上，main 函数和其他函数一样可以有参数，也可以有返回值。main 函数可以有两个形式参数：第一个形式参数习惯上称为 argc，它是一个整型参数，它的值是运行程序时命令行中的参数个数；第二个形式参数习惯上称为 argv，它是一个指向字符的指针数组，它的每个元素指向一个实际参数，每个实际参数都表示为一个字符串。argc 也可看成数组 argv 的元素个数。代码清单 7-10 所示的程序是一个最简单的带参数的 main 函数。

代码清单 7-10　带参数的 main 函数示例

```
//文件名：7-10.cpp
#include <iostream>
using namespace std;

int main(int argc, char *argv[])
{
    int i;

    cout << "argc=" << argc << endl;
    for (i=0; i<argc; ++i)
        cout << "argv[" << i << "]="<< argv[i]  << endl;

    return 0;
}
```

代码清单 7-10 所示的程序用来检测本次执行时命令行中有几个参数，并输出每个参数的值。假如生成的可执行文件为 myprogram.exe，在命令行界面中输入 myprogram，对应的输出结果如下：

```
argc=1
argv[0]=myprogram
```

注意：命令名（可执行文件名）本身也作为一个参数。如果在命令行界面中输入 myprogram try this，则对应的输出如下：

```
argc=3
argv[0]=myprogram
argv[1]=try
argv[2]=this
```

命令行中的参数之间用空格作为分隔符。

例 7.7　编写一个求任意 n 个正整数的平均值的程序，它将 n 个数作为命令行的参数。如果该程序对应的可执行文件名为 aveg，则可以在命令行中输入 aveg 10 30 50 20 40↙，表示求 10、30、50、20 和 40 的平均值，对应的输出为 30。

这个程序必须用到 main 函数的参数。通过 argc 可以知道本次运行输入了多少个整数，通过 argv 可以得到这一组整数。不过这组整数被表示成了字符串的形式，必须把它转换成真正的整数。该功能被抽象成一个函数，程序的实现如代码清单 7-11 所示。

代码清单 7-11　求 *n* 个正整数的平均值的程序

```
//文件名：7-11.cpp
#include <iostream>
using namespace std;

int ConvertStringToInt(const char *);

int main(int argc, char *argv[])
{
    int sum = 0;

    for (int i = 1; i < argc; ++i)
           sum += ConvertStringToInt(argv[i]);
    cout << sum / (argc - 1) << endl;

    return 0;
}

//将字符串转换成整型数
int ConvertStringToInt(const char *s)
{
    int num = 0;

    while(*s) {
        num = num * 10 + *s - '0';
        ++s;
    }

    return num;
}
```

7.7.3　*多级指针

下面语句定义了一个指向字符的指针数组。

```
char *string[10];
```

多级指针

一维数组的名称是指向存储数组元素的空间的起始地址，也就是指向数组的第一个元素的指针。而在此数组中每个元素本身又是一个指针，因此 string 本身指向了一个存储指针的单元，即**指向指针的指针**。

在定义指针变量时，指针变量所指向的变量的类型可以是任意类型。如果一个指针变量指向的变量的类型是指针类型，则称为**多级指针**。指向普通变量的指针称为一级指针，指向一级指针的指针是二级指针，指向二级指针的指针是三级指针，依此类推。定义一级指针是在变量名前加一个“*”，二级指针加两个“*”，三级指针加 3 个“*”……例如，下面定义中的变量 q 是指向整型的二级指针。

```
int x = 15, *p = &x, **q = &p;
```

上述定义在内存中形成下面的结构。

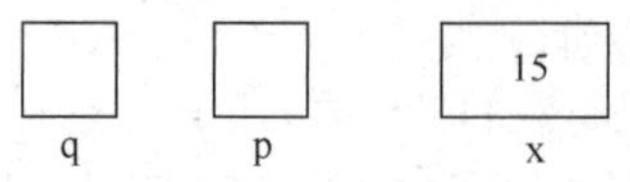

同理，还可以定义一个三级指针。三级指针的定义如下：

```
类型名 ***变量名;
```

数组可以通过指向同类型的指针访问，同理，指针数组也可以用指向指针的指针来访问。例如，在代码清单 7-12 所示的程序中，用一个指向字符指针的指针访问一个指向字符型的指针数组。

代码清单 7-12　用指向指针的指针访问指针数组

```
//文件名：7-12.cpp
#include <iostream>
using namespace std;

int main()
{
    char  **p, *city[] = {"aaa", "bbb", "ccc", "ddd", "eee"};

    for (p = city; p < city + 5; ++p)
        cout << *p << endl;

    return 0;
}
```

这段程序的输出结果如下：

```
aaa
bbb
ccc
ddd
eee
```

7.7.4　*动态二维数组

动态二维数组

二维数组可以看成一维数组的数组。例如，语句：

```
int a[3][4] = {1,2,3,4,5,6,7,8,9,10,11,12};
```

定义了一个 3 行 4 列的矩阵。引用它的第 1 行第 2 列的元素可以用 a[1][2]表示。但从另一个角度来看，也可以看成定义了一个由 3 个元素组成的一维数组。a[0]是第 0 行，a[1]是第 1 行，a[2]是第 2 行。每个 a[i]是一个一维数组的数组名，因此 a[i]是指向第 i 行第 0 个元素的指针，是一个指向整型元素的指针。二维数组与指针的关系示意图如图 7-8 所示。

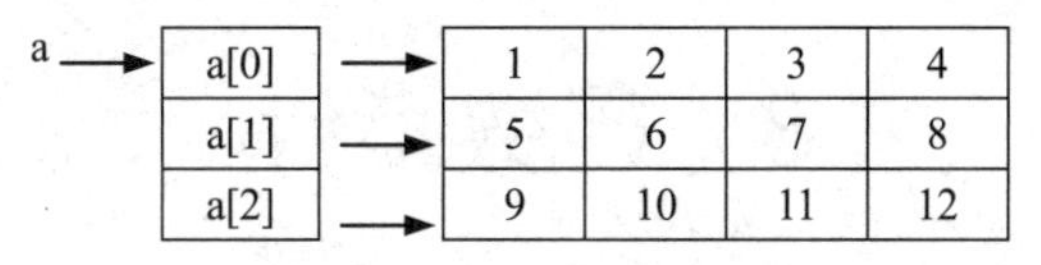

图 7-8　二维数组与指针的关系示意图

7.3 节讨论了如何使用动态的一维数组。那么程序中能否申请一个动态的二维数组呢？C++不支持直接申请动态的二维数组，不能用 new int[m][n]。这个问题需要程序员自己解决。最简单的方法是将二维数组转换成一维数组，例如一个 3 行 4 列的整型二维数组可以用一个包含 12 个元素的一维数组存储，这个一维数组的第 0 到 3 号元素存放二维数组的第 1 行，第 4 到 7 号元素存放二维数组的第 2 行，第 8 到 11 号元素存放二维数组的第 3 行。当需要访问二维数组的第 i 行第 j 列的元素时，可以通过 $i \times 4+j$ 得到它在对应的一维数组中的下标。这种方法的缺陷是不能直接通过二维数组下标变量的形式访问二维数组的元素。

理解了指针和二维数组的关系后，程序员可以实现更完美的动态二维数组。例如，程序员需要一个 3 行 4 列的整型数组 a 时，根据指针与数组的关系，可知 a 可以看成一个由 3 个元素组成的整型指针数组，也就是指向整型的二级指针，因此可以定义一个指向整型的二级指针 a，然后申请一个动态的一维指针数组 a，数组 a 的每个元素是一个指向整型的指针，指向二维数组每一行的第 0 个元素，最后为每一行申请空间，把首地址存于数组 a 的每个元素，这样访问第 i 行第 j 列的元素就是访问数组 a[i]的第 j 个元素，即 a[i][j]。代码清单 7-13 给出了一个简单的动态二维数组的应用实例。

代码清单 7-13　动态的二维数组

```
//文件名：7-13.cpp
#include <iostream>
using namespace std;

int main()
{
    int **a, i, j, k = 0;              //a 是动态数组的名称

    a = new int * [3];                 //申请指向每一行首地址的指针
    for (i = 0; i < 3; ++i)            //为每一行申请空间
        a[i] = new int[4];

    for (i = 0; i < 3; ++i)            //为动态数组元素赋值
        for (j = 0; j < 4; ++j)
           a[i][j] = k++;

    for (i = 0; i < 3; ++i) {          //输出动态数组
        cout << endl;
        for (j = 0; j < 4; ++j)
           cout << a[i][j] << '\t';
    }

    for (i = 0; i < 3; ++i)            //释放每一行
        delete [] a[i];
    delete [] a;                       //释放保存每一行首指针的数组

    return 0;
}
```

7.8　函数指针

7.8.1　指向函数的指针

函数是由指令序列构成的，其代码存储在一块连续空间中。这块空间的起始地址称为函数的入口地址。调用函数就是让程序转移到函数的入口地址去执行。

指向函数的指针

C++的指针可以指向一个整型变量、实型变量、字符串、数组等，也可以指向一个函数。指针指向一个函数是让指针保存这个函数的入口地址，以后就可以通过这个指针调用某一个函数。这样的指针称为**指向函数的指针**。当通过指针去操作一个函数时，编译器不仅需要知道该指针是指向一个函数的，而且需要知道该函数的原型。因此，指向函数的指针的定义格式如下：

```
返回类型 (*指针变量)(形式参数表);
```

例如：

```
int (*p1)();
```

定义了一个指向没有参数、返回值为 int 型的函数指针。又如：

```
double (*p2)(int);
```

定义了一个指向有一个整型参数、返回值为 double 型的函数指针。注意指针变量外的小括号不能省略。如果没有这个小括号，编译器会认为声明了一个返回指针值的函数，因为函数调用运算符()比表示指针的运算符*的优先级高。

为了让指向函数的指针指向某一个特定函数，可以通过赋值实现，其语法格式如下：

```
指针变量名 = 函数名
```

如果有一个函数 int f1()可以通过赋值 p1=f1 将 f1 的入口地址赋予指针 p1，以后就可以通过 p1 调用 f1，p1()与 f1()是等价的。在为指向函数的指针赋值中，所赋的值必须是与指向函数指针的原型完全一样的函数名。

指向函数的指针主要有两个用途：作为函数的参数和实现菜单选择。

7.8.2　函数指针作为函数参数

指向函数的指针最常见的应用是将函数作为另一个函数的参数。例如，在设计一些排序函数（如冒泡排序）时，我们希望这个函数能排序各种类型的数据，并且排序方式可以是按递增次序排列，也可以是按递减次序排列。冒泡排序是基于比较的排序，它通过比较元素之间的大小，将违反排序规则的元素互相交换来达到排序的目的。但是各种数据类型的比较方式是不一样的，例如，内置类型可以直接通过关系运算符来比较，而 C 语言风格的字符串则必须通过 strcmp 函数来比较，某些用户自定义的类型可能需要特定的比较方法。按递增排序和按递减排序时比较的要求也不一样，因此我们可以在冒泡排序函数中设置一个指向函数的指针参数，指向排序元素的比较函数。

例 7.8　设计一个排序一组任意类型数据的冒泡排序函数，其可以按递增排序，也可以按递减排序。

函数指针作为函数参数

设计这样一个函数需要解决两个问题：如何表示待排序的数据及如何表示不同元素之间的不同比较方法。待排序的元素用一个数组存放，数组类型可以设计成模板参数。第二个问题需要向排序函数传递一个比较函数。该比较函数有两个参数，表示要比较的两个值，返回的是比较的结果。如果需要交换，函数返回 true，否则返回 false。按照这个方法实现的冒泡排序函数如代码清单 7-14 所示。

代码清单 7-14　通用的冒泡排序函数的实现

```
template <class T>
void sort(T a[], int size, bool (*f)(T, T))
{
    bool flag;
    int i, j;

    for (i = 1; i < size; ++i) {
         flag = false;
         for (j = 0; j <size - i; ++j) {
              if (f(a[j], a[j+1])) {
                   T tmp = a[j];
                   a[j] = a[j+1];
                   a[j+1] = tmp;
                   flag = true;
              }
         }
         if (!flag) break;
    }
}
```

该函数模板的使用如代码清单 7-15 所示。首先将整型数组 a 按递增排序，于是定义了比较函数 increaseInt，将 increaseInt 函数作为 sort 函数的第 3 个实际参数。为了让数组 a 能按递减排序，定义了比较函数 decreaseInt，将 decreaseInt 函数作为 sort 函数的第 3 个实际参数。然后又按同样的方法排序了字符串数组 b。

代码清单 7-15　通用的冒泡排序函数的应用

```
//文件名：7-15.cpp
#include <iostream>
```

```
#include <cstring>
using namespace std;

bool increaseInt(int x, int y)  {return x > y;}
bool decreaseInt(int x, int y) {return x < y;}
bool increaseString(const char *x, const char *y)  {return strcmp(x, y)>0;}
bool decreaseString(const char *x, const char *y)  {return strcmp(x, y)<0;}

int main()
{
    int a[] = {3,1,4,2,5,8,6,7,0,9}, i;
    const char *b[]= {"aaa","bbb","fff","ttt","hhh","ddd","ggg","www",
                      "rrr","vvv"};

    sort(a, 10, increaseInt);
    for (i = 0; i < 10; ++i) cout << a[i] << "\t";
    cout << endl;

    sort(a, 10, decreaseInt);
    for (i = 0; i < 10; ++i) cout << a[i] << "\t";
    cout << endl;

    sort(b, 10, increaseString);
    for (i = 0; i < 10; ++i)
        cout << b[i] << "\t";
    cout << endl;

    sort(b, 10, decreaseString);
    for (i = 0; i < 10; ++i)
       cout << b[i] << "\t";
    cout << endl;

    return 0;
}
```

sort函数的第三个参数是一个指向函数模板的指针，由于不同的编译器有不同的参数传递次序，某些编译器可能无法确定第三个参数中的T对应的类型，此时可以显式指定模板的实际参数。例如：

```
sort<int>(a, 10, increaseInt);
```

或

```
sort<const char *>(b, 10, increaseString );
```

7.8.3 函数指针用于菜单选择

指向函数指针的第2个应用是菜单界面的实现。

函数指针用于菜单选择

例7.9 设计一个工资管理系统，要求具有如下功能：选择1，添加员工；选择2，删除员工；选择3，修改员工信息；选择4，输出工资单；选择5，输出汇总表；选择0，退出。

在设计中，一般把每个功能设计成一个函数。例如，添加员工的函数为add，删除员工的函数为erase，修改员工信息的函数为modify，输出工资单的函数为printSalary，输出汇总表的函数为printReport。主程序是一个循环，显示所有功能和它的编号，用户输入编号，系统根据编号调用相应的函数。具体程序如代码清单7-16所示。

代码清单7-16 实现菜单功能的程序

```
//文件名：7-16.cpp
int main()
{
    int select;

    while(true) {
```

```
        cout << "1--add \n";
        cout << "2--erase\n";
        cout << "3--modify\n";
        cout << "4--print salary\n";
        cout << "5--print report\n";
        cout << "0--quit\n";
        cin >> select;

        switch(select)
        {   case 0: return 0;
            case 1: add(); break;
            case 2: erase(); break;
            case 3: modify(); break;
            case 4: printSalary(); break;
            case 5: printReport(); break;
            default: cout << "input error\n";
        }
    }
}
```

这个程序看上去有点烦琐，特别是当功能很多时，switch 语句中会有很多 case 子句。指向函数的指针可以解决这个问题。程序员可以定义一个指向函数的指针数组，数组的每个元素指向一个函数，如元素 1 指向处理功能 1 的函数，元素 2 指向处理功能 2 的函数，依此类推。这样，当接收到用户的一个选择后，只要输入是正确的，就直接调用相应的数组元素指向的函数。具体程序如代码清单 7-17 所示。

代码清单 7-17　用函数指针实现菜单选择的程序

```
//文件名: 7-17.cpp
int main()
{   int select;
    void (*func[6])() = {NULL, add, erase, modify, printSalary, printReport};

    while(true) {
        cout << "1--add \n";
        cout << "2--delete\n";
        cout << "3--modify\n";
        cout << "4--print salary\n";
        cout << "5--print report\n";
        cout << "0--quit\n";
        cin >> select;

        if (select == 0) return 0;
        if (select > 5) cout << "input error\n"; else func[select]();
    }
}
```

7.8.4　*lambda 表达式

lambda 表达式

例 7.8 实现了一个通用的冒泡排序函数，该函数有一个参数是函数指针。当需要将不同类型的数据按不同的次序排列时，程序可以传给它不同的比较函数。例如，代码清单 7-15 中，需要按递增次序排列整型数组时传给它一个 increaseInt 函数，需要按递减次序排列整型数组时传给它一个 decreaseInt 函数。为此，程序定义了两个函数：increaseInt 和 decreaseInt。

C++11 提供了一个更加简洁的工具，可以不定义这些独立的比较函数，即 lambda 表达式，也称为 lambda 函数。lambda 表达式可以理解成一个未命名的内联函数。与普通函数不同的是，lambda 表达式可以定义在函数内部，必须用尾置返回，而且可以访问所在函数的局部变量。lambda 表达式的形式为：

```
[捕获列表](形式参数表)->返回类型{函数体}
```

其中，捕获列表是 lambda 表达式所在的函数中的局部变量列表（通常为空）。例如：

```
[](int x, int y) -> int { int z = x + y; return z; }
```

这是合法的 lambda 表达式。表达式有两个形式参数，返回类型是 int。如果表达式没有 return 语句或只有一个 return 语句，而且返回类型很明确，lambda 表达式可以不指定返回类型。例如，下面两个都是合法的 lambda 表达式。

```
[](int x, int y) { return x + y; }
[](int& x) { ++x; }
```

编译器可以自动推断出它们的返回类型。第一个 lambda 表达式的返回类型是 int，第二个的返回类型是 void。

lambda 表达式可以赋值给一个函数指针，以后可以通过函数指针调用该表达式。例如，定义：

```
auto f = [](int x, int y) { return x + y; };
```

则可通过 f(3,6)调用该 lambda 表达式，得到结果 9。

与普通函数不同，lambda 表达式允许访问其所在函数中的其他变量，这一过程称为捕获。捕获列表有以下几种形式。

- x：以值捕获方式捕获变量 x。
- =：以值捕获方式捕获所有变量。
- &x：以引用捕获方式捕获变量 x。
- &：以引用捕获方式捕获所有变量。

如果是值捕获，会创建一个临时变量。但要注意临时变量是 lambda 表达式创建时复制的，而不是在调用时复制的。例如，下面程序的执行结果是 20 而不是 25。

```
int main()
{
    int x =15;

    auto f = [x](int y)->int {return x+y;};
    x = 20;
    cout << f(5) << endl;
    return 0;
}
```

引用捕获与普通引用相同，在 lambda 表达式中引用的是当前变量本身。如果将上述代码中的捕获列表改为[&x]，将 x+y 改成(++x)+y，则输出为 26。执行完 f 函数，x 的值为 21。

lambda 表达式的使用

lambda 表达式最重要的用途是作为函数的参数。例如，使用代码清单 7-14 中的通用冒泡排序函数可以不定义比较函数，直接传递一个 lambda 表达式，如代码清单 7-18 所示。

代码清单 7-18　lambda 表达式作为函数参数

```
//文件名：7-18.cpp
#include <iostream>
#include <cstring>
using namespace std;

int main()
{
    int a[] = {3, 1, 4, 2, 5, 8, 6, 7, 0, 9}, i;
    char *b[]= {"aaa", "bbb", "fff", "ttt", "hhh", "ddd", "ggg", "www", "rrr",
              "vvv"};

    sort<int>(a, 10, [](int x, int y)->bool {return x > y; } );  //递增排序
    for (i = 0; i < 10; ++i)
        cout << a[i] << "\t";
```

```
    cout << endl;

    sort<char *>(b, 10,  [](char *x, char *y)->bool {return strcmp(x, y) > 0; });
    for (i = 0; i < 10; ++i)
        cout << b[i] << "\t";
    cout << endl;

    return 0;
}
```

7.9 编程规范及常见错误

指针是C++最重要的工具之一，它可以使函数间共享变量，也可以在程序运行的过程中申请动态变量。指针使用过程中的一个较常见错误是在不同类型的指针之间互相赋值以及间接访问一个未赋值的指针。

由于C++对数组名的特殊规定，初学者容易将指针和数组等同起来，互相替代。但实际上，数组和指针是完全不同的概念。之所以容易混淆，是因为C++将数组名设计成指向数组起始地址的指针，故可以将一个数组名赋予一个同类指针。一旦被赋值，该指针就具有了数组名的行为。我们可以将数组名赋予指针，但不可以将指针赋予数组名。因为数组名是常量，代表的是数组的起始地址。

指针可以作为函数的参数。指针作为函数参数可以使函数间接访问调用者中的变量。指针参数通常用于传递函数的执行结果，因此也被称为输出参数。有了指针传递，函数的参数被分为两类：输入参数和输出参数。输入参数通常用值传递，输出参数通常用指针传递。在设计函数原型时，通常将输入参数排在前面，输出参数排在后面。有了指针参数，函数可以有多个执行结果。

函数的返回值也可以是指针。在返回指针时，必须确保指针指向的对象在函数执行结束后是存在的。

引用传递可用来代替指针传递。引用传递可以节省时间和空间，程序员如果不希望函数修改实际参数值，可在形式参数表中用const限定该形式参数。

有了指针就可以申请动态变量。动态变量使用过程中最容易犯且最不容易发现的错误是内存泄漏。如果程序将运行很长时间，内存泄漏会使系统崩溃或使系统运行速度越来越慢。与内存泄漏相反的是删除一个不存在的动态变量，这样将会导致程序非正常结束。删除一个不存在的动态变量可能有两个原因：其一是程序将一个动态变量删除两次，第二次删除将会导致程序异常终止；其二是申请了一个动态变量，然后修改了存放动态变量地址的指针，删除该指针指向的动态变量也将导致程序异常终止。

7.10 小结

本章介绍了指针的概念。指针是一种特殊的变量，它的值是计算机的内存地址。指针通常是很有用的，它可以使程序的不同部分共享数据，能使程序在运行时定义变量。

像其他变量一样，指针变量使用前必须先定义。定义一个指针变量除了说明它存储的是一个地址外，还要说明它指向变量的类型。定义指针变量时赋初值是一个很好的习惯，这样可以避免很多不可预料的错误。

指针的基本运算是&和*。&运算符作用到一个左值并返回该左值的地址，*运算符作用到一个指针并返回该指针指向的左值。

将指针作为形式参数可以使一个函数与它的调用者共享数据。指针传递的另一种形式是引用传递，它能起到指针传递的作用，但形式更加简洁。指针或引用也可以作为函数的返回值，返回指针或引用的函数可以作为左值使用。

指针和数组密切相关。当指针指向数组中的某一元素时，就可以将指针像数组一样使用，反之也行。指针和数组之间的关系使得算术运算符+和-以及++和--也可用于指针。但指针的加减法与整型数、实型数的加减法不同，它要考虑到指针的基类型。

程序运行时，可以向一个叫堆的内存区中动态地申请新内存，称为动态内存分配机制。运算符 new 用于申请动态变量。当申请的动态变量不再需要时，程序必须执行 delete 运算把内存归还给堆。

7.11 习题

一、简答题

1. 下面定义的变量类型是什么？

```
double *p1, p2;
```

2. 如果 arr 被定义为一个数组，描述以下两个表达式之间的区别。

```
arr[2]
arr+2
```

3. 假设 double 型的变量在你使用的计算机系统中占用 8 字节。如果数组 doubleArray 的基地址为 1000，那么 doubleArray+5 的值是什么？

4. 定义 int array[10],*p = array;后，可以用 p[i]访问 array[i]。这是否意味着数组和指针是等同的？

5. C 语言风格的字符串是用字符数组来存储的。为什么传递一个数组需要两个参数（数组名和数组长度），而传递字符串只要一个参数（字符数组名或指针）？

6. 值传递、引用传递和指针传递的区别是什么？

7. 返回引用的函数和返回某种类型的值的函数在用法上有什么区别？计算机在处理这两类返回时有什么区别？

8. 如果 p 是整型变量名，下面表达式中哪些可以作为左值？请解释。

```
    p      *p      &p     *p+2     * (p+2)     &p+2
```

9. 如果 p 是一个指针变量，访问 p 指向的单元中的内容应如何表示？访问变量 p 的地址应如何表示？

10. 如果一个 new 操作没有对应的 delete 操作会有什么后果？

二、程序设计题

1. 写一个函数 void getDate(int &dd, int &mm, int &yy)，从键盘读入一个形如 dd-mmm-yy 的日期。其中 dd 是一个 1 位或 2 位的表示日的整数，mmm 是月份的 3 个字母的缩写，yy 是两位数的年份。函数读入这个日期，并将它们以数字形式传给 3 个参数。

2. 设计一个函数 void deletechar(char *str1, const char *str2)，在 str1 中删除 str2 中出现的字符。用递归和非递归两种方法实现。

3. 设计一个函数 char *itos(int n)，将整型数 n 转换成一个字符串。

4. 用带参数的 main 函数实现一个完成整数运算的计算器。例如，输入：

```
calc  5 * 3
```

执行结果为 15。

5. 编写一个函数，判断作为参数传入的一个整型数组是否为回文。例如，若数组元素值为 10、

5、30、67、30、5、10，则是一个回文。用递归和非递归两种方式实现。

6. Julian 历法是用年及这一年中的第几天来表示日期的。设计一个函数，将 Julian 历法表示的日期转换成月和日，如 Mar 8（注意闰年的问题）。函数返回一个字符串，即转换后的月和日。如果参数有错，如天数为第 370 天，返回 NULL。

7. 编写一个生成魔阵的函数。函数的参数是生成魔阵的阶数，返回的是所生成的魔阵。

8. 在统计学中，经常需要统计一组数据的均值和方差。均值的定义为 $\bar{x}=\sum_{i=1}^{n}x_i/n$，方差的定义为 $\sigma=\frac{\sum_{i=1}^{n}(x_i-\bar{x})^2}{n}$。设计一个函数，对给定的一组数据返回它们的均值和方差。

9. 设计一个用弦截法求方程根的通用函数。函数有 3 个参数：第一个是指向函数的指针，指向所要求根的函数；第二、第三个参数指出根所在的区间。返回值是求得的根。

10. 设计一个计算任意函数的定积分的函数。函数有 3 个参数：第一个是指向函数的指针，指向所要积分的函数；第二、第三个参数指出定积分的区间。返回值是求得的积分值。定积分的计算方法采用的是第 4 章程序设计题第 15 题介绍的矩形法。

第 8 章 数据封装——结构体

现代程序设计语言的一大特点是能够将各自独立的数据或操作组织成为一个整体。过程和函数将一组操作封装成一个整体。在数据处理方面，数组可以将类型相同的一组有序数据封装成一个整体。程序需要时可以从数组中选出元素，并单独进行操作，也可以将它们作为一个整体，同时进行操作。而记录能够将一组无序的、异质的数据看作一个整体。在 C++中，记录被称为**结构体**（或结构）。

8.1 结构体

假设在一个学生管理系统中，要为每名学生在期末打印一张较为全面的成绩单，其中包括学号、姓名、各门功课的成绩。如果这学期学的课程有语文、数学和英语，那么相关数据可表示成表 8-1 所示的形式。

表 8-1 学生成绩单示例

学号	姓名	语文成绩	数学成绩	英语成绩
00001	张三	96	94	88
00003	李四	89	70	76
00004	王五	90	87	78

每名学生的相关数据（表 8-1 中的一行）可以定义成一个结构体类型的变量。该变量由若干个部分组成，每一部分提供了关于学生某个方面的信息，所有部分组合起来形成了一条完整的学生信息。每个组成部分被称为成员。例如，上例中的学生记录由 5 个成员组成：学号和姓名是字符串，而 3 个成绩都是整型数。

结构体能将描述一个复杂对象的多个部分组成一个整体。不同的对象有不同的组成部分，如学生和老师。所以使用结构体时必须说明这个结构体由哪些部分组成。

结构体的使用

8.1.1 结构体类型的定义

声明结构体由哪些部分组成称为结构体类型的定义。结构体类型定义的格式如下：

```
struct 结构体类型名{
    成员声明;
};
```

其中，struct 是 C++定义结构体类型的关键字，成员声明指出了组成该结构体类型的每个成员的类型。例如，存储上述学生信息的结构体类型定义如下：

```
struct studentT {
    char no[10];
    char name[10];
    int chinese;
    int math;
    int english;
};
```

在定义结构体类型时，成员名可与程序中的变量名相同。在不同的结构体中也可以有相同的成员名，而不会发生混淆。例如，定义一个结构体类型 studentT，它有一个成员是 name；在同一个程序中，还可以定义另一个结构体类型 teacherT，它也有一个成员叫 name。

结构体成员的类型可以是任意类型，如可以是整型、实型，也可以是数组，还可以是其他结构体类型。如果希望在 studentT 类型中增加一个生日，日期可以用年、月、日 3 个部分表示，那么日期也可以被定义成以下一个结构体。

```
struct dateT{
  int month;
  int day;
  int year;
};
```

在 studentT 中可以有一个成员，它的类型是 dataT，如下所示。

```
struct studentT {
    char no[10];
    char name[10];
    dateT birthday;
    int chinese;
    int math;
    int english;
};
```

8.1.2　结构体类型变量的定义

定义了一个结构体类型后，就可以定义该类型的变量了。结构体类型的变量定义方式与普通内置类型的变量定义完全相同。我们可以定义该结构体类型的变量、指针或数组，变量可以定义为全局变量，也可以定义为局部变量。例如，有了 studentT 这个类型，我们可以通过下列代码定义该类型的变量、数组或指针。

```
studentT student1, studentArray[10], *sp;
```

一旦定义了一个结构体类型变量，我们可以从两个角度来看待它。从整体的角度来看，则得到像下面这样的一个箱子 student1。

student1

如果从近处看细节，会发现标签为 student1 的箱子内部还有着 5 个单独的箱子。

student1　no　name　chinese　math　english

事实上，一旦定义了一个结构体类型的变量，系统在分配内存时就会分配一块连续的空间，依次存放它的每一个成员。这块空间总的名称就是该变量的名称，每一小块还有自己的名称，即成员名。

studentArray 是具有 10 个 studentT 类型值的数组，在内存中有存储 10 个 studentT 类型变量的空间。该空间可以有如下的内容。

00001	张三	96	94	88
00003	李四	89	70	76
⋮	⋮	⋮	⋮	⋮

cp是一个指向studentT类型的指针，它可以指向student1，也可以指向studentArray中的某个元素。

结构体类型变量也可以在定义结构体类型的同时定义，其语法格式如下：

```
struct 结构体类型名{
    成员声明;
}   结构体变量;
```

或

```
struct {
    成员声明;
}   结构体变量;
```

这两种方法的区别在于前者可以继续用结构体类型名定义变量，后者却不能。

结构体类型变量和其他类型的变量一样，可以在定义时为它赋初值。但是结构体类型变量的初值不是一个，而是一组，即对应于每个成员的值。C++用一个大括号将这一组值括起来，表示一个整体，值与值之间用逗号分开。例如：

```
studentT student1 = {"00001", "张三", 89, 96, 77};
```

此外，也可以为数组赋初值，例如：

```
studentT studentArray[10] = {{"00001", "张三", 89, 96, 77}, {"00001", "张三", 89, 96, 77}, … };
```

8.1.3 结构体类型变量的使用

结构体类型是一个统称，程序员所用的每个结构体类型都是根据需求自己定义的，C++编译器无法预知程序员会定义什么样的结构体类型，因此，除了同类型的变量之间相互赋值之外，无法对结构体类型的变量做整体操作，例如加、减、乘、除或比较操作。结构体类型变量的访问主要是访问它的某一个成员。例如，对结构体类型变量的赋值是通过对它的每一个成员的赋值来实现的，结构体类型变量的输出也是输出它的每一个成员值。如何表示结构体类型变量中的某一个成员呢？C++提供了“.”运算符。student1的语文成绩可以写成：

```
student1.chinese
```

如果结构体类型变量的成员还是一个结构体，则可以一级一级用“.”分开，逐级访问。例如：

```
student1.birthday.year
```

输入结构体类型变量是输入它的每一个成员。例如，输入student1的内容可用：

```
cin >> student1.no >> student1.name
    >> student1.chinese >> student1.math
    >> student1.english
    >> student1.birthday.year
    >> student1.birthday.month
    >> student1.birthday.day;
```

也可以通过对成员赋值来实现结构体的赋值，如student1.birthday.year = 1990。

当两个结构体类型变量属于同一个结构体类型时，可以互相赋值。例如，对于studentArray的元素，我们可以用studentArray[0]=studentArray[5]赋值，其含义是将studentArray[5]的成员值对应地赋予studentArray[0]。如果两个结构体变量属于不同的结构体类型，则不能互相赋值。从上述讨论中也可以看出数组和结构体类型变量的另一个区别，那就是**数组不是左值，而结构体类型变量是左值**。

与普通变量一样，结构体除了可以通过变量名直接访问外，也可以通过指针间接访问。指向结构体的指针可以指向一个同类的结构体变量，其可以是局部变量、全局变量，也可以是动态变量。例如：

```
studentT  student1, *sp = &student1;
sp = new studentT;
```

都是正确的赋值。结构体类型的指针可以像其他指针一样被引用。例如，引用 sp 指向的结构体对象的 name 值，可以表示为：

```
(*sp).name
```

注意，小括号是必需的。因为.运算符的优先级比*运算符高，如果不加小括号，编译器会理解成 sp 是一个结构体变量，sp.name 是一个指针，然后访问该指针指向的内容。

这种表示方法显得太过笨拙。指向结构体的指针随时都在使用，每次都使用小括号会使结构体指针的使用变得很麻烦。为此，C++提出了另外一个更加简洁明了的运算符->。它的用法如下：

```
指针变量名->成员名
```

表示指针变量指向的结构体的指定成员。例如，sp 指向的结构体中的 name 字段可表示为 sp->name。C++的程序员一般都习惯使用这种表示方法。

在很多情况下，即使组成一个变量的所有分量都是同样的类型，但为了表示这是一个有机的整体，还是把它定义成一个结构体，如二维平面上的一个点由两个坐标组成。两个坐标都是 double 型的，该类型可定义为：

```
struct pointT{
    double x, y;
};
```

数组通常表示一组变量，而结构体通常表示的是一个复杂的变量。

8.1.4　结构体作为函数参数

结构体变量表示的是一个复杂对象。结构体传递与整型、浮点型传递一样，都是值传递。但是结构体占用的内存量一般都比较大，值传递既浪费空间，又浪费时间，因此常用常量的引用传递代替值传递。

例 8.1　某应用经常用到二维平面上的点。点的常用操作包括设置点的位置、获取点的 x 坐标、获取点的 y 坐标、显示点的位置、计算两个点的距离。试定义点类型，并实现这些函数。

类型定义、函数实现及其应用如代码清单 8-1 所示。

代码清单 8-1　点操作函数的应用

```
//文件名：8-1.cpp
struct pointT{          //点类型定义
    double x,y;
};
void setPoint(double x, double y, pointT &p);
double getX(const pointT &p);
double getY(const pointT &p);
void showPoint(const pointT &p);
double distancePoint(const pointT &p1, const pointT &p2);

int main()
{
    pointT p1, p2;

    setPoint(1,1,p1);
    setPoint(2,2,p2);

    cout << getX(p1) << "  " << getY(p2) << endl;
    showPoint(p1);
    cout << " -> " ;
    showPoint(p2);
    cout << " = " << distancePoint(p1, p2) << endl;
```

```
    return 0;
}

void setPoint(double x, double y, pointT &p)
{
    p.x = x;
    p.y = y;
}

double getX(const pointT &p)
{   return (p.x);   }

double getY(const pointT &p)
{   return (p.y);   }

void showPoint(const pointT &p)
{   cout << "(" << p.x << " , " << p.y << ")";   }

double distancePoint(const pointT &p1, const pointT &p2)
{   return sqrt((p1.x-p2.x) * (p1.x-p2.x)+(p1.y-p2.y)*(p1.y-p2.y));   }
```

注意观察函数中的参数传递。setPoint 函数设置点的值，p 是输出参数，用引用传递。其他函数中的 p 都是输入参数，应该用值传递。但值传递费时费空间，因此都用了 const 的引用传递。程序的运行结果如下：

```
1 2
(1,1)->(2,2)=1.41421
```

结构体类型定义也有作用域。代码清单 8-1 将 pointT 定义在源文件的最前面，在所有函数的外面，意味着源文件中定义在它后面的所有函数都可以使用 pointT 类型。如果结构体类型定义在某个函数内部，则只有这个函数可以使用。

8.2 链表

8.2.1 链表的概念

链表是一种常用的数据结构，它通常用来存储一组同类数据。一组同类数据通常用数组存储，但数组规模必须在使用前确定，程序员必须事先为数组的所有元素准备好空间。在某些元素个数不确定的场合，特别是个数变化很大的时候，数组较难满足用户的要求。此时，链表是一个很好的替代方案。

链表的概念

链表不需要事先为所有元素准备好空间，而是在需要增加一个元素时动态地为它申请存储空间，做到按需分配。存储一个元素的空间称为一个结点。但是这样就无法保证所有的元素是连续存储的，如何从当前的元素找到它的下一个元素呢？链表提供了一条“链”，它就是指向下一个结点的指针。图 8-1 给出了最简单的链表——单链表的结构。

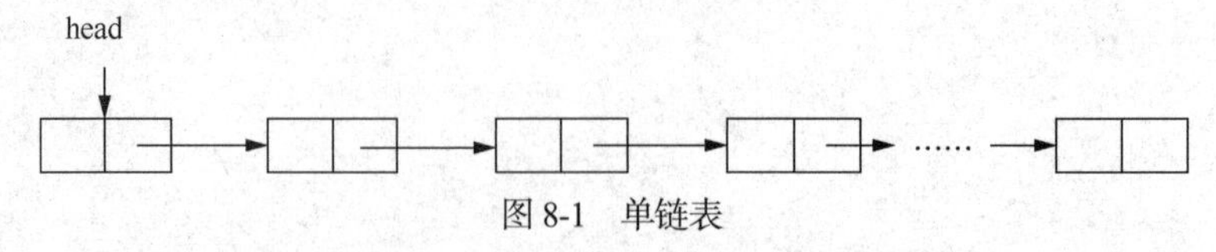

图 8-1　单链表

每个结点存储一个元素。每个结点由两个部分组成：数据元素和下一结点地址。变量 head 中存放着第一个结点的地址，从 head 可以找到第一个结点，第一个结点中存放着第二个结点的地址，因此从第一个结点可以找到第二个结点。依此类推，可以找到第三个结点、第四个结点，一直到最后一个结点。最后一个结点的第二部分存放一个空指针，表示其后没有元素了。因此，链表就像一根链条一样，一环扣一环，直到最后一环。抓住了链条的第一环，就能找到所有的环。

链表有各种形式。除了单链表外，还有双链表、循环链表等。双链表的每一个结点不仅记住后一结点的地址，还记住前一结点的地址。双链表如图 8-2 所示。循环链表有单循环链表和双循环链表。单循环链表类似于单链表，只是最后一个结点的下一结点是第一个结点，使整条链形成了一个环，如图 8-3 所示。在双循环链表中，最后一个结点的下一结点是第一个结点，第一个结点的前一结点是最后一个结点。

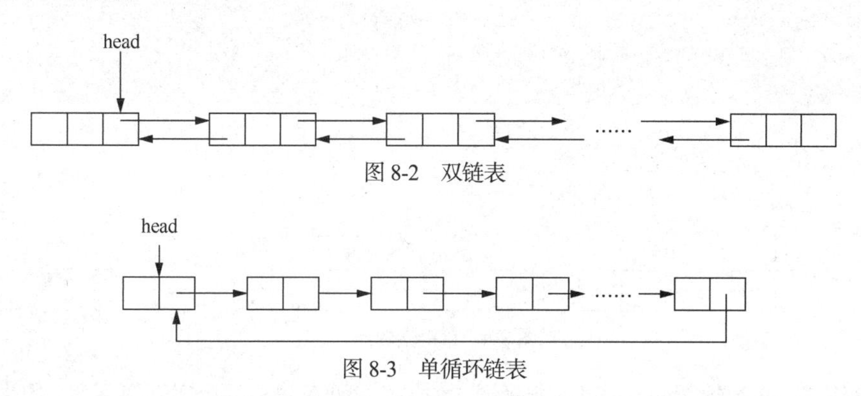

图 8-2　双链表

图 8-3　单循环链表

在实际应用中，我们可以根据应用所需的操作选择相应的链表。如果在应用中，常做的操作是找后一结点，而几乎不找前一结点，则此时可选择单链表。如果既要找前一结点，也要找后一结点，此时可选择双链表。

本书只给读者介绍最简单的链表，即单链表，使读者对链接存储有基本的了解。

8.2.2　单链表的存储

单链表的存储

在一个单链表中，每个数据元素被存放在一个结点中。存储一个单链表只需要存储第一个结点的地址，因此只需要定义一个指向结点的指针。每个结点由两个部分组成：数据元素本身和指向下一结点的指针。描述这样一个结点的最合适的数据类型就是结构体，因此可以把结点类型定义为：

```
struct linkNode {
    datatype  data;
    linkNode *next;
};
```

这里 datatype 表示任意一种数据类型。第二个成员是指向自身类型的一个指针，这种结构称为**自引用结构**。如果单链表的每个数据元素都是一个整型数，那么该单链表的结点类型可定义为：

```
struct linkNode {
   int  data;
   linkNode *next;
};
```

如果单链表的数据元素是另一个结构体 pointT 类型的变量，则该单链表的结点类型可定义为：

```
struct pointNode {
    pointT  point;
    pointNode *next;
};
```

如果程序中需要用到一个保存一组 pointT 类型变量的单链表，可以定义：

```
pointNode *head;
```

head 就表示了这个单链表。

8.2.3 单链表的操作

单链表最基本的操作包括创建一个单链表、插入一个结点、删除一个结点，以及访问单链表的每一个结点。

图 8-4 展示了如何在链表中的地址为 p 的结点后面插入一个结点。插入一个结点必须完成下列几个步骤：申请一个结点；将 x 放入该结点的数据部分；将该结点链接到结点 p 后面。如果结点类型为 ListNode，这一连串工作可以用下面几条语句来实现。

```
tmp = new ListNode;  //申请一个新结点
tmp->data = x;       //把 x 放入新结点的数据成员中
tmp->next = p->next; //把新结点和 p 的下一结点相连
p->next = tmp;       //把 p 和新结点连接起来
```

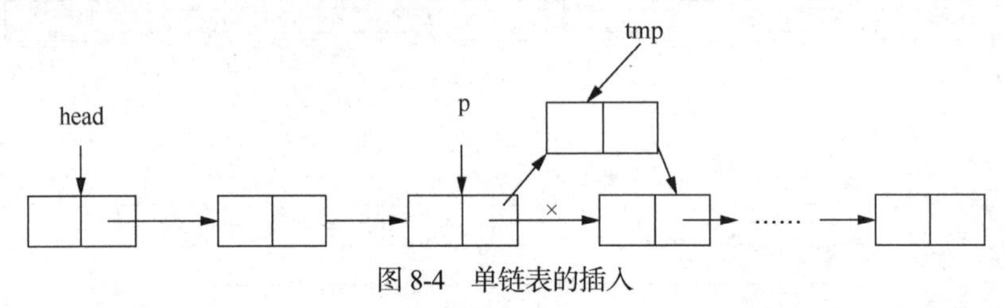

图 8-4　单链表的插入

注意：第 3、第 4 条语句的次序不能颠倒。如果把这两条语句的次序颠倒一下，原来 p 后面的结点都会丢失。读者可自己想一想原因。

图 8-5 显示了如何在链表中删除结点 x。如果 p 是被删结点 x 前面的那个结点的地址，删除 x 只需要让 p 的 next 链绕过 x。这个操作可以由下面的语句来完成。

```
p->next = p->next->next;
```

这条语句确实在单链表中实现了删除，但它有内存泄漏的问题，没有回收被删结点的空间。完整的删除操作应该有两个工作：从链表中删去该结点及回收结点的空间。因此删除操作需要以下 3 条语句。

```
delPtr = p->next;           //保存被删结点的地址
p->next = delPtr->next;     //将此结点从链中删除
delete delPtr;              //回收被删结点的空间
```

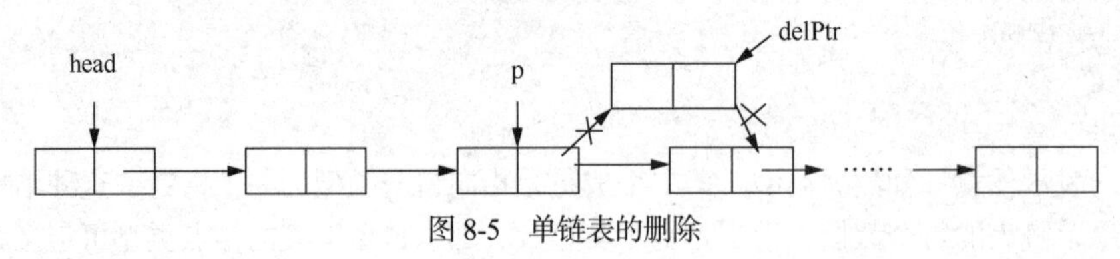

图 8-5　单链表的删除

在上述的描述中有一个问题：它假定被插入或删除的结点前有一个结点。而链表中的第一个结点前面是没有结点的，因此插入或删除第一个结点就必须进行特殊处理。特殊情况经常给算法设计带来很多麻烦，忘记处理特殊情况是程序的常见错误之一。解决这个问题通常采用避免特殊情况的方法。针对上述问题的一种解决方案就是引入一个头结点。

头结点是链表中额外加入的一个特殊结点，它不存放数据，只是作为链表的开始标记，位于链表的最前面，它的指针部分指向表中的第一个元素，这样就保证了链表中每个结点前面都有一个结点，如图 8-6 所示。现在就不再有特殊情况了。第一个结点也能与其他结点一样通过让 p 指向它前面的结点（即头结点）来插入或删除它。有了头结点，不仅可以使代码极大简化，还会提高速度，因为不需要再判别是否是对链表的第一个结点进行操作，而减少测试量就是节约时间。

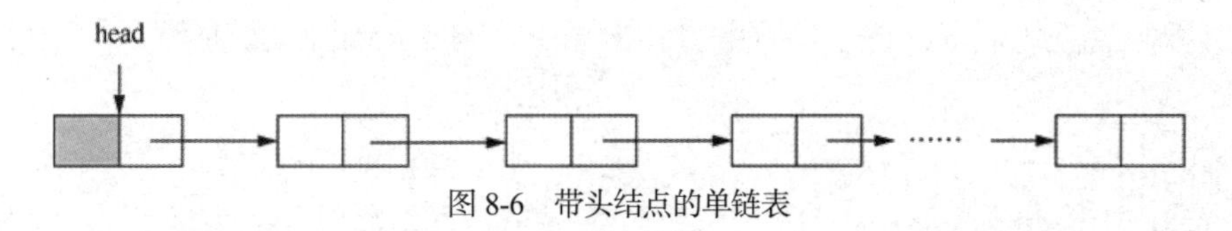

图 8-6　带头结点的单链表

例 8.2　创建并访问一个带头结点的、存储整型数据的单链表，数据从键盘输入，0 为输入结束标志。

链表实例

首先，确定单链表的结点类型。该结点可定义为：

```
struct  linkRec {
    int  data;
    linkRec *next;
};
```

程序中使用一个单链表只需要定义一个指向头结点的指针，如 head。创建一个单链表由如下步骤组成：创建一个空的单链表，依次从键盘读入数据链入单链表的表尾。空的单链表是一个只有头结点的单链表。创建一个空的单链表需要申请一个结点，该结点的数据字段不存储有效数据，让 head 指向该结点。依次从键盘读入数据链入单链表的表尾可由一个循环实现。该循环的每个循环周期首先从键盘读入一个整型数，如果读入的数不是 0，则申请一个结点，将读入的数放入该结点，再将结点链到链表的尾部。如果读入的是 0，设置最后一个结点的 next 为 nullptr，链表创建完成。为了节省插入时间，程序用一个指针指向链表的最后一个结点。

读链表的工作比较简单，就像数链条上有多少个环一样，从第一个环开始，依次找到第二个环，第三个环，……。在此过程中用到了一个重要的工具，那就是我们的手，我们的手总是抓住当前数到的环。在链表的访问中，这个工具就是指向当前被访问的结点的指针。该指针首先指向表的第一个结点，看看该结点是否存在。如果存在，则访问此结点，然后让指针移到下一个结点。如果不存在，则访问结束。

实现程序如代码清单 8-2 所示。

代码清单 8-2　单链表的建立与访问

```
//文件名：8-2.cpp
#include <iostream>
using namespace std;

struct  linkRec {                   //单链表结点类定义
    int  data;
    linkRec *next;
};

int main()
{
    int x;                          //存放输入的值
    linkRec *head, *rear;           //head 为表的头指针，rear 指向创建链表时的表尾结点

    head = rear = new linkRec;      //创建空链表，头结点也是最后一个结点

    //创建链表的其他结点
    while (true) {
        cin >> x;
        if (x == 0) break;
        rear->next = new linkRec;       //申请一个结点链入表尾
        rear = rear->next;              //新结点作为新的表尾
        rear->data = x;                 //将 x 的值存入新结点
    }
```

```
    rear->next = nullptr;           //设置 rear 为表尾，其后没有结点了

    //读链表
    cout << "链表的内容为：\n";
    rear = head->next;              //rear 指向第一个结点
   while (rear != nullptr) {
        cout << rear ->data << '\t';
        rear = rear ->next;         //使 rear 指向下一个结点
    }
    cout << endl;

    return 0;
}
```

上述程序有内存泄漏问题，程序没有释放链表结点的空间。想一想，如何释放链表结点的空间。

例 8.3 约瑟夫环问题：n 个人围成一圈，从第一个人开始报数 1、2、3，凡报到 3 者退出圈子，找出最后留在圈子中的人的序号。如果将 n 个人用 0 到 n–1 编号，当 n=5 时，最后剩下的是编号为 3 的人。试编写一个用单循环链表解决约瑟夫环问题的程序。

解决约瑟夫环问题首先要考虑的是如何表示 n 个人围成一圈。n 个人围成一圈意味着 0 号后面是 1 号，1 号后面是 2 号……n–1 号后面是 0 号。这正好用一个单循环链表表示，而且该单循环链表不需要头结点。当 n=5 时，该循环链表如图 8-7 所示。

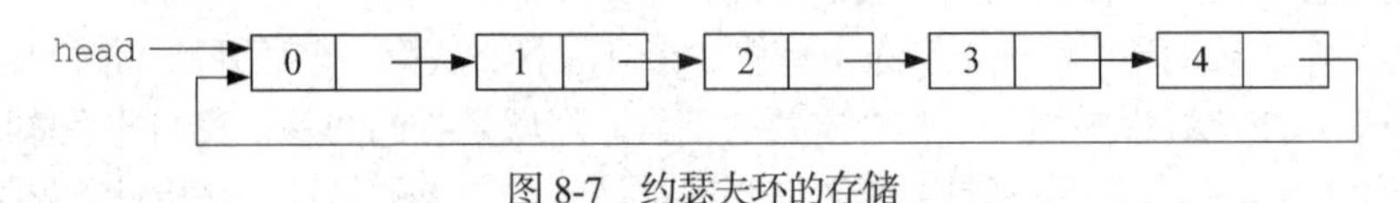

图 8-7　约瑟夫环的存储

解决约瑟夫环的问题分成两个阶段：首先根据 n 创建一个单循环链表，然后模拟报数过程，逐个删除结点，直到只剩下一个结点为止。这里创建一个单循环链表与例 8.2 中创建一个单链表基本类似，只有两个小区别：一是约瑟夫环不需要头结点，有了头结点反而会增加报数阶段处理的复杂性；二是最后一个结点的 next 指针不再为 nullptr，而是指向第一个结点。报数阶段本质上是结点的删除，报到 3 的结点从环上删除。报数的过程是指针移动的过程，让指针停留在被删结点的前一结点。求解约瑟夫环问题的程序如代码清单 8-3 所示。

代码清单 8-3　求解约瑟夫环问题的程序

```
//文件名：8-3.cpp
//求解约瑟夫环问题
#include <iostream>
using namespace std;

struct  node{
    int data;
    node  *next;
};

int main()
{
    node *head, *p, *q;         //head 为链表头
    int n, i;

    //输入 n
    cout << "\ninput n:";
    cin >> n;

    //建立链表
```

```
    head = p = new node;              //创建第一个结点，head 指向表头，p 指向表尾
    p->data = 0;
    for (i = 1; i < n; ++i) {         //构建单循环链表
        p = p->next = new node;       //创建的结点链入表尾
        p->data = i;
    }
    p->next = head;                   //头尾相连

    // 删除过程
    q = head;                         //从 head 开始报数
    while (q->next != q) {            //表中元素多于一个
        p = q->next;                  //p 报数为 2
        q = p->next;                  //q 报数为 3
        p->next = q->next;            //绕过结点 q
        cout << q->data << '\t';      //显示被删者的编号
        delete q;                     //回收被删者的空间
        q = p->next;                  //让 q 指向报 1 的结点
    }

    // 输出结果
    cout << "\n 最后剩下的是: " <<  q->data << endl;
    delete q;

    return 0;
}
```

当环中有 5 个人时，执行代码清单 8-3 所示程序的结果如下：

```
input n: 5
2   0   4   1
最后剩下的是: 3
```

8.3 编程规范及常见错误

尽管定义结构体类型时可以不指定名称，但指定结构体类型名是一个良好的程序设计习惯。它使得在程序的其他地方也可以定义该类型的变量。实质上，结构体就是 C++的一个类。

结构体类型定义只是指明了一个结构体类型的变量由哪几个部分组成。定义结构体类型的变量时，编译器按照类型定义时的说明为变量分配空间。初学者常容易犯的一个错误是将结构体类型和结构体变量混淆。一旦定义了结构体类型，就将类型名当变量使用了。

结构体类型作为函数参数传递时采用的是值传递。结构体类型的变量占用的空间一般都比较大，所以常采用引用传递。为了防止引用传递修改了实际参数，我们可以用 const 限定形式参数。

8.4 小结

在编程过程中，经常会遇到一些复杂的对象，它们不能用一个简单的内置类型来描述，而是需要用一组变量来描述。结构体可以将一组无序的、异质的数据组织成一个聚集类型，用来描述一个复杂对象。**数组通常模拟现实世界中对象的集合，而结构体则用来模拟一个复杂的对象**。同时，可以将数组和结构体结合起来，表示任意复杂度的数据或数据集合。

本章的重点为以下几点。

- 结构体是由多个部分组成的，这些组成部分称为成员。
- 使用一个结构体先要进行类型定义，为结构体变量提供模板，然后定义该类型的变量。
- 可以使用点操作符来选取结构体变量的成员。
- 使用指向结构体的指针时，可以用->操作符选取成员。
- 结构体的一个重要应用是链表。链表用来存储一组数据元素，它适合存储元素个数变化较大的集合，而且它的插入和删除都比较方便，能真正做到按需分配空间。

8.5 习题

一、简答题

1. 判断：数组中的每个元素类型都相同。
2. 判断：结构体中每个字段的类型都必不相同。
3. 从结构体类型的变量中选取某个成员使用哪个运算符？
4. 判断：C++语言中结构体类型的变量本身是左值。
5. 变量 p 是一个结构体指针，结构体中包括字段 cost，通过指针 p 选取 cost 字段时，表达式 *p.cost 有何错误？应该怎么表示？
6. 引入结构体有什么好处？
7. 单链表中为什么要引入头结点？
8. 结构体类型定义的作用是什么？结构体类型变量定义的作用是什么？

二、程序设计题

1. 用结构体表示一个复数，编写实现复数的加法、乘法、输入和输出的函数，并测试这些函数。

- 加法规则：$(a+bi)+(c+di)=(a+c)+(b+d)i$。
- 乘法规则：$(a+bi)\times(c+di)=(ac-bd)+(bc+ad)i$。
- 输入规则：分别输入实部和虚部。
- 输出规则：如果 a 是实部，b 是虚部，输出格式为 $a+bi$。

2. 编写函数 Midpoint(p1, p2)，返回线段 p1、p2 的中点。函数的参数及结果都是 pointT 类型，pointT 的定义如下：

```
struct pointT {
    double x, y;
};
```

3. 可以用两个整数的商表示的数称为有理数。因此 1.25 是一个有理数，它等于 5 除以 4。很多数不是有理数，如 π 和 2 的平方根。在计算时，使用有理数比使用浮点数更有优势：有理数是精确的，而浮点数不是。因此，设计一个专门处理有理数的工具是非常有用的。

- 试定义类型 rationalT，用来表示一个有理数。
- 编写函数 CreateRational(num, den)，返回一个 rationalT 类型的值。
- 编写函数 AddRational(r1,r2)，返回两个有理数的和。有理数的加法规则如下：

$$\frac{\text{num1}}{\text{den1}}+\frac{\text{num2}}{\text{den2}}=\frac{\text{num1}\times\text{den2}+\text{num2}\times\text{den1}}{\text{den1}\times\text{den2}}$$

- 编写函数 MultiplyRational(r1,r2)，返回两个有理数的乘积。乘积规则如下：

$$\frac{\text{num1}}{\text{den1}}\times\frac{\text{num2}}{\text{den2}}=\frac{\text{num1}\times\text{num2}}{\text{den1}\times\text{den2}}$$

- 编写函数 GetRational(r)，返回有理数 r 的实型表示。
- 编写函数 PrintRational(r)，以分数的形式输出有理数 r。

关于有理数的所有计算结果都应化到最简形式，例如，1/2 乘以 2/3 的结果应该是 1/3，而不是 2/6。

4. 编写一个程序，用动态数组解决约瑟夫环的问题。

5. 模拟一个用于显示时间的电子时钟。该时钟以时、分、秒的形式记录时间。试编写 3 个函数：setTime 函数用于设置时钟的时间；increase 函数模拟时间过去了 1 秒；showTime 函数显示当前时间，显示格式为 HH:MM:SS。

6. 在动态内存管理中，假设系统可供分配的空间被组织成一个链表，链表的每个结点表示一块可用的空间，其中包括可用空间的起始地址和终止地址。初始时，链表只有一个结点，即整个堆空间的大小。当遇到一个 new 操作时，在链表中寻找一个大于 new 操作申请的空间的结点。从这个结点中扣除所申请的空间。当遇到 delete 操作时，将归还的空间形成一个结点，链入链表。经过了一段时间的运行后，链表中的结点会越来越多。设计一个函数来完成碎片的重组工作，即将一系列连续的空闲空间组合成一块空闲空间。

7. 代码清单 8-2 所示的程序有内存泄漏的问题，因为链表的每个结点都是动态变量。动态变量的空间必须通过 delete 操作释放。试修改代码清单 8-2 所示的程序，解决内存泄漏的问题。

第 9 章 模块化开发

到目前为止，本书介绍的大部分程序都是一些短小的程序，它们用来说明 C++中的某些功能是如何使用的。集中介绍单个语句格式或者其他一些语言细节对于初学者是很有意义的，如能帮助初学者理解每个概念，了解它是如何工作的，而不必涉及大段程序中的内在复杂性。但是，真正具有挑战性的是如何掌控这种复杂性。为了达到这个目的，程序员就必须编写一些大的程序，完成较大的任务。在这些程序介绍中，我们会将一些概念和工具结合起来。

9.1　结构化程序设计

随着所需解决的问题越来越复杂，程序规模也越来越大。如何设计一个大程序、如何保证程序的正确性越来越引起人们的注意。1969 年，知名的计算机科学家迪科斯彻（Dijkstra）提出了结构化程序设计。其主要思想是以模块化设计为中心，将待开发的软件系统划分为若干个相互独立的模块，将复杂的问题化简为一系列简单模块的设计，并保证每个模块的正确性。由于模块相互独立，因此设计其中一个模块时，不会受到其他模块的牵连。这样使完成每一个模块的工作变得单纯而明确。模块的独立性使利用现有的模块做积木式的扩展成为可能，为扩充已有的系统、建立新系统带来了不少的方便，为设计一些较大的软件打下了良好的基础。

结构化程序设计

具体而言，结构化程序设计的基本思想是在设计阶段采用“自顶向下，逐步求精”的方法，将大问题划分成一系列小问题，把小问题再进一步划分成更小问题，直到问题小到可以直接写出解决该小问题的程序。解决一个小问题的程序就是一个函数。解决大问题的函数通过调用解决小问题的函数完成自己的任务。每个函数具备只有一个入口和一个出口的特性，仅由顺序、选择和循环 3 种基本程序结构组成。这样就降低了程序出错的概率，提高了程序的可靠性，保证了程序的质量。

9.2　自顶向下分解实例：猜硬币游戏

在自顶向下的分解过程中，找出正确的分解是一项很困难的任务。分块如果很合理，会使程序作为一个整体比较容易被理解。分块如果不合理，会妨碍分解的结束。虽然本章和后面几章将会给出一些示例来为读者提供一些有用的指导，但对于特定的分解并没有必须遵守的严格规则，读者只能通过实践来逐步掌握这个过程。

自顶向下分解

为了说明这个过程，本节将介绍一个猜硬币游戏的实现。这个游戏要求实现下列功能：提供游戏指南；计算机随机产生正反面，让用户猜，报告对错结果；重复此过程，直到用户不想玩了为止。

设计此游戏程序首先从主程序开始考虑。程序要做什么？程序要做两件事：显示程序指南；模拟玩游戏的过程。于是，主程序的伪代码可表示为：

```
main()
{
    显示游戏指南;
    玩游戏;
}
```

主程序的两个步骤是相互独立的，没有什么联系，因此两个步骤可设计成以下两个函数。

```
void prn_instruction()
void play()
```

至此完成了第一步的分解，可以完成 main 函数了，如代码清单 9-1 所示。

代码清单 9-1　猜硬币正反面游戏的主程序

```
int main()
{
    prn_instruction();
    play();

    return 0;
}
```

只要 prn_instruction 和 play 能正确完成它们的工作，main 函数也应该工作正常。这步工作是成功分解的关键。只要沿着这条路走下去，你会发明新的函数来解决这些任务中新的有用片段，然后利用这些片段实现这个解决方案的层次结构中的每一层。

prn_instruction 函数的实现非常简单，只要一系列的输出语句把程序指南显示一下，如代码清单 9-2 所示。

代码清单 9-2　prn_instruction 函数的实现

```
//输出帮助信息
//用法: prn_instruction();
void prn_instruction()
{
    cout << "这是一个猜硬币正反面的游戏。\n";
    cout << "我会扔一个硬币，你来猜。\n";
    cout << "如果猜对了，你赢，否则我赢。\n";
}
```

play 函数重复执行下列过程：随机产生正反面，让用户猜，报告对错结果，然后询问是否要继续玩。根据用户的输入决定是继续玩还是结束。用伪代码表示如下：

```
void play()
{
    char flag = 'y'; //flag 为是否继续玩的标志

    while (flag == 'Y' || flag == 'y') {
        coin = 生成正反面;
        输入用户的猜测;
        if (用户猜测 == coin)报告本次猜测结果正确;
             else 报告本次猜测结果错误;
        询问是否继续游戏;
    }
}
```

在此函数中，尚未完成的任务有：生成正反面、输入用户的猜测、报告本次猜测结果正确、报告本次猜测结果错误，以及询问是否继续游戏。报告本次猜测正确与否只需要直接输出结果。询问是否继续游戏可以先输出一个提示信息，然后输入用户的选择并存入变量 flag。在了解了 C++的随机函数后，生成正反面的工作也相当简单。如果用 0 表示正面，用 1 表示反面，那么生成正反面就是随机生成 0 和 1 两个数，即 rand() % 2 或 rand()*2/(RAND_MAX+1)。最后剩下的问题就是输入用户的猜测。如果不考虑程序的健壮性，这个问题也可以直接用一条输入语句。但想使程序更可靠，就必须考虑得全面一些。例如，用户可以不守游戏规则，既不输入 0 也不输入 1，而是输入一个其他值，程序该怎么办？因此这个任务还可以进一步细化，可以把它再抽象成一个函数 get_call_from_user。该函数从键盘接收一个合法的输入，返回给调用者。因此它没有参数，但有一个整型的返回值。有了这个函数以后，就可以完成 play 函数了，如代码清单 9-3 所示。

代码清单 9-3　play 函数的实现

```
//玩游戏的过程
//用法：play();
void play()
{
    int coin;
    char flag = 'Y';

    srand(time(NULL));                                  //设置随机数种子
    while (flag == 'Y' || flag =='y') {
        coin = rand()* 2 / (RAND_MAX + 1);              //生成扔硬币的结果
        if (get_call_from_user() == coin) cout << "你赢了";
           else  cout << "我赢了";
        cout << "\n继续玩吗（Y或y）? ";
        cin >> flag;
    }
}
```

实现 get_call_from_user 函数是本程序的最后一项任务。这个函数接收用户输入的一个整型数。如果输入的数不是 0 或 1，则重新输入，否则返回输入的值。函数的实现如代码清单 9-4 所示。

代码清单 9-4　get_call_from_user 函数的实现

```
//从键盘获取用户选择的正反面
//用法：userChoice = get_call_from_user();
int get_call_from_user()
{
    int  guess;                     //0 = head, 1 = tail

    do { cout << "\n输入你的选择（0表示正面，1表示反面）:";
         cin >> guess;
    } while (guess != 0 && guess != 1);

    return guess;
}
```

最后把这些函数放在一个源文件中。至此，猜硬币的游戏程序已经全部完成。程序的运行结果如下：

```
这是一个猜硬币正反面的游戏。
我会扔一个硬币，你来猜。
如果猜对了，你赢，否则我赢。

输入你的选择（0表示正面，1表示反面）:1
我赢了
继续玩吗（Y或y）?y
输入你的选择（0表示正面，1表示反面）:6
输入你的选择（0表示正面，1表示反面）:1
```

```
你赢了
继续玩吗（Y 或 y）?n
```

9.3 模块划分实例：石头、剪刀、布游戏

猜硬币游戏由 4 个函数组成，这 4 个函数可以放在一个源文件中。但如果有很多函数都放在一个源文件中，则会使程序的调试相当困难，因而程序员需要将这些函数分成多个源文件，每个源文件包含一组相关的函数。编写源文件的程序员必须保证其中每个函数的正确性，从而保证整个程序的正确性。由整个程序的一部分组成的较小的源文件称为**模块**。如果设计非常合理，还可以把一个模块作为许多不同应用程序的一部分，达到代码重用的目的。

模块划分

当面对一组函数时，如何把它们划分成模块是一个问题。模块划分没有严格的规则，但有一个基本原则，即同一模块中的函数功能较类似，联系较密切，不同模块中的函数联系很少。当把一个程序分成模块的时候，选择合适的分解方法来减少模块之间相互依赖的程度是很重要的。下面通过一个石头、剪刀、布游戏来说明这个过程。

石头、剪刀、布是孩子们中很流行的一个游戏。在这个游戏中，孩子们用手表示石头、剪刀、布。伸出手掌表示布，拳头表示石头，伸出两根手指表示剪刀。孩子们面对面地数到 3，然后亮出各自的选择。如果选择是一样的，表示平局，否则就用如下规则决定胜负。

- 布覆盖石头。
- 石头砸剪刀。
- 剪刀剪碎布。

现在需要把这个过程变成计算机和游戏者之间的游戏。游戏的过程如下：游戏者选择出石头、剪子或布，计算机也随机选择一个，评判结果，输出结果，继续游戏，直到游戏者选择结束为止。在此过程中，游戏者也可以阅读游戏指南或查看当前战况。

要解决这个问题，首先进行第一层分解。根据题意，main 函数的运行过程如下：

```
main()
{
    while(用户输入 != 退出) {
        switch(用户的选择)  {
          case 布，石头，剪刀:
                计算机选择;
                评判结果;
                报告结果;
          case 显示游戏战况: 显示目前的战况;
          case 帮助: 显示帮助信息;
        }
    }
    显示战况;
}
```

从这个过程中可以提取出第一层所需的 6 个函数：selection_by_player 获取用户输入、selection_by_machine 获取计算机选择、compare 评判结果、report 报告结果、prn_game_status 显示目前战况和 prn_help 显示帮助信息。这 6 个函数都比较简单，不需要继续分解。因此，自顶向下分解到此结束。

本程序还有两个问题：如何表示用户的合法输入及如何表示评判结果。用户输入和评判结果的值都是有限可数的，这时可以采用编码的方法，给每个合法的输入规定一个整型数，给每个合理的

评判结果规定一个整型数。但一种更好的方法是采用枚举类型。在程序设计中通常将取值范围有限可数的类型定义成**枚举类型**。C++枚举类型定义的格式如下：

```
enum 枚举类型名 {元素表};
```

其中元素表是该类型变量可取的值，每个值是一个标识符。元素表中的元素用逗号分开。例如，用户合法的输入可定义成枚举类型 p_r_s，评判的结果可定义成枚举类型 outcome。这两个枚举类型分别定义如下：

```
enum p_r_s {paper, rock, scissor, game, help, quit};
enum outcome {win, lose, tie};
```

p_r_s 和 outcome 是类型名。p_r_s 类型的变量可取的值只有大括号中的 6 个值，分别表示用户的选择是布、石头、剪刀、查看游戏战况、查看游戏指南和退出游戏。outcome 类型的变量只能取大括号中的 3 个值，分别表示赢、输和平局。枚举类型可提高程序的可读性和安全性。

在计算机内部，枚举类型中的每个元素是用一个整数代码表示的，用从 0 开始的连续整型数编码。因此，在 outcome 中，win 对应于 0，lose 对应于 1，tie 对应于 2。

C++也允许程序员指定元素的编码。例如，若希望从 1 而不是 0 开始编号，可以这样定义：

```
enum p_r_s {paper = 1, rock, scissor, game, help, quit} ;
```

也可以从中间某一个元素开始重新指定，例如：

```
enum p_r_s {paper, rock, scissor=6, game, help, quit} ;
```

那么编码依次为 0、1、6、7、8、9。

枚举类型的变量可以执行赋值运算、比较运算。枚举类型的比较是对其内部编码进行比较。

当组成一个程序的函数较多时，需要把这些函数分成不同的源文件，交给不同的程序员去完成。如前所述，模块划分的原则是：同一模块中的函数功能比较类似，联系比较密切，而不同模块中的函数之间的联系要尽可能小。按照这个原则，我们可以把整个程序分成 4 个模块：主模块、获取选择的模块、比较模块和输出模块。描述完成整个任务的 main 函数一般作为一个独立的模块，称为主模块（main.cpp）。获取用户选择的功能和获取计算机选择的功能很类似，于是被放入一个模块，即获取选择模块（select.cpp）。compare 函数与别的函数都没太密切的关系，于是被放入一个单独的模块，即比较模块（compare.cpp）。输出模块（print.cpp）包括所有与输出相关的函数，有 report、prn_game_status 和 prn_help 函数。

至此，我们可以考虑第二层函数的设计与实现，先考虑每个模块中的函数的原型。

选择模块包括 selection_by_player 和 selection_by_machine 两个函数。selection_by_player 从键盘接收用户的输入并返回此输入值。因此，它不需要参数，但有一个 p_r_s 类型的返回值。selection_by_machine 函数由计算机产生一个石头、剪刀、布的值，并返回。因此，它也不需要参数，但有一个 p_r_s 的返回值。

比较模块包括 compare 函数。该函数对用户输入的值和计算机产生的值进行比较，确定输赢。因此它有两个参数都是 p_r_s 类型的，有一个返回值是判断的结果，即 outcome 类型。

输出模块包括所有与输出相关的函数，有 report、prn_game_status 和 prn_help 函数。prn_help 显示用户输入的指南，告诉用户如何输入它的选择，因此，它没有参数和返回值。report 函数报告输赢结果，并记录输赢的次数，因此需要一个输入参数，即本次比赛结果，并根据输赢结果修改输赢次数。输赢次数可以用 3 个整数表示，即输的次数、赢的次数和平局的次数，这 3 个数是输出参数。report 函数没有返回值。prn_game_status 函数报告至今为止的战况。显示战况必须知道迄今为止的统计结果，因此需要 3 个输入参数，即输的次数、赢的次数和平局的次数，但没有返回值。观测 report 和 prn_game_status 函数的原型，发现这两个函数有 3 个共同的参数，而这 3 个参数与其他模块的函数无任何关系，其他模块的函数不必知道这些变量的存在。这样的变量称为模块的**内部状态**，即模块内的函数需要共享与模块外的函数无关的变量。内部状态可以作为该模块的静态全局变量，这样 report 和 prn_game_status 函数中都不需要这 3 个参数了，这 3 个变量隐藏在输出模块中。

综上所述，可以得到该程序中各函数的原型如下。

```
p_r_s selection_by_player()
p_r_s selection_by_machine()
outcome compare(p_r_s, p_r_s)
void prn_help()
void report(outcome)
void prn_game_status()
```

一般来讲，每个模块都可能调用其他模块的函数，以及用到本程序定义的一些类型或符号常量，如 p_r_s 类型。为方便起见，程序员可以把所有的符号常量定义、类型定义和函数原型声明写在一个头文件（即.h 文件）中，让每个模块都包含这个头文件。这样，每个模块就不必再写那些函数的原型声明了。但这样做又会引起另一个问题，即当把这些模块链接起来时，编译器会发现这些类型定义、符号常量和函数原型的声明在每个模块中都出现，编译器会认为某些符号被重复定义，因而会报错。这个问题的解决需要用到一个新的编译预处理命令，其格式如下。

```
#ifndef 标识符
…
#endif
```

头文件的实现

这个预处理命令表示：如果指定的标识符没有被定义，则执行后面的语句，直到#endif；如果该标识符已经被定义，则中间的这些语句都不执行，直接跳到#endif。这一对编译预处理命令也被称为**头文件保护符**。所以头文件都有下面这样的结构：

```
#ifndef _name_h
#define _name_h
   头文件真正需要写的内容;
#endif
```

其中，_name_h 是用户选择的代表这个头文件的一个标识。编译第一个模块时，_name_h 没有定义，于是执行了头文件的这些操作。在接下来编译其他模块时，_name_h 已被定义，头文件的内容被忽略。这样就保证头文件的内容在整个程序中只出现一次。根据上述原则，石头、剪刀、布游戏程序的头文件如代码清单 9-5 所示。

代码清单 9-5　石头、剪刀、布游戏程序的头文件

```
//文件：p_r_s.h
//本文件定义了两个枚举类型，声明了本程序包括的所有函数原型
#ifndef P_R_S
#define P_R_S
    #include <iostream>
    #include <cstdlib>
    #include <ctime>
    using namespace std;

    enum p_r_s {paper, rock, scissor, game, help, quit} ;
    enum outcome {win, lose, tie, error} ;

    outcome compare(p_r_s player_choice, p_r_s machine_choice);
    void prn_final_status();
    void prn_game_status();
    void prn_help();
    void report(outcome result);
    p_r_s selection_by_machine();
    p_r_s selection_by_player();
#endif
```

石头、剪刀、布游戏的实现

现在可以实现 main 函数了。包含 main 函数的主模块如代码清单 9-6 所示。该实现代码只是把

伪代码中需要进一步细化的内容用相应的函数取代。

代码清单 9-6　石头、剪刀、布游戏主模块的实现

```
//文件：9-6.cpp
//石头、剪刀、布游戏的主模块
#include "p_r_s.h"

int main(void)
{
    outcome  result;
    p_r_s player_choice, machine_choice;

    srand(time(NULL));                    //设置随机数的种子

    while((player_choice = selection_by_player()) != quit)
        switch(player_choice) {
            case paper:   case rock:     case scissor:
                    machine_choice = selection_by_machine();
                    result = compare(player_choice, machine_choice);
                    report(result); break;
            case game: prn_game_status();  break;
            case help: prn_help(); break;
        }
    prn_game_status();

    return 0;
}
```

选择模块的实现如代码清单 9-7 所示。

代码清单 9-7　选择模块的实现

```
//文件：select.cpp
//包括计算机选择 selection_by_machine 函数和玩家选择 selection_by_player 函数的实现
#include "p_r_s.h"

p_r_s selection_by_machine()
{
    int select = (rand() * 3 / (RAND_MAX + 1)); //产生 0 到 2 之间的随机数

    cout << " I am ";
    switch(select){
        case 0: cout << "paper. "; break;
        case 1: cout << "rock. "; break;
        case 2: cout << "scissor. "; break;
    }

    return ((p_r_s) select); //强制类型转换，将 0 到 2 分别转换成 paper、rock、scissor
}

p_r_s selection_by_player()
{
    char c;
    p_r_s player_choice;

    prn_help(); //显示输入提示
    cout << "please select: "; cin >> c;
    switch(c) {
        case 'p':  player_choice = paper;   cout << "you are paper. "; break;
        case 'r':  player_choice = rock;   cout << "you are rock. "; break;
        case 's':  player_choice = scissor;  cout << "you are scissor. ";break;
        case 'g':  player_choice = game;   break;
        case 'q':  player_choice = quit;  break;
```

```
        default : player_choice = help; break;
    }

    return player_choice;
}
```

比较模块的实现如代码清单 9-8 所示。该模块在实现比较时用了一个技巧。在本例中，计算机有 3 种选择，玩家也有 3 种选择，比较时应该有 9 种情况。但 compare 函数用了一个相等比较 player_choice == machine_choice，一下子就包含了 3 种情况，而且可以使后面的 switch 语句中的每个 case 子句都能通过一个比较区分两种情况。

代码清单 9-8 比较模块的实现

```
//文件：compare.cpp
//包括 compare 函数的实现
#include "p_r_s.h"

outcome compare(p_r_s player_choice, p_r_s machine_choice)
{
    outcome  result;

    if (player_choice == machine_choice) return tie;
    switch(player_choice) {
        case paper: result = (machine_choice == rock) ? win : lose;  break;
        case rock: result = (machine_choice == scissor) ? win : lose;  break;
        case scissor: result = (machine_choice == paper) ? win : lose;  break;
    }

    return result;
}
```

输出模块的实现如代码清单 9-9 所示。

代码清单 9-9 输出模块的实现

```
//文件：print.cpp
//包括所有与输出有关的模块，有 prn_game_status、prn_help 和 report 函数
#include "p_r_s.h"

static int win_cnt = 0, lose_cnt = 0, tie_cnt = 0;      //模块的内部状态

void prn_game_status()
{
    cout << endl ;
    cout << "GAME STATUS:" << endl;
    cout << "win:  " << win_cnt << endl;
    cout << "Lose: " <<  lose_cnt << endl;
    cout << "tie:  " <<  tie_cnt << endl;
    cout << "Total:" <<  win_cnt + lose_cnt + tie_cnt << endl;
}

void prn_help()
{
    cout << endl
         << "The following characters can be used:\n"
         << "   p  for paper\n"
         << "   r   for rock\n"
         << "   s   for scissors\n"
         << "   g   print the game status\n"
         << "   h   help, print this list\n"
         << "   q   quit the game\n";
}

void report(outcome result)
{
```

```
        switch(result) {
          case win:   ++win_cnt; cout << "You win. \n";   break;
          case lose:  ++lose_cnt; cout << "You lose.\n";   break;
          case tie:   ++tie_cnt;  cout <<"A  tie.\n";   break;
        }
    }
```

9.4 设计自己的库

库的设计与实现

现代程序设计中，编写一个有意义的程序不可能不调用库函数。本书中的每一个程序都包含一个库 iostream。系统提供的库包含的都是一些通用的函数。如果你的编程工作经常要用到一些特殊的工具，你可以设计自己的库。例如，在 9.1 节和 9.2 节中的两个程序都用到了随机数的功能。虽然 C++有随机数生成工具，但使用较麻烦。因此，程序员可以设计一个使用更加方便的随机数库，供这两个程序使用。

每个库都有一个主题。一个库中的函数应该是处理同一类问题的。例如，标准库 iostream 包含输入/输出函数，cmath 包含数学运算函数。程序员自己设计的库也要有一个主题。

设计一个库还要考虑到它的通用性。库中的函数应来源于某一应用，但不应该局限于该应用，而是要高于该应用。在某一应用中提取库内容时应尽量考虑到兼容更多的应用，使其他应用也能共享这个库。

当库的内容选定后，设计和实现库还有两个工作要做：设计库的接口及设计库中函数的实现。

使用库的目的是减少程序设计的复杂性，使程序员可以在更高的抽象层次上构建功能更强的程序。库的使用者只需要知道库提供了哪些函数、这些函数的功能以及如何使用这些函数。至于这些函数是如何实现的，库的使用者不必知道。按照这个原则，库被分成了两个部分：库的使用者需要知道的部分和不需要知道的部分。前者包括库中函数的原型、这些函数用到的符号常量和自定义类型，这部分内容称为库的接口，在 C++中库的接口被表示为头文件（.h 文件）。使用者不需要知道的部分包括库中函数的实现，在 C++中被表示成源文件。库的这种实现方法称为**信息隐藏**，把库的实现细节对库使用者隐藏了起来。

9.4.1 随机函数库的设计与实现

随机函数库的设计与实现

首先考虑库的功能。掷硬币的例子用到了随机生成 0 和 1 的功能，因此库中应该有一个随机生成 0 或 1 的函数。但静下心仔细想想，除了掷硬币的程序外，其他程序也可能用到随机数。石头、剪刀、布的游戏需要随机生成 0～2 内的值，自动出题程序中需要随机生成 0～3 内的值。为了使这个库也能用在这些应用中，库中是否应该也包含随机生成 0～2 以及随机生成 0～3 的函数？事实上，这些功能可以用一个函数概括：生成 low 到 high 之间的随机整数。因此，从掷硬币程序出发，推而广之，得到了一个通用的工具 int RandomInteger (int low, int high)。顺理成章，在某些应用中可能还需要一个生成某一范围的随机实数的工具 double RandomDouble (double low, double high)。

第一次调用随机函数前，需要设置随机数的种子。随机数种子的选择也是一个复杂的过程，它需要包含头文件 ctime，且要用到取系统时间函数 time 等。更复杂的是如何向用户解释为什么要做这些事。为了避免让使用随机数的用户了解这么多复杂的细节，程序员可以在库中设计一个初始化函数 RandomInit 来实现设置随机数种子的功能，把这些细节封装起来，只告诉库的使用者在第一次使用 RandomInteger 或 RandomDouble 函数之前必须要调用 RandomInit 函数做一些初始化的工作。

至于初始化工作到底要做些什么、怎么做，使用者就不必知道了。除了这两个函数外，随机数还有很多应用，如产生概率事件、产生服从某一分布的随机变量的值。这些函数的实现较为复杂，需要程序员拥有随机过程方面的知识，这里不再一一介绍。

如果这个库就包含这 3 个函数，接下来就可以设计库的接口。库接口文件的格式和 9.3 节提到的头文件格式一样，主要包含库中的函数原型声明、有关每个函数的注释以及有关常量定义和类型定义。因此，可得到随机函数库的接口文件 Random.h，如代码清单 9-10 所示。

代码清单 9-10　随机函数库的接口

```
//文件：Random.h
//随机函数库的头文件
#ifndef _random_h
#define _random_h

//函数：RandomInit
//用法：RandomInit()
//作用：此函数初始化随机数发生器，需要用随机数的程序在第一次生成随机数前，先调用一次本函数
void RandomInit();

//函数：RandomInteger
//用法：n = RandomInteger(low, high)
//作用：此函数返回一个 low 到 high 之间的随机数，包括 low 和 high
int RandomInteger(int low, int high);

//函数：RandomDouble
//用法：n = RandomDouble(low, high)
//作用：此函数返回一个大于或等于 low，且小于 high 的随机实数
double RandomDouble(double low, double high);

#endif
```

库的实现在另一个.cpp 文件中。一般库的实现文件的名称和头文件的名称是相同的。例如，头文件为 Random.h，则实现文件为 Random.cpp。

库的实现也是从注释开始的，这里先简单介绍库的功能。接下来列出实现这些函数所需的头文件，例如，这些函数用到了 cstdlib 和 ctime，必须包含这些头文件。最后，每个实现文件要包含自己的头文件，因为实现文件可能用到头文件中定义的符号常量、类型等。库包含以后每个函数的实现代码，在每个函数实现的前面也必须有一段注释。它和头文件中注释的用途不同，头文件中的注释是告诉库的使用者如何使用这些函数，而实现文件中的注释是告诉库的维护者这些函数是如何实现的，以便维护者将来修改。Random.cpp 的实现如代码清单 9-11 所示。

代码清单 9-11　随机函数库的实现

```
//文件：Random.cpp
//Random 库的实现文件
#include <cstdlib>
#include <ctime>
#include "Random.h"

//函数：RandomInit
//该函数取当前系统时间作为随机数发生器的种子
void RandomInit()
{
    srand(time(NULL));
}
//函数：RandomInteger
```

```
//该函数将 0 到 RAND_MAX 的区间划分成 high-low+1 个子区间
//当产生的随机数落在第一个子区间时，则映射成 low
//当落在最后一个子区间时，映射成 high
//当落在第 i 个子区间时（i 从 0 到 high-low），则映射成 low + i
int RandomInteger(int low, int high)
{
    return (low + (high - low + 1) * rand() / (RAND_MAX + 1));
}

//函数：RandomDouble
//该函数将产生的随机数映射为[0,1]区间的实数
//然后转换到区间[low, high]
double RandomDouble(double low, double high)
{
    double d = (double)rand() / (RAND_MAX + 1);
    return (low + (high - low + 1) * d);
}
```

有了 Random 库就可以让程序员进一步远离系统的随机数生成器，给程序员提供更方便的随机数生成工具。读者可以自行修改 9.2 节和 9.3 节中的程序，使它们应用 Random 库，而不是直接调用系统提供的随机数生成器。

9.4.2 随机函数库的应用：龟兔赛跑模拟

龟兔赛跑

龟兔赛跑是人尽皆知的故事。但你想知道龟兔赛跑的过程是怎样的吗？是不是在整个过程中乌龟始终领先呢？是不是每次乌龟肯定都能赢呢？我们可以让计算机来重演这个过程。

如何让计算机模拟这个过程呢？首先需要建立一个数学模型，把兔子和乌龟在赛跑过程中的行为抽象成几种状态，并按照兔子和乌龟的习性确定每种状态的发生概率。如果根据观察，乌龟和兔子在赛跑过程中的状态及发生概率如表 9-1 所示。

表 9-1　乌龟和兔子的状态及发生概率

动物	跑动类型	占用时间	跑动量	动物	跑动类型	占用时间	跑动量
乌龟	快走	50%	向前走 3 点	兔子	睡觉	20%	不动
	后滑	20%	向后退 6 点		大后滑	20%	向后退 9 点
	慢走	30%	向前走 1 点		快走	10%	向前走 14 点
	—	—	—		小步跳	30%	向前走 3 点
	—	—	—		慢后滑	20%	向后退 2 点

在程序中，分别用变量 tortoise 和 hare 代表乌龟和兔子的当前位置。开始时，乌龟和兔子都在起点，即位置 0，然后模拟在每一秒中乌龟和兔子的动作。乌龟和兔子在每一秒时间内的动作是不确定的。乌龟可能是快走、后滑或慢走，兔子可能是睡觉、大后滑、快走、小步跳或慢后滑，因此这些是随机事件，所以我们很容易就想到了随机数。这里可以用随机数来决定乌龟和兔子在每一秒的动作，根据动作决定乌龟和兔子的位置移动，因此可得到第一层的分解：

```
main()
{
    int hare = 0, tortoise = 0, timer = 0;          //timer 是计时器，从 0 开始计时

    while (hare < RACE_END && tortoise < RACE_END) {   //RACE_END 是跑道长度
        tortoise += 乌龟根据它这一时刻的行为移动的距离;
```

```
        hare += 兔子根据它这一时刻的行为移动的距离;
        输出当前计时及兔子和乌龟的位置;
        ++timer;
    }
    if (hare > tortoise) cout << "\n hare wins!";
    else cout << "\n tortoise wins!";
}
```

从这段伪代码中可以看出，有 3 个地方需要进一步分解：确定乌龟的移动距离、确定兔子的移动距离和输出当前位置。为此可以进一步提取出以下 3 个函数。

- 乌龟在这一秒的移动距离：int move_tortoise()。
- 兔子在这一秒的移动距离：int move_hare()。
- 输出当前计时和兔子、乌龟的位置：void print_position(int timer,int tortoise, int hare)。

第三个函数是非常简单的输出，可以直接写出来，不需要进一步分解。前两个函数的处理非常类似，都是先要确定它们的动作，然后根据动作决定移动的位置。关键是如何确定它们的动作，这与随机数有关。这个问题需要进一步详细讨论。

接下来要进行模块划分。由于 move_tortoise 和 move_hare 行为非常类似，它们和 print_ position 的行为完全不同，因此该程序可以划分成 3 个模块：主模块、移动模块和输出模块。

有了第一层分解出来的函数和 Random 库，就可以实现主模块。主模块的实现如代码清单 9-12 所示。

代码清单 9-12　主模块的实现

```
//文件名：9-12.cpp
#include "Random.h"                          //包含随机数库
#include <iostream>
using namespace std;

const int RACE_END = 70;                     //设置跑道的长度

int move_tortoise();
int move_hare();
void print_position(int, int, int);

int main()
{
    int hare = 0, tortoise = 0, timer = 0; //hare 和 tortoise 分别是兔子和乌龟的位置
                                           //timer 是计时器，统计比赛用时
    RandomInit();                          //随机数初始化
    cout << "timer  tortoise  hare\n";     //输出表头

    while (hare < RACE_END && tortoise < RACE_END) {  //当兔子和乌龟都没到终点时
        tortoise += move_tortoise();                  //乌龟移动
        hare += move_hare();                          //兔子移动
        print_position(timer, tortoise, hare);
        ++timer;
    }

    if (hare > tortoise) cout << "\n hare wins!\n";
    else cout << "\n tortoise wins!\n";

    return 0;
}
```

接下来关键的问题是如何产生乌龟和兔子在某一时刻的动作。以乌龟为例，它的 3 种状态和概率如下：

```
快走 50%
后滑 20%
慢走 30%
```

由于随机数的产生是均匀的，它们的出现是等概率的，为此可以生成 0～9 的随机数。当生成的随机数为 0～4 时，认为是第一种情况，5～6 是第二种情况，7～9 是第三种情况，这样就可以根据生成的随机数确定乌龟的动作。同理，可以生成兔子的动作。根据这个原理可以得到 move_tortoise 和 move_hare 的实现，如代码清单 9-13 所示。

代码清单 9-13　移动模块的实现

```
//文件名：move.cpp
#include "Random.h"                                   //本模块用到了随机函数库

int move_tortoise()
{
    int probability = RandomInteger(0,9);             //产生 0～9 的随机数

    if (probability < 5) return 3;                    //快走
    else if (probability < 7) return -6;              //后滑
         else return 1;                               //慢走
}

int move_hare()
{
    int probability = RandomInteger(0,9);

    if (probability < 2) return 0;                    //睡觉
    else if (probability < 4) return -9;              //大后滑
         else if (probability < 5) return 14;         //快走
              else if (probability < 8) return 3;//小步跳
                   else return -2;                    //慢后滑
}
```

显示当前计时和兔子、乌龟位置的函数实现如代码清单 9-14 所示。

代码清单 9-14　输出模块的实现

```
//文件名：print.cpp
//输出乌龟和兔子在 timer 时刻的位置
#include <iostream>
using namespace std;

void print_position(int timer, int t, int h)
{
    if (timer % 6 == 0) cout << endl; //每隔 6 秒空一行
    cout << timer << '\t' << t << '\t' << h << '\n';
}
```

9.5　编程规范及常见错误

头文件的内容必须包含在一对预编译命令中，如下所示。

```
#ifndef  标识符
#define  标识符
   …
#endif
```

这样可以防止同一程序的各个模块中重复包含同一个头文件而带来的问题。头文件中遗漏这一对预编译命令是常见的错误之一。

库由两个部分组成：头文件和实现文件。在文件命名时，一般为头文件和实现文件取相同的名字。库的实现文件应该包含库的头文件。

模块的内部状态是全局变量的应用之一。慎用全局变量是保证程序正确性的手段之一。

9.6　小结

本章介绍了如何利用结构化程序设计的技术解决一个大问题。简而言之，结构化程序设计在设计阶段采用自顶向下的分解，将大问题分解成小问题，小问题分解成更小问题。解决每个问题的程序被设计成一个函数。解决大问题的函数调用解决小问题的函数完成自己的任务。每个函数只允许由 3 种结构组成：顺序、分支和循环。本章通过 4 个实例说明如何把一个大的程序分解成若干个函数、如何把这些函数组织成一个个模块、如何从程序中抽取出库，以及如何设计和使用库，并特别介绍了如何在模块中保存内部状态。

9.7　习题

一、简答题

1. 用自己的话描述逐步细化的过程。
2. 为什么库的实现文件要包含自己的头文件？
3. 为什么头文件要包含#ifndef…#endif 这个预编译指令？
4. 什么是模块的内部状态？内部状态是怎样保存的？
5. 为什么要使用库？

二、程序设计题

1. 哥德巴赫猜想指出：任何一个大于 6 的偶数都可以表示成两个素数之和。编写一个程序，列出指定范围内的所有偶数的分解。

2. 在每本书中都会有很多图或表。图要有图号，表要有表号。图号和表号都是连续的，如一本书的图号可以编号为：图 1、图 2、图 3……。设计一个库 seq，它可以提供这样的标签系列。该库提供给用户 3 个函数：void SetLabel(const char *)、void SetInitNumber(int)和 char * GetNextLabel()。第一个函数设置标签，如果是 SetLabel("图")，则生成的标签为图 1、图 2、图 3……；如果是 SetLabel("表")，则生成的标签为表 1、表 2、表 3……；如果不调用此函数，则默认的标签为"lable"。第二个函数设置起始序号，如果是 SetInitNumber(0)，则编号从 0 开始生成；如果是 SetInitNumber(9)，则编号从 9 开始生成。第三个函数获取标签号。例如，一开始设置了 SetLabel("图")和 SetInitNumber(0)，则第一次调用 GetNextLabel 返回“图 0”，第二次调用 GetNextLabel 返回“图 1”，依此类推。

3. 试将第 8 章程序设计题的第 1 题改写成一个库。

4. 试将第 8 章程序设计题的第 2 题改写成一个库。

5. 试将第 8 章程序设计题的第 3 题改写成一个库。

6. 设计一个类似于 cstring 的字符串处理库，该库提供一组常用的字符串操作，包括字符串复制、字符串拼接、字符串比较、求字符串长度和取字符串的子串。

7. π 近似值的计算有很多种方法，其中之一是用随机数。对于图 9-1 中的圆和正方形，如果圆

的半径为 r，它们的面积之比有如下关系。

$$\frac{\text{圆面积}}{\text{正方形面积}}=\frac{\pi r^2}{4r^2}=\frac{\pi}{4}$$

从中可得 $\pi=\dfrac{4\text{倍的圆面积}}{\text{正方形的面积}}$。

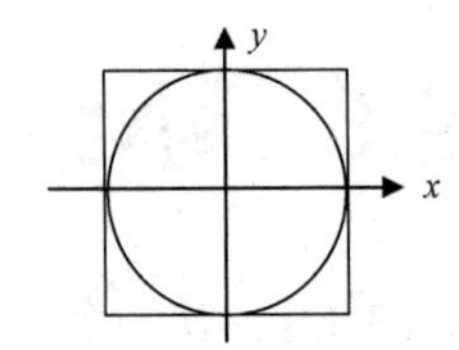

图 9-1　正方形和它的内切圆

提示：这里可以通过如下的方式计算 π 的近似值：假设圆的半径为 1，产生-1 到 1 之间的两个随机实数 x 和 y。这个点是正方形中的一个点。如果 $x^2+y^2\leqslant 1$，则点落在圆内。重复 n 次上述动作，并记录点落在圆内的次数 m，则通过 $\pi=\dfrac{4m}{n}$ 可得 π 的近似值。重复的次数越多，得到的 π 值越精确。这种技术被称为蒙特卡罗法。用本章实现的随机函数库实现该程序。

8. 设计一个工资管理系统。其实现的功能有添加员工信息、删除员工信息、调整员工工资、输出工资单；每个员工包含的信息有工号、姓名、工资。要求用单链表保存员工信息。

第 10 章 创建新的类型

前面 9 章介绍了过程化程序设计，本章开始将介绍面向对象的程序设计。面向对象的程序设计和过程化程序设计没有本质的区别，只是在一个更高的抽象层次上考虑程序设计的问题。

10.1 面向对象程序设计

10.1.1 抽象的过程

抽象是人类处理复杂性问题的基本方法，解决某一问题的复杂性与抽象的类型和质量有直接的关系。所有的程序设计语言都提供抽象。机器语言和汇编语言是对计算机硬件的抽象，使程序员只需要通过一系列二进制的位串去命令计算机工作，而不必关心硬件是如何完成这些工作的。高级语言是对汇编语言和机器语言的抽象，使程序员可以在更高的层次上与计算机交流。例如，程序员可以命令计算机将一个实数保存起来，也可以命令计算机将两个实数相加，而不必关心计算机是如何保存一个实数以及如何实现实数的加运算的。

面向对象程序设计

不管是高级语言还是机器语言，它们的主要抽象还是要求程序员按计算机的结构去思考，而不是按问题的结构去思考。因此，当程序员要解决一个问题时，必须要在计算机模型和问题模型之间建立联系。计算机结构的本质是支持计算，各种高级语言提供的工具都是对数值的处理。例如，对整数和实数的处理，至多也就是对字符的处理。如果要解决计算问题，这个联系的建立非常容易；但如果要解决非计算问题，这个联系的建立就很困难。在过程化程序设计中，通常采用的是逐步细化的过程。对问题的功能进行分解，直到能用程序设计语言提供的工具解决为止。在此过程中，用了过程抽象的概念。

面向对象程序设计方法为程序员提供了创建工具的功能。在解决一个问题时，程序员首先考虑的是需要哪些工具，然后创建这些工具，用这些工具解决问题。有了合适的工具，问题就自然而然解决了。这些工具就是所谓的对象。事实上，整型数是一个对象，实型数也是一个对象，这些是解决计算问题的基本工具，所有的高级语言中都包含这些工具。但高级语言不可能提供解决所有问题所需的工具，这些工具需要程序员自己去创建。某些对象之间会有一些共性，我们可以把它们归为一类。每个对象是这个类的一个实例。因此，类也就是通常所说的类型。例如，整型是一种类型，而 5 是整型这种类型的一个对象。

在面向对象程序设计中，程序员需要根据所要解决的问题创建新的数据类型，用这种类型的变量（对象）完成指定的工作。因此，面向对象方法解决问题时的思考方式与过程化方法不同。例如，对于计算圆的面积和周长的问题，程序员用过程化设计方法，可以从功能着手，把实现这个功能的过程分解成程序设计语言所能实现的基本功能。解决这个问题首先要输入圆的半径或直径，然后利用 $s=\pi r^2$ 和 $C=2\pi r$ 计算面积和周长，最后输出计算结果。但是按面向对象程序设计方法，首先考虑需要什么工具。如果计算机能提供一个称为圆的工具，它可以以某种方式保存一个圆，返回有关这个圆的一些特性，如它的半径、直径、面积和周长，那么解决这个问题就简单多了。只要定义一个圆类型的变量，以它提供的方式将一个圆保存在该变量中，然后让这个变量返回圆的面积和周长，这样程序员就不必知道圆是如何保存的，也不必知道如何计算圆的面积和周长。就如在过程化程序设计中，保存一个整型值时可以定义一个整型变量，把这个值赋予该变量，而不用管这个值在内存中是怎样保存的。当需要对这个整型变量进行运算时，只需要写一个表达式，而不用管这些运算是怎样实现的。由于程序设计语言事先并不知道要解决什么应用问题，因此不可能提供所有需要的工具，为此，程序员需要自己定义圆这样的类型。

10.1.2 面向对象程序设计的特点

面向对象程序设计的一个重要特点是代码重用。定义了圆类型后，程序员不仅自己可以用这个类型的对象，还可以把这个类型提供给那些也需要处理圆的程序员使用。这样就使处理圆的这些代码得到重用。

面向对象程序设计可以利用代码重用使软件更好地适应用户需求的变化。对所开发的软件而言，功能常常是易变的，但对象往往是稳定的。例如，对于高校管理系统，各个学校的管理模式有很大的区别（有的是公办的，有的是民办的，有的采用学分制，有的不采用学分制），但对学校系统中的对象（如学生、老师、课程）而言，不同管理模式的变化并不大。在过程化程序设计中，如果学校的管理模式发生了变化，整个系统可能要重做；但如果采用面向对象方法，这些对象在新系统中都能重用。

面向对象程序设计的另一个特征是实现隐藏。在面向对象程序设计中，程序员被分成了两类：类的创建者和类的使用者。类的创建者创造新的工具，类的使用者收集已有的工具解决问题。类的使用者不需要知道这些工具是如何实现的，只需要知道如何使用这些工具。就如电视机的用户只需要知道电视机有几个按钮，而不必知道按了音量调节按钮后音量是如何变大变小的。这种工作方式称为**实现隐藏**，它能降低程序员开发某一应用程序的复杂性。

有了一些工具之后，程序员可以在这些工具的基础上加以扩展，形成一个功能更强的工具。例如，有了圆这样一个类，就可以在这个类的基础上扩展出圆柱体这个类。因为圆柱体上下两端都是圆，保存一个圆柱体需要保存一个圆的信息及高度信息。圆柱体的体积和表面积的计算都与圆的面积和周长有关。在已有类的基础上扩展一个新类称为类的**继承**或**派生**。原有的类称为**基类**或**父类**，新建的类称为**派生类**或**子类**。在创建派生类时，基类已有的这些功能就不用重写了，这些代码得到了重用。例如，在学校管理系统中，处理的基本对象是人，因此需要定义一个表示“人”的类。人又进一步被分成各种类型，有教师、学生和教辅人员。每一类人员都具有人的特性，因此可以从“人”类的基础上派生。在定义教师类时，只需要增加教师必备的属性和行为，而作为“人”需要的属性和行为就不必重写了。同理，教师又可进一步分为高级职称、中级职称和初级职称教师。学生又可进一步分为本科生、硕士生和博士生。教辅人员也可进一步分为实验室人员和行政人员。因此，可得到图 10-1 所示的继承关系。

处理层次结构的类型时，程序员可能不希望把对象看成一类特殊的成员，而是把它看成一个普通的成员，即基类成员。例如，可以对所有教师进行处理（如进行考核），而不必管他/她是什么职称；也可以对所有学生进行处理（如输出他/她的期末考试成绩），而不用管他/她是哪一类学生。每个对象自会按照自己的类型做出相应的处理，这样可以进一步简化程序。一旦对所有的教师发出考核指令，高级职称的教师会按高级职称的标准进行考核，初级职称的教师会按初级职称的标准进行考核，而不必对每类教师单独发考核指令。这种行为称为**多态性**。

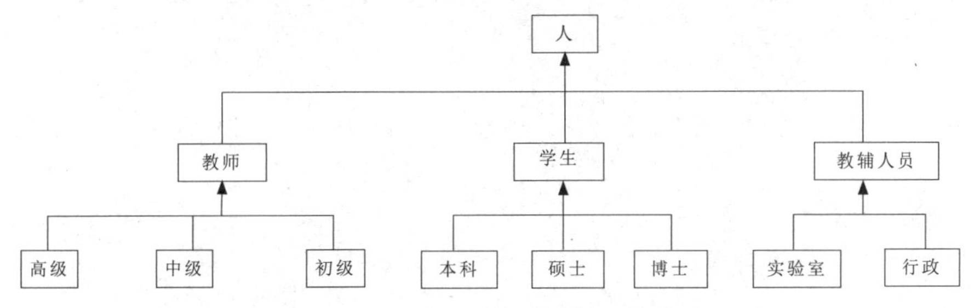

图 10-1　学校管理系统中的类的继承关系

多态性的一个好处是程序功能扩展比较容易。例如，学校开始招收在职研究生，只需增加一个在职研究生的类型，它也是学生类的一个子类。当需要输出学生的期末考试成绩时，整个程序不用修改，在职研究生的信息也按规定的格式输出。因此，在程序不变的情况下，功能得到了扩展。

从编程的角度而言，面向对象程序设计的重点就是研究如何定义一个类和如何使用类的对象。

10.1.3　库和类

提高程序生产效率的方法是尽量利用别人已经写好的代码，而利用别人已经写好代码的一种方法是使用库。我们已经用过 C++的 iostream、cmath、cstdlib 等库，也学过了如何设计自己的库。**类则是更合理的库**。下面以一个更通用的数组为例，说明库和类的异同。

DoubleArray 库的定义与实现

第 6 章介绍了数组这个组合类型。C++的数组有 3 个问题：一是下标必须从 0 开始，而不能像 Pascal 语言一样任意指定下标范围；二是 C++不检查下标的越界，这样会给数组的应用带来一定的危险；三是数组的规模必须在写程序时就确定下来，而不能等到程序运行时再决定。我们希望设计一个工具，该工具允许用户在定义 double 型数组时不是指定元素个数，而是指定数组的下标范围，而且下标范围可以是变量或某个表达式的计算结果，并且在访问数组元素时会检查下标是否越界。例如，程序员可以定义一个下标从 1 开始、到 10 结束的数组 array，那么引用 array[1]……array[10]是正确的，而引用 array[0]时程序会报错。依据已学的知识，这个工具可以设计成一个库。

首先考虑如何保存这个数组。与普通数组一样，这个数组也需要一块保存数组元素的空间。但是，在设计这个库时并不知道数组的大小是多少。很显然，这块空间需要在运行时动态分配。与普通数组不同的是，这个数组的下标不总是从 0 开始，而是可以由用户指定范围。因此，对每个数组还需要保存下标的上下界。综上所述，保存这个数组需要保存 3 个部分：下标的上下界和一个指向动态分配的用于存储数组元素的空间的指针。这 3 个部分是一个有机的整体，因此程序员可以用一个结构体把它们封装在一起。

第二个要考虑的是如何实现这个数组的操作。首先考虑需要提供哪些操作。数组主要有 3 个操作：定义一个数组、给数组元素赋值，以及取某一个数组元素的值。由于这个数组的存储空间是动态分配的，因此还必须有函数去申请动态空间和释放动态空间。根据上述考虑，可以得到代码清单 10-1 所示的库的头文件。

代码清单 10-1　DoubleArray 库的定义

```
//文件名：DoubleArray.h
#ifndef _DoubleArray_h
#define _DoubleArray_h
```

```
//可指定下标范围的数组的存储
struct DoubleArray{
    int low;
    int high;
    double *storage;
};

//根据 low 和 high 为数组分配空间。分配成功，返回值为 true，否则返回值为 false
bool initialize(DoubleArray &arr, int low, int high);

//设置数组元素的值
//返回值为 true 表示操作正常，返回值为 false 表示下标越界
bool insert(const DoubleArray &arr, int index, double value);

//取数组元素的值
//返回值为 true 表示操作正常，返回值为 false 表示下标越界
bool fatch(const DoubleArray &arr, int index, double &value);

//回收数组空间
void cleanup(const DoubleArray &arr);

#endif
```

DoubleArray 库的实现如代码清单 10-2 所示。有了这个库，就可以在主程序中使用可指定下标范围的数组了。

代码清单 10-2 DoubleArray 库的实现

```
//文件名：DoubleArray.cpp
#include "DoubleArray.h"
#include <iostream>
using namespace std;

//根据 low 和 high 为数组分配空间。分配成功，返回值为 true，否则返回值为 false
bool initialize(DoubleArray &arr, int low, int high)
{
    arr.low = low;
    arr.high = high;
    arr.storage = new double [high - low + 1];
    if (arr.storage == NULL) return false; else return true;
}

//设置数组元素的值
//返回值为 true 表示操作正常，返回值为 false 表示下标越界
bool insert(const DoubleArray &arr, int index, double value)
{
    if (index < arr.low || index > arr.high) return false;
    arr.storage[index - arr.low] = value;

    return true;
}

//取数组元素的值
//返回值为 true 表示操作正常，返回值为 false 表示下标越界
bool fatch(const DoubleArray &arr, int index, double &value)
{
    if (index < arr.low || index > arr.high) return false;
    value = arr.storage[index - arr.low] ;

    return true;
}
```

```
//回收数组空间
void cleanup(const DoubleArray &arr)
{ delete [] arr.storage; }
```

DoubleArray 库的应用示例如代码清单 10-3 所示。

代码清单 10-3　DoubleArray 库的应用示例

```
//文件名：10-3.cpp
#include <iostream>
using namespace std;
#include "DoubleArray.h"

int main()
{
    DoubleArray array;                          //DoubleArray是array库中定义的结构体类型
    double value;
    int low, high, i;

    //输入数组的下标范围
    cout << "请输入数组的下标范围：";
    cin >> low >> high;

    //初始化数组 array，下标范围为 20～30
    if (!initialize(array, low, high)) {
       cout << "空间分配失败" ;
       return 1;
    }

    for (i = low; i <= high; ++i) {  //数组元素的输入
        cout << "请输入第" << i << "个元素：";
        cin >> value;
        insert(array, i, value);      //将 value 存入数组 array 的第 i 个元素
    }

    while (true) {                    //读取第 i 个元素
        cout << "请输入要读取的元素序号（0 表示结束）：";
        cin >> i;
        if (i == 0) break;
        if (fatch(array, i, value)) cout << value << endl;
        else cout << "下标越界\n";
    }

    cleanup(array);                   //回收存储数组元素的空间

    return 0;
}
```

从代码清单 10-3 所示的程序来看，这个数组有以下几个问题。

（1）使用相当笨拙。每次调用与数组有关的函数时，都要传递一个结构体。

（2）名称冲突。一个程序中可能用到很多库，每个库都可能需要做初始化和清除工作。库的设计者可能都觉得 initialize 和 cleanup 是比较合适的名称，因而都写了这两个函数。这样，在主程序中可能引起函数名的冲突。

（3）这个数组和 C++内置的数组使用起来感觉还是不一样。例如，内置的数组在数组定义时就指定了元素个数，系统会根据元素个数自动为数组准备存储空间；而这个数组定义时不能指定下标范围，也不会分配存储数据元素的空间，空间要用 initialize 函数来分配，使用时比内置数组多了一个初始化的操作。同样，数组使用结束后，还需要显式地归还空间，这样让用户考虑空间管理问题并不合适。

（4）对数组元素的操作不能直接用下标变量的形式表示，而要用函数的形式来表示，使用不太方便。

从 C 语言到 C++语言迈出的第一步是允许将函数放入一个结构体。这一步是过程化到面向对象的质的变化。把 DoubleArray 库中的函数都放入结构体 DoubleArray 中，DoubleArray 库就显得简洁多了。改进后的 DoubleArray 库的定义如代码清单 10-4 所示，实现如代码清单 10-5 所示。

代码清单 10-4　改进后的 DoubleArray 库的定义

把函数放入结构体

```
//文件名：DoubleArray.h
#ifndef _DoubleArray_h
#define _DoubleArray_h

struct DoubleArray{
    int low;
    int high;
    double *storage;

    //根据 low 和 high 为数组分配空间。分配成功，返回值为 true，否则返回值为 false
    bool initialize(int lh, int rh);

    //设置数组元素的值
    //返回值为 true 表示操作正常，返回值为 false 表示下标越界
    bool insert(int index, double value);

    //取数组元素的值
    //返回值为 true 表示操作正常，返回值为 false 表示下标越界
    bool fatch(int index, double &value);

    //回收数组空间
    void cleanup();
};

#endif
```

代码清单 10-5　改进后的 DoubleArray 库的实现

```
//文件名：DoubleArray.cpp
#include "DoubleArray.h"
#include <iostream>
using namespace std;

//根据 low 和 high 为数组分配空间。分配成功，返回值为 true，否则返回值为 false
bool DoubleArray::initialize(int lh, int rh)
{
    low = lh;
    high = rh;
    storage = new double [high - low + 1];
    if (storage == NULL) return false; else return true;
}

//设置数组元素的值
//返回值为 true 表示操作正常，返回值为 false 表示下标越界
bool DoubleArray::insert(int index, double value)
{   if (index < low || index > high) return false;
    storage[index - low] = value;

    return true;
}

//取数组元素的值
//返回值为 true 表示操作正常，返回值为 false 表示下标越界
```

```
bool DoubleArray::fatch(int index, double &value)
{
    if (index < low || index > high) return false;
    value = storage[index - low] ;

    return true;
}

//回收数组空间
void DoubleArray::cleanup()
{   delete [] storage; }
```

由于将函数放入了结构体，原来函数原型中的第一个参数不再需要。编译器自然知道函数体中涉及的 low、high 和 storage 是同一结构体变量中的成员，这样就简化了函数的原型，而且函数名冲突的问题也得到了解决。不同结构体的成员可以有相同的名称。我们可以用“结构体类型名::函数名”区分不同结构体中的同名函数，如代码清单 10-5 所示。

由于将函数放入了结构体，因此函数的调用方法与原来的调用方法不同。与引用结构体的成员一样，还是用点运算符引用这些函数。改进后的 DoubleArray 库的应用示例如代码清单 10-6 所示。

代码清单 10-6　改进后的 DoubleArray 库的应用示例

```
//文件名：10-6.cpp
#include <iostream>
using namespace std;
#include "DoubleArray.h"

int main()
{
    DoubleArray array;
    double value;
    int low, high, i;

    //输入数组的下标范围
    cout << "请输入数组的下标范围：";
    cin >> low >> high;

    if (!array.initialize(low, high)) {          //为 array 申请存储数组元素的空间
        cout << "空间分配失败" ; return 1;
    }

    //数组 array 的初始化
    for (i = low; i <= high; ++i) {              //数组元素的输入
        cout << "请输入第" << i << "个元素:";
        cin >> value;
        array.insert(i, value);
    }

    while (true) {              //数组元素的访问
        cout << "请输入要访问的元素序号（0 表示结束）:";
        cin >> i;
        if (i == 0) break;
        if (array.fatch(i, value)) cout << value << endl;
        else cout << "下标越界\n";
    }

    array.cleanup();                  //归还存储数组元素的空间

    return 0;
}
```

将函数放入结构体是从C语言到C++语言的根本改变。C语言的结构体只是将一组相关的数据捆绑起来，在逻辑上看成一个整体。它除了使程序逻辑更加清晰之外，对解决问题没有任何帮助。但是，一旦将处理这组数据的函数也加入结构体中，结构体就有了全新的功能。它既能描述属性，也能描述对属性的操作。事实上，它就相当于变成了与内置类型一样的一种全新数据类型。为了表示这是一种全新的概念，C++用了一个新的名称——**类**来表示。

将函数放入结构体解决了 DoubleArray 库的前两个问题，但第三、第四个问题依然没有解决。随着学习的深入，可以看到，C++能够做到让程序员自己定义一个与内置数组一样使用的功能更强的数组。

10.2 类的定义

C++提供了一个比结构体更安全、更完善的类型定义方法——类。如前所述，定义一个类就是定义一组属性和一组对属性进行操作的函数。属性称为类的**数据成员**，而函数称为类的**成员函数**。类定义的一般形式如下：

类定义格式

```
class  类名{
private:
     私有数据成员和成员函数;
public:
     公有数据成员和成员函数;
};
```

其中，class 是定义类的关键字，类名是正在定义的类的名称（即类型名），后面的大括号表示类定义的内容，最后的分号表示类定义结束。

private 和 public 用于访问控制。列于 private 下面的成员称为**私有成员**，列于 public 下面的成员称为**公有成员**。私有成员只能被自己类中的成员函数访问，不能被全局函数或其他类的成员函数访问。这些成员被封装在类的内部，不为外界所知。公有成员能被程序中的所有其他函数访问，它们是类对外的接口。在使用内置类型时，程序员并不需要了解该类型的数据在内存是如何存放的，而只需要知道对该类型的数据可以执行哪些操作。与内置类型一样，定义类时，一般将数据成员定义为 private，将成员函数则定义为 public 成员。private 和 public 的出现次序可以是任意的，也可以反复出现多次。private 还可以省略。如果没有指明访问特性，该成员默认是 private。

利用 private 可以封装类型的实现细节。封装是将低层次的元素组合起来形成新的、高层次实体的技术。函数是封装的一种形式，函数所执行的细节封装在函数本身这个更大的实体中，被封装的元素隐藏了它们的实现细节。类也是封装的一种形式，通常将数据的存储和处理的细节隐藏起来。

封装的主要好处是随着时间的推移，如果需求有所改变或发现了一些 bug，程序员可以根据新的需求以及所报告的 bug 来完善类的实现，但无须改变用户级的代码。

结构体和类都能用来定义新的类型，格式也完全相同。这两种方法的最大区别在于：在结构体中，如果没有指明访问特性，则成员是公有的；在类定义中，默认情况下成员是私有的。

用类实现的 DoubleArray 定义如代码清单 10-7 所示，对应的成员函数的实现与代码清单 10-5 中的实现完全相同，其应用也与代码清单 10-6 完全相同。

代码清单 10-7　用 class 定义的 DoubleArray 类型

```
//文件名：DoubleArray.h
#ifndef _DoubleArray_h
#define _DoubleArray_h
```

```
class DoubleArray{
private:
    int low;
    int high;
    double *storage;

public:
    //根据 low 和 high 为数组分配空间。分配成功，返回值为 true，否则返回值为 false
    bool initialize(int lh, int rh);

    //设置数组元素的值
    //返回值为 true 表示操作正常，返回值为 false 表示下标越界
    bool insert(int index, double value);

    //取数组元素的值
    //返回值为 true 表示操作正常，返回值为 false 表示下标越界
    bool fatch(int index, double &value);

    //回收数组空间
    void cleanup();
};
#endif
```

在代码清单 10-7 中，由于数据是如何存放的不必让类的用户知道，因此被设计成 private，而所有的成员函数对应的操作用户都会使用，因此被设计成 public。

完善类的定义还必须包括所有成员函数的实现。成员函数的实现通常有两种表示方法。一种是在类定义时只给出函数原型，而函数的定义写在一个实现文件（.cpp）中，这种方法和代码清单 10-5 的写法完全一样，这里不再重复叙述了；另一种方法是将成员函数的定义直接写在类定义中。直接定义在类中的函数默认为**内联函数**。因此，直接定义在类中的成员函数都是比较简单的函数。当然，内联成员函数也可以写在实现文件中，直接用关键字 inline 说明。**良好的程序设计习惯是将类定义和成员函数的实现分开，这样可以更好地达到实现隐藏的目的。**

例 10.1　定义一个有理数类，提供的操作为有理数的加运算和乘运算。

有理数类的设计与实现

设计一个类需要考虑两方面的问题：有哪些数据成员和成员函数；哪些是公有的，哪些是私有的。首先考虑数据成员的设计，设计数据成员是设计怎样保存一个有理数。有理数是可以表示成两个整数商的实数，因此保存一个有理数就是保存这两个整数。但同一个有理数可以有多种表示方式，如 1/3、2/6、3/9 都是同一个有理数，为此统一表示成最简分式 1/3。

成员函数的设计依据是类的行为。根据题意，有理数类必须具有加运算和乘运算，因此需要一个加函数和一个乘函数。除此之外，还应该有一个设置有理数值的函数，用以设置有理数的分子和分母，以及有一个函数可以输出有理数。这些行为都是类用户需要的，因此都是公有的成员函数。

注意保存的有理数要求是最简形式。如果用户设置有理数的时候给出的不是最简形式，则必须化简为最简形式。当把两个有理数相加或相乘后，结果也不一定是最简形式，也要化简。由于化简的工作在多个地方都要用到，而且是一个独立的功能，因此程序员可以将其写成一个函数。在创建有理数时，设置完分子和分母后可以调用化简函数进行化简。执行完加法后，也可以调用化简函数进行化简。由于化简的工作是类内部的工作，有理数类的用户不需要调用，这类函数称为**工具函数**。工具函数通常设计为 private 类型的。按照上述思想设计的有理数类 Rational 的定义如代码清单 10-8 所示。

代码清单 10-8　有理数类的定义

```
//文件名：Rational.h
#ifndef rational_h
#define rational_h

#include <iostream>
using namespace std;

class Rational {
private:
    int num;                    //分子
    int den;                    //分母

    void ReductFraction();      //将有理数化简成最简形式

public:
    void create(int n, int d) { num = n; den = d; ReductFraction()}
    void add(const Rational &r1, const Rational &r2);        //r1+r2，结果存于当前对象
    void multi(const Rational &r1, const Rational &r2);      //r1*r2，结果存于当前对象
    void display() { cout << num << '/' << den;}
};

#endif
```

在代码清单 10-8 所示的 Rational 类中，create 和 display 函数作为内联函数直接定义在类定义中。create 函数将作为参数传入的两个整型数作为调用该函数的变量的分子和分母。display 函数用分数形式显式调用该函数的变量。另外 3 个函数的实现在 Rational.cpp 中，如代码清单 10-9 所示。

代码清单 10-9　有理数类成员函数的实现

```
//文件名：Rational.cpp
#include "Rational.h"

//add 函数将 r1 和 r2 相加，结果存于调用该函数的变量中
void Rational::add(const Rational &r1, const Rational &r2)
{
    num = r1.num * r2.den + r2.num * r1.den;
    den = r1.den * r2.den;
    ReductFraction();
}

//multi 函数将 r1 和 r2 相乘，结果存于调用该函数的变量中
void Rational::multi(const Rational &r1, const Rational &r2)
{
    num = r1.num * r2.num;
    den = r1.den * r2.den;
    ReductFraction();
}

//ReductFraction 实现有理数的化简
//方法：找出 num 和 den 的最大公因子，让它们分别除以最大公因子
void Rational::ReductFraction()
{
    int tmp = (num > den) ? den : num;

    for (; tmp > 1; --tmp)
        if (num % tmp == 0 && den % tmp ==0) {
            num /= tmp;
            den /= tmp;
            break;
        }
}
```

10.3　对象的使用

10.3.1　对象的定义

定义了一个类，就相当于有了一个新的类型，程序员就可以定义这种类型的变量了。在面向对象程序设计中，这类变量称为**对象**。

对象的定义

与内置类型的变量一样，程序员可以在程序中定义某个类的对象，或者用动态内存申请的方法申请一个动态对象。

1. 在程序中定义某个类的对象

在程序中定义对象的方法与定义普通变量的方法一样，它的格式如下：

```
存储类别 类名  对象列表;
```

例如，定义两个 DoubleArray 类的对象 arr1 和 arr2，可写成：

```
DoubleArray arr1, arr2;
```

定义一个静态的 Rational 类的对象 r1，可写成：

```
static Rational r1;
```

定义一个有 20 个对象的 Rational 类的对象数组 array，可写成：

```
Rational array[20];
```

用这种方法定义的对象作用域和生命周期与内置类型变量的作用域和生命周期完全相同。

2. 动态对象

对象也可以在程序执行的过程中动态地创建。与动态变量的使用一样，使用动态对象必须有一个指向该对象的指针，然后通过 new 申请一块存储对象的空间，通过 delete 释放动态对象占用的空间。例如，申请一个 Rational 类的动态对象可以先定义一个指向 Rational 对象的指针，然后使用 new 申请一个动态对象，如下所示。

```
Rational  *rp;
rp = new Rational;
```

申请一个 20 个元素的 Rational 类的对象数组，可用下面的语句。

```
rp = new Rational[20];
```

释放动态对象同样是用 delete。如果 rp 是指向动态对象的指针，则可用：

```
delete rp;
```

释放该动态对象；如果 rp 指向一个动态数组，则可用：

```
delete [] rp;
```

释放存储该数组的空间。

10.3.2　对象的操作

对象的操作

对象是一个结构体类型的变量，因此除了同类对象之间可以互相赋值外，对象的操作也是对它的成员的操作。但是在结构体中，默认的情况下所有的成员都是公有的，都可以用：

```
结构体变量名.成员名
```

来访问。加了访问控制后，全局函数或其他类的成员函数只能访问公有成员，只有成员函数才能访问同一类中的私有成员。访问对象的数据成员，可用：

```
对象名.数据成员名
```

访问对象的成员函数，可以用：

```
对象名.成员函数名(实际参数表)
```

例 10.2 利用例 10.1 中定义的 Rational 类，计算两个有理数的和与积。

有了 Rational 类，这个问题的解决就与计算两个整型数的和与积一样简单。程序员并不需要知道如何保存一个有理数，也不需要知道有理数的和与积是如何计算的，只需要定义 3 个 Rational 类的对象：两个存储运算数及一个存储结果。首先，为两个运算数对象赋值。对第三个对象调用 add 成员函数，将前两个对象作为实际参数，此时第三个对象存储的就是加的结果。同理可计算两个有理数的积。按照这一思路实现的程序如代码清单 10-10 所示。

代码清单 10-10　有理数类的应用示例

```
//文件名：10-10.cpp
#include <iostream>
using namespace std;
#include "Rational.h"                                  //使用有理数类

int main()
{
    int n, d;
    Rational r1, r2, r3;                               //定义 3 个有理数类的对象

    cout << "请输入第一个有理数（分子和分母）：";
    cin >> n >> d;
    r1.create(n, d);

    cout << "请输入第二个有理数（分子和分母）：";
    cin >> n >> d;
    r2.create(n, d);

    r3.add(r1, r2);                                    //执行 r3=r1+r2
    r1.display();
    cout << " + ";
    r2.display();
    cout << " = ";
    r3.display();
    cout << endl;

    r3.multi(r1, r2);                                  //执行 r3=r1*r2
    r1.display();
    cout << " * ";
    r2.display();
    cout << " = ";
    r3.display();
    cout << endl;

    return 0;
}
```

从代码清单 10-10 可以看出，Rational 类的用户并不需要了解如何保存一个有理数、如何处理有理数的加和乘，就如整型数的用户并不需要了解整型数在计算机中是如何表示的、两个整型数是如何相加的，这些细节问题已被封装在 Rational 类中。但用户很可能对这个类还不满意，因为它用起来不如内置类型那么顺手。例如，不能直接用 r3=r1+r2，不能直接用 cin 输入和 cout 输出有理数类的对象。但随着本书介绍，读者能够看到一个能像内置的整型或实型一样处理的 Rational 类。

与结构体类型的变量一样，除了能用对象名访问对象外，还可以用指向对象的指针访问对象，此时可以用->运算符。例如，若 rp 是指向 Rational 类的对象，显示该对象可以用：

```
rp->display()
```

与结构体类型的变量类似，同类对象之间也可以相互赋值。当把一个对象赋值给另一个对象时，

所有的数据成员都会逐位复制。例如，两个 Rational 类的对象 r1 和 r2 之间的赋值：

```
r1 = r2
```

相当于执行：

```
r1.num = r2.num;
r1.den = r2.den;
```

10.3.3 this 指针

this 指针

一个对象包括数据成员和成员函数。例如，定义了 3 个有理数类的对象 r1、r2 和 r3，它们的值分别为 1/2、1/3 和 1/4，则在计算机内存中应该有图 10-2 所示的 3 个对象。

num：1 den：2	num：1 den：3	num：1 den：4
create() add() multi() display()	create() add() multi() display()	create() add() multi() display()

图 10-2　逻辑上的对象存储

成员函数操作的数据成员是本对象的数据成员。但是所有该类对象中的成员函数的代码是完全相同的，没有必要每个对象保存一份，因此成员函数在内存中只有一个副本，所有对象共享这个副本。对上述 3 个对象，内存中的真实情况如图 10-3 所示。

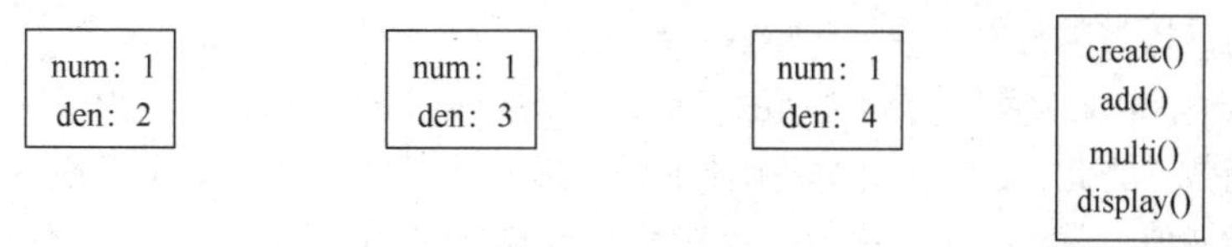

图 10-3　真实的对象存储

定义对象时，只为数据成员分配空间。那么成员函数如何知道函数中提到的数据成员是哪个对象的数据成员呢？例如，对于 Rational 类的成员函数 create，它的定义如下：

```
void create(int n, int d) {
   num = n;
   den = d;
   ReductFraction();
}
```

执行这个函数时，如何知道其中的 num 是哪个对象的 num，den 又是哪个对象的 den？实际上，C++为每个成员函数设置了一个隐藏的指向本类型指针的形式参数 this，它指向当前调用成员函数的对象。成员函数中对对象成员的访问是通过 this 指针实现的。因此，create 函数的实际形式为：

```
void create(Rational *this, int n, int d) {
   this->num = n;
   this->den = d;
   this->ReductFraction();
}
```

当通过对象调用成员函数时，编译器会把对象的地址传给形式参数 this。成员函数通过 this 指针就知道对哪一个对象进行访问。通常定义成员函数时不必关心 this 指针，只有在成员函数中要把对象作为整体来访问时，才需要显式使用 this 指针，即*this。这种用法在函数返回一个对调用函数的对象的引用时经常出现。

10.4 对象的构造与析构

某些类的对象必须被初始化以后才能使用。例如，DoubleArray 类的对象必须通过初始化才能获得数组的规模以及存储数组的空间。同理，某些类的对象在消亡前，往往也需要执行一些操作，做一些善后处理。例如，DoubleArray 类的对象在消亡前必须要归还存储数组的空间，否则会造成内存泄漏。初始化和扫尾的工作给类的用户带来了额外的负担，使他们觉得类和内置类型还是不一样。同时，由于初始化和扫尾工作与对象的功能无关，程序员容易忘记调用这两个函数，使程序无法正常运行。能否让对象和内置类型的变量一样，在定义对象的同时完成初始化，消亡时自动做扫尾工作呢？C++允许定义两个特定的成员函数——构造函数和析构函数。构造函数执行初始化的工作，析构函数执行扫尾的工作。

10.4.1 对象的构造

初始化就是为对象赋初值，如 DoubleArray 类的 initialize 函数为 low、high 和 storage 赋初值。内置类型的变量可以在定义时赋初值，对象能否在定义时赋初值？答案是可以的，只要你**"教会"**程序设计语言如何给这个对象赋初值。教计算机做某件事情就是写一个完成这个任务的函数，完成为对象赋初值任务的成员函数称为**构造函数**。

1. 构造函数

构造函数

构造函数有点特殊，它不是通过"对象名.函数名"调用的，而是在定义对象时自动调用的。构造函数有以下一些特殊的性质。

- 构造函数是定义对象时自动调用的，编译器必须知道每个类对应的构造函数是哪一个函数。为此，C++规定构造函数的名称必须与类名相同；如果发现某个对象需要赋初值，就到这个类中找一个和类名同名的函数执行。

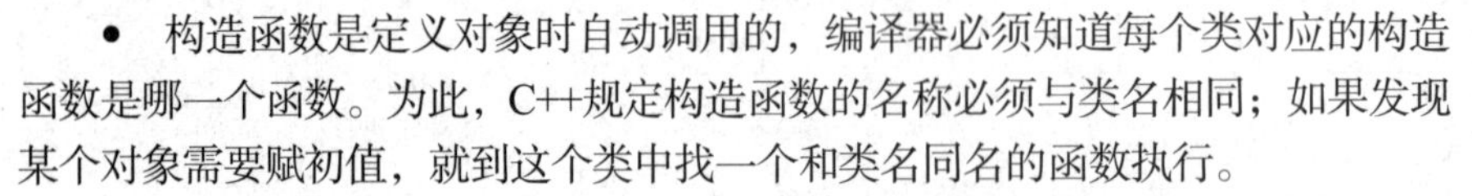

- 构造函数是定义对象时自动调用的，用户程序不会检查该函数的返回值，所以构造函数不需要返回值。为了突出构造函数的特殊性，C++规定构造函数不能指定返回类型，甚至指定为 void 也不行。
- 对象可能有多种赋初值的方法，因为对象有很多数据成员，所以利用这些方法可以给这几个数据成员赋初值，也可以给那几个数据成员赋初值；每种赋初值方法对应一个构造函数。所以构造函数可以重载。定义对象时根据给出的初值选择相应的构造函数。

构造函数是定义对象时自动调用的，因此在定义对象时必须给出构造函数的实际参数。有了构造函数后，对象定义的一般形式如下：

```
类名 对象名(实际参数表);
```

其中，实际参数表必须与类的某一个构造函数的形式参数表相对应。除非这个类有一个构造函数是没有参数的，才可以用：

```
类名 对象名;
```

来定义，否则编译器会给出"找不到合适的构造函数"的错误。不带参数的构造函数称为**默认构造函数**。一个类通常应该有一个默认的构造函数。

每个类都必须有一个构造函数。如果定义类时没有定义构造函数，编译器会自动生成一个构造函数。该构造函数没有参数且函数体为空，即不做任何事情，此时生成的对象的所有数据成员的初值都为随机值。如果定义了构造函数，编译器就不再生成这个函数。这就意味着定义对象时一定要有与构造函数的形式参数表对应的实际参数。

定义对象数组时，无法给出每个元素的初值，编译器将调用默认的构造函数初始化每个数组元素。此时，类必须定义默认的构造函数。

有了构造函数，类使用起来就更加方便。例如，在 DoubleArray 类中增加一个构造函数完成初始化的工作，即代替 initialize 函数的工作。这个函数的实现如下：

```
DoubleArray::DoubleArray(int lh, int rh)
{
    low = lh;
    high = rh;
    storage = new double [high - low + 1];
}
```

有了这个函数，就把对象的定义和初始化的工作一起完成，不需要定义后再调用 initialize 函数了。定义一个下标范围是 20～30 的数组，只需要用下面的定义。

```
DoubleArray array(20,30);
```

这条语句定义了数组 array，并已为它准备好了空间，如图 10-4 所示，此时可以直接访问数组元素了。

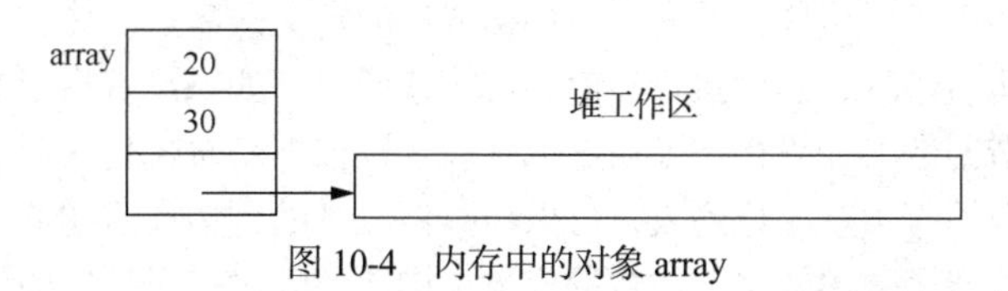

图 10-4　内存中的对象 array

与内置类型的动态变量一样，动态对象也可以初始化。内置类型动态变量的初值是在类型后面的小括号中。例如定义整型的动态变量，并为它赋初值 5，可用下列语句：

```
p = new int(5);
```

如果要为一个动态的 DoubleArray 数组指定下标范围为 20～30，可用下列语句：

```
p = new DoubleArray(20, 30);
```

小括号中的实际参数表要与构造函数的形式参数表相对应。

如果希望定义对象时可以给出初值，也可以不给出初值，那么至少定义两个构造函数：一个是默认的构造函数；另一个是带参数的构造函数。但这样又使得类看上去很啰唆。一种解决方法是在构造函数中为形式参数指定默认值，例如可以在 DoubleArray 类中把构造函数原型声明成：

```
DoubleArray(int lh = 0, int rh=0);
```

表示如果定义对象时不指定实际参数，那么两个实际参数值都为 0。因此，以下语句：

```
DoubleArray  array1(20,30), array2;
```

都是合法的定义。array1 的下标范围为 20～30，array2 的下标范围为 0～0。

定义对象时都有赋初值的可能，因此习惯上设计类时都要设计构造函数，Rational 类也不例外。如果希望在定义有理数类对象时可以指定初值（也可以不指定），可以给有理数类设计一个带默认值的构造函数。它的定义如下：

```
Rational::Rational(int n = 0, int d = 1)
{
    num = n;
    den = d;
    ReductFraction();
}
```

这样，就可以在定义 Rational 对象时为它赋初值了。例如：

```
Rational r1(3,5), r2(1,7);
```

此外，也可以不指定初值：

```
Rational r3;
```

根据构造函数的默认值，r3 的初值为 0。

初始化列表

2. 构造函数的初始化列表

构造函数可以包含一个***初始化列表***。初始化列表位于函数头和函数体之间。它以一个冒号开头，接着是一个以逗号分隔的数据成员列表，每个数据成员的后面跟着一个小括号，小括号中是该数据成员的初值。例如，把 DoubleArray 类的构造函数写成初始化列表的形式，如下所示。

```
DoubleArray::DoubleArray(int lh, int rh): low(lh), high(rh)
{
   storage = new double [high - low + 1];
}
```

该构造函数表示：用 lh 初始化 low，用 rh 初始化 high，然后执行构造函数的函数体，为 storage 分配空间。

3. 对象的构造过程

数据成员赋初值完全可以在构造函数的函数体内完成，为什么还要使用构造函数初始化列表？事实上，不管构造函数中有没有初始化列表，在执行构造函数体之前，程序都要调用每个数据成员的构造函数初始化相应的数据成员。

构造一个对象由两个阶段组成：首先按照数据成员的定义次序依次构造每个数据成员，执行每个数据成员对应类的构造函数，然后执行当前类的构造函数。如果没有指定初始化列表，则对数据成员调用它默认的构造函数。如果指定了初始化列表，则根据初始化列表中给出的实际参数调用数据成员对应的构造函数。有了初始化列表，可以使数据成员的构造和赋初值同时进行。因此，采用初始化列表可以提高构造函数的效率，使数据成员在构造的同时完成初值的设置。

除了提高效率外，有些场合必须应用初始化列表。例如，数据成员不是普通的内置类型，而是某一个类的对象，程序员可能无法直接在构造函数体中为它赋初值，则可以把它放在初始化列表中。另一种应用是类包含一个常量的数据成员，常量只能初始化，而不能赋值，因此也必须放在初始化列表中。

初始化列表仅给出了被初始化成员的初值，而初始化的次序是按类定义中数据成员的定义次序，与初始化列表中出现的次序无关。

4. 类内初始化

设置对象的初值是由构造函数完成的。如果类中没有定义构造函数，编译器会提供一个默认构造函数，即用数据成员类型的默认构造函数初始化数据成员，一般情况下都是随机数。

C++11 提供了一个称为**类内初始化**的功能，可以在类定义时为数据成员指定初值。如果构造函数没有为这个数据成员赋值，那么该数据成员的初值即为类定义时指定的初值。类内初始化可以使用=的初始化形式，也可以使用大括号括起来的直接初始化形式，但不能使用小括号。例如，使用 DoubleArray 类时，常用的还是从下标 0 开始，所以在类定义中可以为 low 指定初值。

```
class DoubleArray{
    int low = 0;
    int high;
    double *storage;

public:
   …
};
```

其中 low=0 也可以写为 low {0}。定义对象时希望只指定一个数组规模，则可以增加以下一个构造函数。

```
DoubleArray(int size) {
     high = size - 1;
     storage = new double[size];
}
```

定义一个下标从 0 开始、大小为 10 的数组，可以用如下语句。

```
DoubleArray  array(10);
```

5. 委托构造

有时某个构造函数的一部分工作与另外一个构造函数完全相同，那么完成这部分工作的语句必须在两个构造函数中都出现。例如，希望 DoubleArray 对象定义时能同时给出数组的初值，则需要增加一个如下的构造函数。

```
DoubleArray(int lh, double a[], int size): low(lh), high(lh + size -1) {
    storage = new double[size];
    for (int i = 0; i < size; ++i)
        storage[i] = a[i];
}
```

这个构造函数除了 for 语句之外，其他工作与 DoubleArray(int lh, int rh)完全相同。为了避免重复写这些语句，C++11 允许一个构造函数调用另一个构造函数，即**委托构造**。

委托构造函数有一个初始化列表和一个函数体。初始化列表只有唯一的入口，即被调用的构造函数。函数体完成额外的初始化工作。上面的构造函数可以定义如下：

```
DoubleArray(int lh, double a[], int size):DoubleArray(lh, lh + size - 1)
{
    for (int i = 0; i < size; ++i)
        storage[i] = a[i];
}
```

6. 复制构造函数

复制构造函数

创建一个对象时，可以用一个同类的对象对其进行初始化。例如，定义变量 int x = 5, y =x;，就是用同类型的变量 x 的值初始化正在定义的变量 y。这个初始化是由一个特殊的构造函数（称为**复制构造函数**的函数）来完成的。复制构造函数以一个同类对象的常量引用作为参数，它的原型如下：

```
类名(const  类名 &);
```

例如，需要从一个有理数类对象构建一个新的有理数类对象，新的有理数类对象的值是已有对象的两倍，此时可以在有理数类中定义如下一个复制构造函数。

```
Rational(const Rational &obj) {
    num = 2*obj.num;
    den = obj.den;
    ReductFraction();
}
```

有了复制构造函数，在定义对象时可以用：

```
Rational r1(1,2), r2(r1), r3 = r1;
```

根据定义时给出的参数可知，定义 r1 时调用的是普通的构造函数，构造了有理数对象 1/2；定义 r2 和 r3 时都将调用复制构造函数，因为给出的初值是一个同类对象。执行上述语句后，r2 和 r3 的值都是 1。

每个类都有一个复制构造函数，如果类的设计者没有定义复制构造函数，编译器会自动生成一个。该函数将形式参数对象的数据成员值对应地赋予正在创建的对象的数据成员，即生成一个与形式参数完全一样的对象。编译器自动生成的复制构造函数称为默认的**复制构造函数**。一般情况下，复制构造就是构造一个与参数对象一样的对象，默认的复制构造函数足以满足要求，如有理数类。但某些情况下可能需要设计自己的复制构造函数。例如，希望对 DoubleArray 类增加一个功能，能够定义一个与另一个数组完全一样的数组，其中包括下标范围和数组元素的值。显然，这个工作应该由复制构造函数来完成，但默认的复制构造函数却不能胜任。如果正在构造的对象为 arr1，作为参数的对象是 arr2，调用默认的复制构造函数相当于执行下列操作。

```
arr1.low = arr2.low;
arr1.high = arr2.high;
arr1.storage = arr2.storage;
```

前两个操作没有问题，第三个操作中 storage 是一个指针，这个操作意味着使 arr1 的 storage 指针和arr2的storage指针指向同一块空间。以后所有对数组arr1的修改都将修改arr2。同理，对数组arr2的修改也都将修改arr1。更为严重的问题是，当一个对象析构时，另一个对象也丧失了存储空间。这肯定不是我们的原意。我们的原意是定义一个与arr2大小一样、元素值也一样的数组arr1，但每个数组应该有自己的存储元素的空间。如果是这样，我们可以自己写一个复制构造函数。该函数的定义如下：

```
DoubleArray(const DoubleArray &arr)
{
    low = arr.low;
    high = arr.high;
    storage = new double [high - low + 1];
    for (int i = 0; i < high - low + 1; ++i)
        storage[i] = arr.storage[i];
}
```

该函数首先根据arr的下标范围设置当前对象的下标范围，根据下标范围申请一块属于自己的空间，最后将arr的每个元素复制到当前对象中。

虽然类的设计者可以随心所欲地编写复制构造函数，但切记不要违背复制构造函数的本意。复制构造函数是构造一个与实际参数对象一样的对象。

在以下3种场合，编译器会自动调用复制构造函数。

（1）对象定义时初值是一个同类对象。例如，已有了一个DoubleArray类的对象array1，可用下面的语句构造一个与array1完全一样的新对象array2或指针dp指向的动态对象。

```
DoubleArray array2(array1);
DoubleArray *dp = new DoubleArray(array2);
```

（2）值传递时。把实际参数对象传给形式参数时，会调用复制构造函数。将实际参数作为复制构造函数的参数构造对应的形式参数。例如：

```
void f(DoubleArray array);
DoubleArray arr;
f(arr);      //创建一个形式参数对象array，并调用复制构造函数用对象arr初始化array
```

（3）函数返回对象时。例如：

```
DoubleArray f()
{
    DoubleArray a;
    …
    return a;
}
```

当执行到return语句时，会创建一个DoubleArray类的临时对象，并调用复制构造函数用对象a初始化该临时对象，且将此临时对象作为返回值。

其他构造方式

7. 移动构造

在某些情况下，对象的初值是一个临时对象。例如：

```
DoubleArray  f() {
    DoubleArray  a(20,30);
    …
    return a;
}
int main()
{
    DoubleArray  ma(f());
    …
}
```

对象ma的初值是函数f的返回值。由于初值是一个同类对象，会调用复制构造函数，申请storage的空间，将参数对象的数组元素值复制到ma的storage。函数的返回值是一个临时对象。完成了ma构造后临时对象被析构。申请空间和复制数组元素值都需要时间，为此C++11提出了一个“移动”

的概念，即让 ma 直接接管临时对象的 storage。这个构造函数称为**移动构造函数**。

类似于复制构造函数，移动构造函数的参数是一个同类的临时对象，所以参数采用右值引用。DoubleArray 类的移动构造函数定义如下：

```
DoubleArray(DoubleArray &&other): low(other.low),high(other.high),
                                   storage(other.storage)
{
    other.storage = nullptr;
}
```

与复制构造函数不同，移动构造函数不分配任何新内存，它接管了 other 的 storage。在接管了内存之后，将 other 的 storage 置为空指针，这样就完成了对象的移动。移动后，被移动的对象依然存在，直到被析构。析构时，由于 storage 是一个空指针，因此不会删除任何空间。

有了移动构造函数，定义对象时编译器会根据实际参数调用相应的构造函数。如果实际参数是左值，调用复制构造函数。如果实际参数是右值，调用移动构造函数。

10.4.2　对象的析构

析构函数

某些类的对象在消亡前，需要做一些善后处理。例如，DoubleArray 类的对象在消亡前必须要归还 storage 指向的空间，否则会造成内存泄漏。由于扫尾工作不会影响程序的功能，因此用户容易忘记调用这个函数。例如，在使用 DoubleArray 类型的对象时，最后没有调用 cleanup 函数对程序执行结果没有任何影响，但对系统而言，storage 指向的这块空间被遗失了。能否让对象如内置类型的变量一样，由系统自动回收这块空间呢？与构造函数相类似，我们可以“教会”C++在 DoubleArray 对象生命周期结束时自动回收 storage 指向的这块空间。完成这项任务的函数称为**析构函数**。

与构造函数一样，析构函数也不是用户程序调用的，而是系统在对象生命周期结束时自动调用的。因此，它也必须有一个特殊的名称。在 C++中，析构函数的名称形式是“~类名”。它没有参数和返回值。例如，DoubleArray 的析构函数可以定义为：

```
~DoubleArray()
{
    delete [] storage;
}
```

每个类必须有一个析构函数。如果类的设计者没有定义析构函数，编译器会自动生成一个默认析构函数。该函数的函数体为空，即什么事也不做。

加入各种构造函数和析构函数的 DoubleArray 类的定义如代码清单 10-11 所示。构造函数取代了 initialize 函数，析构函数取代了 cleanup 函数，fatch 和 insert 函数的实现不变。成员函数的实现，前文都已给出。它的使用如代码清单 10-12 所示。从代码清单 10-12 可见，DoubleArray 对象定义时比内置的数组更加灵活。这里可以在定义对象时指定下标范围、指定数组大小，也可以给出数组初值，在使用结束时由系统自动回收空间。

代码清单 10-11　加入各种构造函数和析构函数的 DoubleArray 类的定义

```
//文件名：DoubleArray.h
#ifndef _DoubleArray_h
#define _DoubleArray_h
class DoubleArray{
    int low = 0;
    int high;
    double *storage;

public:
    DoubleArray(int lh, int rh);              //指定下标范围的构造函数
```

```
    DoubleArray(int lh, double a[], int size);    //指定下标下界以及初值的构造函数
    DoubleArray(int size);                        //仅指定数组大小，下标从0开始的构造函数
    DoubleArray(const DoubleArray &arr); //复制构造函数
    DoubleArray(DoubleArray &&other);    //移动构造函数
    bool insert(int index, double value);
    bool fatch(int index, double &value);
    ~DoubleArray();                      //析构函数
};
endif
```

代码清单 10-12　加入各种构造函数和析构函数的 DoubleArray 类的使用

```
//文件名：10-12.cpp
#include <iostream>
#include "DoubleArray.h"
using namespace std;

int main()
{
    DoubleArray array1(10, 20);       //下标从20到30
    double d[9] = {1.1, 2.2, 3.3, 4.4, 5.5, 6.6, 7.7, 8.8, 9.9};
    DoubleArray array2(20,d, 9);      //下标从20到28，初值为数组d的值
    DoubleArray array3(5);            //下标从0到4
    double value;

    for (int i=10; i<=20; ++i)
         array1.insert(i, i * 1.1);

    for (int i=10; i<=20; ++i) {
         array1.fatch(i, value);
         cout << value << "  ";
    }
    cout << endl;

    for (int i= 20; i<=28; ++i) {
         array2.fatch(i, value);
         cout << value << "  ";
    }
    cout << endl;

    for (int i=0; i < 5; ++i)
         array3.insert(i, i + 1.1);

    for (int i=0; i < 5; ++i) {
         array3.fatch(i, value);
         cout << value << "  ";
   }

   return 0;
}
```

程序的运行结果如下：

```
11   12.1   13.2   14.3   15.4   16.5   17.6   18.7   19.8   20.9   22
1.2   2.2   3.3   4.4   5.5   6.6   7.7   8.8   9.9
1.1   2.1   3.1   4.1   5.1
```

例 10.3　利用构造函数和析构函数检验对象的生命周期。

例 10.3

不同存储类别的变量有不同的生命周期。自动变量在函数调用时生成，函数结束时消亡。全局变量在定义时生成，整个程序执行结束时消亡。静态的局部变量在函数第一次调用时生成，函数结束时不消亡，再次进入函数时也不重新生成，而是继续使用上次函数调用中分配的空间，直到整个程序执行结束时消亡。那么，

计算机是否真的是按照这样的规则在创建和消亡对象呢？有了创建类这个功能后，就能验证一下变量的生命周期。

变量在定义时会调用构造函数，消亡时会调用析构函数。只要在构造函数和析构函数中增加一些输出就可以让我们了解什么时候对象生成了，什么时候对象消亡了。

为了验证变量的生命周期，下面定义了一个类 CreateAndDestroy。这个类只需要构造函数和析构函数。为了了解正在创建哪个对象或消亡哪个对象，这个类中设计了一个作为对象标识的数据成员 objectID。CreateAndDestroy 类的定义如代码清单 10-13 所示。

代码清单 10-13　CreateAndDestroy 类的定义

```
//文件名：CreateAndDestroy.h
#ifndef _ CreateAndDestroy_h
#define _ CreateAndDestroy_h
class CreateAndDestroy {
private:
    int objectID;

public:
    CreateAndDestroy(int);
    ~CreateAndDestroy();
};

CreateAndDestroy::CreateAndDestroy(int n)
{
    objectID = n;
    cout << "构造对象" << objectID << endl;
}

CreateAndDestroy::~CreateAndDestroy()
{
    cout << "析构对象" << objectID << endl;
}
#endif
```

代码清单 10-14 给出了一个验证局部变量和全局变量生命周期的程序。程序首先定义了一个标识为 0 的全局变量，然后执行 main 函数。main 函数定义了一个局部对象 obj4，调用了两次 f1 函数。第一次调用 f1 函数时定义了两个对象 obj1 和 obj2，然后函数就结束了。函数结束时会析构所有自动的局部对象，于是 obj2 被析构了。obj1 因为是静态的局部对象，所以不会被析构。第二次调用 f1 函数时 obj1 不再定义了，只定义了 obj2，然后函数又结束了，于是 obj2 又被析构了。回到 main 函数，执行 return 语句，main 函数结束，析构 main 函数的局部对象 obj4。main 函数执行结束后，整个程序的执行也结束了，析构所有对象。这个程序还有两个对象：一个是全局对象 global；另一个是静态的局部对象 obj1。执行过程中，先析构静态的局部对象，最后析构全局对象。

代码清单 10-14　变量生命周期的验证

```
#include <iostream>
#include "CreateAndDestroy.h"
using namespace std;

CreateAndDestroy global(0);

void f1()
{
    cout << "函数 f1:" << endl;
    static CreateAndDestroy obj1(1);
    CreateAndDestroy obj2(2);
}
```

```
int main()
{
    CreateAndDestroy obj4(4);

    f1();
    f1();

    return 0;
}
```

代码清单10-14所示的程序运行结果如下：

```
构造对象 0
构造对象 4
函数 f1:
构造对象 1
构造对象 2
析构对象 2
函数 f1:
构造对象 2
析构对象 2
析构对象 4
析构对象 1
析构对象 0
```

10.5 const与类

10.5.1 常量数据成员

类的数据成员可以定义为常量。常量数据成员表示它在某个对象生存期内是常量，即在对象生成时给出常量值，在此对象生存期内，它的值是不能改变的。不同的对象，其常量数据成员的值可以不同。常量数据成员的声明是在该数据成员声明前加关键字const。例如：

const与类

```
class  People {
    char *name;
    const int birthday;
public:
    People(const char *n, int b);
    …
};
```

在People类中，数据成员birthday就是一个常量数据成员。每个人出生后，他的生日是不可能变化的，但不同的人有不同的生日。

因为常量只能在定义时赋初值，以后不能被修改，所以常量数据成员的初值不能在构造函数的函数体中通过赋值设定，而只能在构造函数的初始化列表中完成。People的构造函数必须写成：

```
People(const char *n, int b): birthday(b) {…}
```

而不能写成：

```
People(const char *n, int b) {birthday = b; …}
```

10.5.2 常量对象

自定义类型和内置类型一样，都可以定义常量对象。例如：

```
const double PI = 3.1415926;
```

表示定义了一个实型常量 PI，它的值为 3.1415926。一旦将 PI 定义为常量，也就意味着在程序中不能再对 PI 赋值。同理，也能够定义一个常量对象。例如：

```
const Rational r1(1,3);
```

表示对象 r1 是一个常量对象，定义后不能被修改。常量对象必须有初值，否则就无法指定常量的值。如果程序中有试图改变 r1 的语句，编译器会报错。

10.5.3 常量成员函数

对象的操作通常是调用它的成员函数，而很少有对对象的直接赋值。如果程序中有一个赋值 r1 = r2，编译器知道 r1 的值将被改变。如果 r1 被定义为常量，编译器就会报错。如果程序中有诸如“对象名.成员名 = 表达式”这样的语句，编译器也知道该对象被修改了。但是，如果对象是通过成员函数来操作的，那么编译器如何知道哪些成员函数会改变数据成员？它又如何知道哪些成员函数的访问对常量对象是“安全”的呢？

在 C++中可以把一个成员函数定义为**常量成员函数**，它告诉编译器该成员函数是安全的，不会改变对象的数据成员值，且可以被常量对象所调用。一个没有被明确声明为常量成员函数的成员函数被认为是危险的，它可能会修改对象的数据成员值。因此，当把某个对象定义为常量对象后，该对象只能调用常量成员函数。

常量成员函数的声明是在函数头后面加一个关键字 const。const 是函数原型的一部分。要声明一个函数为常量，必须在类定义中的成员函数声明时声明它为常量，同时在成员函数定义时也要声明它为常量。如果仅在类定义中声明，而在函数定义时没声明，编译器会把这两个函数看成两个不同的函数，即重载函数。

任何不修改数据成员的函数都应该声明为 const 类型。如果在常量成员函数中不慎修改了数据成员，或者调用了其他非常量成员函数，编译器将指出错误，这样无疑会提高程序的健壮性。例如，Rational 类的 display 函数不会修改数据成员值，则该函数原型应该被设计为：

```
void display() const;
```

一旦将一个 Rational 类的对象定义为常量，就不能对该对象调用 create、add 和 multi 函数。因为这 3 个函数都会修改对象的数据成员，前一个函数将重新设置数据成员的值，而后两个函数会把运算的结果存入该对象。该对象允许调用的成员函数只有 display 函数。另外，它还可以作为 add 和 multi 函数的实际参数，因为这两个函数的形式参数是常量引用。

10.6 静态成员

10.6.1 静态数据成员

静态数据成员

对象是类的实例，每个对象中都有一个数据成员的副本。有时，类的对象可能需要共享一些信息。例如，在一个银行系统中，最主要的对象是一个个账户，为此需要定义一个账户类。每个账户包含的属性有账号、存入日期、存款金额等。为了计算账户的利息，这里还需要知道利率。利率是每个账户对象都必须知道的信息，而且对所有账户类的对象，这个值是相同的。因此不必为每个对象设置这样的一个数据成员，只需让所有的对象共享这样一个值就可以了。共享信息一般用全局变量来表示，但如果用全局变量来表示这个共享数据，则缺乏对数据的保护。因为全局变量不受类的访问控制的限制，除了类的成员函数可以访问它以外，其他类的成员函数以及全局函数也能存取这些全局变量。此外，还容易产生名称冲突。如果可以把一个数据当作全局变量使用，但又被隐藏在类中，只有这个类的对象才能使用，那当然是最理想的。

这个功能可以用类的**静态数据成员**来实现。类的静态数据成员拥有一块单独的存储区，所有这个类对象的静态数据成员都共享这一块空间。但静态数据成员是属于类的，它的名称只在类的范围内有效，并且可以是公有的或私有的，这样又使它免受其他全局函数的干扰。

静态数据成员的声明是在类型前加一个关键字 static。例如，银行账户类可定义为：

```
class SavingAccount{
private:
    char AccountNumber[20];  //账号
    char SavingDate[8];      //存入日期，格式为 YYYYMMDD
    double balance;          //存款金额
    static double rate;      //利率，为静态数据成员
    …
};
```

由于静态数据成员属于类，而不属于对象，因此为对象分配空间时并不包括静态数据成员的空间。它的空间必须单独分配，而且必须只分配一次。为静态数据成员分配空间称为静态数据成员的定义。静态数据成员的定义一般出现在类的实现文件中。例如，在 SavingAccount 类的实现文件中可以有如下定义。

```
double SavingAccount::rate = 0.05;
```

该定义为 rate 分配了空间，并给它赋了一个初值 0.05。如果程序中没有这个定义，链接时会报告一个错误。

静态数据成员是属于类的，因此可以通过作用域运算符用类名直接调用，具体形式如“类名::静态数据成员名”。但从每个对象的角度来看，它似乎又是对象的一部分，因此又可以与普通的成员一样用对象引用它。但不管通过哪一个对象，引用的都是同一块空间。

10.6.2 静态成员函数

静态成员函数

与静态数据成员一样，成员函数也可以是静态的。静态成员函数专用于操作静态数据成员。静态成员函数的声明是在类定义中的函数原型前加上关键字 static。与普通的成员函数一样，静态成员函数的定义可以写在类定义中，也可以写在类定义的外面。在类外定义时，函数定义中不用加 static。例如，SavingAccount 类需要修改利率，为此可以设置一个静态的成员函数。

```
static void SetRate(double newRate)
{
    rate = newRate;
}
```

静态成员函数是为类服务的，它的最大特点就是**没有隐含的 this 指针**。因此，静态成员函数不能访问非静态数据成员，只能访问静态数据成员或其他静态成员函数。

静态成员函数可以用对象来调用，也可以通过类名来调用，即“类名::静态成员函数名()”的形式。当利率发生变化时（如利率变成了 5%），不管有没有账户对象存在，都可以调用：

```
SavingAccount::SetRate(0.05)
```

将利率修改成 5%。

例 10.4

例 10.4 在程序执行时，有时需要知道某个类已创建的对象个数及现在仍存活的对象个数，现设计一个能提供此功能的类。

为了实现这个功能，我们可以在类中定义两个静态数据成员：obj_count 和 obj_living。前者保存程序中一共创建了多少对象，后者保存目前还未消亡的对象

个数。要实现计数功能，我们可以在创建一个对象时，对这两个数各加 1。当消亡一个对象时，obj_living 减 1。通过这两个静态数据成员就可以得到这两个信息。为了知道某一时刻对象个数的信息，这里可以定义一个静态成员函数完成此任务。这个类的定义如代码清单 10-15 所示，它的使用如代码清单 10-16 所示。

代码清单 10-15 StaticSample 类的定义

```
//文件名：StaticSample.h
#ifndef _StaticSample_h
#define _StaticSample_h
#include <iostream>
using namespace std;

class StaticSample {
private:
    static int obj_count;
    static int obj_living;
public:
    StaticSample() {++obj_count; ++obj_living;}
    ~StaticSample() {--obj_living;}
    static void display()     //静态成员函数
    {cout << "总对象数：" << obj_count << "\t 存活对象数：" << obj_living << endl;}
};
#endif

//StaticSample.cpp
#include "StaticSample.h"
int StaticSample::obj_count = 0;      //静态数据成员的定义及初始化
int StaticSample::obj_living = 0;     //静态数据成员的定义及初始化
```

代码清单 10-16 StaticSample 类的使用

```
//文件名：Static Sample.cpp
#include "StaticSample.h"

int main()
{
    StaticSample::display();            //通过类名限定调用静态成员函数

    StaticSample s1, s2;
    StaticSample::display();

    StaticSample *p1 = new StaticSample, *p2 = new StaticSample;
    s1.display();     //通过对象调用静态成员函数

    delete p1;
    p2->display();    //通过指向对象的指针调用静态成员函数

    delete p2;
    StaticSample::display();

    return 0;
}
```

代码清单 10-16 所示的程序运行结果如下：

```
总对象数：0        存活对象数：0
总对象数：2        存活对象数：2
总对象数：4        存活对象数：4
总对象数：4        存活对象数：3
总对象数：4        存活对象数：2
```

10.6.3　静态常量数据成员

静态常量数据成员

静态数据成员是整个类共享的数据成员。有时整个类的所有对象需要共享一个常量，此时可把这个成员设为静态常量数据成员。静态常量数据成员用关键字 static const 声明。

注意常量数据成员和静态常量数据成员的区别。常量数据成员属于各个对象，不同对象的常量数据成员的值是不同的。静态常量数据成员属于整个类，是供所有对象共享的。

类的普通数据成员是在对象定义时由构造函数进行初始化的，静态数据成员是在静态数据成员定义时初始化的。但静态常量数据成员可以在类定义时初始化。

例如，在某个类中需要用到一个数组，而该数组的大小对所有对象都是相同的，则在类中可指定一个数组规模，并创建一个该规模的数组。数组规模就可作为静态常量数据成员。这个类的定义如下：

```
class Sample {
    static const int SIZE = 10;
    int storage[SIZE];
    …
};
```

如果静态常量数据成员类型是非整型，则不能在类中赋初值。在类中只是声明，例如：

```
static const double st;
```

与静态数据成员一样，在类外定义并赋初值，例如：

```
const double 类名::st = 1.5;
```

早期的编译器可能不支持静态常量数据成员。如果想在旧环境中达到 static const int 的效果，一个常用的解决方法是在类中定义一个枚举类型。例如：

```
class Sample {
    enum {SIZE = 10};
    int storage[SIZE];
    …
};
```

10.7　友元

友元及友元函数

根据数据保护的要求，除了成员函数以外的其他函数不能访问类的私有成员。私有成员只能被类的成员函数访问，而这有时会降低对私有成员的访问效率。在C++中可以对某些经常需要访问类的私有成员的函数开一扇“后门”，允许它们访问私有成员，称为**友元**。友元可以是一个全局函数、某个类或某个类的成员函数，它们分别被称为**友元函数**、**友元类**和**友元成员函数**。友元可以在不放弃私有成员安全性的前提下，使得全局函数或其他类的成员函数能够访问类中的私有成员。

友元关系是授予的，而不是索取的。也就是说，如果函数 f 要成为类 A 的友元，类 A 必须显式声明函数 f 是它的友元，而不是函数 f 自称是类 A 的友元。

声明友元需要在类定义中声明此函数或类，并在声明前加上关键字 friend。此声明可以放在公有部分，也可以放在私有部分。例如，类 A 声明全局函数 f 是友元，f 函数的原型是：

```
void f();
```

则可在类 A 的定义中加入如下形式的一条声明。

```
friend void f();
```

以上语句表示 f 函数可以访问类 A 的私有成员。如果要将类 B 的成员函数：

```
int func(double);
```

声明为类 A 的友元，程序员可在类 A 的定义中加入语句：

```
friend int B::func(double);
```

则类 B 的成员函数 func 可以访问类 A 的私有成员。如果要将整个类 B 作为类 A 的友元，程序员可在类 A 的定义中加入语句：

```
friend class B;
```

则类 B 所有的成员函数都可以访问类 A 的私有成员。

尽管友元关系声明可以写在类定义中的任何地方，但一个较好的程序设计习惯是将所有友元关系的声明放在最前面或最后面的位置，并且不要在它的前面添加任何访问控制说明。

友元函数通常是专为某个类对象服务的全局函数，友元类是专门为某个类服务的类。例 10.5 和 10.6 说明了友元函数和友元类的应用。

例 10.5　定义一个函数 Print，输出 DoubleArray 类对象的数组元素值。

输出所有元素就是输出 storage 指向的单元的内容，元素个数可以从 low 和 high 得到。但 low、high 和 storage 都是 DoubleArray 的私有成员。Print 函数是专门为 DoubleArray 类服务的，因此我们可将此函数设为友元。修改后的 DoubleArray 类定义及 Print 函数定义如代码清单 10-17 所示。友元函数是一个全局函数，它的定义可以写在类定义的外面，同时像普通全局函数的定义一样，也可以写在类定义的里面。

代码清单 10-17　DoubleArray 类定义及 Print 函数定义

```
void Print(const DoubleArray &arr)
{
    for (int k = 0; k <= arr.high - arr.low + 1; ++k)
        cout << arr.storage[k] << endl;
}

class DoubleArray{
    friend void Print(const DoubleArray &);

    int low;
    int high;
    double *storage;
public:
    DoubleArray(int lh = 0, int rh = 0);          //指定下标范围的构造函数
    DoubleArray(const DoubleArray &arr);          //复制构造函数
    DoubleArray(DoubleArray &&other);             //移动构造函数
    bool insert(int index, double value);
    bool fatch(int index, double &value);
    ~DoubleArray();                               //析构函数
};
```

由于 DoubleArray 类声明了 print 函数是它的友元，因此 print 函数中可以使用 arr.low、arr.high、arr.storage。有了这个友元函数，当需要输出 DoubleArray 类的对象 array3 的值时可以直接调用：

```
print(array3);
```

例 10.6　每台电视机通常都有一个遥控器，定义一个电视机类和遥控器类。

友元类

遥控器可以改变电视机的状态，即访问电视机的数据成员。电视机允许遥控器改变自己的状态，即认可遥控器是自己的友元。电视机的最基本属性有开/关状态、当前频道、当前音量、最大的频道数，基本操作包含开/关电视机、增减频道、调节音量。遥控器不保存任何信息，它操作的是电视机的状态。使用遥控器可以开/关电视机、增减频道、设定频道、调节音量。于是可以得到代码清单 10-18 所示的电视机类和遥控器类的定义。

代码清单 10-18　电视机类和遥控器类的定义

```
//文件名: tv.h
#ifndef _TV
```

```
#define _TV
#include <iostream>
using namespace std;

class Tv
{
    friend class Remote;

    enum {Off, On};
    enum {MinVal, MaxVal = 20};

    int state;           //开或关状态
    int volume;
    int maxchannel;
    int channel;
public:
    Tv(int s = Off, int mc = 125) : state(s), volume(5),maxchannel(mc), channel(2){}
    void onoff() { state = (state == On)? Off : On; }      //电源按钮
    void volup() { if (volume < MaxVal) volume++; }        //音量+
    void voldown() { if (volume > MinVal)  volume--; }     //音量-
    void chanup()            //频道+
    {
        if (channel < maxchannel) channel++;
        else   channel = 1;
    }
    void chandown()          //频道-
    {
        if (channel > 1) channel--;
        else channel =  maxchannel;
    }
    void settings() const    //显示电视机状态
    {
        cout << " 电视机是:" << (state == Off? "Off" : "On") << endl;
        if (state == On)    {
            cout << "  音量 = " << volume << endl;
            cout << "  频道 = " << channel << endl;
        }
    }
};

class Remote
{
public:
    void volup(Tv & t) { if (t.volume < t.MaxVal) t.volume++; }
    void voldown(Tv & t) { if (t.volume > t.MinVal) t.volume-- ; }
    void onoff(Tv & t) { t.onoff(); }
    void chanup(Tv & t) { t.chanup(); }
    void chandown(Tv & t) { t.chandown(); }
    void set_chan(Tv & t, int c) { t.channel = c; }   //设置频道
};
#endif
```

电视机类和遥控器类的使用如代码清单 10-19 所示。

代码清单 10-19　电视机类和遥控器类的使用

```
//文件名: 10-20.cpp
#include <iostream>
#include "tv.h"
using namespace std;

int main()
{
```

```
    Tv tv1;
    cout << " tv1 的初始状态是: \n";
    tv1.settings();
    tv1.onoff();
    tv1.chanup();
    cout << "\n  调整设置后 tv1 的状态是:\n";
    tv1.settings();
    Remote remote;
    remote.set_chan(tv1, 10);
    remote.volup(tv1);
    cout << "\n  用遥控器调整后 tv1 的状态是:\n";
    tv1.settings();

    return 0;
}
```

程序的运行结果如下：

```
tv1 的初始状态是:
电视机是:Off

调整设置后 tv1 的状态是:
电视机是:On
音量 = 5
频道 = 3

用遥控器调整后 tv1 的状态是:
电视机是:On
音量 = 6
频道 = 10
```

友元为全局函数或其他类的成员函数访问类的私有成员函数提供了方便，但它也破坏了类的封装，给程序的维护带来了一定的困难，因此要慎用友元。

10.8　编程规范及常见错误

类是设计更加合理的库。类的定义相当于库的接口，写在一个.h 文件中。类的实现相当于库的实现，写在一个.cpp 文件中。这两个文件一般有同样的名称。

类设计中，一般数据成员都被设计成私有的，每个行为对应的函数被设计成公有的成员函数。公有成员函数在实现时可能会用到一些工具函数，这些函数被设计成私有的成员函数。

在类设计中，程序员尽可能自己设计构造函数、复制构造函数和析构函数，这样可以明确表示出自己对构造和析构的要求。特别是类中包含一些指针的数据成员时，必须定义复制构造函数，否则可能引起程序执行的异常终止。尽管类的设计者可以随心所欲地定义复制构造函数，但希望能忠实于“复制构造”的原意，即构造一个同样的对象。不要把一个类设计得过于复杂。每个类应该有单一的、明确的目的。如果一个类的目的过多，程序员可以把它分解成多个简单的类。

在类定义中经常容易出现的错误如下。

- 没有为类定义恰当的构造函数和析构函数。
- 将复制构造函数的参数设计成值传递，这样将引起复制构造函数的递归调用，而且该递归永远不会结束。
- 在类定义中为常量数据成员赋初值。
- 没有为静态数据成员分配空间。
- 在静态成员函数中操作非静态的数据成员。

10.9　小结

本章介绍了面向对象程序设计的基本思想。面向对象程序设计的基本思想是在考虑应用的解决方案时，首先根据应用的需求创造合适的类型，用该类型的对象来解决特定的问题。本章主要介绍了如何定义一个类及如何使用对象。

定义一个类主要考虑两个方面的内容：有哪些数据成员和成员函数及哪些是私有的、哪些是公有的。数据成员的设计依据是对象的属性，成员函数的设计依据是对象的行为。数据成员一般都是私有的，成员函数一般都是公有的。公有函数实现过程中分解出来的一些小函数通常设为私有成员函数，这些函数被称为工具函数。

自定义类型的变量称为对象，对象的访问与结构体变量的访问类似。如果需要在定义对象时为对象赋初值，则在类定义时必须定义相应的构造函数。与内置类型一样，也可以定义该类型的常量对象。常量对象只能调用常量的成员函数。某个类所有对象共享的信息可以定义成静态数据成员。静态数据成员逻辑上属于每个对象，但事实上并不包含在对象中。静态数据成员有独立的一块内存空间，所有对象都共享这块空间。专用于操作静态数据成员的函数称为静态成员函数。静态成员函数没有隐含的 this 指针，因此不能访问非静态成员。

为某个类量身定制的一些工具可以定义为类的友元。友元可以直接访问类的私有成员，提高访问的效率。

10.10　习题

一、简答题

1. 用 struct 定义类型与用 class 定义类型有什么区别？
2. 构造函数和析构函数的作用是什么？它们各有什么特征？
3. 友元的作用是什么？
4. 静态数据成员有什么特征？有什么用途？
5. 在定义一个类时，哪些部分应放在头文件（.h 文件）中，哪些部分应放在实现文件（.cpp 文件）中？
6. 什么情况下类必须定义自己的复制构造函数？
7. 什么样的成员函数应被声明为公有的？什么样的成员函数应被声明为私有的？
8. 常量数据成员和静态常量数据成员有什么区别？如何初始化常量数据成员？如何初始化静态常量数据成员？
9. 什么是 this 指针？为什么要有 this 指针？
10. 某全局函数中有如下代码：

```
Rational  r1;
r1.num = 1;
r1.den = 3;
```

其中，Rational 是代码清单 10-9 定义的有理数类，这段程序有没有问题？

11. 复制构造函数的参数为什么一定要用引用传递，而不能用值传递？
12. 下面哪个类必须定义复制构造函数？

a. 包含 3 个 int 型数据成员的 point3 类。

b. 处理动态二维数组的 Matrix 类。其中存储二维数组的空间在构造函数中动态分配，在析构函数中释放。

c. 本章定义的有理数类。

d. C++的 string 类。

13. 静态成员函数不能操作非静态的数据成员，那么非静态的成员函数能否操作静态的数据成员？为什么？

14. 构造函数的初始化列表有什么用途？

二、程序设计题

1. 编写一个程序，验证对象的空间中不包含静态的数据成员。

2. 创建一个处理任意大的正整数的类 LongLongInt，用一个动态的字符数组存放任意长度的正整数。数组的每个元素存放整型数的一位。例如，123 被表示为“321”。注意：数字是逆序存放的，这样可以使得整型数的操作比较容易实现。提供的成员函数有构造函数（根据一个由数字组成的字符串创建一个 LongLongInt 类的对象）、输出函数、加法函数、把一个 LongLongInt 类的对象赋予另一个对象的赋值函数。为了比较 LongLongInt 对象，提供了等于比较、大于比较、大于或等于比较功能。

3. 用单链表实现程序设计题 2 中的 LongLongInt 类。

4. 完善本章提到的 SavingAccount 类。该类的属性有账号、存款金额和月利率，账号自动生成。第一个生成的对象账号为 1，第二个生成的对象账号为 2，依此类推。所需的操作有修改利率、每月计算新的存款额（原存款额+本月利息）和显示账户金额。

5. 试定义一个 string 类，用以处理字符串。它至少具有两个数据成员：指向字符的指针和长度。提供的操作有显示字符串、求字符串长度、在原字符串后添加一个字符串等。

6. 为学校的教师提供一个工具，使教师可以管理自己所教班级的信息。教师所需了解和处理的信息包括课程名、上课时间、上课地点、学生名单、学生人数、期中考试成绩、期末考试成绩和平时的课堂练习成绩。每位教师可自行规定课堂练习次数的上限。考试结束后，该工具可为教师提供成绩分析功能，统计最高分、最低分、平均分及优、良、中、差的人数。

7. 将第 8 章的程序设计题 1 改成用类实现。

8. 设计并实现一个解决约瑟夫环问题的类 Joseph。当需要解决一个 n 个人的约瑟夫环问题时，我们可以构建一个对象 Joseph obj(n)，然后调用 obj.simulate()输出删除过程。

9. 在本章实现的有理数类中增加减法和除法，分别用成员函数和友元函数两种方法实现。

10. 有理数是一类特殊的实型数。在有理数类中增加一个将有理数类对象转换成一个 double 型数据的功能。

11. 设计并实现一个有序表类，保存一组正整数。其提供的功能有：插入一个正整数、删除一个正整数、输出表中第 n 大的数，以及按序输出表中的所有数据。

12. 将第 9 章中的随机函数库改为用类实现。如果类名为 Random，当需要用到随机数时，此时可定义一个对象——Random r；如果要产生一个 a 到 b 之间的随机整数，此时可以调用 r.RandomInt(a, b)；如果要产生 a 到 b 之间的随机实数，此时可调用 r.RandomDouble(a, b)。

13. 将第 9 章的程序设计题 2 改为用类实现。

14. 在本章的 DoubleArray 类中增加一个数组赋值的成员函数 void assign(const DoublrArray &src)，将 src 赋予当前对象。

15. 在本章的 DoubleArray 类中增加一个输入数组所有元素的成员函数。

16. 在本章的 DoubleArray 类中增加一个输入数组所有元素的友元函数。

17. 实现一个处理整型数的单链表。其提供的功能有：在单链表最前面插入一个元素、查找某个元素是否在单链表中，以及输出单链表的所有元素。

第 11 章 运算符重载

尽管本书一再强调类就是类型，对象就是变量，内置类型是 C++做好的工具，类是程序员自己做的工具，但在使用时，觉得还是不一样。变量都是通过运算符来操作的，例如，用赋值运算符为变量赋值，用算术运算符进行算术运算。而对象却是通过调用成员函数来操作的。如果对象也能用运算符来进行操作，类和内置类型就更类似了。运算符重载就是解决这个问题的。

11.1 运算符重载的意义

C++定义了一组基本的数据类型和操作这些类型的运算符。例如，用+运算符把两个整型数相加，用>运算符比较两个字符的大小。这些运算符给程序员提供了简洁的符号，用来表示对基本类型的对象的操作。这些运算符在 C++中有确切的含义，并且是不可改变的。但对于类，除了少数的运算符（如赋值、取地址、成员选择等）以外，C++并没有定义它们的含义。一般情况下，它们是不能操作对象的。例如，对于第 10 章定义的 Rational 类的对象 r1 和 r2，程序员不能用 r1 + r2 将它们相加，必须在 Rational 类中定义一个 add 函数实现加的功能。

什么是运算符重载

要使 C++知道如何对两个有理数的对象 r1 和 r2 执行 r1 + r2，程序员需要“教会”C++如何完成这项任务。教会 C++对某个类的对象执行内置运算符的操作称为**运算符重载**。例如，对 Rational 类重载了+运算符，就可以对两个 Rational 类对象 r1 和 r2 直接用 r1 + r2 实现加运算。C++中的大多数运算符都能重载，但常用的主要是一些算术运算符、关系运算符、赋值运算符和输入/输出运算符。

运算符重载向 C++解释在特定类中如何实现运算符的操作，如有理数的加运算是如何实现的，但不能改变运算符的运算对象数。一元运算符重载后还是一元运算符，二元运算符重载后还是二元运算符。不管运算符的功能和运算符的对象类型如何改变，运算符的优先级和结合性也保持不变。如果在某个类中重载了+运算符和*运算符，则意味着对该类的对象可以直接用这些运算符。例如，r1、r2、r3 是该类的对象，则此时可以写成如下的表达式。

```
r1 + r2 * r3
```

在计算上述表达式时，编译器会先计算*，再计算+，类的设计者不用考虑这个问题。这样也减少了类的设计者和使用者的工作量。

11.2 运算符重载的方法

运算符重载的方法

运算符重载是写一个函数解释某个运算符在某个类中的含义。要使得编译器在遇到运算符时能自动找到这个函数，函数名必须要体现出与某个被重载的运算符的联系。C++中规定，重载函数名的形式为：

```
operator@
```

其中，@为重载的运算符。例如，重载+运算符的函数名为 operator+；重载赋值运算符的函数名为 operator=。

运算符的重载不能改变运算符的运算对象数。因此，重载函数的形式参数个数（包括成员函数的隐式指针 this）与运算符的运算对象数相同，返回类型取决于运算符运算结果的类型。

大多数运算符重载函数都可以定义为全局函数或成员函数。当定义为全局函数时，参数个数和参数类型与运算符的运算对象数及运算对象类型完全相同。返回值类型是运算结果的类型。例如，有理数类的加法重载函数有两个参数，它们都是有理数类型的对象，返回值是加的结果，其也是有理数类型的对象。有理数类重载的比较函数（例如大于、小于、等于等）的参数是两个有理数类的对象，返回值是布尔类型的值。如果将重载函数设计成类的成员函数，形式参数个数比运算符的运算对象数少 1。这是因为成员函数有一个隐含的参数 this。C++规定隐含参数 this 是函数的第一个参数，因此，当一元运算符被重载成成员函数时，该函数没有形式参数，运算对象是当前调用函数的对象，即 this 指针指向的对象。二元运算符被重载成成员函数时，该函数只有一个形式参数。左运算数是当前对象，右运算数是形式参数。由于运算符重载函数是给对象的使用者调用的，因此重载成成员函数时应该被设计成公有的成员函数。

例 11.1　为 Rational 类增加+和*的重载函数，用以替换现有的 add 和 multi 函数。再为有理数类增加一个小于比较函数和一个等于比较函数。

这 4 个函数都可以重载成成员函数或全局函数。当重载成成员函数时，它们都只有一个形式参数，即运算符的右运算对象。运算符的左运算对象是当前对象。两个 Rational 类的对象相加或相乘的结果还是一个 Rational 类的对象，因此重载+和*的函数返回值都是一个 Rational 类的对象。由于+、*和比较操作都不会改变运算对象值，因此这两个函数都是 const 的成员函数，形式参数可以是值传递，也可以是 const 的引用传递，通常采用后者。<和==的运算结果是一个布尔值，因此这两个重载函数的返回类型是布尔类型。同理，比较运算不会修改被比较对象的值，所以这两个函数也是 const 的成员函数，形式参数也是 const 的引用传递。添加了重载函数后的 Rational 类的定义、重载函数的实现以及使用如代码清单 11-1 至代码清单 11-3 所示。

代码清单 11-1　用成员函数重载+、*、<、==后的有理数类的定义

```
class Rational {
private:
    int num;
    int den;
    void ReductFraction();
public:
    Rational(int n = 0, int d = 1) { num = n; den = d; ReductFraction();}
    Rational operator + (const Rational &r1) const;   //+运算符重载
    Rational operator * (const Rational &r1) const;   //*运算符重载
    bool operator < (const Rational &r1) const;       //<运算符重载
    bool operator == (const Rational &r1) const;      //==运算符重载
    void display() const { cout << num << '/' << den;}
};
```

代码清单 11-2　Rational 类的运算符重载函数的实现

```
Rational Rational::operator+(const Rational &r1) const
{
    Rational tmp;

    tmp.num = num * r1.den + r1.num * den;
    tmp.den = den * r1.den;
    tmp.ReductFraction();
```

```
    return tmp;
}

Rational Rational::operator*(const Rational &r1) const
{
    Rational tmp;

    tmp.num = num * r1.num;
    tmp.den = den * r1.den;
    tmp.ReductFraction();

    return tmp;
}

bool Rational::operator < (const Rational &r1) const
{
    return num * r1.den < den * r1.num;
}

bool Rational::operator == (const Rational &r1) const
{
    return num == r1.num && den == r1.den;
}
```

代码清单 11-3　重载了加和乘运算后的 Rational 类的使用

```
int main()
{
   Rational r1(1,6), r2(1,6), r3;

    r3 = r1 + r2;                          //r3 = r1.operator+(r2)
    r1.display(); cout << " + "; r2.display();
    cout << " = "; r3.display(); cout << endl;

    r3 = r1 * r2;                          //r3 = r1.operator* (r2)
    r1.display();
    cout << " * ";
    r2.display();
    cout << " = ";
    r3.display();
    cout << endl;

    cout << (r1 == r2 ? "true" : "false" ) << endl;
    cout << (r1 < r3 ? "true" : "false" ) << endl;

    return 0;
}
```

编译时，编译器将 r3 = r1 + r2 解释成 r3 = r1.operator+(r2)，r3 = r1 * r2 解释成 r3 = r1.operator*(r2)，r1 == r2 解释成 r1.operator==(r2)，r1 < r3 解释成 r1.operator<(r3)。除了可以用内置运算符进行运算外，运算符重载函数也可以直接用函数的形式调用。例如，r3 = r1 + r2 也可以写成 r3 = r1.operator+(r2)。但一般情况下，都表示成前者，否则就失去了重载的意义。

这 4 个运算符也可以重载成全局函数。由于重载函数主要是对对象的数据成员进行操作，而在一般的类定义中，数据成员都被定义成私有的。因此，当运算符被重载成全局函数时，通常将此重载函数设为类的友元函数，便于访问类的私有数据成员。用友元函数重载的 Rational 类的定义和实现如代码清单 11-4 和代码清单 11-5 所示。它的使用和用成员函数实现的重载完全一样。

代码清单 11-4　用友元函数重载的 Rational 类的定义

```
class Rational {
    friend Rational operator + (const Rational &r1, const Rational &r2);
    friend Rational operator * (const Rational &r1, const Rational &r2);
```

```
    friend bool operator < (const Rational &r1, const Rational &r2);
    friend bool operator == (const Rational &r1, const Rational &r2);

private:
    int num;
    int den;
    void ReductFraction();

public:
    Rational(int n = 0, int d = 1) { num = n; den = d; ReductFraction();}
    void display() const { cout << num << '/' << den;}
};
```

代码清单 11-5　用友元函数重载的 Rational 类加和乘运算的实现

```
Rational operator+(const Rational &r1, const Rational &r2)
{
    Rational tmp;
    tmp.num = r1.num * r2.den + r2.num * r1.den;
    tmp.den = r1.den * r2.den;
    tmp.ReductFraction();
    return tmp;
}

Rational operator* (const Rational &r1,const Rational &r2)
{
    return Rational(r1.num * r2.num, r1.den * r2.den);
}

bool operator<(const Rational &r1, const Rational &r2)
{
    return r1.num * r2.den < r1.den * r2.num;
}

bool operator==(const Rational &r1, const Rational &r2)
{
    return r1.num == r2.num && r1.den == r2.den;
}
```

注意代码清单 11-5 中的 operator*函数的实现，函数体中直接调用构造函数构造一个分子是 r1.num * r2.num、分母是 r1.den * r2.den 的临时对象作为返回值。这种实现方法比代码清单 11-2 中的实现方法效率更高。

重载成全局函数的有理数类的使用与代码清单 11-3 完全相同。只是遇到 r3 = r1 + r2 时，编译器解释为 r3 = operator+(r1, r2)。

大多数运算符都可以重载成成员函数或全局函数。但是赋值运算符（=）、下标运算符（[]）、函数调用运算符（()）必须重载成成员函数，因为这些运算符的第一个运算对象必须是相应类的对象，定义成成员函数可以保证第一个运算对象的正确性。如果第一个运算对象不是相应类的对象，编译器能检查出此错误。具有赋值意义的运算符（如复合的赋值运算符以及++和--）不一定非要重载为成员函数，但建议重载为成员函数。具有两个运算对象且计算结果会产生一个新对象的运算符建议重载为全局函数，如 +、-、>等，这样可以使应用更加灵活。如果在 Rational 类中把加运算定义成全局函数，r 是 Rational 类的对象，则 2+r 是一个合法的表达式。在执行这个表达式时，程序会调用作为全局函数的 operator+函数，并进行参数传递。在参数传递时，程序会调用 Rational 类的构造函数，将 2 作为参数，生成了一个 num=2，den 取默认值 1 的临时对象作为 operator+的第一个参数。因此，这是一个合法的函数调用。但当将加运算重载为成员函数时，2+r 等价于调用函数 2.operator+(r)，2 是整型，而整型类中并没有一个参数为 Rational 类对象的 operator+函数，因此这个调用是非法的，编译器会报错。

11.3 几个特殊运算符的重载

11.3.1 赋值运算符的重载

同一个类的对象之间都能直接赋值，这是因为编译器会为每个类生成一个默认的赋值运算符重载函数。该函数在对应的数据成员间赋值。一般情况下，这个默认的赋值运算符重载函数能满足用户的需求。但当类含有类型为指针的数据成员时，可能会带来一些麻烦。回顾第10章定义的DoubleArray，如果有两个DoubleArray类的对象array1和array2，array1 = array2是合法的表达式，它将array2的数据成员对应赋予array1的数据成员。但这个赋值会引起下面几个问题。

赋值运算符的重载

（1）引起内存泄漏。在定义array1时，构造函数会根据给出的数组的上下界为array1动态申请一块空间，该空间的首地址存储在数据成员storage中。当执行array1 = array2时，它会把array2的storage赋予array1的storage，而array1原有的存储空间就丢失了。

（2）执行array1 = array2后，array1的storage和array2的storage指向同一块空间，也就是说，当一个数组修改了它的元素后，另一个数组的元素也被修改了，使得两个对象的操作相互影响。

（3）当这两个对象析构时，先析构的对象会释放存储数组元素的空间；而后一个对象析构时，则无法释放存放数组元素的空间。特别是当两个对象的作用域不同时，一个对象的析构将使另一个对象无法正常工作。

在这种情况下，类的设计者必须根据类的具体情况写一个赋值运算符重载函数。

赋值运算是二元运算。第一个运算数是赋值号左边的对象，第二个运算数是赋值号右边的表达式，执行结果是左边对象的引用。由于第一个运算数必须是类的对象，因此C++规定赋值运算符必须重载为成员函数。赋值运算将右运算数赋予左运算数。在赋值过程中右运算数的值是不会变的，因此形式参数是同类对象的常量引用。赋值运算的结果是左边对象本身，所以返回类型是同类对象的引用。对任一类A，它的赋值运算符重载函数的原型如下：

```
A &operator=(const A &a);
```

DoubleArray类的赋值运算符重载函数的实现如代码清单11-6所示。

代码清单11-6　DoubleArray类的赋值运算符重载函数的实现

```
DoubleArray &DoubleArray::operator=(const DoubleArray &right)
{
    if (this == &right) return *this;              //防止自己复制自己

    delete [] storage;                             //归还空间

    low = right.low;
    high = right.high;
    storage = new double[high - low + 1];          //根据新的数组大小重新申请空间
    for (int i=0; i <= high - low; ++i)            //复制数组元素
        storage[i] = right.storage[i];

    return *this;                                  //返回左边的对象
}
```

一般来讲，需要自定义复制构造函数的类也需要自定义赋值运算符重载函数。但要注意复制构造函数和赋值运算符重载函数的使用场合不同。复制构造函数用于定义对象时，用另一个已存在的同类对象对其进行初始化。对于两个已存在的对象，我们可以通过赋值运算用一个对象的值来改变另一个对象的值。例如，r1 是 Rational 类的对象，则：

```
Rational r2 = r1;
```

调用的是复制构造函数，尽管用的是一个=；而对于 Rational 类的对象 r3，执行：

```
r1 = r3;
```

调用的是赋值运算符重载函数。

初学者常常感到困惑的一个问题是：在赋值运算符重载函数中，已经将参数的值赋予了当前对象，完成了赋值的任务，那为什么还需要返回值呢？记住，C++的赋值是一个运算，它可以构成一个表达式，而该表达式的结果值是左边对象本身。因此，赋值运算符重载函数必须返回左边对象的引用。

移动赋值

赋值表达式的右运算数往往又是一个表达式，如 a = b + c。执行这个表达式时，先计算 b + c，即调用 operator+函数，并将返回值作为 operator=函数的参数。operator+函数的返回值是一个临时变量，执行完 operator=后立即被销毁。如果有一个函数：

```
DoubleArray f() {
   DoubleArray  arr(100, 999);
   …
   return arr;
}
```

f 函数将返回一个有 900 个元素的临时数组。如果执行 arr1=f()，将引起 900 个 double 型数据的复制。赋值结束后，临时数组消亡。

这个过程能不能优化？与移动构造类似，C++11 提出了**移动赋值**的概念，让左边的对象直接接管右边临时对象的资源，以提高赋值过程的时间性能。移动赋值的右值是临时对象，因此它的形式参数是同类对象的右值引用，返回值是当前对象的引用。例如，为 DoubleArray 类增加一个移动赋值运算符重载函数，其定义如下：

```
DoubleArray &DoubleArray::operator=(DoubleArray && a)
{
   delete [] storage;
   low = a.low;  high = a.high;
   storage = a.storage;
   a.storage = nullptr;

   return *this;
}
```

函数首先释放左边对象的空间，然后直接接管右边对象的空间，就不再需要复制数组元素了。

11.3.2 下标运算符的重载

下标运算符的重载

能否使 DoubleArray 类的对象像普通数组那样通过下标访问，从而使 DoubleArray 类像一个功能更强的数组？在 C++中，这一点可以通过重载下标运算符[]来实现。下标运算符是一个二元运算符。第一个运算数是当前对象，第二个运算数是下标值，运算结果是对应数组元素的引用。C++规定下标运算符必须重载成成员函数，因此，下标运算符重载函数的原型如下：

```
数组元素类型  &operator[](int 下标);
```

DoubleArray 类的下标运算符重载函数的定义如代码清单 11-7 所示。

代码清单 11-7 DoubleArray 类的下标运算符重载函数的定义

```
double & DoubleArray::operator[](int index)
{
  assert(index >= low || index <= high);
```

```
    return storage[index - low];
}
```

函数首先检查下标范围的合法性，这是调用 assert 宏实现的。assert 宏定义在头文件 cassert 中。它有一个逻辑表达式的参数，如果表达式为真，继续执行程序，否则输出一个错误消息后程序会终止。

由于函数采用的是引用返回，也就是说，如果array是DoubleArray类的对象，函数调用array.operator[](i)是 array 的 storage[i-low]的一个别名，因此该函数调用既可以作为左值，又可以作为右值。有了这个重载函数，就可以把 DoubleArray 类的对象当作普通数组一样使用。如果有定义：

```
DoubleArray array(20,30);
```

则 array 是一个包含 11 个元素的数组，它的下标从 20 到 30。给这个数组赋值，可以像普通数组一样用一个 for 循环实现。

```
for (i = 20; i <= 30; ++i) {
    cout << "请输入第" << i << "个元素:";
    cin >> array[i];
}
```

输出这个数组的所有元素，也可以像普通数组一样输出。

```
for (i = 20; i <= 30; ++i)
    cout << array[i] << '\t';
```

当遇到 array[i]时，会执行函数调用 array.operator[](i)。该函数返回变量 storage[i-low]的引用，表示 array[i]就是 storage[i-low]。输入 array[i]就是输入 array.storage[i-low]。输出也是如此。

下标变量既可以作为左值，也可以作为右值。如果希望作为左值和作为右值的处理有所不同，我们可以写两个下标运算符重载函数。DoubleArray 类中作为右值的重载函数的原型为 const double operator[](int i) const；前面一个 const 表示函数的返回值是一个常量，不能被修改，即返回的下标变量不能被修改；后面一个 const 表示该函数调用不会修改对象的值。

11.3.3 函数调用运算符重载

C++将函数调用也作为一种运算。函数调用运算符()是一个二元运算符。第一个运算对象是函数名，第二个参数是函数的形式参数表，运算结果是函数的返回值。如果一个类重载了函数调用运算符，就可以把这个类的对象当作函数来使用。

函数调用运算符重载

因为是把当前类的对象当作函数使用，所以()运算的第一个运算数是当前类的对象，C++规定函数调用运算符必须重载成成员函数。函数调用运算符重载函数的原型为：

```
返回类型  operator()(形式参数表);
```

下面以一个例子说明函数调用运算符的使用。

例 11.2 在第 10 章中定义的 DoubleArray 类中增加一个功能：取数组中的一部分元素形成一个新的数组。例如，在一个下标范围为 10～20 的数组 arr 中取出下标为第 12 到第 15 的元素，形成一个下标为 12～15 的数组并存放在数组 arr1 中，此时可以调用 arr1 = arr(12, 15, 2)。

在调用实例中，将对象 arr 当作函数使用，这显然是通过重载函数调用运算符实现的。根据题意，在 DoubleArray 类中增加一个函数调用运算符重载函数。它的实现如代码清单 11-8 所示。

代码清单 11-8 DoubleArray 类中的函数调用运算符重载函数的实现

```
DoubleArray operator()(int start, int end, int lh)
{
    assert(start <= end && start >= low && end <= high);  //判断范围是否正确

    DoubleArray tmp(lh, lh + end - start);                //为返回的数组准备空间
    for (int i = 0; i < end - start + 1; ++i)
```

```
            tmp.storage[i] = storage[start + i - low];

        return tmp;
    }
```

函数的第一、第二个参数是取出的下标范围，第三个参数是所生成数组的下标起始值。函数首先检查取出的下标范围是否越界，如果没有越界，则定义一个数组 tmp 存放取出的元素，然后把当前数组的这一段数据复制到 tmp 中，最后返回 tmp。

11.3.4　++和--运算符的重载

重载自增自减运算符

++和--都是一元运算符，它们可被重载成成员函数或友元函数。但因为这两个运算符改变了运算对象的状态，所以更倾向于将它们作为成员函数。

在考虑重载++和--运算符时，必须注意一个问题。++和--既可以作为前缀使用，也可以作为后缀使用。而且这两种用法的结果是不一样的：作为前缀使用时，运算结果是修改以后的对象引用；作为后缀使用时，运算结果是修改以前的对象值。为了与内置类型一致，重载后的++和--也应具有这个特性。为此，对于++和--运算，每个运算符必须提供两个重载函数：一个处理前缀运算；另一个处理后缀运算。

但问题是，处理++的两个重载函数的原型除了返回类型不同之外，其他是完全相同的，处理--的两个重载函数也是如此。而仅返回类型不同的两个函数无法形成重载函数。

为了解决这个问题，C++规定后缀运算符重载函数接收一个额外的（即无用的）int 型的形式参数。使用后缀运算符时，编译器用 0 作为这个参数的值。当编译器看到一个前缀表示的++或--时，调用正常重载的这个函数。如果看到的是一个后缀表示的++或--，则调用有一个额外参数的重载函数。这样就把前缀和后缀的重载函数区分开了。

例 11.3　在有理数类中增加前缀及后缀的++和--操作，分别实现对有理数加 1 和减 1。前缀和后缀的含义与内置类型相同。

对内置类型的变量，前缀操作表示修改变量值，返回修改后的变量。后缀操作是修改变量值，但返回的是修改前的变量值。对有理数类也是如此。如果把++和--重载成成员函数，这 4 个函数的实现如代码清单 11-9 所示。

代码清单 11-9　Rational 类中++和--的重载函数的实现

```
Rational &Rational::operator++()          //前缀++
{
    num += den;
    return *this;
}

Rational Rational::operator++(int x)      //后缀++
{
    Rational tmp = *this;

    num += den;
    return tmp;
}

Rational &Rational::operator--()          //前缀--
{
    num -= den;
    return *this;
}

Rational Rational::operator--(int x)      //后缀--
{
```

```
    Rational tmp = *this;

    num -= den;
    return tmp;
}
```

前缀++把当前对象加 1，即分子加上一个分母，然后返回当前对象。后缀++先把当前对象保存在一个局部对象 tmp 中，然后将当前对象加 1，返回的是对象 tmp，即加 1 以前的对象。--操作也是如此。注意这两个函数的返回类型。前缀的++和--是引用返回，后缀的++和--是值返回。前者返回的是当前对象，离开这个函数后，当前对象依然存在，所以可以用引用返回。而后者返回的是一个局部对象，离开函数后它就消亡了，所以不能用引用返回。读者可自己实现友元函数的重载。

重载了++和--后的有理数类的使用如代码清单 11-10 所示。

代码清单 11-10　Rational 类的使用

```
int main()
{
    Rational r1(1,6), r2(1,6), r3;

    cout << (r1 == r2++ ? "true" : "false" ) << endl;
    r2.display();
    cout << endl;
    r3 = ++r1 + r2;        //r3 = (++r1).operator+(r2)或r3 = operator+(++r1,r2)
    r3.display();
    cout << endl;

    return 0;
}
```

代码清单 11-10 的第一个输出是判断 r1 == r2++，这个表达式将 r2 加 1，但参加比较的是加 1 以前的 r2 的值，所以比较结果是 true。执行这个语句后，r2 的值是 7/6。接着执行 r3 = ++r1 + r2，即把 r1 加 1 后与 r2 相加，结果赋予 r3，所以 r3 的值是 7/6+7/6= 7/3。整个程序的运行结果如下：

```
true
7/6
7/3
```

11.3.5　输入/输出运算符的重载

至此，自定义类的对象已经与内置类型的变量非常类似了。对 DoubleArray 类的对象，可以用下标变量的形式访问它的元素。对有理数类，可以直接用+将两个有理数类的对象相加，可以直接用==比较。但是它们不能像内置类型的变量一样，直接用 cin >>输入对象，也不能用 cout <<输出对象。但是如果我们能够“教会”C++某个类的对象如何输入/输出，那么对象就能与内置类型的变量一样输入/输出了。“教会”C++输入/输出某个类对象的是重载流提取运算符（>>）和流插入运算符（<<）。

1. 流插入运算符<<的重载

输出重载

流插入运算符<<是一个二元运算符。例如，表达式 cout << x 的运算符两侧分别是 cout 和 x，x 是一个整型变量，cout 是输出流类 ostream 的对象。<<运算符将右边对象的值转换成文本形式插入左边的输出流对象，执行结果是左边的输出流对象的引用。对于 cout << x，运算结果为对象 cout。正因为<<运算的结果是左边对象的引用，所以允许执行 cout << x << y 等的操作。因为<<是左结合的，所以上述表达式先执行 cout << x，执行的结果是对象 cout，然后执行 cout << y。由于第一个参数是 ostream 类的对象，因此流插入运算符不能重载成成员函数，必须重载成全局函数。

根据<<操作的特性，重载函数有两个参数：第一个参数是 ostream 类的对象，由于函数将右边

对象值插入左边对象，左边对象会被修改，因此用引用传递；第二个参数是对当前类的对象的常量引用。返回值是第一个参数的引用，因此返回类型是 ostream 类的一个引用。流插入运算符重载函数的框架如下：

```
ostream & operator<<(ostream & os, const ClassType &obj)
{
    os << 要输出的内容;
    return os;
}
```

这个函数将对象 obj 产生的输出写入输出流对象 os，然后返回 os 对象。

例如，为 Rational 类写一个如下所示的流插入运算符重载函数，这个函数必须声明为 Rational 类的友元。

```
ostream& operator<<(ostream &os, const Rational& obj)
{
    os << obj.num << '/' << obj.den;
    return os;
}
```

有了输出运算符重载函数，就可以将 Rational 类的对象直接用 cout 输出。例如，定义：

```
Rational r(2,6);
```

执行 cout << r;的结果是 1/3。

在执行 cout << r;时，cout 和 r 被作为参数传入 operator<<函数。在函数中，将 r 的 num 和 den 写入形式参数 os。由于第一个形式参数是引用传递，os 就是 cout，因此 r 被输出到了 cout。

2. 流提取运算符>>的重载

与流插入运算符类似，流提取运算符也是一个二元运算符。对于 cin >> x，两个运算对象分别是 cin 和 x，cin 是输入流类 istream 的对象，>>操作从对象 cin 提取数据存入变量 x，运算结果是左边对象的引用。因此，>>运算符也可以连用，例如，cin >> x >> y >> z。

输入重载

当重载>>时，重载函数的第一个参数是一个输入流对象的引用，返回的也是对同一个流的引用；第二个形式参数是右边对象的非常量引用，该形式参数必须是非常量的，因为流提取运算符重载函数的目的是将数据存入此对象。与流插入运算符重载同理，流提取运算符也必须重载成全局函数。流提取运算符重载函数的框架如下：

```
istream & operator>>(istream & is, ClassType &obj)
{
    is >> 对象的数据成员;
    return is;
}
```

例如，为 Rational 类写一个如下所示的流提取运算符重载函数。与<<重载同理，这个函数必须声明为 Rational 类的友元。

```
istream& operator>>(istream &in, Rational& obj)
{
   in >> obj.num >> obj.den;
   obj.ReductFraction();
   return in;
}
```

有了流提取运算符重载函数，就可以将 Rational 类的对象直接用 cin 输入。例如，定义：

```
Rational r;
```

可以用 cin >> r;从键盘输入 r 的数据。例如，输入：

```
1 3
```

执行 cout << r;的结果是 1/3。

当执行 cin >> r;时，cin 作为参数传入函数 operator>>。由于是引用传递，函数中的 in 就是 cin。

函数从对象 cin 读入数据，存入 obj 的 num 和 den。由于 obj 也是引用传递，obj 就是对象 r，因此从 cin 读入的数据被存入了对象 r。

11.4 自定义类型转换函数

类型转换函数

C++只会执行同类数据的运算。当不同类型的数据出现在同一表达式中时，C++会进行自动类型转换，将运算数转换成同一类型再运算。例如，计算表达式：

```
3 + 'a' - 4.3
```

时，会将'a'转换成 int 型与 3 相加，得到整数 100，然后将 100 转换成 double 型的 100.0 与 4.3 相减，得到 double 型的结果 95.7。再如，x 是一个整型变量，那么在执行：

```
x = 4.3
```

时也会发生自动类型转换，将 4.3 转换成整型数 4 后赋予变量 x。但如果 r 是有理数类的对象，x 是 double 型的变量，当程序中出现 x = r 时，编译器会报错。因为编译器不知道如何将一个有理数转换成 double 型。

编译器知道如何在内置类型之间进行转换。例如，如何将一个整型数转换成 double 型的数据、如何将 double 型的数据转换成 int 型的数据。但编译器预先并不知道在自定义的类型之间、自定义类型和内置类型之间如何进行转换。如果 C++知道如何将有理数转换成 double 型，那么就可以执行 x = r。类型转换函数的作用是“教会”C++如何实现自定义类型和系统内置类型或其他自定义类型之间的转换。

11.4.1 内置类型到类类型的转换

内置类型到类类型的转换是通过类的构造函数实现的。例如，对于 Rational 类的对象 r，我们可以执行 r=2。此时，编译器隐式地调用 Rational 类的构造函数，将 2 作为实际参数，构造出一个 num=2、den= 1 的 Rational 类的对象，并将它赋予 r。同理，如果有理数类将加法重载成友元函数，还允许执行 r1 = 2 + r2 等的运算。在调用函数 operator+时，会调用构造函数将 2 作为参数构造一个有理数类的对象传给 operator+的第一个参数。**只要某个类 A 有一个单个参数的构造函数，C++就会执行参数类型到 A 类型对象的隐式转换**。

但有时程序员并不希望编译器执行这种隐式转换，例如代码清单 10-11 中的 DoubleArray 类有一个构造函数 DoubleArray(int size)，对 DoubleArray 类的对象 array，表达式：

```
array = 8;
```

是合法的，该表达式调用 DoubleArray(8)构造一个下标范围是 0～7 的临时对象赋予 array。显然，这个赋值含义不明。为了避免这种问题，程序中可以禁止这种隐式转换。禁止隐式转换是在构造函数前加一个关键字 explicit。如果将 DoubleArray 的构造函数改为：

```
explicit  DoubleArray(int size) {…}
```

再遇到 array = 8 这样的语句时，编译器会报错。

通常，除非有明显的需要隐式转换的理由，否则单个参数的构造函数应该被设为 explicit。将构造函数设置为 explicit 可以避免错误。当需要转换时，用户可以显式地构造对象，例如，执行 array = DoubleArray(8)。

11.4.2 类类型到其他类型的转换

如果希望类类型的对象能自动转换为内置类型或其他类类型，此时可以定义一个类型转换函数。

类型转换函数必须定义为类的成员函数，它告诉 C++如何将当前类对象转换成其他类型。类型转换函数的格式如下：

```
operator 目标类型名 () const
{   …
    return (结果为目标类型的表达式);
}
```

类型转换函数不指定返回类型，因为返回类型就是目标类型名。类型转换函数也没有形式参数，被转换的对象就是当前对象。这个函数也不会修改当前对象值，因此它是一个常量成员函数。例如，为 Rational 类增加一个类型转换函数，使 Rational 类的对象可以转换成一个 double 型的对象。函数如下：

```
operator double () const { return (double(num)/den);}
```

有了这个函数，就可以将一个 Rational 类的对象 r 赋予一个 double 型的变量 x。例如，r 的值为 (1,3)，经过赋值 x = r 后，x 的值为 0.333333。

利用类型转换函数实现隐式转换可以避免编写运算符的重载函数，从而减少代码。例如，尽管有理数类没有重载减法运算符，但可以执行 r – 1.5 等的操作，也可以执行 r1 = r2 – r3。在执行这类操作时，C++会将有理数 r 转换成 double 型的数据，执行 double 型的减法，计算结果也是 double 型的。

自动类型转换有时会给程序带来一些意想不到的结果，给程序的调试带来麻烦。禁止由带一个参数的构造函数引起的自动类型转换可以在构造函数前加一个关键字 explicit。C++11 将此关键字扩展到所有的类型转换函数。如果在类型转换函数前加了关键字 explicit，则表明不支持自动类型转换，但支持显式的类型转换。例如，在有理数类中，将有理数到 double 型的转换函数定义为：

```
explicit operator double () const { return (double(num)/den);}
```

如果 x 为 double 型的变量、r 为 Rational 类的对象，以下语句：

```
x = r;
```

将导致一个编译错误。而

```
x = double(r);
```

则是合法的语句。

11.5　运算符重载的应用

11.5.1　完整 Rational 类的定义和使用

经过了运算符重载，Rational 类与系统的内置类型基本类似。增加了这些重载函数后的 Rational 类的完整定义如代码清单 11-11 所示。成员函数的实现在前文中都已给出，这里不再重复。

代码清单 11-11　增加了运算符重载后的 Rational 类的完整定义

```
//文件名：Rational.h
#ifndef _rational_h
#define _rational_h

class Rational {
    friend istream& operator >> (istream &in, Rational& obj);
    friend ostream& operator << (ostream &os, const Rational& obj);
    friend Rational operator + (const Rational &r1, const Rational &r2);
    friend Rational operator * (const Rational &r1, const Rational &r2);
    friend bool operator < (const Rational &r1, const Rational &r2);
    friend bool operator == (const Rational &r1, const Rational &r2);
```

```
private:
    int num;
    int den;
    void ReductFraction();

public:
    Rational(int n = 0, int d = 1) { num = n; den = d; ReductFraction();}
    operator double () const { return (double(num)/den);}       //类型转换函数
};
#endif
```

Rational类的使用如代码清单11-12所示。现在有理数类的对象可以与任意数值型的对象一起运算了。

代码清单11-12　Rational类的使用

```
//文件名：11-12.cpp
#include <iostream>
#include "Rational.h"
using namespace std;

int main()
{
    Rational r1, r2, r3, r4;
    double x;

    cout << "输入r1: ";  cin >> r1;                        //调用operator>>
    cout << "输入r2: ";  cin >> r2;

    r3 = r1 + r2;                                         //调用operator+实现加运算
    cout << r1 << '+' << r2 << " = " << r3 << endl;   //调用operator<<

    r3 = r1 * r2;                                         //调用operator*实现乘运算
    cout << r1 << '*' << r2 << " = " << r3 << endl;

    r4 = (r1 + r2) * r3;                                  //复杂表达式的计算
    cout << "(r1 + r2) * r3的值为: " << r4 << endl;

    x = 5.5 - r1;                          //自动类型转换，将r1转换成double型
    cout << "5.5 - r1的值为: " << x << endl;

    cout << (r1 < r2 ? r1 : r2) << endl;

    return 0;
}
```

代码清单11-12所示的程序某次运行结果如下：

```
输入r1: 1  3
输入r2: 2  6
1/3+1/3=2/3
1/3*1/3=1/9
(r1 + r2) * r3的值为2/27
5.5 - r1的值为:: 5.16667
1/3
```

从上例可以看出，利用运算符重载可以减少程序员的工作量。例如，有理数类重载了+和*，就可以执行(r1 + r2) * r3等的复杂表达式，而不必再去教C++应该先执行小括号内的+运算，再执行*运算，因为C++已经学会了这些知识。有理数类没有重载减法运算，但可以执行5.5 – r1。这是因为尽管没有有理数类和double型相减的函数，但有两个double型的数相减的函数，而有理数是可以转

换成 double 型的值的，注意不可以执行 r+5.5。在执行这个表达式时，编译器有两种选择：一种是将 5.5 转换成整型，调用有理数的构造函数，用这个整型数构造一个有理数类的对象，执行有理数类的 operator+函数；另一种选择是将 r 转换成 double 型，执行 double 型的加法。此时，编译器反而无所适从，只好报错。

11.5.2　完整 DoubleArray 类的定义和使用

经过了运算符重载，DoubleArray 类几乎可以与系统内置的 double 型数组一样进行使用，而且比内置类型的数组功能更强。增加了这些运算符重载后的 DoubleArray 类的定义和实现如代码清单 11-13 所示。成员函数的实现在前文中都描述过，这里不再重复。

代码清单 11-13　增加了运算符重载后的 DoubleArray 类的完整定义和实现

```
//文件名：DoubleArray.h
#ifndef _array_h
#define _array_h

#include <iostream>
using namespace std;

class DoubleArray{
    friend ostream &operator<<(ostream &os, const DoubleArray &obj)
    {
        os << "数组内容为：\n";
        for (int i = obj.low; i <= obj.high; ++i)
            os << obj[i] << '\t';
        os << endl;

        return os;
    }

    friend  istream &operator>>(istream &is, DoubleArray &obj)
    {
        cout << "请输入数组元素[" << obj.low << ", " << obj.high << "]:\n";
        for (int i = obj.low; i <= obj.high ; ++i)
            is >> obj[i] ;

        return is;
    }

    friend  bool operator==(const DoubleArray &obj1, const DoubleArray &obj2)
    //相等比较
    {
       if (obj1.low != obj2.low || obj1.high != obj2.high) return false;
       for (int i = obj1.low; i <= obj1.high; ++i)
          if (obj1[i] != obj2[i]) return false;

       return true;
    }

private:
    int low;
    int high;
    double *storage;

public:
    DoubleArray(int lh = 0, int rh = 0);
    DoubleArray(const DoubleArray &arr);
    DoubleArray(DoubleArray &&other);                    //移动构造
```

```
    DoubleArray &operator = (const DoubleArray &right);
    DoubleArray &operator = (DoubleArray &&right);          //移动赋值
    double & operator[](int index);                          //作为左值
    const double & operator[](int index) const;              //作为右值
    DoubleArray operator()(int start, int end, int lh);     //取子串
    ~DoubleArray();
};
#endif
```

DoubleArray 类的使用如代码清单 11-14 所示。

代码清单 11-14　DoubleArray 类的使用

```
//文件名：11-14.cpp
#include "DoubleArray.h"
#include <iostream>
using namespace std;

int main()
{
    DoubleArray array1(20,30), array2;

    cin >> array1;                        //利用流提取运算符重载输入 array1
    cout << "array1 的内容为:";           //利用流插入运算符重载输出 array1
    cout << array1;

    array2 = array1;                      //利用赋值运算符重载将 array1 赋予 array2

    cout << "执行 array2 = array1, array2 的内容为:";
    cout << array2;

    //利用==重载比较 array1 和 array2
    cout << "array1 == array2 是 " << ((array1 == array2)  ? "true" : "false")
         << endl;

    array2[25] = 0;                       //利用下标运算符重载为 array2 的元素赋值

    cout << "执行 array2[25] = 0 后, array1 == array2 是 "
         << ((array1 == array2)  ? "true" : "false") << endl;

    array2 = array1(22, 25, 2);
    cout << "执行 array2 = array1(22, 25, 2)后, array2 的值为: " << array2;

    return 0;
}
```

代码清单 11-14 所示的程序的某次执行结果如下：

```
请输入数组元素[20,30]:
1 2 3 4 5 6 7 8 9 10 11
array1 的内容为:
1  2  3  4  5  6  7  8  9  10  11
执行 array2 = array1, array2 的内容为:
1  2  3  4  5  6  7  8  9  10  11
array1 == array2 是 true
执行 array2[25] = 0 后, array1 == array2 是 false
执行 array2 = array1(22, 25, 2)后, array2 的值为: 3  4  5  6
```

11.6　编程规范及常见错误

尽管在运算符重载时可以按类设计者的要求规定相应运算符的功能，但重载运算符的功能应该与内置类型的功能相似。例如，在有理数类中重载+运算符应该执行两个有理数相加而非相减。

运算符重载函数一般可以作为类的成员函数或友元函数，但是赋值运算符、下标运算符、函数调用运算符必须重载成成员函数。其他具有赋值意义的运算符建议重载成成员函数。

同类对象之间可以相互赋值，这是因为编译器对每个类会自动设置一个默认的赋值运算符重载函数。该函数将对象的数据成员相互赋值。但如果类包含指针类型的数据成员，则不能用默认的赋值运算符重载函数。类的设计者必须按照类的实际情况设计一个赋值运算符重载函数。

每个运算符都有自己的重载函数，复合的赋值运算符也是如此。例如，要在有理数类中执行+=操作，程序必须重载+=运算符，而不是重载了+和=就可以执行+=操作了。

在写输入/输出重载函数时，要注意参数类型。输入重载函数的第二个参数是当前类对象的引用，而输出重载的第二个参数是当前类对象的 const 引用。初学者经常会忽略第二个参数的区别，将这两个参数都设计成当前对象的引用或当前对象的常量引用，这样将导致编译或链接时出现错误。

类型转换函数可以提供隐式转换，隐式转换可以减少其他运算符的重载。例如，有理数类并没有重载减法运算，却可以执行 5.5 – r1，甚至可以执行 r1 – r2。这是因为有理数类有一个有理数到 double 型的转换函数。当执行 5.5 – r1 时，编译器会去找一个第一个参数是 double 型、第二个参数是有理数类对象的 operator-函数，但这个函数不存在。编译器就退而求其次，寻找一个两个参数都为 double 或都为有理数类对象的 operator-函数。由于有理数类没有重载过减法运算，但两个 double 型的变量是可以相减的，于是编译器将 r1 转换成 double 型，再对两个 double 型的值相减。r1 – r2 的操作过程也是如此。编译器找不到两个参数都是有理数的 operator-函数，但发现有理数可以转换成 double 型，于是将两个参数转换成 double 型，再执行减运算，计算的结果是 double 型的数值。

凡事都有两面性。类型转换函数可以减少重载函数，但也可能导致程序出现二义性。例如，对有理数类的对象 r1 执行 5.5 + r1，就会出现编译错误。因为 5.5 可以隐式转换成整型，而一个整型数又能构造一个有理数类的对象，所以这个加法可以用有理数类重载的加法函数。同时，由于有理数类又定义了一个有理数到 double 类的转换函数，因此 r1 能隐式转换成 double 型，而两个 double 型的数据也能相加。编译器无所适从，不知道该执行哪一个 operator+函数，只能报错。

运算符的各类操作都是通过操作它的数据成员实现的。当把运算符重载成全局函数时，应该将此函数声明为友元函数。

11.7　小结

本章介绍了如何通过定义运算符重载函数构建功能更加强大的类。运算符重载可以将对象和 C++内置类型的变量一样用运算符进行操作，从而扩大了 C++系统的功能。

运算符重载是“教会”C++如何将运算符用于类类型。“教会”计算机做某件事情就是写一个完成这个任务的函数。如何让 C++知道遇到某个运算符应该执行哪个特定的函数呢？答案是可以通过给函数取一个特殊的名称来解决。运算符重载函数名必须为“operator@”，其中@代表重载的运算符。运算符重载只是解释如何对该类对象实现运算符的操作，而不能改变运算符的运算对象数、结合性和优先级。因此，运算符重载函数的参数个数和返回值类型必须与所重载的运算符保持一致。

例如，有理数类中加法重载函数的参数是两个有理数类的对象，返回值也是有理数类的对象。但如果重载关系运算符，则参数是两个有理数类的对象，返回值是 bool 型。

大多数运算符都可重载成成员函数和全局函数。当重载成全局函数时，一般会将此全局函数声明为友元函数。由于成员函数有一个隐含的参数，即 this 指针，因此重载成成员函数时参数个数比运算符的运算对象数少 1。this 指针指向的对象是运算符的第一个运算对象，因此第一个运算对象是当前类对象的运算符通常被重载成成员函数。

C++允许各类不同的变量出现在一个表达式中。在运算前，C++会将不同类型的运算对象转换成同一类型。要使得自定义类的对象也能与其他类型的对象出现在同一个表达式中，程序员必须“教会”编译器如何在这些类型之间互相转换。内置类型到类类型的转换是调用有一个内量类型参数的构造函数。类类型到其他类型的转换需要定义类型转换函数。

11.8 习题

一、简答题

1. 重载后的运算符优先级和结合性与用于内置类型时有何区别？
2. 为什么输入/输出必须重载成友元函数？
3. 如何区分++和--的前缀用法及后缀用法的重载函数？
4. 为什么要使用运算符重载？
5. 如果类的设计者在定义一个类时没有定义任何成员函数，那么这个类有几个成员函数？
6. 如何实现类类型对象到内置类型对象的转换？如何实现内置类型到类类型的转换？
7. 如何禁止内置类型到类类型的自动转换？
8. 下标运算符为什么一定要重载成成员函数？下标运算符重载函数为什么要用引用返回？
9. 一般什么样的情况下需要为类重载赋值运算符？
10. 对于代码清单 11-11 中的 Rational 类的对象 r1 和 r2，执行 r1 / r2，结果是什么类型的？
11. 写出下列程序的运行结果。

```
class  model {
   private:
     int data;
   public:
     model(int n) : data(n) {}
     int operator()(int n) const {  return data % n; }
     operator int() const { return data;}
};

int main()
{
    model s1(135), s2(246);

    cout << s1 << '+' << s2 << '=' << s1 + s2 << endl;
    cout <<s1(100)<< '-' <<s2(10)<< '=' << s1(100) - s2(10) << endl;

    return 0;
}
```

12. 写出下列程序的运行结果。

```
class  model {
   private:
       int data;
     public:
   model(int n = 0) : data(n) {}
   model(const model &obj) { data = 2*obj.data; }
```

```
    model & operator = (const model &obj) { data = 4*obj.data; return *this; }
};

int main()
{
    model s1(10), s2=s1, s3;

    cout << s1 << ' ' << s2 << ' ' << s3 << endl;
    cout << (s3 = s1) << endl;

    return 0;
}
```

13. 如何禁止自动类型转换?

14. 为什么前缀的++和--重载函数采用引用返回，而后缀的++和--重载函数采用值返回?

二、程序设计题

1. 定义一个时间类 Time，通过运算符重载实现时间的比（关系运算）、时间增加/减少若干秒（+=和-=）、时间增加/减少 1 秒（++和--）、计算两个时间相差（-）以及输出时间对象的值（时-分-秒）。

2. 用运算符重载完善第 10 章程序设计题的第 2 题中的 LongLongInt 类，并增加++操作。

3. 定义一个保存和处理十维向量空间中的向量的类型，用运算符重载实现向量的输入/输出、两个向量的加以及求两个向量数量积的操作。

4. 实现一个处理字符串的类 String。它用一个动态的字符数组保存一个字符串，实现的功能有：字符串连接（+和+=）、字符串赋值（=）、字符串的比较（>、>=、<、<=、!=、==）、取字符串的一个子串（函数调用运算符）、访问字符串中的某一个字符（下标运算符）、字符串的输入和输出（>>和<<）。

5. 设计一个动态的、安全的二维 double 型的数组 Matrix。这里可以通过：

```
Matrix table(3, 8);
```

定义一个 3 行 8 列的二维数组，通过 table(i, j)访问 table 的第 i 行第 j 列的元素。例如，table(i, j)= 5;或 table(i, j)= table(i, j+1)+ 3;，行号和列号从 0 开始。

更进一步思考，能否实现用 table[i][j]访问数组元素。

6. C++的布尔类型本质上是一个枚举类型，程序员对布尔类型的变量只能执行赋值、比较和逻辑运算，试设计一个更加人性化的布尔类型。它除了支持赋值、比较和逻辑运算外，还可以直接输入/输出。如果要输入 true，直接输入 true。如果某个布尔类型变量 flag 的值为 false，直接执行 cout << flag 将会输出 false。同时它还支持到整型的转换，true 被转换成 1，false 被转换成 0。

7. 设计一个可以计算任意函数定积分的 integral 类。当要计算某个函数 f 的定积分时，程序可以定义一个 integral 类的对象，将实现数学函数 f 的 C++函数 g 作为参数，例如 integral obj(g);。如果要计算函数 f 在区间[a, b]的定积分，程序可以调用 obj(a, b)。定积分的计算采用第 4 章程序设计题的第 15 题中介绍的矩形法。

8. 改写第 10 章程序设计题的第 12 题，用重载函数调用运算符实现 RandomInt 和 RandomDouble。对于 Random 类的对象 r，调用 r(a, b)将得到一个随机数。如果 a、b 是整型数，将产生一个随机整数。如果 a、b 是 double 型的数，将产生一个随机实数。

9. 在本章的 Rational 类中增加+=运算符的重载函数，用成员函数实现。

10. 设计一个复数类，实部和虚部都是 double 型，用运算符重载实现复数的输入/输出、加、减、乘和除。

11. 利用上题的复数类，设计一个解一元二次方程的函数，要求能同时处理实根和虚根。

12. 用友元函数实现有理数类中的++和--重载。

第12章 组合与继承

面向对象的重要特征之一是代码重用。代码重用不仅可以指将一段代码复制到程序的另一个地方或另一个程序中，还可以指利用已经创建好的类构建出功能更强大的类。

C++完成这个任务有两种方法：第一种方法是用已有类的对象作为新定义类的数据成员，因为新的类是由已有类的对象组合而成的，所以这种方法被称为**组合**；第二种方法是在一个已存在类的基础上，对它进行扩展，形成一个新类，这种方法称为**继承**。继承是面向对象程序设计的重要思想，也是运行时多态性的实现基础。

软件重用可以减少软件开发的代价，符合大规模生产的要求。因此希望程序员能够重用经过认可和调试的高质量的软件。

12.1 组合

创建类的基本工作是将不同类型的数据及对数据的处理组合成一个更复杂的类型。不过到目前为止，我们都是将 C++的内置类型组合成一个新类型。数据成员也可以是某个类的对象。如果一个类的某个数据成员是另一个类的对象，则该成员被称为**对象成员**。用组合的方式构建新的类时，程序员不必关心对象成员所属的类是如何实现的。

组合

组合表示一种聚集关系，是一种部分和整体的关系，即 has-a 的关系。例如，每架飞机都必须有发动机，而飞机制造商不一定自己制造发动机，甚至不一定知道如何造发动机。他可以到制造发动机的生产厂商那里买一个发动机装在飞机上。如果将飞机看成一个类，那么发动机是别人生产的一个类。飞机类包含了别人生产的发动机类的对象。

大多数对象成员不能像内置类型一样直接赋值，所以它的初值不一定能在构造函数体中通过赋值得到，而必须调用它的构造函数。因此用组合方式实现的类的构造函数往往带有初始化列表，在初始化列表中指定对象成员的初值。

例 12.1 定义一个复数类，复数的虚部和实部都用有理数表示。其需要实现的功能有复数的输入/输出、复数的加法。

由于第 11 章已经定义了一个有理数类，则复数类的数据成员可以直接用有理数类的对象，因此复数类是一个用组合方法构建的类。它的定义如代码清单 12-1 所示。

代码清单 12-1 Complex 类的定义

```
class Complex
{
    friend Complex operator + (const Complex &x, const Complex &y);
    friend istream& operator>>(istream &is, Complex &obj);
    friend ostream& operator<<(ostream &os, const Complex &obj);
```

```
    Rational real;  //实部
    Rational imag;  //虚部
public:
    Complex(int r1 = 0, int r2 = 1, int i1 = 0, int i2 = 1):
       real(r1, r2), imag(i1, i2) {}
    Complex(const Rational &rr, const Rational &ii ): real(rr), imag(ii) {}
};
```

注意 Complex 类的第一个构造函数。由于 real 和 imag 都是 Rational 类型，无法直接赋值，因此这两个数据成员都必须在初始化列表中用它们的构造函数设置初值，构造函数所需的参数来自 Complex 类的构造函数的参数表。除了这两个数据成员外，Complex 类没有其他的数据成员要设置初值，所以构造函数的函数体为空。

如果对象成员的初始化是由默认构造函数完成的，则该对象成员可以不出现在初始化列表中。

复数的加法是实部和虚部对应相加。由于 Rational 类重载了加法，因此这里可直接将两个运算对象的实部与虚部对应相加。输入/输出一个复数是分别输入/输出它的实部和虚部，由于 Rational 类重载过输入/输出，也可直接输入/输出它的实部和虚部。总而言之，由于 Rational 类重载了这些运算符，Complex 类就可以重用这些代码，以简化实现。这 3 个重载函数的实现如代码清单 12-2 所示。

代码清单 12-2　Complex 类成员函数的实现

```
Complex operator + (const Complex &x, const Complex &y)   //加法运算符重载
{
    return Complex(x.real + y.real, x.imag + y.imag);
}

istream& operator>>(istream &is, Complex &obj)            //输入运算符重载
{
    cout << "请输入实部：";
    is >> obj.real;                     //利用 Rational 类的输入重载实现实部的输入
    cout << "请输入虚部：";
    is >> obj.imag;                     //利用 Rational 类的输入重载实现虚部的输入
    return is;
}

ostream& operator<<(ostream &os, const Complex &obj)      //输出运算符重载
{
    //利用 Rational 类的输出重载实现实部和虚部的输出
    if (obj.imag >= 0) os << '(' << obj.real << " + " << obj.imag << "i" << ')';
    else os << '(' << obj.real << obj.imag << "i" << ')';
    return os;
}
```

有了这样的一个 Complex 类，就可以将复数对象像内置类型一样使用，如代码清单 12-3 所示。

代码清单 12-3　Complex 类的使用

```
int main()
{
   Complex x1,x2,x3;

   cout << "请输入 x1: \n";
   cin >> x1;                               //利用输入重载输入复数 x1
   cout << "请输入 x2:\n";
   cin >> x2;                               //利用输入重载输入复数 x2

   x3 = x1 + x2;                            //利用加运算符重载完成加法
```

```
    cout << x1 << " + " << x2 << " = " << x3 << endl;   //利用输出重载输出复数

    return 0;
}
```

代码清单 12-3 所示的程序某次运行结果如下：

```
请输入 x1:
请输入实部: 1 4
请输入虚部: 2 5
请输入 x2:
请输入实部: 1 4
请输入虚部: 3 5
(1/4+ 2/5i) + (1/4+3/5i) = (1/2 + 1/1i)
```

由此可见，组合可以简化创建新类的工作，让创建新类的程序员不需要过多地关注底层的细节，以便在更高的抽象层次上考虑问题，有利于创建功能更强的类。

例 12.2 定义一个二维平面上的点类型，用以设置点的位置和返回点的位置。在此基础上，定义一个二维平面上的线段类型，它可以返回线段的起点、终点以及中点，也可以返回线段的长度。

保存一个二维平面上的点需要保存 x 和 y 两个坐标值，因此需要两个数据成员。该类提供 3 个公有的成员函数：构造函数、返回 x 坐标和返回 y 坐标。另外，还重载了输入/输出。Point 类的定义及成员函数的实现如代码清单 12-4 所示。

代码清单 12-4　Point 类的定义及成员函数的实现

```
class Point {
    friend istream &operator>>(istream &is, Point &obj)
    {
         is >> obj.x >> obj.y;
         return is;
    }
    friend ostream &operator<<(ostream &os, const Point &obj)
    {
        os << "( " << obj.x << ", " <<  obj.y << " )";
        return os;
    }

private:
    double x,y;
public:
    Point(double a = 0, double b = 0) {x = a; y = b;}
    double getx() const {return x;}
    double gety() const {return y;}
};
```

在点类型的基础上，继续定义线段类型。一个线段由两个点组成，所以有两个点类型的数据成员，即用组合方式构成。线段类型有两个构造函数：一个是有 4 个 double 型参数，它们表示两个点的坐标值；另一个是通过两个点构建一条线段。根据题目要求还设计了另外 4 个返回线段各种信息的函数。最后为线段类重载了输入/输出。Segment 类的定义及成员函数的实现如代码清单 12-5 所示。

代码清单 12-5　Segment 类的定义及成员函数的实现

```
class Segment {
    friend istream &operator>>(istream &is, Segment &obj);
    friend ostream &operator<<(ostream &os, const Segment &obj);
private:
    Point start;
    Point end;
public:
    Segment(double x1 = 0,double y1 = 0, double x2 = 0, double y2 = 0):
        start(x1, y1), end(x2, y2) {}
    Segment(const Point &p1, const Point &p2):start(p1), end(p2) {}
```

```
    double getLength() const;
    Point getMid() const;
    Point getStart() const { return start; }
    Point getEnd() const { return end; }
};

istream &operator>>(istream &is, Segment &obj)
{
    cout << "请输入起点坐标：";
    is >> obj.start;                    //调用 Point 类的输入重载
    cout << "请输入终点坐标：";
    is >> obj.end;                      //调用 Point 类的输入重载
    return is;
}

ostream &operator<<(ostream &os, const  Segment &obj)
{
    os << obj.start << " - " <<  obj.end;     //调用 Point 类的输出重载
    return os;
}

double Segment::getLength() const
{
    double x1 = start.getx(), x2 = end.getx(), y1 = start.gety(), y2 = end.gety();
    return sqrt((x2 - x1) * (x2 - x1) + (y2 - y1) * (y2 - y1));
}

Point Segment::getMid() const
{
    return Point((start.getx() + end.getx())/2, (start.gety() + end.gety())/2);
}
```

注意代码清单 12-5 中的 getLength 和 getMid 函数，其中涉及了起点与终点的 x 和 y 坐标，由于 x 和 y 是 Point 类的私有成员，因此不能直接用 start.x 或 end.y，而必须调用 start.getx()和 end.gety()。因为有了 Point 类，Segment 类的很多实现都变简单了。线段的输入是输入起点和终点。由于已有了点类型，这里就不用考虑起点和终点如何输入。输出也是如此。点类型的代码在线段类中得到了重用，Segment 类的使用如代码清单 12-6 所示。

代码清单 12-6　Segment 类的使用

```
int main()
{
    Point p1(1, 1), p2(3, 3);
    Segment s1, s2(p1, p2);

    cout << s1 << '\n' << s2 << endl;

    cin >> s1;
    cout << s1.getStart() << s1.getEnd() << s1.getMid() << endl;

    return 0;
}
```

代码清单 12-6 中用两种方法定义了两条线段。s1 用默认的构造函数构造，即起点和终点都是(0,0)。s2 用两个点构造，构造了一条起点在(1,1)、终点在(3,3)的线段。接着又测试了线段类的输入/输出重载。该程序的某次运行结果如下：

```
(0, 0) - (0, 0)
(1, 1) - (3, 3)
请输入起点坐标：2 2
请输入终点坐标：6 6
(2, 2) (6, 6) (4, 4)
```

例 12.3 在 Point 和 Segment 类的基础上设计一个二维平面上的三角形类，其需要实现的功能有：求三角形的面积、周长和 3 条边的长度。

三角形可以用 3 个顶点的坐标表示，所以三角形（triangle）类有 3 个 Point 类的数据成员，即用组合方法定义。除了构造函数之外，还有 3 个公有的成员函数，分别实现求面积、周长和 3 条边长度的功能。triangle 类的定义及使用如代码清单 12-7 所示。triangle 类对象有两种构造方法：一种是用 6 个 double 参数，表示 3 个点的坐标；另一种是直接用 3 个 Point 对象。

代码清单 12-7 triangle 类的定义及使用

```
class triangle {
    Point p1;
    Point p2;
    Point p3;
public:
    triangle(double x1 = 0,double y1 = 0, double x2 = 0, double y2 = 0,
    double x3 = 0, double y3 = 0):p1(x1, y1),p2(x2, y2),p3(x3, y3) {}
    triangle(const Point &pt1, const Point &pt2, const Point &pt3):
    p1(pt1), p2(pt2), p3(pt3) {}
    double area() const;
    double circum() const;
    void sideLen(double &len1,double &len2,double &len3) const;
};

void triangle::sideLen(double &len1,double &len2,double &len3) const
{
    len1 = Segment(p1, p2).getLength();
    len2 = Segment(p1, p3).getLength();
    len3 = Segment(p3, p2).getLength();
}

double triangle::circum() const
{
    double s1, s2, s3;
    sideLen(s1,s2,s3);
    return s1 + s2 + s3;
}

double triangle::area() const
{
    double len1, len2, len3, p;
    sideLen(len1, len2, len3);
    p = (len1 + len2 + len3) / 2;
    return sqrt(p * (p - len1) * (p - len2) * (p - len3));
}

int main()
{
    Point p1(1, 1), p2(3, 1), p3(2, 2);
    triangle t1(0, 0, 0, 1, 1, 0), t2(p1, p2, p3);

    cout << t1.area() << " " << t1.circum() << '\n' << t2.area()
         << " " << t2.circum()  << endl;

    return 0;
}
```

sideLen 函数返回 3 条边的长度，这 3 个返回值用输出参数的形式表示。由于有了 Segment 类，计算线段长度的任务就由它完成了。sideLen 函数用 3 个点构造 3 条线段，用 Segment 类的 getLength 函数获取线段的长度。circum 函数计算三角形的周长，该函数首先调用 sideLen 函数获取 3 条边的长度，返回它们的和值。area 函数计算三角形的面积。计算三角形面积最常用的方法是底乘高除以

2，但当用 3 个点保存三角形时，计算底和高比较困难，而这里很容易获取 3 条边的长度，于是选用海伦公式计算面积。

在 main 函数中，用两种方法定义了两个 triangle 类的对象。t1 的 3 个顶点坐标是(0,0)、(0,1)和(1,0)，t2 的 3 个顶点坐标是(1,1)、(3,1)和(2,2)。接着输出了这两个三角形的面积和周长。程序运行结果如下：

```
0.5  3.41421
1    4.82843
```

12.2　继承

继承是软件重用的另一种方式，是一个不断学习、不断增强对象功能的过程。就如一个人从一个学龄前儿童开始成长为一名小学生，然后成为中学生、大学生。每进一步，他的知识和能力都得到了提高。在程序设计中，程序员可以通过继承在某个已有类的基础上增加新的属性和行为来创建功能更强的类。

用继承方式创建新类时，程序员需要指明这个新类是在哪个已有类的基础上扩展的。已有的类称为**基类或父类**，新类称为**派生类或子类**。派生类本身也可能会成为未来派生类的基类，又可以派生出功能更强的类。

派生类通常添加了其自身的数据成员和成员函数，因而比基类包含的内容更多，功能更强。派生类比基类更具体，它代表了一组外延较小的对象。继承的魅力在于能够添加基类所没有的特点以及取代和改进从基类继承的特点，使基类代码在派生类中得到重用。

继承机制除了可以支持软件重用之外，它还具有以下作用。

（1）对事物进行分类，使对象之间的关系更加清晰。通过类之间的继承关系，可以把事物（概念）以层次结构表示出来。在这个层次结构中，存在着一种一般与特殊的关系，即 is-a 的关系。上层（基类）表示一般的概念，下层（派生类）表示特殊的概念，它是上层的具体化。例如，图 10-1 中的“人”是一个一般的概念，而“教师”是一类特殊的“人”。相对于“高级职称”的教师，“教师”又是一个比它更一般的概念。因此“人”是“教师”的基类，“教师”是“高级职称教师”的基类。

（2）支持软件的增量开发。软件的开发往往不是一次完成的，而是随着对软件功能的逐步理解和改进不断完善的。继承关系可以用来实现这个完善的过程。通过扩充类的功能扩充整个软件的功能，整个程序的修改量可达到最少。

（3）实现运行时的多态性，简化软件。

派生类的定义

12.2.1　派生类的定义

定义派生类需要指出它从哪个基类派生、它在基类的基础上增加了什么内容。派生类的定义格式如下：

```
class 派生类名:继承方式 基类名
{ 新增加的成员声明;};
```

派生类名是正在定义类的名称；基类名表示派生类是在这个类的基础上扩展的；继承方式可以是 public、private 和 protected，说明了基类的成员在派生类中的访问特性。继承方式可以省略，默认为 private。新增加的成员声明是派生类在基类基础上的扩充。例如：

```
class Base
{
    int x;
public:
```

```
    void setx(int k);
};

class Derived1:public Base
{
    int y;
public:
    void sety(int k);
};
```

类 Derived1 在类 Base 的基础上增加了一个数据成员 y 和一个成员函数 sety。因此 Derived1 有两个数据成员 x 和 y，有两个成员函数 setx 和 sety。

类的每个成员都有访问特性，派生类也不例外。虽然派生类是从基类派生的，但它和基类是两个完全独立的类，因此它的成员函数不能访问基类的私有成员。为了方便派生类的成员函数访问基类的私有成员，C++引入了第三种访问特性——protected。protected 成员是一类特殊的私有成员，它不可以被全局函数或其他类的成员函数访问，但能被派生类的成员函数和友元函数访问。

除了私有成员之外，基类其他成员在派生类中的访问特性取决于它在基类中的访问特性和继承方式，如表 12-1 所示。

表 12-1　　派生类中基类成员的访问特性和继承方式

基类成员的访问特性	继承方式		
	public 继承	protected 继承	private 继承
public	public	protected	private
protected	protected	protected	private
private	不可访问	不可访问	不可访问

根据表 12-1，可以看出 Derived1 类的组成及访问特性，如表 12-2 所示。

表 12-2　　Derived1 类的组成及访问特性

访问特性	Derived1 类的组成
不可直接访问	x
private	y
public	setx()
	sety()

通常继承时采用的继承方式都是 public。它可以在派生类中保持基类的访问特性。

12.2.2　派生类对象的构造和析构

派生类对象的构造和析构

派生类对象中包含了一个基类对象以及新增加的部分，初始化派生类对象需要同时初始化这两个部分。基类的数据成员往往都是私有的，派生类的成员函数无权访问这些私有成员，构造函数也不例外。因此，派生类对象的初始化通常由基类和派生类的构造函数共同完成。派生类的构造函数体负责初始化新增加的数据成员，并在它的初始化列表中调用基类的构造函数初始化基类的数据成员。派生类构造函数的一般形式如下：

```
派生类构造函数名(参数表):基类构造函数名(参数表)
{ … }
```

其中，基类构造函数中的参数值通常源于派生类构造函数的参数表，也可以用常量值。

构造派生类对象时，先执行基类的构造函数，再执行派生类的构造函数。如果派生类新增的数据成员中含有对象成员，则在创建对象时，先执行基类的构造函数，再执行对象成员的构造函数，最后执行自己的构造函数体。

如果派生类对象构造时对包含的基类对象是用基类默认的构造函数初始化的，那么在派生类构造函数的初始化列表中可以不出现基类构造函数调用。**注意：虽然没有显式地调用基类的构造函数，但基类的构造函数还是被调用了，而且调用的是默认的构造函数。**

析构的情况也是如此。派生类的析构函数体只负责新增加的数据成员的析构，派生类中的基类部分由基类的析构函数析构。派生类的析构函数在执行完函数体的语句后会自动调用基类的析构函数。

例 12.4　定义一个表示人的类 People，每个人包含两个信息：姓名和年龄。在 People 类的基础上，派生出一个表示学生的类 Student，每名学生有一个学号和班级号。观察学生类对象的构造和析构过程。

为了说明构造和析构过程，每个类只定义了构造函数和析构函数，构造函数和析构函数都会输出一条信息。按照这个思想，People 类的定义与实现如代码清单 12-8 所示，Student 类的定义与实现如代码清单 12-9 所示。

代码清单 12-8　People 类的定义与实现

```
class People {
public:
    People(const char *s , int a) {     //构造函数
       name = new char[strlen(s) + 1];
       strcpy(name, s);
       age = a;
       cout << "People constructor:"  << '[' << name << "]   age : " << age << endl;
    }

    ~People(){    //析构函数
       cout << "People destructor: " << '[' << name << "]   age : " << age << endl;
       delete name;
    }
protected:
    char *name;
    int age;
};
```

代码清单 12-9　Student 类的定义与实现

```
class Student:public People {
public:
    Student(const char *s, int a, int n, const char *cls): People(s, a)
    {
        s_no = n;
        class_no = new char[strlen(cls) + 1];
        strcpy(class_no, cls);
        cout << "Student constructor: student number is " << s_no
             << ", class number is " << class_no << endl;
    }
    ~Student()
    {
       cout << "Student destructor:  student number is " << s_no
            <<  ", class number is " << class_no  << endl;
       delete class_no;
    }

private:
    int s_no;
    char *class_no;
};
```

由代码清单 12-9 可以看出，Student 类在它的构造函数的初始化列表中调用了 People 类的构造函数，并将形式参数 s 和 a 传递给它，构造一个 People 类的对象，然后在构造函数体中为 s_no 和 class_no 赋初值。People 类和 Student 类的使用如代码清单 12-10 所示。

代码清单 12-10　People 类和 Student 类的使用

```
int main()
{
    Student s1("li", 2, 29, "F1003001");
    cout << endl;
    Student s2("wang", 3, 30, "F1102008");
    cout << endl;

    return 0;
}
```

代码清单 12-10 所示的程序运行结果如下：

```
People constructor: [li]   age : 2
Student constructor: student number is 29, class number is F1003001

People constructor: [wang]   age : 3
Student constructor: student number is 30, class number is F1102008

Student destructor:  student number is 30, class number is F1102008
People destructor: [wang]   age : 3
Student destructor:  student number is 29, class number is F1003001
People destructor: [li]   age : 2
```

main 函数首先定义一个 Student 类的对象 s1。该定义先调用基类的构造函数，输出了第 1 行，再调用派生类的构造函数，输出了第 2 行。接着 main 函数输出一个空行，再定义一个 Student 类的对象 s2，该对象定义输出了第 4 行和第 5 行。main 函数又输出一个空行，程序结束。此时会消亡所有变量，这将调用对象的析构函数。析构的次序和构造的次序正好相反。程序先构造 s1，再构造 s2。析构时，先析构 s2，再析构 s1。析构 s2 会先执行 Student 类的析构函数，再执行 People 类的析构函数，于是输出了第 7 行和第 8 行。最后析构 s1，输出最后两行。

由此可见，派生类对象构造时，基类的构造函数和派生类的构造函数各司其职，派生类构造函数不必关心基类部分的构造。

12.2.3　重定义基类的函数

派生类是基类的扩展，它可以是对保存数据内容的扩展，也可以增加新的功能，或者扩展某个功能。当派生类对基类的某个功能进行扩展时，它定义的成员函数名可能会与基类的成员函数名重复。这就如同非智能手机升级为智能手机后，仍然有一个电源按钮。但按了电源按钮后，智能手机和非智能手机做的事情是不一样的。

重定义基类的函数（1）

派生类定义了一个与基类中某个成员函数原型完全相同的成员函数，称为**重定义基类的函数**。此派生类中拥有两个原型完全相同的成员函数。当通过“派生类对象.成员函数”或“派生类指针->成员函数”的形式调用此函数时会有二义性。C++规定派生类对象调用的是派生类重定义的函数，基类的同名函数被隐藏了。

例 12.5　某银行有两类账户：一类是普通账户；另一类是允许透支的 VIP 账户。每个账户包括姓名、账号和余额，VIP 账户还必须包括透支额度、欠款总额和透支利率。每个账户需有存款、取款、查看账户各个属性和显示账户信息的操作，VIP 账户还必须有维护透支信息方面的操作。试设计两个类。

观察这两个类可以发现，VIP 账户是一类特殊的普通账户，它具备普通账户所有的属性和行为，因此这里可以采用继承的方式，在普通账户的基础上增加透支功能来派生一个 VIP 账户。

根据题意可以得到代码清单 12-11 所示的普通账户（Account）类定义成员函数的实现。

代码清单 12-11　Account 类定义及成员函数的实现

```
class Account
{
private:
    char name[20];                  //账户名
    long acctNum;                   //账号
    double balance;                 //余额
public:
    Account(const char *s = "", long an = -1,  double bal = 0.0)
          : acctNum(an), balance(bal) { strcpy(name, s); }
    void Deposit(double amt)  { balance  += amt; }
    void Withdraw(double amt);
    double getBalance() const { return  balance; }
    const char *getName() const { return  name; }
    int getAcctNum() const { return  acctNum; }
    void ViewAcct() const;
};

void Account::Withdraw(double amt)
{
    if (amt <= balance)
        balance -= amt;
    else
        cout << "余额不够\n";
}

void Account::ViewAcct() const
{
    cout << "账户姓名: " << name << '\t';
    cout << "账号: " << acctNum << '\t';
    cout << "余额: " << balance << endl;
}
```

在此基础上可以扩展出 VIP 账户类。VIP 账户需要额外维护透支信息，因此增加了 3 个与透支有关的属性以及维护这些属性的函数。但注意虽然普通账户类有取款函数和显示账户情况的函数，但 VIP 账户的这两个功能的处理过程与普通账户的处理过程是不同的。VIP 用户取款时余额不够可以透支，显示账户信息时内容也更多。所以 VIP 类必须由程序员自行定义这两个函数，并让它们与基类的函数有同样的名称，即重定义了基类的函数。VIP 账户（AccountVIP）类的定义及部分成员函数的实现如代码清单 12-12 所示。

代码清单 12-12　AccountVIP 类的定义及部分成员函数的实现

```
class AccountVIP : public Account
{
private:
    double maxLoan;      //透支额度
    double rate;         //透支利率
    double owesBank;     //欠款总额
public:
    AccountVIP(const char *s = "", long an = -1,double bal = 0.0,
        double ml = 500, double r = 0.11125) : Account(s, an, bal)
    {
        maxLoan = ml;
        rate = r;
        owesBank = 0;
    }
    AccountVIP(const Account & ba, double ml = 500,
        double r = 0.11125) :Account(ba)
```

```
    {
        maxLoan  = ml;
        rate = r;
        owesBank = 0;
    }
    void ViewAcct()const;
    void Withdraw(double amt);
    void ResetMax(double m) { maxLoan = m; } //修改额度
    void ResetRate(double r) { rate = r; }   //修改利率
    void ResetOwes() { owesBank = 0; }       //还款
};
```

VIP 账户信息包括账户的基本信息和透支信息。基本信息是从基类继承的，是基类的私有成员，派生类函数无法访问。所以在显示 VIP 账户信息时，必须调用基本账户类的几个 get 函数获取基本账户信息。AccountVIP 类 ViewAcct 函数的实现如代码清单 12-13 所示。

代码清单 12-13　AccountVIP 类 ViewAcct 函数的实现

重定义基类函数（2）

```
void AccountVIP::ViewAcct() const
{
    cout << "账户姓名: " << getName() << '\t';
    cout << "账号: " << getAcctNum() << '\t';
    cout << "余额: " << getBalance() << '\t';
    cout << "透支额度: " << maxLoan << '\t';
    cout << "欠款总额: " << owesBank << '\t';
    cout << "透支利率: " << 100 * rate << "%\n";
}
```

细心的读者可能发现，上述函数的一部分工作与基本账户类的 ViewAcct 函数完全相同。事实上，派生类重定义函数中往往都会包含基类同名函数的功能。能否直接调用基类的同名函数呢？如果直接调用 ViewAcct 函数，编译器会认为是递归调用，因为基类的同名函数是被隐藏的。调用基类的函数可以在函数名前加上基类名的限定，即用“基类名::函数名”明确指出调用的是基类的函数。取款函数也是如此。当余额足够时，取款过程与普通账户的取款过程相同，可以调用基类的取款函数；余额不够时，需要进行额外的处理。AccountVIP 类利用基类函数实现的 ViewAcct 和 Withdraw 函数如代码清单 12-14 所示。

代码清单 12-14　AccountVIP 类 ViewAcct 和 Withdraw 函数的实现

```
void AccountVIP::ViewAcct() const
{
    Account::ViewAcct();
    cout << "透支额度: " << maxLoan << '\t';
    cout << "欠款总额: " << owesBank << '\t';
    cout << "透支利率: " << 100 * rate << "%\n";
}

void AccountVIP::Withdraw(double amt)
{
    double bal = getBalance();
    if (amt <= bal)  Account::Withdraw(amt);
    else if ( amt <= bal + maxLoan - owesBank)    {  //透支额度内
        double advance = amt - bal;                   //计算本次透支额
        owesBank += advance * (1.0 + rate);           //加入利息
        cout << "需要透支: " << advance << '\t';
        cout << "利息: " << advance * rate << endl;
        Deposit(advance);
        Account::Withdraw(amt);
    }
```

```
    else
        cout << "超出透支额度" << endl;
}
```

在 VIP 账户类的 ViewAcct 和 Withdraw 函数中反复调用了基类中的某些函数，函数调用需要占用运行时间。有没有更好的解决方案？答案是可以将基类的数据成员的访问特性设计成 protected，这样派生类成员函数就可以直接调用基类的数据成员了。修改后的 Account 类的定义如代码清单 12-15 所示，AccountVIP 类的 ViewAcct 和 Withdraw 函数实现如代码清单 12-16 所示。

代码清单 12-15　采用保护成员的 Account 类定义

```
class Account
{
protected:
    char name[20];
    long acctNum;
    double balance;
public:
    Account(const char *s = "", long an = -1,  double bal = 0.0)
          : acctNum(an), balance(bal) { strcpy(name, s); }
    void Deposit(double amt)  { balance  += amt; }
    void Withdraw(double amt);
    void ViewAcct() const;
};
```

代码清单 12-16　从采用保护成员的 Account 类继承的 AccountVIP 类 ViewAcct 和 Withdraw 函数的实现

```
void AccountVIP::ViewAcct() const
{
   cout << "账户姓名: " << name << '\t';
   cout << "账号: " << acctNum << '\t';
   cout << "余额: " << balance << '\t';
   cout << "透支额度: " << maxLoan << '\t';
   cout << "欠款总额: " << owesBank << '\t';
   cout << "透支利率: " << 100 * rate << "%\n";
}

void AccountVIP::Withdraw(double amt)
{
   if (amt <= balance)  balance -= amt;
   else if ( amt <= balance + maxLoan - owesBank)   {    //透支额度内
       double advance = amt - balance;
       owesBank += advance * (1.0 + rate);
       cout << "需要透支: " << advance << '\t';
       cout << "利息: " << advance * rate << endl;
       balance = 0;
   }
   else
       cout << "超出透支额度" << endl;
}
```

虽然 protected 访问特性简化了派生类成员函数的实现，但也破坏了基类的安全性。例如，基类的数据成员 balance 应该只能由基类的存款和取款函数修改，但变成了保护成员后，派生类的函数也能修改，所以要慎用保护成员。

派生类对象的赋值

12.2.4　派生类对象的赋值

派生类不继承基类的构造函数，而是在派生类的构造函数中调用基类的构造函数。同样派生类也不继承基类的赋值运算符重载函数，但可以调用基类的赋值运算符重载函数。如果派生类没有定义赋值运算符重载函数，编译器会为它提供一个默认的赋值运算符重载函数。该函数对派生类新增加的数据成员对应赋值，对派生类中的基类对象调用基类的赋值运算符重载函数进行赋值。

如果默认的赋值运算符重载函数不能满足派生类的要求，则可以在派生类中重载赋值运算符。在派生类的赋值运算符重载函数中，显式调用基类的赋值运算符重载函数来实现基类成员的赋值。

假如要使代码清单 12-8 中的 People 类的对象之间能够赋值，程序必须重载赋值运算符。因为 People 类包含一个字符串的数据成员，所以不能用默认的赋值运算符重载函数。同理，由于 Student 类也扩展了一个字符串的数据成员，因此也必须重写赋值运算符重载函数。这两个函数的定义如代码清单 12-17 所示。

代码清单 12-17　People 类和 Student 类的赋值运算符重载函数

```
People &operator=(const People &other)
{
    if (this == &other) return *this;

    delete name;
    name = new char[strlen(other.name) + 1];
    strcpy(name, other.name);
    age = other.age;

    return *this;
}

Student &operator=(const Student &other)
{
    if (this == &other) return *this;

    s_no = other.s_no;
    delete class_no;
    class_no = new char[strlen(other.class_no) + 1];
    strcpy(class_no, other.class_no);
    People::operator=(other);

    return *this;
}
```

注意 Student 类的赋值运算符重载函数。该函数在检查了是否自我赋值以后，先对 Student 类新增的数据成员 s_no 和 class_no 进行了赋值，然后调用基类的赋值运算符重载函数完成基类部分的赋值。

12.2.5　派生类作为基类

基类本身可以是一个派生类，例如：

```
class Base {…}
class D1:public Base {…}
class D2:public D1 {…}
```

派生类作为基类

每个派生类继承它的直接基类的所有成员，而不用去管它的基类是完全自行定义的还是从某一个类继承的。也就是说，类 D1 包含了 Base 的所有成员以及 D1 增加的所有成员。类 D2 包括了 D1 的所有成员及自己新增的成员。对于代码清单 12-18 中的类，Base 包含一个数据成员 x；Derive1 从 Base 继承，又增加了一个数据成员 y，因此它包含两个数据成员 x 和 y。Derive2 从 Derive1 继承，又增加了一个数据成员 z，因此它包含 3 个数据成员 x、y 和 z。在定义 Derive2 的时候，不用去管 Derive1 是如何实现的，只需要知道 Derive1 有两个数据成员以及这两个数据成员的访问特性。

代码清单 12-18 派生类作为基类

```
//派生类作为基类实例
class Base{
    int x;
public:
    Base(int xx) {  x = xx; cout << "constructing base\n";  }
    ~Base() { cout << "destructint Base\n";  }
};

class Derive1:public Base{
    int y;
public:
    Derive1(int xx, int yy): Base(xx) { y = yy; cout << "constructing derive1\n";}
    ~Derive1() { cout << "destructing Derive1\n";}
};

class Derive2:public Derive1{
    int z;
public:
    Derive2(int xx, int yy, int zz):
        Derive1(xx, yy){z = zz; cout << "constructing derive2\n";}
    ~Derive2() { cout << "destructing Derive2\n";}
};
```

当构造派生类对象时，程序员不需要知道基类的对象是如何构造的，只需知道调用基类的构造函数就能构造基类的对象。如果基类是从某一个其他类继承的派生类，构造基类对象时又会调用它的基类的构造函数，依次上溯。例如，Derive2 的构造函数的初始化列表只需要指出调用 Derive1 的构造函数，Derive1 的构造函数的初始化列表只需要指出调用 Base 的构造函数。当构造 Derive2 类的对象时，先调用 Derive1 的构造函数，而 Derive1 的构造函数执行时又会先调用 Base 的构造函数。因此，构造 Derive2 类的对象时，最先初始化的是 Base 的数据成员，再初始化 Derive1 新增的成员，最后初始化 Derive2 新增的成员。析构的过程正好相反。如果定义了一个代码清单 12-18 中的类 Derive2 的对象 op，将会输出：

```
constructing Base
constructing Derive1
constructing Derive2
```

从中可以看出 op 的构造过程；而该对象析构时，将会输出：

```
destructing Derive2
destructing Derive1
destructing Base
```

说明析构的过程是先执行派生类 Derive2 的析构函数，然后析构它包含的基类 Derive1 的对象。在执行 Derive1 的析构函数时，又会先执行 Derive1 的析构函数体，然后调用 Derive1 的基类 Base 的析构函数。

12.2.6 将派生类对象隐式转换为基类对象

将派生类对象隐式转换为基类对象

要使 A 类对象能自动转换为 B 类对象，在 A 类中必须定义一个向 B 类转换的类型转换函数。由于派生类对象中包含了一个基类的对象，因此 C++规定派生类对象转换为基类对象时不必定义类型转换函数，默认转换结果是派生类对象中的基类部分。派生类对象到基类对象的隐式转换可能发生在以下 3 种场景。

1. 将派生类对象赋予基类对象

将派生类中的基类部分赋予基类对象。此时，派生类新增加的成员就舍弃了。例如，对以下两个类：

```
class Base{
    int x;
```

```
public:
    Base(int x1 = 0) {x = x1;}
    void display() const { cout << x << endl; }
};

class Derived:public Base{
    int y;
public:
    Derived(int x1 = 0, int y1 = 0):Base(x1) { y = y1;}
    void display() const { Base::display(); cout << y << endl;}
};
```

在派生类中，有两个数据成员 x 和 y。除了构造函数以外，有两个原型相同的公有的成员函数 display。执行如下语句：

```
Derived d(1, 2);
Base b;
```

构造对象 b 后，x 的初值是 0。当执行 b= d 后，将 d 对象中的基类部分赋予了 b，则 b 的 x 值为 1。该过程如图 12-1 所示。

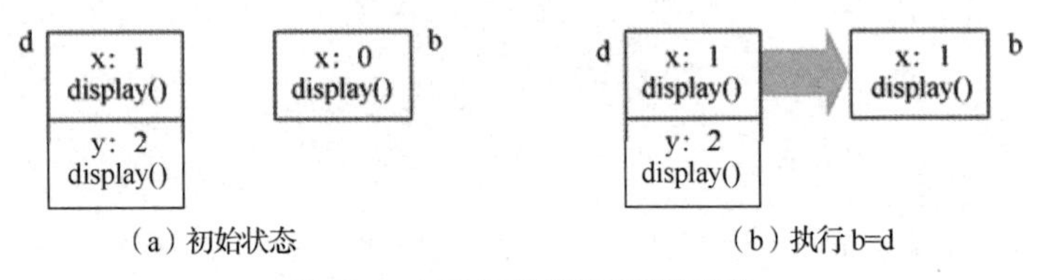

图 12-1　派生类对象赋予基类对象

2. 基类指针指向派生类对象

基类指针可以指向派生类对象。尽管该指针指向的对象是一个派生类对象，但由于它本身是一个基类的指针，只能解释基类的成员，而不能解释派生类新增的成员。因此，从指向派生类的基类指针出发，只能访问派生类中的基类部分。例如执行：

```
Base *bp = &d;
bp->display();
```

尽管 Derived 类有两个 display 函数，但基类指针只看得见派生类中的基类部分。因此调用的是基类的 display 函数，如图 12-2 所示。

如果试图通过基类指针访问那些派生类增加的成员，编译器会报告语法错误。

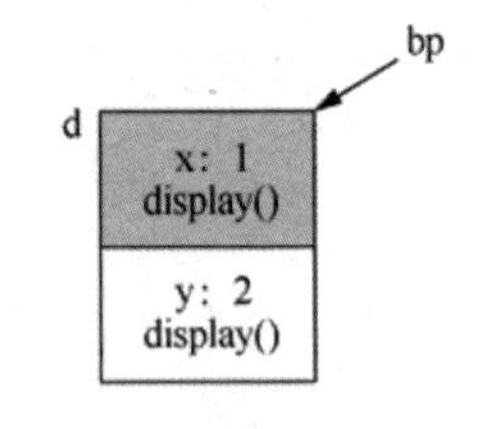

图 12-2　基类指针指向派生类对象

3. 基类的对象引用派生类的对象

引用事实上是一种隐式的指针。当用一个基类对象引用派生类对象时，相当于给派生类中的基类部分取了一个名称，从这个基类对象看到的是派生类中的基类部分。例如，定义：

```
Derived d(1,2);
Base &br = d;
```

则 br 是 d 对象中的基类部分的一个别名。对 br 的访问就是对 d 对象中的基类部分的访问，对 br 的修改就是对 d 对象中的基类部分的修改，如图 12-3 所示。

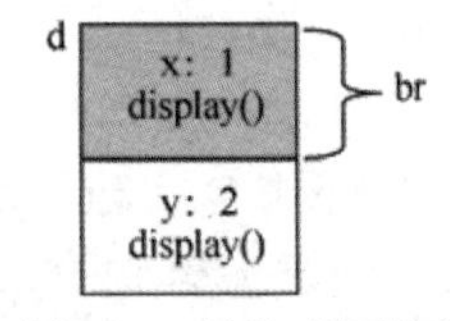

图 12-3　基类对象引用派生类对象

派生类的对象可以隐式地转换为基类的对象，这是因为派生类对象中包含了一个基类的对象。但基类对象无法隐式转换为派生类对象，因为它无法解释派生类新增加的成员。除非在基类中定义了一个向派生类转换的类型转换函数，才能将基类对象转换为派生类对象。同样地，也不能将基类对象的地址赋予派生类的指针或将一个基类指针赋予一个派生类的指针，即使该基类指针指向的就是一个派生类的对象。例如，有定义：

```
Derived d, *dp;
Base *bp = &d;
```

虽然 bp 指向的是派生类对象，但当执行 dp = bp 时，编译器依然会报错。

如果程序员能够确信该基类指针指向的是一个派生类的对象，确实想把这个基类指针赋予派生类的指针，这时可以用强制类型转换：

```
dp = reinterpret_cast<Derived *> bp;
```

这样相当于告诉编译器：我知道这个危险，但我保证不会出问题。reinterpret_cast 是一种相当危险的转换，它让编译器按程序员的意愿解释内存中的信息，将基类指针指向的内存中的内容强制看成派生类对象。

12.3　运行时的多态性

12.3.1　多态性

在现实生活中，当向不同的人发出同样的一个命令时，不同的人可能有不同的反应。例如，学校给每名学生寝室的寝室长一个任务，让其每天早上督促同一寝室的同学去上课。由于每名同学都知道自己该去哪里上课，因此寝室长无须一一关照，而只需要对所有同学说一句“该上课去了”，每名同学都会去自己该去的教室。这就是**多态性**。

多态性

在程序设计中也是如此。如果对两个整型数和两个实型数发出同样的一个加法指令，由于整型数和实型数在计算机内的表示方法是不一样的，因此将两个整型数相加和将两个实型数相加的过程是不一样的，计算机会按不同的方法实现相应的功能。

有了多态性，相当于对象有了主观能动性，使用起来就方便了。特别是当被管理对象的数量和类型增加时，管理者的工作量并不增加。例如，对上例中的寝室长而言，一间寝室有 4 名同学和一间寝室有 10 名同学时的工作量是一样的，其都只说一句话——“该上课去了”。寝室长的工作相当于 main 函数的工作。也就是说，只要增加对象类型，main 函数不变，系统的功能就可以得到扩展。同理，如果程序员定义了复数类，并重载了“+”运算，那么对两个复数类对象 c1 和 c2 可以执行 c1+c2。在 C++编译器没有被修改的情况下，C++功能得到了扩展。

在面向对象的程序设计中，多态性有两种实现方式：**编译时的多态性**（或称静态绑定）和**运行时的多态性**（或称动态绑定）。第 11 章介绍的运算符重载和第 5 章介绍的重载函数都属于编译时的多态性。在运算符重载和函数重载时，尽管程序中使用的是同样的指令，如对整型变量 x、y 执行 x + y 和对有理数类的对象 r1、r2 执行 r1 + r2，但在编译时编译器会把这两个表达式替换成不同的函数调用。前者调用两个参数是整型的 operator+函数，后者调用两个参数都是有理数类对象的 operator+函数。运行时的多态性是指同样的一条指令到底要调用哪一个函数需执行到这一条指令时才能决定。运行时的多态性是通过虚函数和基类指针指向不同的派生类的对象实现的。

运行时多态性与实现

12.3.2　虚函数

虚函数是在类定义中的函数原型声明前加一个关键字 virtual。当包含虚函数的类作为基类，通过该基类指针或基类的引用调用虚函数时，会先检查指针指向的是基类对象还是派生类对象。如果指向基类对象，则执行基类的虚函数。如果指向派生类对象，则检查派生类是否重定义了该函数。如果没有重定义，执行基类的虚函数，否则执行派生类重定义的函数。例如有如下定义：

```
class A {
public :
    virtual void  f1(int);
    virtual void  f2();
};
class B :public A {
public:
    void f1(int);
    void f2(int);
};
A  *p1 = new A, *p2 = new B;
```

执行 p1->f1(2)时，执行的是基类的 f1 函数，因为 p1 是基类指针指向基类对象。p2 是基类指针指向派生类对象。由于 p2 是基类指针，只看得到基类的部分，因此执行 p2->f1(2)找到的是基类的 f1 函数。但由于 f1 是虚函数，因此检查 p2 到底指向谁。p2 指向的是 B 类对象，于是找到了 B 类中重定义的 f1 函数并执行。

使用虚函数时必须注意以下两个问题。

- 在派生类中重新定义虚函数时，它的函数原型必须与基类中的虚函数完全相同，否则编译器会认为派生类有两个重载函数。例如，B 类中的 f2 函数和从 A 类继承的 f2 函数形成了两个重载函数。
- 虚函数具有继承性。派生类中对虚函数的重定义函数默认也是虚函数——不管在重定义时有没有加 virtual。

为了保证派生类覆盖基类的虚函数时函数原型必须完全相同，C++11 采用了一个关键字 override 显式指定覆盖。如果覆盖的函数原型与基类的虚函数不一致，编译器会报错。关键字 override 放在派生类函数原型的最后。例如：

```
class A {
public :
    virtual void  f1(int);
    virtual void  f2();
};
class B :public A {
public:
    void f1(int) override;     //正确，f1 覆盖了基类的 f1
    void f2(int) override;     //错误，f2 与基类的 f2 原型不符，编译器会报错
    int f3(int) override;      //错误，基类没有名为 f3 的虚函数，编译器会报错
};
```

C++11 还允许将某个虚函数指定为 final，表示它的派生类中不允许覆盖此函数。例如：

```
class A
{
protected:
   int a;
public:
   A(int x) {a = x;}
   virtual int f() { return a;}
};
class B:public A
{
public:
   B(int x):A(x) {}
   int f() final { return 2 *a;}
};

class C:public B{
public:
   C(int x) : B(x) {}
   int f()  { return 3 *a;}
};
```

按照虚函数的特性，B 类中的 f 函数也是虚函数。但由于此函数声明为 final，表示从 B 派生的类不允许覆盖此函数，因此编译器会对 C 类中的 f 函数报出错信息。

12.3.3　运行时的多态性

运行时的多态性是用虚函数实现的。如果从某个包含虚函数的基类派生出多个派生类，每个派生类都可能重新定义这个虚函数。当用基类的指针指向不同派生类的对象时，就会调用不同的函数，这样就实现了多态性。而这个绑定要到运行时根据当时基类指针指向的是哪一个派生类的对象，才能决定调用哪一个函数，因而被称为**运行时的多态性**。

多态性实例（1）

例 12.5 中定义了一个普通账户类和一个 VIP 账户类，两个类都有显示账户信息和取款函数。如果把基类的两个函数都定义成虚函数，那么主程序在显示账户信息和处理取款时就不必考虑账户类型了。程序运行时会根据指针指向的对象调用相应的函数。修改后的 Account 类定义如代码清单 12-19 所示。某次使用如代码清单 12-20 所示。

代码清单 12-19　虚函数定义示例

```
class Account
{
protected:
    char name[20];
    long acctNum;
    double balance;
public:
    Account(const char *s = "", long an = -1,  double bal = 0.0)
          : acctNum(an), balance(bal) { strcpy(name, s); }
    void Deposit(double amt)  { balance  += amt; }
    virtual void Withdraw(double amt);
    virtual void ViewAcct() const;
};
```

代码清单 12-20　多态性示例

```
int main()
{
    Account *data[5];
    createAccount(data);
    for (int i = 0; i < 5; ++i)
       data[i]->ViewAcct();
    cout << endl;
    for (int i = 0; i < 5; ++i) {
       data[i]->Withdraw(150);
       data[i]->ViewAcct();
       delete data[i];
    }

    return 0;
}

void createAccount(Account *data[])
{
    const char *name[5] = { "aaa", "bbb", "ccc", "ddd", "eee" };
    for (int i = 0; i < 5; ++i)
      if (i % 2) data[i] = new Account(name[i], i+10, i * 100);
      else data[i] = new AccountVIP(name[i],i + 10, i *100, i * 100 + 500, i * 0.01);
}
```

程序定义了一个 Account 类的指针数组，它可以指向普通账户对象，也可以指向 VIP 账户对象。首先调用 createAccount 函数生成了 5 个账户存放在数组中，奇数下标指向 Account 类对象，偶数下标指向 AccountVIP 类对象。在随后对账户进行操作时不需要再关心指针指向的是哪类账户，运行时的多态性会决定到底调用哪个函数。程序输出如下：

```
账户姓名：aaa    账号：10    余额：0      透支额度：500    欠款总额：0      透支利率:0%
账户姓名：bbb    账号：11    余额：100
账户姓名：ccc    账号：12    余额：200    透支额度：700    欠款总额：0      透支利率:2%
账户姓名：ddd    账号：13    余额：300
账户姓名：eee    账号：14    余额：400    透支额度：900    欠款总额：0      透支利率:4%
需要透支：150    利息：0
账户姓名：aaa    账号：10    余额：0      透支额度：500    欠款总额：150    透支利率:0%
余额不够
账户姓名：bbb    账号：11    余额：100
账户姓名：ccc    账号：12    余额：50     透支额度：700    欠款总额：0      透支利率:2%
账户姓名：ddd    账号：13    余额：150
账户姓名：eee    账号：14    余额：250    透支额度：900    欠款总额：0      透支利率:4%
```

运行时的多态性不仅可以降低主程序的复杂性，还可以方便程序的扩展。如果银行需要增加一类儿童账户，这类账户不能透支，而且开户时需要指定取款上限，因此它也可以从 Account 类派生。儿童账户除了增加一个取款上限的属性外，它的取款过程和显示账户信息的过程也与基本账户不同，所以也需要重定义基类的这两个函数。儿童账户类定义如代码清单 12-21 所示。

多态性实例（2）

代码清单 12-21　儿童账户类定义及成员函数的实现

```
class AccountBaby : public Account
{
private:
    double maxWithdraw;
public:
    AccountBaby(const char *s = "", long an = -1,double bal = 0.0,
       double md = 100): Account(s, an, bal) , maxWithdraw(md) {}
    AccountBaby(const Account & ba, double md = 100) :
       Account(ba), maxWithdraw(md) {}
    void ViewAcct()const;
    void Withdraw(double amt);
};

void AccountBaby::ViewAcct() const
{
    cout << "账户姓名：" << name << '\t';
    cout << "账号：" << acctNum << '\t';
    cout << "余额：" << balance << '\t';
    cout << "取现额度：" << maxWithdraw << '\n';
}

void AccountBaby::Withdraw(double amt)
{
    if (amt > balance)
       cout << "余额不够\n";
    else if (amt > maxWithdraw)
       cout << "超出取现额度\n";
    else balance -= amt;
}
```

增加了儿童账户类后，主程序保持不变。如果生成账户的函数是：

```
void createAccount()
{
   const char *name[5] = { "aaa", "bbb", "ccc", "ddd", "eee" };

   for ( int i = 0; i < 5; ++i)
```

```
        switch (i % 3) {
        case 0: data[i] = new AccountBaby(name[i], i+10, 200, (i+1) * 50); break;
        case 1: data[i] = new Account(name[i], i+10, 200); break;
        default: data[i] = new AccountVIP(name[i],i + 10, 100, (i+1) *100, i * 0.01);
        }
    }
```

则程序的输出结果如下：

```
    账户姓名：aaa    账号：10    余额：200    取现额度：50
    账户姓名：bbb    账号：11    余额：200
    账户姓名：ccc    账号：12    余额：100    透支额度：300    欠款总额：0    透支利率:2%
    账户姓名：ddd    账号：13    余额：200    取现额度：200
    账户姓名：eee    账号：14    余额：200
    超出取现额度
    账户姓名：aaa    账号：10    余额：200    取现额度：50
    账户姓名：bbb    账号：11    余额：50
    需要透支：50     利息：1
    账户姓名：ccc    账号：12    余额：0      透支额度：300    欠款总额：51   透支利率:2%
    账户姓名：ddd    账号：13    余额：50     取现额度：200
    账户姓名：eee    账号：14    余额：50
```

12.3.4　虚析构函数

构造函数不能是虚函数，但析构函数可以是虚函数，而且最好是虚函数。

虚析构函数

如果派生类新增加的数据成员中含有指向动态申请的内存的指针，那么派生类必须定义析构函数释放这部分空间。如果派生类的对象是通过基类的指针操作的，则删除基类指针指向的派生类对象时会造成内存泄漏。当基类指针指向的对象析构时，通过基类指针找到基类的析构函数，执行基类的析构函数；但此时派生类动态申请的空间没有释放，释放这块空间必须执行派生类的析构函数。

要解决这个问题，程序员可以将基类的析构函数定义为虚函数。这样，当析构基类指针指向的派生类对象时，会先找到基类的析构函数。由于基类的析构函数是虚函数，又会找到派生类的析构函数，执行派生类的析构函数。派生类的析构函数在执行时会自动调用基类的析构函数，因此基类和派生类的析构函数都被执行，这样就把派生类的对象完全析构，而不是只析构派生类中的基类部分了。

与其他的虚函数一样，析构函数的虚函数性质都将被继承。因此，如果继承层次树中的根类的析构函数是虚函数，所有派生类的析构函数都将是虚函数。

12.4　纯虚函数和抽象类

纯虚函数是一个在基类中声明的虚函数。它在基类中没有定义，但要求在派生类中定义自己的版本。纯虚函数的声明形式如下：

```
    virtual 返回类型  函数名(参数表)= 0;
```

纯虚函数和抽象类

至少含有一个纯虚函数的类被称为**抽象类**。由于抽象类包含了一些无法运行的纯虚函数，因此程序中不能定义抽象类的对象，只能定义抽象类的指针。指针的作用是指向派生类对象。

抽象类的作用是作为基类，规范由它派生的派生类的行为，保证进入继承层次的每个类都具有纯虚函数所要求的行为，避免了这个继承层次中的用户由于偶尔的失误（例如，忘了为它所建立的派生类提供继承层次所要求的行为）而影响系统正常运行。

例如，某个系统需要处理二维平面上的各种形状，如三角形、矩形、圆形等，为此需要定义各种形状的类。每种形状都需要有一个输出该形状面积的功能。为了保证每个类都具备这个功能，这里可以定义一个抽象类 Shape，其中包含一个纯虚函数 area。每一个具体形状类都要求从 Shape 类派生。如果某个具体形状类没有重定义 area 函数，则它包含了一个从基类继承而来的纯虚函数，因而无法定义它的对象。Shape 类的定义如代码清单 12-22 所示。

代码清单 12-22　Shape 类的定义

```
class Shape{
protected:
    double x, y;
public:
    Shape(double xx, double yy) {x = xx; y = yy;}
    virtual double area() const = 0;
};
```

12.5　编程规范及常见错误

组合和继承是代码重用的重要手段。它们可以支持渐增式的开发，让系统开发和人类的学习过程一样不断充实、不断完善。

继承层次的设计是一个复杂的问题，其已超出本书的主题。但有一个非常重要的指南，即继承反映的是 is-a 的关系。派生类是一类特殊的基类，如 VIP 账户是一类特殊的账户。组合反映的是 has_a 的关系，即当前定义的类包含了其他类的对象。例如，代码清单 12-1 中的复数类包含了两个有理数类的对象。

12.6　小结

面向对象程序设计的一个重要目标是代码重用。本章介绍了代码重用的两种方法：组合和继承。

组合是将某一个或一组已定义类的对象作为当前类的数据成员，从而得到一个功能更强的类。在构造的新类中，对象成员所属的类的代码得到了重用。用组合方式定义类时，对象成员的初始化一般是通过在构造函数的初始化列表中调用对象成员的构造函数实现的。

继承是在已有类（基类）的基础上加以扩展，形成一个新类，称为派生类。在派生类中，基类的功能得到了重用。派生类的定义需要指定基类以及在基类的基础上扩展了哪些属性和行为。构造派生类对象时，由派生类的构造函数为新增的数据成员赋初值，而基类部分的初始化是调用基类的构造函数完成的。

本章还介绍了基于继承的多态性的实现，即运行时的多态性。运行时的多态性是通过虚函数和基类指针指向派生类对象实现的。

12.7　习题

一、简答题

1. 什么是组合？什么是继承？is-a 的关系用哪种方式解决？has-a 的关系用哪种方法解决？

2. protected 成员有什么样的访问特性？为什么要引入 protected 的访问特性？

3. 什么是编译时的多态性？什么是运行时的多态性？编译时的多态性如何实现？运行时的多态性如何实现？

4. 什么是抽象类？定义抽象类有什么意义？抽象类在使用上有什么限制？

5. 为什么要定义虚析构函数？

6. 试说明派生类对象的构造和析构次序。

7. 试说明虚函数和纯虚函数的区别。

8. 基类指针可以指向派生类的对象，为什么派生类的指针不能指向基类对象？

9. 多态性是如何实现程序的可扩展性的？

10. 如果一个派生类新增加的数据成员中有一个对象成员，试描述派生类的构造过程。

二、程序设计题

1. 定义一个 Shape 类，记录任意形状的位置，在 Shape 类的基础上派生出一个 Rectangle 类和一个 Circle 类，在 Rectangle 类的基础上派生出一个 Square 类，必须保证每个类都有计算面积和周长的功能。

2. 在代码清单 11-13 定义的 DoubleArray 类的基础上派生一个下标从 0 开始的安全动态 double 型数组。安全是指在数组操作中会检查下标是否越界。动态是指定义数组时数组的规模可以是变量或某个表达式的执行结果。

3. 某图书馆有 4 类读者：教师、博士生、硕士生和本科生，馆内针对每位读者都需要记录姓名、卡号和联系方式，还必须能修改联系方式。教师最多可借阅 20 本书，其中包括本馆和其他图书馆的书籍（馆际互借），可以预约本馆和其他图书馆的书籍，可以复印本馆资料，数量不限。博士生最多可借阅 20 本书，其中包括本馆和其他图书馆的书籍，可以预约本馆和其他图书馆的书籍，可以复印本馆资料，数量最多 1000 页。硕士生最多可借阅 20 本本馆图书，可以预约本馆书籍，可以复印本馆资料，数量最多 500 页。本科生最多可借阅 10 本本馆图书，可预约本馆书籍。试定义一个读者类，在此基础上派生教师读者、博士生读者、硕士生读者和本科生读者。

4. 利用以上程序设计题 3 中实现的读者类、教师读者类和学生读者类完成一个简单的图书馆管理系统。该图书馆最多有 20 个读者。读者信息用一个指向读者类的指针数组保存，每个指针指向一个某个读者类的动态对象。其实现的功能有：添加一个读者（可以是教师读者，也可以是学生读者）、借书、还书、预约、复印和输出所有读者各借了些什么书。

5. 在第 11 章程序设计题第 2 题实现的 LongLongInt 类的基础上，创建一个带符号的、任意长的整数类型。该类型支持输入/输出、比较操作、加法操作、减法操作、++操作和--操作。用组合和继承两种方法实现。

6. 在第 11 章程序设计题第 5 题定义的安全动态二维数组的基础上定义一个可指定下标范围的安全动态二维数组。

7. 在以上程序设计题 2 定义的安全动态 double 型数组的基础上，用组合的方式定义一个安全动态二维数组。

8. 定义一个普通的银行定期账户类，在普通账户类的基础上派生出 1 年期定期账户、2 年期定期账户、3 年期定期账户和 5 年期定期账户。定义一个由 n 个基类指针组成的数组，随机生成 n 个各类派生类的对象，并让每个指针指向一个派生类的对象。这些对象可以是 1 年期定期账户、2 年期定期账户、3 年期定期账户，也可以是 5 年期定期账户。最后输出每个账户到期的利息。

9. 圆是一类特殊的椭圆。试设计一个椭圆类，在椭圆类的基础上派生一个圆类型，需要的功能有计算面积和周长。

10. 定义一个"人"类，包含的属性有姓名、性别、生日、工作单位，行为有设置工作单位、修改姓名和显示所有信息。在"人"类的基础上，定义一个"家庭"类，每个家庭至多有两个孩子。家庭类的行为有：添加一个孩子、修改父母或某个孩子的工作单位、显示家庭的所有信息。

第 13 章 泛型机制——模板

第 10 章介绍了一个下标范围可指定的、安全的实型数组 DoubleArray。如果在程序中还需要用到下标范围可指定的、安全的整型数组，则必须另外定义一个类。事实上，这两个类除了数组元素的类型不同之外，其他部分完全相同，如数据成员的设计、成员函数的设计和成员函数的实现。如果忽略数组元素的类型，这两个类是完全一样的。

面向对象的程序设计提供了一种称为**泛型程序设计**的机制，即允许将类中成员的类型设置为一个可变的参数，使多个类变成一个类。泛型程序设计可以以独立于任何特定类型的方式编写代码。使用泛型程序时，必须提供具体所操作的类型或值。第 5 章介绍的函数模板就是泛型机制的一种实现方法，本章将介绍类模板，即用泛型机制设计的类。

13.1 类模板的定义

与函数模板一样，程序员可以将类中尚未确定的类型设计成一个模板参数，用模板参数代替类中的某些成员的类型。类模板的定义格式如下：

类模板的定义

```
template <模板的形式参数表>
class 类名{…};
```

类模板的定义以关键字 template 开头，后接模板的形式参数表。模板的形式参数之间用逗号分开。每个形式参数用关键字 class 或 typename 开始，后面是形式参数名。除了模板的形式参数说明之外，类模板的定义与普通类定义类似。类模板可以定义数据成员和成员函数，也可以定义构造函数和析构函数，还可以重载运算符。只是这些数据成员不一定有一个确切的类型，它们的类型可以是模板的形式参数。成员函数的参数类型或返回值类型、成员函数中的某些局部变量的类型也可以是模板的形式参数。

类模板的成员函数操作的对象中可能包含类型为模板参数的对象，因此成员函数都是函数模板，模板参数与类模板相同。成员函数定义中涉及类名时都要加上模板参数名。例如，代码清单 13-1 中的类模板 Array 有一个模板参数 T，所以它的成员函数定义的格式如下：

```
template <class T>
返回类型  Array<T>::函数名(形式参数表)
{函数体}
```

如果成员函数是定义在类（内联函数）中的，则可省略模板参数声明和类名后的尖括号。

模板是一个“蓝图”，它本身不是一个类或函数，无法在计算机上直接运行。运行模板必须指定模板形式参数的值，使模板成为一个真正可以运行的程序。编译器从模板生成一个特定的类或函数的过程称为**模板的实例化**。类模板的成员函数是函数模板，模板的实际参数源于类模板实例化时指定的实际参数，所以成员函数不能单独编译，必须与特定的类模板实例化一起编译。因此程序员不能将类模板的成员函数定义单独写在一个源文件中，而是通常将其与类模板定义写在同一个头文件中。

例 13.1　定义一个泛型的、可指定下标范围的、安全的动态数组。

除了数组元素的类型可变以外，这个类模板与 DoubleArray 类完全相同。因此，这里可将数组元素的类型定义为模板参数。该类模板的定义如代码清单 13-1 所示。

代码清单 13-1　可指定下标范围的、安全的动态数组的定义

```
//文件名：Array.h
#ifndef _Array
#define _Array
#include <cassert>
template <class T>                              //模板参数 T 是数组元素的类型
class Array
{
    int low;
    int high;
    T *storage;

public:
    Array(int lh = 0, int rh = 0):low(lh),high(rh)
    {
        storage = new T [high - low + 1];
    }

    Array(const Array &arr);
    Array &operator=(const Array & a);

    T & operator[](int index)
    {
        assert (index >= low && index <= high);
        return storage[index - low];
    }

    ~Array() { delete [] storage; }
};
//复制构造函数
template <class T>
Array<T>::Array(const Array<T> &arr)
{
    low = arr.low;
    high = arr.high;
    storage = new T [high - low + 1];
    for (int i = 0; i < high -low + 1; ++i)
        storage[i] = arr.storage[i];
}

//赋值运算符重载函数
template <class T>
Array<T> &Array<T>::operator = (const Array<T> &other )
{
    if (this == &other) return *this;          //防止自己复制自己

    delete [] storage;                         //归还空间
    low = other.low;
    high = other.high;
    storage = new T[high - low + 1];           //根据新的数组大小重新申请空间
    for (int i = 0; i <= high - low; ++i)      //复制数组元素
        storage[i] = other.storage[i];
```

```
    return *this;
}
#endif
```

这个类可以代替所有类型的、下标范围可指定的、安全的数组，如内置类型的数组和自定义类的数组。

13.2 类模板的实例化

函数模板的实例化通常由编译器自动完成，编译器根据函数调用时的实际参数类型推断出模板参数的值，将模板参数的值代入函数模板，从而生成一个可执行的模板函数。

类模板的实例化

类模板没这么幸运。编译器无法根据对象定义确定模板实际参数值。例如，定义 Array 类对象时给出的是代表数组下标范围的两个整数，从中无法推断数组元素的类型，因而需要定义对象时明确指出模板实际参数的值。类模板对象的定义格式如下：

```
类模板名<模板的实际参数表>  对象表;
```

这种方法称为**类模板的隐式实例化**。编译器首先将模板的实际参数值代入类模板，生成一个真正的类，然后定义这个类的对象。例如，定义一个下标范围为 20～30 的整型数组 array1，可用以下语句：

```
Array<int> array1(20,30);
```

编译器首先将 int 代入类模板 Array，将 Array 中的所有的 T 都替换成 int，产生一个模板类，然后定义这个类的一个对象 array1。

定义一个下标范围为变量 m～n 的 double 型的数组 array2，可用以下语句：

```
Array<double> array2(m,n);
```

类模板的每次实例化都会产生一个独立的类。用 int 型实例化的 Array 与用 double 型实例化的 Array 没有任何的关系。

类模板对象的使用与普通的对象完全相同。代码清单 13-2 演示了类模板 Array 的应用。

代码清单 13-2　类模板 Array 的应用

```
#include <iostream>
#include "Array.h"
#include "Rational.h"
using namespace std;

int main()
{
    Array<int> iarray(5, 8);
    for (int i = 5; i <= 8; ++i)
        iarray[i] = i - 3;
    for (int i = 5; i <= 8; ++i)
        cout << iarray[i] << '\t';
    cout << endl;

    Array<Rational> rarray(iarray[5], iarray[8]);
    for (int i = iarray[5]; i <= iarray[8]; ++i)
        cin >> rarray[i];
    for (int i = iarray[5]; i <= iarray[8]; ++i)
        cout << rarray[i] << '\t';
    cout << endl;

    return 0;
}
```

代码清单 13-2 的某次程序运行结果如下：

```
2   3   4   5
1   2
2   4
1   3
3   7
1/2     1/2     1/3     3/7
```

在隐式实例化中，成员函数在被调用时才被实例化，才被完全编译。如果类模板的某个成员函数没有被调用，则无法保证该函数语法的正确性。类模板也可以**显式实例化**。显式实例化通知编译器生成类模板的完整实例，其中包括所有的成员函数。显式实例化是在类模板声明时指定模板的实际参数的。例如：

```
template class Array<double>;
```

类模板的显式实例化

虽然没有定义任何 Array 的对象，但编译器还是生成了类模板 Array 和它的所有成员函数的 double 型的实例。如果在类模板 Array 中增加一个成员函数：

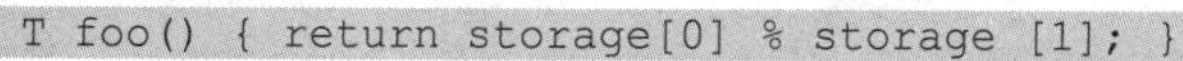

```
T foo() { return storage[0] % storage [1]; }
```

如果用 int 实例化 Array，这个函数是正确的。用 double 实例化将会导致错误，因为 double 不能执行取模操作。下面程序由于没有调用 foo 函数，因此 foo 函数没有被实例化，程序正常编译，正常运行。

```
int main()
{
    Array<double> a(5,10);
    a[5] = 5;
    cout << a[5] <<  '\t';;

    return 0;
}
```

但如果在 main 函数前加上显式实例化的声明：

```
template class Array<double>;
```

将会出现“%是非法运算”的编译错误，因为虽然 foo 函数没有被调用，但还是被实例化了。

13.3　*非类型参数和参数的默认值

至今为止，模板参数都是代表一个尚未明确的类型，这些参数称为模板的**类型参数**。事实上，模板的形式参数不一定都是类型，也可以是非类型参数，例如整型值或指针值。

非类型参数

在模板实例化时，类型参数用一个内置类型的名称或一个自定义类的名称作为实际参数，而非类型参数将用一个常量表达式作为实际参数。非类型模板参数的实际参数必须是编译时的常量。

例 13.2　定义一个下标范围可指定的、安全的数组，下标范围是编译时的常量。

例 13.1 中定义了一个下标范围可指定的、安全的动态数组类模板 Array，数组的下标范围可以是运行时的某一对变量或表达式的值。类的构造函数根据下标范围申请一个动态数组，在析构函数中释放动态数组。如果数组的下标范围在编程时已经能够确定，则此时不需要采用动态数组，这样可以进一步简化 Array 类的实现。这个数组可以用带非类型参数的类模板来实现。由于下标范围是编译时的常量，因此我们可将下标范围设计成类模板的参数。类模板有 3 个模板参数：数组元素的类型、数组下标的上下界。前者为类型参数，后两者为非类型参数。例 13.2 数组的定义和实现如代码清单 13-3 所示。

代码清单 13-3　下标范围在编译时指定的、安全的静态数组

```
template <class T, int low, int high>
class ArrayS{
```

```
    T storage[high - low + 1];
public:
    T & operator[](int index)                          //下标运算符重载函数
    {
       assert(index >= low && index <= high);
       return storage[index - low];
    }
};
```

因为这个类模板不再使用动态数组，所以不需要构造函数和析构函数。由于模板参数已经给出了下标的上下界，因此也不需要记录下标上下界的数据成员。这个实现比例 13.1 中的实现更加简单。该数组的使用除了数组定义与例 13.1 中定义的类不同以外，其他的全部相同。如果要定义一个下标范围为 10～20 的整型数组 array，可以用如下语句：

```
ArrayS<int, 10, 20> array;
```

输入数组元素的值，可以用：

```
for (i = 10; i <= 20; ++i) cin >> array[i];
```

模板参数和函数参数一样，也可以指定默认值。如果例 13.1 中的类模板 Array 经常被实例化为整型数组，则我们可在类模板定义时指定默认值：

```
template <class T = int>  class Array
{ … };
```

这样，在定义整型数组 array 时，就可以不指定模板的实际参数：

```
Array<> array;
```

13.4　*类模板的特化

有时对某些特定的类型，类模板的行为会略有不同。例如，对于一个处理有序数组的类模板：

```
template <class T>
class sortArray {
    …
public:
    void insert(T x);
    void remove(T x);
    …
};
```

类模块的特化

把 x 插入一个有序数组时，需要通过比较找到插入位置，并将从插入位置开始的每个元素向后移动一个位置。比较是采用关系运算符完成的。但数组元素如果是 C 语言风格的字符串，则不能采用关系运算符，而必须用 strcmp 函数。此时可以为字符串类型定义一个专门的版本。这样定义对象时，如果实际参数是字符串类型，编译器将使用这个特别的版本。特化版的定义格式如下：

```
template <>  class <模板实际参数> {  …  };
```

例如，sortArray 特化版的定义类似于如下代码：

```
template < > class sortArray<const char *>  { … };
```

如果程序中有定义：

```
sortArray<int> a1;
sortArray<const char *>  a2;
```

前者会使用普通版，而后者将使用特化版。

如果类模板有多个模板参数，还可以特化部分模板参数。例如，在 ArrayS 中增加一个返回最大值的成员函数：

```
T max() {
   T returnValue  = storage[0];
   for (int i = 1; i <= high - low; ++i)
      if (storage[i] > returnValue) returnValue = storage[i];
```

```
    return returnValue;
}
```

执行如下语句：

```
ArrayS<int, 5, 8> iarray;
for (int i = 5; i <= 8; ++i) iarray[i] = i % 3 + 2;
for (int i = 5; i <= 8; ++i) cout << iarray[i] << '\t';
cout << endl << "max = " << iarray.max() << endl;
```

输出结果是：

```
4   2   3   4
max= 4
```

其中，max 输出的是数组 iarray 中的最大元素值。但对如下语句：

```
ArrayS<char, 5, 8> carray;
for (int i = 5; i <= 8; ++i) carray[i] = i + 116;
for (int i = 5; i <= 8; ++i) cout << carray[i] << '\t';
cout << endl << "max = " << carray.max() << endl;
```

输出结果是：

```
y   z   {   |
max = |
```

输出的 max 是 ASCII 值最大的字符，显然没有实际意义。如果对字符数组，需要返回的最大值是最大的字母，在比较过程中忽略非字母字符，则可以为字符类型定制一个特化版本。

```
template <int low, int high>
class ArrayS<char, low, high> {
    char storage[high - low + 1];
public:
    char & operator[](int index)
    {
        assert(index >= low && index <= high);
        return storage[index - low];
    }

    char max() {
        char returnValue  = 0;
        for (int i = 1; i <= high - low; ++i) {
            if (storage[i] >= 'A' && storage[i] <= 'Z'
                && storage[i] - 'A' > returnValue )
                returnValue = storage[i] - 'A';
            if (storage[i] >= 'a' && storage[i] <= 'z'
                && storage[i] - 'a' > returnValue )
                returnValue = storage[i] - 'a';
        }
        return returnValue + 'a';
    }
};
```

再次运行：

```
ArrayS<char, 5, 8> carray;
for (int i = 5; i <= 8; ++i) carray[i] = i + 116;
for (int i = 5; i <= 8; ++i) cout << carray[i] << '\t';
cout << endl << "max = " << carray.max() << endl;
```

因为 carray 是 char 型，在定义时会使用特化的版本，输出将是：

```
y   z   {   |
max = z
```

13.5　类模板的友元

类模板可以有友元。类模板的友元可以是普通类或全局函数，也可以是函数模板或类模板。

13.5.1 普通友元

类模板的友元

如果 A 是一个有模板参数的类模板，则声明普通类 B 和全局函数 f 为类模板 A 友元的格式如下：

```
template <class type>
class A {
    friend class B;
    friend void f();
    …
};
```

该定义声明了类 B 和全局函数 f 是类模板 A 的友元。这意味着类 B 和函数 f 是类模板 A 所有实例的友元，B 的所有成员函数和全局函数 f 可以访问类模板 A 所有实例的私有成员。

13.5.2 函数模板或类模板友元

1. 类模板或函数模板的特定实例

声明类模板或函数模板的某个实例是友元的格式如下：

```
template <class T> class B;                    //类模板 B 的声明，B 有一个模板参数
template <class T> void f(const T &);          //函数模板 f 的声明，f 有一个模板参数
template <class type>
class A {
    friend class B <int>;
    friend void f(const int &);
    …
};
```

上述声明意味着类模板 B 的 int 实例是类模板 A 所有实例的友元；函数模板 f 的 int 实例是类模板 A 所有实例的友元。而类模板 B 和函数模板 f 的其他实例与类模板 A 无关。

2. 约束友元

约束友元仅当模板参数相同时是友元。声明约束友元时，友元声明时的模板参数与正在定义的类模板的模板参数名称相同。例如：

```
template <class T> class B;                    //类模板 B 的声明，B 有一个模板参数
template <class T> void f(const T &);          //函数模板 f 的声明，f 有一个模板参数
template <class type>
class A {
    friend class B <type>;
    friend void f(const type &);
    …
};
```

说明当类 B 和类 A 的模板实际参数相同时是友元，函数模板 f 的实际参数与类 A 相同时是友元。例如，类模板 B 的模板参数为 int 的实例是类模板 A 的模板参数为 int 的实例的友元，类模板 B 的模板参数为 double 的实例是类模板 A 的模板参数为 double 的实例的友元，而类模板 B 的模板参数为 int 的实例不是类模板 A 的模板参数为 double 的实例的友元。

当声明类模板 B 和函数模板 f 为类模板 A 的友元时，编译器必须知道有这样一个类模板和函数模板存在，并且知道类模板 B 和函数模板 f 的原型。因此，必须在友元声明之前声明 B 和 f 的存在。

例 13.3 为例 13.1 中的类模板 Array 增加一个输出运算符重载函数。

由于 Array 是一个类模板，它可用于不同类型的数组，因此，对应的输出运算符重载函数也应该是函数模板。类模板 Array 的输出运算符重载函数如代码清单 13-4 所示。

代码清单 13-4 类模板 Array 的输出运算符重载函数

```
template <class type>
ostream &operator<<(ostream &os, const Array<type> &obj)
```

```
{
    os << endl;
    for (int i = 0; i < obj.high - obj.low + 1; ++i)
       os << obj.storage[i] << '\t';
    return os;
}
```

类模板 Array 可以实例化为很多模板类，代码清单 13-4 中的函数模板也可以实例化为很多模板函数。int 型的模板函数输出 int 型的 Array 类对象，double 型的模板函数输出 double 型的 Array 类对象，所以代码清单 13-4 中的函数模板是类模板 Array 的约束友元。增加了输出运算符重载函数的 Array 类模板的定义如代码清单 13-5 所示。

代码清单 13-5　增加了输出运算符重载函数的 Array 类模板的定义

```
template <class T> class Array;                                    //类模板Array的声明
template <class T> ostream &operator<<(ostream &os, const Array<T> &obj);

template <class T>
class Array {
    friend ostream &operator<<(ostream &, const Array<T> &);  //约束友元声明

private:
    int low;
    int high;
    T *storage;

public:
    Array(int lh = 0, int rh = 0);
    Array(const Array &arr);
    Array &operator = (const Array & a);
    T & operator[](int index);
    ~Array();
};
```

上述代码中的声明：

```
friend ostream &operator<<(ostream &, const Array<T> &);
```

说明函数模板 operator<<的一个实际参数为 T 的实例是类模板 Array 的实际参数为 T 的实例的友元。

例 13.4　定义一个处理任意类型数据的带头结点的单链表类。单链表类支持的操作有创建一个单链表、在表头插入或删除元素、判空表及输出单链表中的所有元素。

例 13.4（1）

单链表中的每个元素存放在一个单独的结点中，每个结点存储了一个指向下一个结点的指针。存储一个单链表就是存储一个指向单链表头结点的指针。因此，实现单链表必须定义两个类：一个是处理结点的类 Node，另一个是处理单链表的类 linkList。结点类有两个数据成员：数据元素及指向下一结点的指针。除了设置两个数据成员初值的操作以外，这个类不需要其他操作，因此它只有构造函数。单链表类的数据成员是指向头结点的指针，单链表的功能包括题中指定的所有功能，输出单链表用重载<<来实现。由于要求单链表可以处理任何类型，因此这两个类都是模板。

这两个类的关系相当密切，结点类是为单链表类服务的。单链表类的操作都是通过访问结点类的数据成员实现的，因此，我们可以将单链表类设置为结点类的约束友元。这两个类的定义如代码清单 13-6 所示。

代码清单 13-6　结点类和单链表类的定义

```
template <class T> class linkList;
template <class T> ostream &operator<<(ostream &, const linkList<T> &);

template <class elemType>
class Node {
```

```
    friend class linkList<elemType>;
    friend ostream &operator<< <elemType> (ostream &,
                                            const linkList<elemType> &);
private:
    elemType  data;
    Node <elemType> *next;
public:
    Node(const elemType &x, Node <elemType> *N = NULL) { data = x; next = N; }
    Node():next(NULL) {}
    ~Node() {}
};

template <class elemType>
class linkList {
    friend ostream &operator<< <elemType> (ostream &, const linkList<elemType> &);

    Node <elemType> *head;
public:
    linkList() { head  = new Node<elemType>; }
    ~linkList();

    bool isEmpty() const { return head->next == NULL; }
    void insertFront(const elemType &x)
    { head->next = new Node<elemType>(x, head->next); }
    elemType removeFront();
    void create(const elemType &flag);
};
```

这两个类的成员函数和友元函数的实现如代码清单 13-7 所示。

代码清单 13-7　结点类和单链表类的成员函数和友元函数的实现

例 13.4（2）

```
template <class elemType>
linkList<elemType>::~linkList()
{
    Node <elemType> *p = head, *q;
    while (p != NULL) {
        q=p->next;
        delete p;
        p=q;
    }
}

template <class elemType>
elemType linkList<elemType>:: removeFront()
{
    elemType value = head->next->data;
    Node <elemType>  *tmp = head->next;

    head->next = tmp->next;
    delete tmp;

    return value;
}

template <class elemType>
void linkList<elemType>::create(const elemType &flag)
{
    elemType tmp;
    Node <elemType> *q = head;
    cout << "请输入链表数据，" << flag << "表示结束" << endl;
    while (true) {
        cin >> tmp;
        if (tmp == flag) break;
        q = q->next = new Node<elemType>(tmp);
```

```
        }
    }
    template <class T>
    ostream &operator<<(ostream &os, const linkList<T> &obj)
    {
        Node <T> *q = obj.head->next;
        os << endl;
        while (q != NULL){
            os << q->data << '\t';
            q = q->next;
        }
        return os;
    }
```

定义一个整型的单链表，可以用如下定义：

```
linkList<int> intList;
```

这个定义产生了类模板的一个整型实例。如果想创建这个单链表，可以调用 create 函数：

```
intList.create(0);
```

这个调用将输入链表中的元素值，直到输入 0 为止。要输出链表的所有元素，可以直接输出：

```
cout << intList;
```

结点类是专门为单链表类服务的。使用单链表类的程序员并不需要知道有结点类的存在。一个更好的实现方式是将结点类封装在单链表类中，即定义在单链表类中。定义在某个类中的类称为**内嵌类**。内嵌类可以定义在私有部分，也可以定义在公有部分。定义在公有部分的内嵌类可以被全局函数或其他类的成员函数通过“所在类::内嵌类”的形式使用。定义在私有部分的内嵌类只能被所在类的成员函数或友元访问。特别需要注意的是，虽然内嵌类定义在某个类中，但它是一个独立的类，所在类的成员函数不能访问它的私有成员。如果需要访问它的私有成员，必须在内嵌类中声明友元或将内嵌类的所有成员设为公有的。将 Node 类定义成内嵌类后的单链表类定义如下：

```
template <class elemType>
class linkList {
    friend ostream &operator<< <elemType> (ostream &,
                                           const linkList<elemType> &);
    struct Node {
        elemType  data;
        Node *next;
        Node(const elemType &x, Node *N = NULL) { data = x; next = N; }
        Node():next(NULL) {}
        ~Node() {}
    };

    Node <elemType> *head;
public:
    …
};
```

3. 非约束友元

约束友元必须与类模板有同样的模板实际参数才是友元。非约束友元可以不同。非约束友元的所有实例都是类模板所有实例的友元。

例 13.5　编写一个函数 show，输出类模板 Array 和 ArrayS 对象的 storage 值。

show 函数的参数是类模板 Array 或 ArrayS 的对象，所以也是一个模板。函数定义如下：

```
template <class T1>
void show(const T1 &t1)
{
   cout << (void *)  t1.storage << endl;
}
```

由于 storage 是 Array 和 ArrayS 的私有成员，因此必须设置为友元。在 Array 和 ArrayS 中可以用如下语句将函数模板 show 声明为非约束友元。

```
template <class T1>  friend void show(const  T1 &t1);
```

一旦有了这个声明，show 函数就可以访问类模板 Array 和 ArrayS 的任何实例的私有成员。例如有定义：

```
Array<double> a(5,10);
ArrayS<int ,3,9> b;
```

可以用：

```
show(a);
show(b);
```

输出对象 a 和 b 中 storage 的值。

13.6 类模板的其他用法

13.6.1 类模板作为基类

类模板可以作为继承关系中的基类。自然，从该基类派生出来的派生类还是一个类模板，而且是一个功能更强、模板参数相同或更多的类模板。

类模板作为基类

类模板的继承方式和普通的继承方式类似。只是在涉及基类时，都必须带上模板参数。

例 13.6 从例 13.4 中的 linkList 类模板派生一个栈的类模板。

栈是一类特殊的表，它的插入和删除都只能在表的一端进行。允许插入和删除的一端称为**栈顶**，另一端称为**栈底**。栈的常用操作有**进栈**（push）、**出栈**（pop）和**判栈空**（isEmpty）。进栈操作将一个数据元素插入在栈顶。出栈操作删除栈顶元素，并返回被删除的元素值。判栈空操作检查栈中是否有元素。

由于栈是一个特殊的表，因此它可以在单链表的基础上派生出一个栈类型。将单链表表头定义为栈顶，表尾定义为栈底。在单链表的基础上增加 3 个操作：push、pop 和 isEmpty。push 操作是在单链表的表头插入一个元素，这个操作单链表类已经存在，即 insertFront。pop 操作是删除单链表的表头元素，这个操作单链表类也已经存在，即 removeFront。push 和 pop 只要分别调用这两个函数即可。判栈空操作单链表类已存在，直接从基类继承。栈的类模板定义如代码清单 13-8 所示。

代码清单 13-8　栈的类模板定义

```
template <class elemType>
class Stack:public linkList<elemType> {
public:
    void push(const elemType &data) { insertFront(data); }
    elemType pop()  {  return removeFront(); }
};
```

该定义表示元素类型为 elemType 的栈是从元素类型为 elemType 的单链表派生的，即隐含了一个元素类型为 elemType 的单链表对象。由于栈类是从单链表类派生的，因此单链表的存储、构造和析构的代码全被重用了。

13.6.2 类模板作为另一个类模板的成员

类模板的数据成员可以是另一个类模板的对象。此时类模板的模板参数必须涵盖成员的模板参数。

例 13.7 设计一个实现各种统计功能的类，被统计的数据可以是各种类型，存放在 ArrayS 的对象中。

被统计的数据存放在 ArrayS 对象中，所以统计类的数据成员是一个类模板某个实例的对象。该类模板成员的定义如代码清单 13-9 所示。

代码清单 13-9　类模板作为另一个类模板成员的定义

```
template <class T, int n>    //T:统计数据的类型; n: 统计数据个数
class  Statistic
{
    ArrayS<T, 0, n-1>  data; //用下标从 0 到 n-1 的 ArrayS 的对象存储统计数据
public:
    Statistic(T d[]) {
        for (int i = 0; i < n; ++i)
            data[i] = d[i];
    }

    T sum() {
        T tmp = 0;
        for (int i = 0; i < n; ++i)
            tmp += data[i];
        return tmp;
    }
    T max() {
        T tmp = data[0];
        for (int i = 0; i < n; ++i)
            if (data[i] > tmp) tmp = data[i];
        return tmp;
    }
};
```

13.6.3　*递归使用类模板

ArrayS 是一个下标范围可指定的、安全的一维数组。如果某程序需要一个下标范围可指定的、安全的二维数组，则此时不需要定义新的类，可以直接使用 ArrayS 实现。例如，定义一个行号从 5 到 10、列号从 1 到 3 的整型二维数组 arr 可用下列语句。

```
ArrayS<ArrayS<int, 1, 3>, 5, 10> arr;
```

此定义中，类模板 ArrayS 的一个实例 ArrayS<int, 1, 3>作为 ArrayS 另一个实例的模板实际参数。该定义表示 arr 是一个下标从 5 到 10 的数组，数组的每个元素是一个整型的、下标范围从 1 到 3 的一维数组，即 arr 是一个 6 行 3 列的二维数组。由于 ArrayS 重载了下标运算符，因此 arr[i]是第 i 个元素，即第 i 行，它是一个 ArrayS<int, 1, 3>的对象，第 j 个元素可以表示成“对象名[j]”，即 arr[i][j]。

13.7　编程规范及常见错误

继承与组合提供了一种重用对象代码的方法，而模板提供了重用源代码的方法。模板通过将类型作为参数，将处理不同类型数据的一组函数（或类）综合成一个函数（或一个类）。有了模板，可以进一步减少创建工具的程序员的工作量。

使用类模板时，应该将类模板的定义和成员函数的实现写在同一个文件中。在调试含有模板的程序时，程序员不要以为编译没有报错，模板的语法就是正确的，因为没有被调用的模板的成员函数并没有被完全编译。要使类模板被完全编译，程序员必须确保类模板某个实例的对象调用所有的成员函数，或者用显式实例化。

13.8 小结

本章介绍了 C++中的泛型程序设计的工具——模板。模板是独立于类型的“蓝图”，编译器可以根据模板产生多种特定类型的实例。

定义类模板时，需要指出所定义的类中有哪些数据成员的类型尚未确定。每个尚未确定的类型被定义为一个模板形式参数。定义类模板的对象时，必须指明模板参数的真正类型，即模板的实际参数。编译器将模板的实际参数代入类模板，使之成为一个真正的类，这个过程称为类模板的实例化。类模板的形式参数也可以是普通类型，称为非类型参数。非类型参数的实际参数必须是编译时的常量。

类模板与普通的类一样，可以重载运算符，也可以继承，还可以定义友元。

13.9 习题

一、简答题

1. 什么是模板的实例化？
2. 为什么要定义模板？定义类模板有什么好处？
3. 同样是模板，为什么函数模板的使用与普通的函数完全一样，而类模板在使用时还必须被实例化？
4. 什么时候需要用到类模板的声明？为什么？
5. 类模板继承时的语法与普通的类继承有什么不同？
6. 定义了一个类模板，在编译通过后为什么还不能确保类模板的语法是正确的？
7. 类模板的特化有什么作用？

二、程序设计题

1. 设计一个处理栈的类模板，该模板用一个数组存储栈的元素。数组的初始大小由模板参数指定。当栈中的元素个数超过数组大小时，重新申请一个大小为原来数组两倍的新数组存放栈元素。
2. 设计一个处理集合的类模板，要求该类模板能实现集合的并、交、差运算。
3. 在例 13.1 定义的类模板 Array 中，当生成一个对象时，程序员必须提供数组的规模，构造函数根据程序员给出的数组规模申请一个动态数组，在析构函数中释放动态数组的空间。如果程序员定义了一个对象后一直没有访问这个对象，动态数组占用的空间就被浪费了。一种称为“懒惰初始化”的技术可以解决这个问题。懒惰初始化就是在定义对象时并不给它申请动态数组的空间，而是到第一次访问对象时才申请。试修改类模板 Array，完成懒惰初始化。
4. 改写代码清单 13-6 中的单链表类，将结点类作为单链表类的内嵌类。
5. 在代码清单 13-1 中类模板 Array 的基础上派生一个下标范围从 0 开始的安全动态数组类型。
6. 实现一个能处理各类型数据的有序表，提供的功能有插入一个元素、删除一个元素和查找某个元素是否存在。要求用数组和单链表两种方法实现。采用数组实现时，如果插入时数组已满，程序可以扩大数组空间。假定数据元素都支持关系运算。
7. C 语言风格的字符串不支持关系运算。为以上程序设计题 6 的类模板定制一个 C 语言风格的字符串类型的特化版，用二维的字符数组存储一组字符串。

第 14 章 输入/输出与文件

输入/输出是程序的一个重要部分。输入/输出是指程序与外部设备之间的数据传输。程序运行所需要的数据往往是从外部设备（如键盘或磁盘文件）获得的。程序运行的结果通常也是输出到外部设备，如显示器或磁盘文件。

C++的输入/输出分为基于控制台的输入/输出、基于文件的输入/输出和基于字符串的输入/输出。基于控制台的输入/输出是指从标准的输入设备（如键盘）获得数据，把程序的执行结果输出到标准的输出设备（如显示器）。基于文件的输入/输出是指从外存储器的文件获取数据或把数据存于外存储器的文件。基于字符串的输入/输出是指从程序中的 string 类型的变量获取数据或把数据存于 string 类型的变量。

C++的输入/输出不包括在语言所定义的部分，而是由标准库提供。

14.1 流与标准库

流与标准库

C++的输入/输出是以一连串字节流的方式进行的。在输入操作中，字节从设备（如键盘、磁盘）流向内存，称为**输入流**。在输出操作中，字节从内存流向设备（如显示器、打印机、磁盘等），称为**输出流**。C++同时提供“低层次”和“高层次”的输入/输出。低层次的输入/输出直接处理字节流中的一个个字节，把每个字节仅看成一个二进制比特串。高层次的输入/输出可以将字节组合成有意义的单位，如整型数、浮点数及自定义类型的值进行操作。

C++同时支持过程式的输入/输出和面向对象的输入/输出。过程式的输入/输出是通过从 C 语言保留下来的函数库中的输入/输出函数实现的，用这些函数可以实现对内置类型数据的输入/输出，但无法输入/输出自定义类的对象。面向对象的输入/输出是通过 C++的输入/输出类库实现的，可以输入/输出内置类型的变量以及重载的输入/输出自定义类的对象。

C++的输入/输出类主要包含在 3 个头文件中：iostream 定义了基于控制台的输入/输出类型，本书前面的所有程序中几乎都用到了这个头文件；fstream 定义了基于文件的输入/输出类型；sstream 定义了基于字符串的输入/输出类型。输入/输出标准库头文件及类型如表 14-1 所示。

表 14-1 输入/输出标准库头文件及类型

头文件	类型
iostream	istream：控制台输入流类，它的对象代表一个输入设备 ostream：控制台输出流类，它的对象代表一个输出设备 iostream：控制台输入/输出流类，它的对象代表一个输入/输出设备。这个类是由 istream 和 ostream 共同派生的

续表

头文件	类型
fstream	ifstream：输入文件流类，它的对象代表一个输入文件。它是由 istream 派生而来的 ofstream：输出文件流类，它的对象代表一个输出文件。它是由 ostream 派生而来的 fstream：输入/输出文件流类，它的对象代表一个输入/输出文件。它是由 iostream 派生而来的
sstream	istringstream：输入字符串类。它是由 istream 派生而来的 ostringstream：输出字符串类。它是由 ostream 派生而来的 stringstream：输入/输出字符串类。它是由 iostream 派生而来的

这些类之间的继承关系如图 14-1 所示。

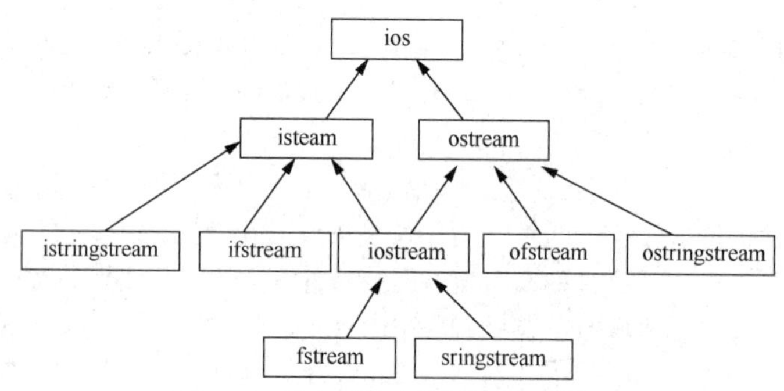

图 14-1　输入/输出流类之间的继承关系

从图 14-1 的继承关系可以看出，C++中的控制台输入/输出操作、文件输入/输出操作以及字符串输入/输出操作的基本方式是相同的。

14.2　输入/输出缓冲

程序只能访问内存中的信息，而不能直接访问外部设备中的信息。当程序需要读取外部设备中的某个信息时，操作系统会将包含此信息的一批数据从外部设备读入内存，再从内存读入程序，此时发生了一次外部设备的访问。如果程序需要读取的数据已经在内存中，则不会发生外部设备的访问。输出也是如此。如果程序向外部设备输出一个信息，此信息被写在内存的某个地方，操作系统会定期将内存中的信息输出到外部设备。内存中存放这些数据的区域称为**输入/输出缓冲区**。输入/输出过程如图 14-2 所示。

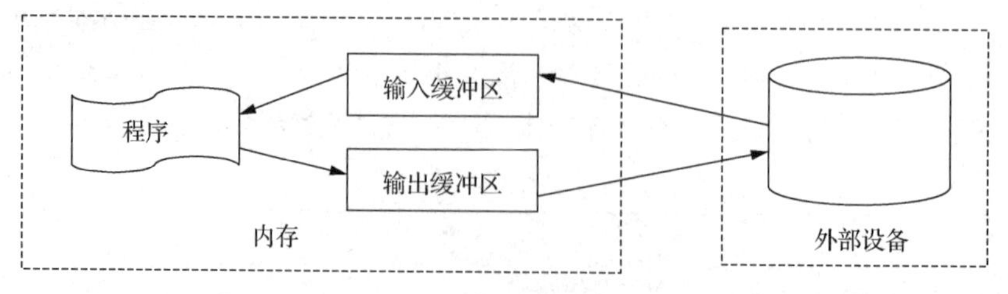

图 14-2　输入/输出过程

C++的输入/输出是基于对象实现的。每个输入/输出对象代表了一个外部设备，都有一个对应的缓冲区，用以存储程序读写的数据。例如，对象 cin 代表键盘，对象 cout 代表显示器。输入/输出过程由两个阶段组成：程序与输入/输出缓冲区之间的信息交互以及输入/输出缓冲区与外部设备之间的信息交互。后者由操作系统自动完成，程序不需要关心。用户在键盘上输入数据，按 Enter 键后，输入的数据及 Enter 键被传送到 cin 对象的缓冲区中。当执行>>操作时，从 cin 对象的缓冲区中取数据存入变量。如果缓冲区中无数据，程序暂停，等待外部设备传送数据到 cin 缓冲区。<<操作是将数据放入输出缓冲区。例如，下列语句：

```
    os << "please enter the value:";
```

将字符串常量存储在与流 os 相关联的缓冲区中。下面几种情况将使缓冲区的内容被刷新，即写入真正的输出设备或文件。

（1）程序正常结束。作为 main 函数返回工作的一部分，将清空所有的输出缓冲区。

（2）当缓冲区已满时，在写入下一个值之前，会刷新缓冲区。

（3）用标准库的操纵符，如行结束符 endl，显式地刷新缓冲区。

（4）将输出流与输入流关联起来。在读输入流时，将刷新其关联的输出缓冲区。在标准库中，将 cout 和 cin 关联在一起，因此每个输入操作都将刷新 cout 关联的缓冲区。

14.3　基于控制台的输入/输出

提到基于控制台的输入/输出，读者对其已经不陌生了。程序通常用 cin 和 cout 对象输入和输出内置类型的数据，通过对>>和<<的重载也可以输入和输出自定义类的对象。

C++对基于控制台的输入/输出的支持主要包含在两个头文件中：iostream 和 iomanip。头文件 iostream 声明了所有输入/输出流操作所需要的基础服务，定义了 cin、cout、cerr 和 clog 这 4 个标准对象，分别对应于标准输入流、标准输出流、无缓冲的标准错误流以及有缓冲的标准错误流。cin 是 istream 类的对象，与标准的输入设备（通常是键盘）相关联。cout 是 ostream 类的对象，与标准的输出设备（通常是显示器）相关联。cerr 是 ostream 类的对象，与标准的错误设备相关联；cerr 是无缓冲的输出，这意味着每个对 cerr 的流插入必须立刻送到显示器。clog 是 ostream 类的对象，与标准的错误设备相关联；clog 是有缓冲的输出。iostream 同时还提供了无格式和格式化的输入/输出服务。格式化的输入/输出通常需要用到一些带参数的流操纵符，头文件 iomanip 声明了带参数的流操纵符。

控制台输入可以用>>运算符、get 函数和 getline 函数。控制台输出可以用<<运算符和 put 函数。它们的用法在前面章节都已做了介绍。

C++提供了格式化的输入/输出，使输入/输出更加人性化。格式化输入/输出是通过**流操纵符**或 **istream 和 ostream 类的成员函数**实现的。流操纵符是以一个流引用作为参数，并返回同一流引用的函数，因此它可以嵌入输入/输出操作的链中。endl 就是最常用的流操纵符。格式化输入/输出的功能包括设置整型数的基数、设置浮点数的精度、设置和改变域宽、设置域的填充字符等。

1. 设置整型数的基数

输入/输出流中的整型数默认为以十进制表示。为了使流中的整型数不局限于十进制，程序员可以插入 hex 操纵符将基数设置为十六进制、插入 oct 操纵符将基数设置为八进制，也可以插入 dec 操纵符将基数重新设置为十进制。

设置整型数的基数

改变输入/输出流中整型数的基数也可以通过流操纵符 setbase 来实现。该操纵符有一个整型参数，参数值可以是 16、10 或 8，表示将整型数的基数设置为十六进制、十进制或八进制。由于 setbase 有一个参数，因此也被称为**参数化的流操纵符**。使用任何带参数的流操纵符的程序都必须包含头文件 iomanip。

流的基数值只有被显式更改时才会变化，否则一直沿用原有的基数。代码清单 14-1 所示的程序演示了这几个流操纵符的用法。

代码清单 14-1　设置整型数的基数的示例程序

```
//文件名：14-1.cpp
#include <iostream>
#include <iomanip>                    //setbase 所在的库
using namespace std;

int main()
{
    int n;

    cout << "Enter a octal number: ";                 //读入八进制表示的整型数
    cin >> oct >> n;
    cout << "octal " << oct << n << " in hexdecimal is:" << hex << n << '\n';
    cout << "hexdecimal " << n << " in decimal is:" << dec << n << '\n';
    cout << setbase(8) << "octal " << n <<" in octal is:" << n << endl;

    return 0;
}
```

代码清单 14-1 中的程序以八进制读入一个整型数，然后以十六进制和十进制输出。程序的某次运行结果如下：

```
Enter a octal number: 30
octal 30 in hexdecimal is: 18
hexdecimal 18 in decimal is: 24
octal 30 in octal is: 30
```

2. 设置浮点数的精度

设置浮点数的精度

设置浮点数的精度（即实型数的有效位数）可以用流操纵符 setprecision 或成员函数 precision 来实现。一旦调用了这两者之中的某一个，将影响所有输出的浮点数的精度，直到下一个设置精度的操作为止。流操纵符 setprecision 和成员函数 precision 都有一个参数，表示有效位数的长度。具体示例如代码清单 14-2 所示。

代码清单 14-2　设置精度的示例程序

```
//文件名：14-2.cpp
#include <iostream>
#include <iomanip>
using namespace std;

int main()
{
    double x = 123.456789, y = 9876.54321;

    for (int i = 9; i > 0; --i) {
        cout.precision(i);
        cout << x << '\t' << y << endl;
    }
    //或写成 for (int i = 9; i > 0; --i)
    //cout << setprecision(i) << x << '\t' << y << endl;

    return 0;
}
```

代码清单 14-2 中的程序定义了两个双精度数 x 和 y，它们都有 9 位精度，然后以不同的精度输出。程序的输出如下：

```
123.456789   9876.54321
123.45679    9876.5432
```

```
123.4568     9876.543
123.457      9876.54
123.46       9876.5
123.5        9877
123          9.88e+003
1.2e+002     9.8e+003
1e+002       1e+004
```

由这个输出结果可以看出，每次设置了精度后，所有的输出都是按照这个精度输出的。例如，第一次设置精度为 9，则这两个数都输出了 9 位；第二次设置精度为 8，这两个数都输出了 8 位。当数据的位数超出了设置的精度时，C++自动改为科学记数法输出。

浮点数的默认输出是定点形式。如果希望以科学记数法输出，此时可以用流操纵符 scientific。例如：

```
cout << scientific << x;
```

这是将 x 用科学记数法输出。如果需要恢复定点形式，此时可以用流操纵符 fixed。

很多时候设置浮点数的精度是希望保证小数点后的位数，此时可以将两个流操纵符 fixed 和 setprecision 结合使用。fixed 表示以定点小数形式输出，此时 setprecision 的参数表示小数点后的位置。例如，把代码清单 14-2 改为代码清单 14-3。

代码清单 14-3　设置小数点后位数的示例程序

```
//文件名：14-3.cpp
#include <iostream>
#include <iomanip>
using namespace std;

int main()
{
    double x = 123.456789, y = 9876.54321;

    cout << fixed << setprecision(2) << x << '\t' << y << endl;
    cout << fixed << setprecision(3) << x << '\t' << y << endl;

    return 0;
}
```

输出将是：

```
123.46      9876.54
123.457     9876.543
```

3. 设置域宽

域宽是指数据在外部设备中所占的字符个数。设置域宽可以用成员函数 width，也可以用流操纵符 setw。width 和 setw 都包含一个整型的参数，表示域宽。设置域宽可用于输入，也可用于输出。与设置整型数的基数不同，设置域宽只适合于下一次输入或输出，之后操作的域宽将被设置为默认值。当没有设置输出域宽时，C++按实际长度输入/输出。例如，若整型变量 a = 123，b = 456，则输出语句为：

```
cout << a << b;
```

将输出 123456。一旦设置了域宽，该输出必须占满域宽。如果输出值的宽度比域宽小，则插入填充字符填充。默认的填充字符是空格。默认情况下，填充字符插在前面。此外，也可以通过流操纵符 left 和 right 改变默认的填充方式。例如，语句：

```
cout << setw(5) << x << setw(5) << y << endl;
```

的输出为：

```
  123  456
```

每个数值占 5 个位置，前面用空格填充。如果实际宽度大于指定的域宽，则按实际宽度输出。例如，语句：

```
cout << setw(3) << 1234 << setw(3) << 56;
```

的输出为：

```
1234 56
```

如果需要改变填充字符，此时可使用流操纵符 setfill。例如：

```
cout << setw(5) << setfill('$') << 123 <<  setw(7) << setfill('#') << 456 << endl;
```

输出将是：

```
        $$123####456
```

设置域宽也可用于输入。当输入是字符串时，如果输入的字符个数大于设置的域宽，C++只读入域宽指定的字符个数。例如，有定义：

```
char a[9] , b[9] ;
```

执行语句：

```
cin >> setw(5) >> a >> setw(5) >> b;
```

用户在键盘上的响应为：

```
abcdefghijklm
```

则字符串 a 的值为"abcd"，字符串 b 的值为"efgh"。

4. 自定义输出流操纵符

程序员可以定义自己的流操纵符。定义流操纵符是写一个特定原型的函数，最常见的定义格式如下：

```
ostream &操纵符名(ostream &obj)
{需要执行的操作;}
```

例如，在代码清单 14-4 中，自定义了一个流操纵符 tab，完成跳到下一输出区域的操作。

代码清单 14-4 自定义流操纵符的示例程序

```
//文件名：14-4.cpp
#include <iostream>
using namespace std;

ostream &tab(ostream &os) {return os <<'\t';}

int main()
{
    int a = 5, b = 7;

    cout << a << tab << b <<endl;

    return 0;
}
```

代码清单 14-4 所示的程序运行结果如下：

```
5    7
```

14.4 基于文件的输入/输出

14.4.1 文件的概念

文件是驻留在外存储器上、具有一个标识名的一组信息集合，用以永久保存数据。与文件相关的概念有数据项（字段）、记录、文件和数据库。**数据项**是数据的基本单位，表示一个有意义的信息，例如，一个整型数、一个实型数或一个字符串。若干个相关的数据项组成一个**记录**，每个记录可以看成一个对象。记录的集合称为**文件**。因此一个文件可以看成一个存储在外存储器上的对象数组。一组相关的文件构成一个**数据库**。

例如，在一个图书管理系统中，有一个数据库。这个数据库由书目文件、读者文件及其他辅助

文件组成。书目文件中保存的是图书馆中所有书目的信息，每本书的信息构成一条记录。每本书需要保存的信息包括书名、作者、出版年月、分类号、ISBN、图书馆的馆藏号以及一些流通信息。其中书名是一个字段，作者也是一个字段。

14.4.2　文件和流

C++的文件没有记录的概念，它把文件看成字节序列，即由一个个字节顺序组成，每一个文件以文件结束符（End Of File，EOF）结束，这种文件称为流式文件。我们可以将 C++的文件看成一个字符串。只不过这个字符串不是存放在内存中的，而是存放在外存中；不是用'\0'结束的，而是用 EOF 结束。

文件和流

根据不同的读写方式，C++的文件又被分为 ASCII 文件和二进制文件。ASCII 文件也被称为文本文件，它将任何类型的数据都以文本方式存放。在读写 ASCII 文件时，系统会在内存表示和文本之间进行转换。二进制文件保存的是数据在内存中的表示。读写时，直接在内存和文件间传送数据，不执行任何转换。例如，短整型变量 x 的值是-1，将 x 写入二进制文件，文件中是-1 的补码，即比特串 1111111111111111（如果短整型用两字节表示）。但如果将 x 写入 ASCII 文件，文件中是两个字符'-'和'1'的 ASCII 值。

ASCII 文件中的每字节都是一个可显示字符的 ASCII 值，可以直接显示在屏幕上，而直接显示二进制文件通常是没有意义的。

C++把文件看成一个数据流，每个数据流必须有一个对象作为代表。因此要访问一个文件，必须先定义一个文件流对象。当应用程序从文件中读取数据时，将文件与一个输入文件流对象（ifstream）相关联。当应用程序将数据写入一个文件时，将文件与一个输出文件流对象（ofstream）相关联。如果既要输入又要输出，则与输入/输出文件流对象（fstream）相关联。这 3 个文件流类型定义在头文件 fstream 中。如果一个程序要对文件进行操作，必须在程序头上包含这个头文件。由于 ifstream 和 ofstream 分别是从 istream 和 ostream 派生的，fstream 是从 iostream 派生的，因此除了所访问的流不同以外，文件的访问与控制台的输入/输出基本上是一样的。事实上，控制台就是一个文本文件。控制台的输入/输出是从系统预先定义的输入流对象 cin 提取数据，将数据写到系统预定义的输出流对象 cout，而文件读写时是读写应用程序定义的输入/输出流对象。

文件的使用

因此，访问一个文件首先要有一个文件流对象，并将文件与该文件流对象相关联，这个操作称为**打开文件**。一旦文件被打开，则可以从文件读写数据。文件访问结束时，要断开文件和文件流对象的联系，这个操作称为**关闭文件**。一旦文件被关闭，该文件流对象又可以与其他文件关联。

总结一下，访问一个文件由 4 个步骤组成：定义一个文件流对象、打开文件、操作文件中的数据、关闭文件。通常我们可以在定义文件流对象的同时打开文件，因此，第一和第二个步骤可以合并为一个步骤。

1. 定义文件流对象

C++有 3 个文件流类型：ifstream、ofstream 和 fstream。ifstream 是输入文件流类，当程序从文件读数据时，必须定义一个 ifstream 类的对象与之关联。ofstream 是输出文件流类，当程序向文件写入数据时，必须定义一个 ofstream 类的对象与之关联。fstream 类的对象既可以读也可以写。例如：

```
ifstream infile;
```

定义了一个输入文件流对象 infile。

2. 打开和关闭文件

ifstream、ofstream 和 fstream 类除了具有从基类继承下来的行为以外，还新定义了两个成员函数 open（打开文件）和 close（关闭文件），以及一个构造函数。

打开文件是将文件流对象与某一外存中的文件关联起来，并为文件的读写做好准备，例如为文件流对象准备缓冲区、记录读写位置等。打开文件可以用 open 函数，也可以在定义文件流对象时通过构造函数建立联系。无论是用成员函数 open 还是通过构造函数，都需要指定文件名和文件打开模式。因此，这两个函数都有两个形式参数：第一个形式参数是一个 C 语言风格的字符串，用以指出要打开的文件名；第二个参数是文件打开模式，用以指出要对该文件执行什么类型的操作。文件打开模式及其含义如表 14-2 所示。文件流类的构造函数和 open 函数都提供了文件打开模式的默认参数。默认值因流类型的不同而不同。

表 14-2　文件打开模式及其含义

文件打开模式	含义
in	打开文件，做读操作
out	打开文件，做写操作
app	在文件尾后面添加
ate	打开文件后，立即将文件定位在文件尾
trunc	打开文件时，清空文件
binary	以二进制模式进行输入/输出操作，默认为 ASCII 文件

out、trunc 和 app 模式只能用于与 ofstream 和 fstream 类的对象相关联的文件。in 模式只能用于与 ifstream 和 fstream 类的对象相关联的文件。所有的文件都可以用 ate 和 binary 模式打开。ate 模式只在打开时有效，文件打开后将读写位置定位在文件尾。

每个文件流类都有默认的文件打开方式，ifstream 类的对象默认以 in 模式打开，该模式只允许对文件执行读操作；与 ofstream 类的对象相关联的文件则默认以 out 模式打开，使文件可写。以 out 模式打开文件时，如果文件不存在，系统会自动创建一个空文件，否则将被打开的文件清空，丢弃该文件原有的所有数据。如果 ofstream 类的对象在打开时需要保存原文件中的数据，此时可以指定以 app 模式打开，这样，写入文件的数据将被添加到原文件数据的后面。对于 fstream 类的对象，默认的打开方式是 in|out，表示同时以 in 和 out 模式打开，使文件既可读也可写。当同时以 in 和 out 模式打开时，文件不会被清空。

从文件 file1 中读取数据，需要定义一个输入流对象，并把它与 file1 相关联。这一操作可以用下面两个语句实现：

```
ifstream infile;            //定义一个输入流对象
infile.open("file1");       //或 infile.open("file1", ifstream::in);，流对象与文件关联
```

也可以利用构造函数直接打开：

```
ifstream infile("file1");
```

或

```
ifstream infile("file1", ifstream::in);
```

向文件 file2 中写数据，需要定义一个输出流对象，并把它与 file2 相关联。这一操作可以用下面两个语句实现：

```
ofstream outfile;           //定义一个输出流对象
outfile.open("file2");      //或 outfile.open("file2", ofstream::out);，流对象与文件关联
```

也可以利用构造函数直接打开：

```
ofstream outfile("file2");
```

或

```
ofstream outfile("file2", ofstream::out);
```

当执行上述语句时，如果 file2 已经存在，则会自动清空该文件。如果 file2 不存在，会自动创建一

个名为 file2 的文件。如果需要向文件 file2 添加数据，此时可以用 app 模式打开。例如：

```
ofstream outfile("file2", ofstream::app);
```

有时，既需要从一个文件中读数据，又需要把数据写回该文件，此时可定义一个 fstream 类的对象：

```
fstream iofile("file3");
```

默认情况下，fstream 类的对象以 in 和 out 模式同时打开。此外，也可以显式指定文件模式，例如：

```
fstream iofile("file3",  fstream::in | fstream::out);
```

当文件同时以 in 和 out 模式打开时，不会清空文件。如果只用 out 模式而不用 in 模式，文件会被清空。如果打开文件时指定了 trunc 模式，则无论是否指定 in 模式都会清空文件。

如果以输入方式打开一个文件，但是该文件并不存在，或者以输出方式打开一个文件，但用户对文件所在的目录并无写的权限，那么将无法打开这个文件。如果文件打开不成功，程序中后续的对文件操作的语句都会出错，因此执行打开文件的操作后，应该检查文件是否打开成功，以确定后面对文件操作的语句是否能够执行。如何检查文件是否打开成功？如果文件打开成功，流对象会得到一个非 0 值。如果打开不成功，流对象的值为 0。**在打开文件后检查文件是否打开成功是一个良好的程序设计习惯。**

当文件访问结束时，应该断开文件与文件流对象的关联。断开关联可以用成员函数 close。如果不再从 file1 读数据，此时可以调用：

```
file1.close();
```

关闭文件。关闭输出文件流对象时，会将该对象对应的缓冲区中的内容全部写入文件。关闭文件后，文件流对象和该文件不再有关。此时可以将此文件流对象与其他文件相关联，访问其他文件。

事实上，当程序执行结束时，系统会自动关闭所有的文件。尽管如此，显式地关闭文件是一个良好的程序设计习惯。特别是在一些大型的程序中，文件访问结束后关闭文件尤为重要。

14.4.3　ASCII 文件的访问

ASCII 文件的读写和控制台读写完全一样，所有控制台输入/输出可用的运算符、函数、流操纵符都可用于 ASCII 文件，因为 C++把控制台作为一个 ASCII 文件。程序员可以用流提取运算符>>从 ASCII 文件读数据，也可以用流插入运算符<<将数据写入 ASCII 文件，还可以用输入/输出流类的其他成员函数读写 ASCII 文件，如 get 函数、put 函数等。读写 ASCII 文件时会在内存表示和文本形式间进行转换，将内存数据转换成文本写入文件或把文件中的文本转换成数据的内部表示存入某个变量。

ASCII 文件的访问

在读文件操作中，经常需要判断文件中的数据是否已被读完。如果使用>>或 get 函数读文件，此时可以通过检查>>的返回值是否为 false 或 get 函数读入的字符是否为 EOF 来判断。

例 14.1　将整数 1～10 写入 ASCII 文件 file，然后从 file 中读取这些数据，把它们输出到屏幕上。

首先用输出方式打开文件 file。如果文件 file 不存在，则自动创建一个，否则打开磁盘上名为 file 的文件，并清空。用一个循环依次将 1～10 通过流插入运算符插入文件，并关闭文件。然后用输入方式打开文件 file，用流提取运算符读出所有数据，并输出到屏幕上。具体的程序如代码清单 14-5 所示。

代码清单 14-5　ASCII 文件的顺序读写

```
//文件名：14-5.cpp
#include <iostream>
#include <fstream>         //使用文件操作必须包含 fstream
using namespace std;
```

```
int main()
{
    ofstream out("file");           //定义输出流，并与文件 file 关联
    ifstream in;                    //定义一个输入流对象
    int i;

    if (!out) {cerr << "create file error\n"; return 1;}  //打开文件不成功
    for (i = 1; i <= 10; ++i) out << i << ' ';             //将 1～10 写到输出流对象
    out.close();

    in.open("file");                                    //以输入方式打开文件 file
    if (!in) {cerr << "open file error\n"; return 1;}
    while (in >> i) cout << i << ' ';                   //读出所有数据
    in.close();

    return 0;
}
```

用流插入运算符输出信息时，整型变量 i 的值被转换成文本形式写入文件。读入时又会将文件中的文本转换成整数的内部表示存入变量 i。因此，如果在操作系统下直接显示文件 file 或用任何文字编辑软件打开此文件，可以看到文件 file 的内容如下：

```
1 2 3 4 5 6 7 8 9 10
```

注意代码清单 14-5 所示的程序中的写入部分。在输出每个 i 后紧接着输出了一个空格，否则所有数字连在一起，不便阅读。

除了数字之外，ASCII 文件也可以写入字符串，甚至可以既有数字，也有字符串；读写方式与控制台读写方式完全相同。具体的示例如代码清单 14-6 所示。

代码清单 14-6　写一个包含多种类型数据的 ASCII 文件的示例程序

```
//文件名：14-6.cpp
#include <fstream>
#include <iostream>
using namespace std;

int main()
{
    ofstream fout("test");

    if (!fout){cerr << "cannot open output file\n"; return 1;}
    fout << 10 << " " << 123.456 << "\"This is a text file\"\n";
    fout.close();

    return 0;
}
```

执行代码清单 14-6 所示的程序后，test 文件中的内容如下：

```
10 123.456"This is a text file"
```

读这个文件中的内容，可以用代码清单 14-7 所示的程序实现。

代码清单 14-7　读有多种类型数据的 ASCII 文件的示例程序

```
//文件名：14-7.cpp
#include <fstream>
#include <iostream>
using namespace std;

int main()
{
    ifstream fin("test");
    char s[80];
    int i;
    float x;
```

```
    if (!fin) {cout << "cannot open input file\n"; return 1;}
    fin >> i >> x >> s; cout << i << " " << x << s;
    fin.close();

    return 0;
}
```

代码清单 14-7 所示的程序输出结果是什么呢？某些读者可能会认为应该是：

```
10 123.456"This is a text file"
```

但很遗憾，实际的结果是：

```
10 123.456"This
```

这是因为流提取运算符是以空白字符作为结束符的，所以读到字符串 s 的"This 后面遇到了空格，输入结束。如果要读入这个完整的字符串，此时可用其他的成员函数，如 getline 函数。

如果将代码清单 14-7 中的读入语句改为：

```
fin >> i >> x; fin.getline(s, 80, '\n');
```

则能够得到正确的结果。

14.4.4　二进制文件的访问

二进制文件读写是直接在文件与内存间进行数据交换，其中没有任何转换。直接交换内存和文件中的数据可用 read 函数和 write 函数。

二进制文件的访问

read 函数从输入流对象读入若干字节写入内存的某个地址。它有两个参数：第一个参数是一个指向字符的指针，表示存入的内存地址；第二个参数是一个整型值，表示读入的字节数。read 函数的原型为：

```
read(char *addr, int size)
```

write 函数将从内存的某个地址开始的若干字节写入输出流对象。它也有两个参数：第一个参数是一个指向字符的指针；第二个参数是一个整型值，表示写入文件的字节数。write 函数的原型为：

```
write(const char *addr, int size)
```

在用 read 函数读文件时，如何判断文件结束？答案是可以通过成员函数 eof 来实现。eof 函数不需要参数，当读操作遇到文件结束时，该函数返回 true，否则返回 false。

例 14.2　将整数 1～10 写入 D 盘根目录下的二进制文件 file 中，然后从 file 中读取这些数据，把它们输出到屏幕上。

首先用输出方式打开文件 file。如果文件 file 不存在，则自动创建一个，否则打开磁盘上名为 file 的文件，并清空。用一个循环依次将 1～10 通过 write 函数写入文件，并关闭文件。然后用输入方式打开文件 file，用 read 函数读出所有数据，并输出到屏幕上。具体的程序如代码清单 14-8 所示。

代码清单 14-8　二进制文件的顺序读写

```
//文件名：14-8.cpp
#include <iostream>
#include <fstream>
using namespace std;

int main()
{
    ofstream out("D:\\file", ofstream::binary);
    ifstream in;
    int i;

    //将 1～10 写到输出流对象
    if (!out) {  cerr << "create file error\n"; return 1;  }
    for (i = 1; i <= 10; ++i)    //将变量 i 的内部表示写入文件
```

```
        out.write(reinterpret_cast<char *> (&i),  sizeof(int));
    out.close();

    in.open("D:\\file", ifstream::binary);
    if (!in) {  cerr << "open file error\n"; return 1;  }
    in.read(reinterpret_cast<char *> (&i), sizeof(int));
    while (!in.eof()) {        //读文件，直到结束
        cout << i << "   ";
        in.read(reinterpret_cast<char *> (&i), sizeof(int));
    }
    in.close();
    cout << endl;

    return 0;
}
```

上述程序有以下两点需要注意。

第一个是文件名的表示。在 Windows 操作系统中，D 盘根目录下的文件 file 表示为 D:\file。但“\”是 C++的转义字符，“\”应写为“\\”。

第二个是 read 函数和 write 函数调用中的第一个参数。函数原型要求这个参数是一个指向字符的指针，但程序是将数据读入一个整型变量，所以需要将整型变量的地址强制转换成指向字符的指针。

执行该程序后，文件 file 中的内容为整数 1～10 的补码，每个整数占 4 字节，文件大小是 40 字节。程序的输出结果如下：

```
1 2 3 4 5 6 7 8 9 10
```

14.4.5 文件的随机访问

例 14.1 和例 14.2 都是将一组数据写入一个空文件，然后从头开始依次读入文件的每一个数据，这种访问方式称为**顺序访问**。大多数情况下，文件访问都是访问文件中的部分数据。读写文件中的部分数据称为文件的随机访问。

文件的随机访问（1）

如何读文件中的某个数据或改写某个数据呢？观察代码清单 14-8，在以输入方式打开文件后，第一次调用 read 函数读入了文件中最前面的 4 个字节，第二次调用 read 函数读入了文件的第 5 个字节到第 8 个字节。为什么 C++知道第二次读应该从第 5 个字节开始？这是因为每个文件流对象都保存下一次读写的位置，这个位置称为**文件定位指针**。文件定位指针是一个 long 型的数据，表示当前读写的是文件的第几个字节（从 0 开始编号）。当文件用 in 模式打开时，文件定位指针指向文件头，所以读文件时是从头开始读。当以 out 模式打开时，写文件定位指针也是定位在文件头，所以新写入的内容覆盖了文件中原有的信息。当文件用 app 模式打开时，写文件定位指针指向文件尾，写入文件的内容就被添加到了原文件的后面。

ifstream 和 ofstream 分别提供了成员函数 tellg 和 tellp 返回文件定位指针的当前位置。tellg 返回读文件定位指针，tellp 返回写文件定位指针。下列语句将输入文件 in 的定位指针值赋予 long 型变量 location：

```
location = in.tellg();
```

当需要随机访问时，只需要将文件定位指针设置为需要读写的位置即可。ifstream 提供了一个函数 seekg，用于设置读文件的位置。ofstream 提供了一个函数 seekp，用于设置写文件的位置。seekg 和 seekp 函数都有两个参数：第一个参数为 long 型整数，表示偏移量；第二个参数指定指针移动的参考点，ios::beg（默认）相对于流的开头，ios::cur 相对于文件定位指针的当前位置，ios::end 相对于流的结尾。例如，in.seekg(0)表示将读文件定位指针定位到输入流 in 的开始处，in.seekg(10, ios::cur)表示定位到输入流 in 当前位置后面的第 10 个字节。ios 是所有输入/输出流的基类。

例如，对代码清单 14-5 中的程序做一个小小的修改，我们可以在用输入方式重新打开文件 file 后，插入语句：

```
in.seekg(10);
```

即将读文件定位指针从文件头开始向后移 10 个字节，则该程序跳过文件的前 10 个字节，直接从第 11 个字节开始读。程序的输出结果如下：

```
6 7 8 9 10
```

通过重新设置写文件定位指针，也可以改写文件中的内容，如代码清单 14-9 所示。程序用输入/输出的方式打开由代码清单 14-5 所示的程序生成的文件 file，将写文件的位置定在第 10 个字节，然后重新写入 20。也就是将原来的"6"改成了"20"。将读文件定位指针设置回文件头，读整个文件，得到的输出结果如下：

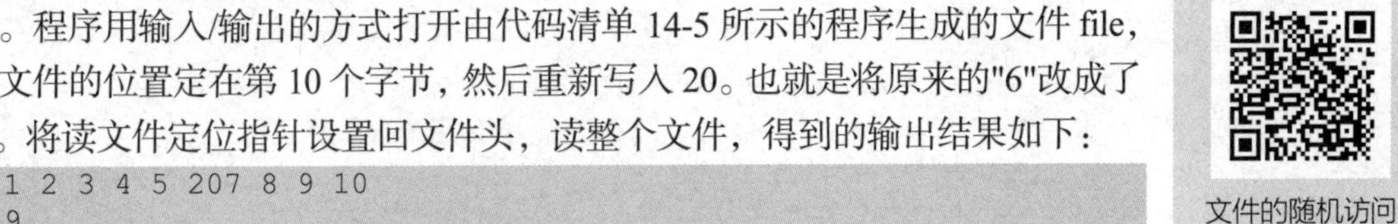

文件的随机访问（2）

```
1 2 3 4 5 207 8 9 10
9
```

代码清单 14-9　文件的随机读写

```
//文件名：14-9.cpp
#include <iostream>
#include <fstream>
using namespace std;

int main()
{
    fstream in("file");
    int i, count = 0;

    if (!in) {cerr << "open file error\n"; return 1;}

    in.seekp(10);     //重新定位写文件定位指针
    in << 20;         //改写文件的内容

    in.seekg(0);      //读文件定位指针移到文件起始处
    while (in >> i) { cout << i << ' ';  ++count; }
    cout << '\n' << count << endl;
    in.close();

    return 0;
}
```

从代码清单 14-9 中的程序运行结果可以看出，用流插入运算符改写文件的数据可能会破坏文件中其他的数据。例如，程序的原意可能只是想把 6 修改成 20，但修改后的 20 却与原来的 7 连在一起变成了 207。因此想要修改文件的内容，用这种方法是非常危险的。如果读写的是二进制文件，则不会有这样的问题，因为每个整数占用的空间量是固定的。

例 14.3　将例 14.2 生成的文件中的 6 改写为 20，输出改写后的文件内容。

此例中对文件既要读又要写，于是定义了一个 fstream 的对象。打开文件后，先将写文件定位指针定位到存储 6 的位置。由于每个整数占 4 字节，6 前面有 5 个整数，6 的存储位置是 5*4，于是将写文件定位指针定位到这个位置。用 write 函数写入 20，这样 20 就覆盖了原来存储 6 的空间。重新读文件，6 就被 20 取代了。具体的程序如代码清单 14-10 所示。

代码清单 14-10　二进制文件的随机访问

```
//文件名：14-10.cpp
#include <iostream>
#include <fstream>          //使用文件操作必须包含 fstream
using namespace std;

int main()
{
```

```
    fstream io("D:\\file");
    int i;

    //改写 6 为 20
    io.seekp(5 * sizeof(int));          //写文件定位指针定位到 6 的位置
    i = 20;
    io.write(reinterpret_cast<char *> (&i), sizeof(int));    //修改 6 为 20

    //重新读文件
    io.seekg(0);                        //读文件定位指针定位到文件开始处
    io.read(reinterpret_cast<char *> (&i), sizeof(int));
    while (!io.eof()) {                 //读文件，直到遇到文件结束符
        cout << i << ' ';
        io.read(reinterpret_cast<char *> (&i), sizeof(int));
    }
    io.close();

    return 0;
}
```

程序的输出结果如下：

```
1 2 3 4 5 20 7 8 9 10
```

14.4.6 用流式文件处理含有记录的文件

信息系统中用到的文件一般都有记录的概念，如图书馆系统中的书目文件。C++只支持流式文件，访问具有记录概念的文件需要应用程序自己解决。

例 14.4（1）

我们可以将存储的记录类型定义成一个结构体或类，即文件中存储的是一个个对象。同类对象在内存中占用的字节数都是相同的，因此信息系统通常采用的都是二进制文件，将每个对象的内存映像存入文件，由程序按字节数区分出一个个记录。

例 14.4 设计一个图书馆的书目管理系统，每本书需要记录的信息有馆藏号（整型数）、书名（最长 20 个字符的字符串）和借书标记。借书标记中记录的是借书者的借书证号（假设也是整型数），如果书未被出借，则借书标记值为 0。图书的馆藏号要求自动生成，即系统的第一本书馆藏号为 1，第二本书馆藏号为 2，依此类推。该系统需要实现的功能如下：初始化系统、添加书、借书、还书和显示书库信息。初始化系统时，要清除所有保存的书目信息，并且重新从 1 开始编号。添加书功能要求用户输入书名，系统自动生成馆藏号，设置在库标记，将此信息存入系统的数据库。借书功能输入借书证号及所借书的馆藏号，根据馆藏号从数据库中取出相应的书目信息，将借书证号记入所借书的借书标记，写回数据库。还书功能要求输入书的馆藏号，从数据库中取出相应的书目信息，复位该书的借书标记，写回数据库。显示书库信息功能将数据库中所有的书目信息按馆藏号的次序显示。

每个信息系统都有自己的数据库，本系统的数据库比较简单。由于本系统只有书目信息需要长期保存，为此，设计了一个文件 book，该文件中的每个记录保存一本书的信息。文件中的记录可按馆藏号的次序存放，这样可方便实现添加书和借还书的功能。添加书时，只要将这本书对应的记录添加到文件尾即可。借还书时，可以根据馆藏号计算记录的存储位置，修改相应的记录。

添加书的时候，需要自动生成馆藏号，此时必须知道图书馆的藏书量。如何获取藏书量？有很多方法，我们可以将它保存在一个文件中。一般每个文件保存一类信息，但专门用一个文件保存一个信息有点浪费。为此也可以将它存放在 book 文件最开始处，即 book 文件中先存放一个表示藏书量的整型数，然后是一本书的信息。事实上，藏书量也可以不保存，它可以从文件 book 长度除以每本书的长度得到。

按照面向对象程序设计思想，程序员在设计一个软件时首先要考虑需要哪些工具。那么，这个软件需要哪些工具呢？这个软件主要处理的对象是“书”，如果能有一个处理“书”的工具，则软件的实现会简单许多。因此，这里应该为这个系统设计一个书目类，用以处理一本书的信息。根据题意，保存一本书需要保存 3 个信息，因此这个类有 3 个数据成员：馆藏号、书名和借书标记。对于每一本书，除了构造函数外，可能的操作有借书、还书、显示书的详细信息。根据上述考虑设计的类如代码清单 14-11 所示。

代码清单 14-11　book 类的设计与实现

例 14.4（2）

```
//文件名：book.h
//Book 类的设计
#ifndef _book_h
#define _book_h

#include <cstring>
#include <iostream>
#include <iomanip>
#include <fstream>
using namespace std;

class Book {
    int no;
    char name[20];
    int borrowed;
public:
    Book(const char *s = "", int total_no = 0): no(total_no), borrowed(0)
                        {strcpy(name, s);}
    void borrow(int readerNo) {borrowed = readerNo;}
    void Return(){borrowed = 0;}
    void display() const
    {cout << setw(10) << no << setw(20) << name << setw(10) << borrowed << endl;}
};
#endif
```

有了合适的工具后，就可以着手整个系统的设计。整个系统由五大功能组成，一般将每个功能定义成一个函数。主函数显示一个功能菜单，并根据用户选择的项目执行相应的函数。main 函数的实现如代码清单 14-12 所示。

代码清单 14-12　图书馆系统的主函数

```
//文件名：main.cpp
#include "book.h"
void initialize();   //系统初始化
void addBook();      //添加新书
void borrowBook();   //借书
void returnBook();   //还书
void displayBook();  //显示所有的书目信息

int main()
{
    int selector;

    while (true) {
        cout << "0 -- 退出\n";
        cout << "1 -- 初始化文件\n";
        cout << "2 -- 添加书\n";
        cout << "3 -- 借书\n";
        cout << "4 -- 还书\n";
        cout << "5 -- 显示所有书目信息\n";
        cout << "请选择（0-5）: "; cin >> selector;
```

```
        if (selector == 0) break;
        switch (selector) {
            case 1: initialize(); break;
            case 2: addBook(); break;
            case 3: borrowBook();break;
            case 4: returnBook(); break;
            case 5: displayBook();break;
        }
    }
    return 0;
}
```

每个功能的实现都非常简单，不需要再继续分解。系统初始化将书目文件清空，这只需要以输出方式打开 book 文件，然后立即关闭。系统初始化函数的实现如代码清单 14-13 所示。

代码清单 14-13　系统初始化函数的实现

```
void initialize()
{
    ofstream outfile("book");    //清空文件 book
    outfile.close();
}
```

添加新书功能将新入库书的信息添加到文件尾，因此以 app 模式打开文件。先计算藏书量，然后将用户输入的书名作为参数生成一个 Book 类的对象，用 write 函数写入文件末尾。添加新书的实现如代码清单 14-14 所示。

代码清单 14-14　添加新书的实现

```
void addBook()
{
    char ch[20];
    Book *bp;
    ofstream outfile("book", ofstream::app | ofstream::ate | ofstream::binary);

    //计算馆藏号
    long int no = outfile.tellp() / sizeof(Book) + 1;

    //生成需要添加的新书
    cout << "请输入书名：";
    cin >> ch;
    bp = new Book(ch, no);

    //将书目信息添加到文件
    outfile.write( reinterpret_cast<const char *>(bp), sizeof(*bp));
    delete bp;

    outfile.close();
}
```

当用户要借书的时候，需要输入馆藏号和读者的借书证号。根据馆藏号从文件中读出相应的图书记录，更新借书记录字段，将记录重新写回文件。因此，在这个函数中，文件要能读能写，程序定义了一个 fstream 类的对象与之关联。由于此文件中每条记录的长度是定长的，因此，可以方便地定位到所要读写的记录。借书函数的实现如代码清单 14-15 所示。

代码清单 14-15　借书函数的实现

```
void borrowBook()
{
    int bookNo, readerNo;
    fstream iofile("book",  fstream::binary);                //以读写方式打开文件
    Book bk;

   cout << "请输入书号和读者号：";
   cin >> bookNo >> readerNo;
```

```
    iofile.seekg((bookNo - 1) * sizeof(Book));    //按照馆藏号定位到所读记录
    iofile.read(reinterpret_cast<char *> (&bk), sizeof(Book));
                                                  //读一条记录，存入对象 bk
    bk.borrow(readerNo);                          //调用成员函数修改借书标记字段
    iofile.seekp((bookNo - 1) * sizeof(Book));    //按照馆藏号定位到所写记录
    iofile.write(reinterpret_cast<const char *>(&bk), sizeof(Book));   //更新记录

    iofile.close();
}
```

还书函数的实现与借书函数的实现类似，如代码清单 14-16 所示。

代码清单 14-16　还书函数的实现

```
void returnBook()
{
    int bookNo;
    fstream iofile("book", ofstream::binary );
    Book bk;

    cout << "请输入书号：";
    cin >> bookNo ;

    iofile.seekg((bookNo - 1) * sizeof(Book));
    iofile.read(reinterpret_cast<char *> (&bk), sizeof(Book));

    bk.Return();                         //复位借书标记

    iofile.seekp((bookNo - 1) * sizeof(Book));
    iofile.write(reinterpret_cast<const char *>(&bk), sizeof(Book));

    iofile.close();
}
```

显示所有图书信息的程序非常简单，只要输出文件中的所有记录就可以了。具体的实现如代码清单 14-17 所示。

代码清单 14-17　显示书目信息的实现

```
void displayBook()
{
    ifstream infile("book", ofstream::binary);
    Book bk;

    infile.read(reinterpret_cast<char *> (&bk), sizeof(Book));

    while (!infile.eof()) {                        //按顺序读文件，直到结束
        bk.display();                              //显示当前书目信息的内容
        infile.read(reinterpret_cast<char *> (&bk), sizeof(Book));
    }
    infile.close();
}
```

14.5　*基于字符串的输入/输出

sstream 标准库支持内存中的输入/输出，即将 string 类的对象作为一个 ASCII 文件。string 是 C++ 提供的处理字符串的类。标准库定义了以下 3 种字符串流。

- istringstream：由 istream 派生而来，提供读 string 的功能。

- ostringstream：由 ostream 派生而来，提供写 string 的功能。
- stringstream：由 iostream 派生而来，提供读写 string 的功能。

要使用上述类，程序必须要包含 sstream 头文件。

由于这些类都是由 istream、ostream 和 iostream 派生而来的，这意味着 iostream 上的所有操作都适用于 sstream 中的类型。sstream 中的类型除了继承来的操作外，还定义了有一个 string 形式参数的构造函数，将形式参数与字符串流对象相关联。常用的成员函数有 str，用以读取或设置字符串流对象所操纵的 string。这些类的一个使用示例如代码清单 14-18 所示。

代码清单 14-18　字符串流使用示例

```
//文件名：14-18.cpp
#include <iostream>
#include <sstream>
#include <string>
using namespace std;

int main()
{
    string ch;
    ostringstream os(ch);          //或 ostringstream os;，定义一个字符串流类的对象
    int i;

    for (i = 0; i <= 20; ++i)      //将 1～20 写入 os
        os << i << ' ';
    cout << os.str();              //显示写入 os 的内容，为 1～20，数字间用空格分开
    cout << endl;

    istringstream is(os.str());    //用 os 对应的字符串初始化输入流 is

    while (is >> i)                //从输入流读数据，直到输入流结束
        cout << i << '\t';

    return 0;
}
```

14.6　编程规范及常见错误

在使用输入/输出操作时，初学者经常困惑到底什么时候用输入流，什么时候用输出流。记住，当要决定是用输入流还是输出流时，将自己立足于程序。如果数据是流入程序的某个变量，则应该用输入流。如果数据被流出程序，流到某个外部设备，则应该用输出流。

打开文件后检查打开是否成功是很有必要的。如果打开文件没有成功，程序后面出现的所有对该文件的操作都会出错，导致程序异常终止。

文件使用结束后关闭文件也是一个良好的程序设计习惯。对于输出文件或输入/输出文件，文件关闭时会将文件对应的缓冲区中的内容真正写入文件。如果没有正常关闭文件，可能会造成文件数据的不完整。

14.7　小结

输入/输出是程序中不可或缺的一部分。C++的输入/输出功能是以标准库的形式提供的。输入/输出操作分为控制台输入/输出、文件输入/输出以及字符串输入/输出。由于文件输入/输出和字符串

输入/输出类都是从控制台输入/输出类继承的，因此，控制台输入/输出操作都可用于文件和字符串。

本章总结了控制台输入/输出，并介绍了格式化的输入/输出，例如以八进制或十六进制输入/输出整型数。本章着重介绍了文件的概念及常用的操作。与控制台输入/输出相比，文件操作必须通过一个与文件相关联的文件流对象。ASCII 文件的读写与控制台的读写操作相同，二进制文件读写用 read 函数和 write 函数。本章还以图书馆系统为例，介绍了如何用 C++的流式文件实现记录的随机读写。

14.8　习题

一、简答题

1. 什么是打开文件？什么是关闭文件？为什么需要打开和关闭文件？

2. 为什么要检查文件打开是否成功？如何检查？

3. ASCII 文件和二进制文件有什么不同？

4. 既然程序运行结束时系统会关闭所有打开的文件，为什么程序中还需要用 close 关闭文件？

5. C++有哪 4 个预定义的流？

6. 什么时候用输入方式打开文件？什么时候应该用输出方式打开文件？什么时候该用 app 模式打开文件？

7. 各编写一条语句实现下列功能。

a. 使用流操纵符输出整数 100 的八进制、十进制和十六进制表示。

b. 以科学记数法显示实型数 123.4567。

c. 将整型数 a 输出到一个宽度为 6 的区域，空余部分用'$'填空。

d. 输出 char *的变量 ptr 中保存的地址。

e. 输出 double 型的变量 d，保留两位小数。

二、程序设计题

1. 编写一个文件复制程序 copyfile，要求在命令行界面中通过输入：

```
copyfile src_name obj_name
```

将名为 src_name 的文件复制到名为 obj_name 的文件中。

2. 编写一个文件追加程序 addfile，要求在命令行界面中通过输入：

```
addfile src_name obj_name
```

将名为 src_name 的文件追加到名为 obj_name 文件的后面。

3. 修改例 14.3，使之能实现图书预约功能。

4. 编写一个程序，输出数字 1～100 的平方和平方根。要求用格式化的输出，每个数字的域宽为 10，实数用 5 位精度右对齐显示。

5. 编写一个程序，输出所有英文字母（包括大小写）的 ASCII 值。要求对于每个字符，程序都要输出它对应的 ASCII 值的十进制、八进制和十六进制表示。

6. 利用第 10 章程序设计题的第 4 题中定义的 SavingAccount 类设计一个银行系统，要求该系统为用户提供开户、销户、存款、取款和查询余额的功能。账户信息存放在一个文件中，账号由系统自动生成，已销户的账号不能重复利用。

7. 文件 a 和文件 b 都是二进制文件，其中包含的都是一组按递增次序排列的整型数。编写一个程序，将文件 a、b 的内容归并到文件 c。在文件 c 中，数据仍按递增次序排列。

8. 假设文件 TXT 中包含一篇英文文章。编写一个程序，统计文件 TXT 中有多少行，有多少个单词，有多少个字符。假定文章中的标点符号只可能出现逗号或句号。

9. 编写一个程序，输入10个字符串（不包含空格），将其中最长字符串的长度作为输出域宽，按左对齐输出这组字符串。

10. 编写一个程序，用sizeof操作获取你的计算机上各种数据类型所占空间的大小，将结果写入文件size.data，直接显示该文件就能看到结果。例如，显示该文件的结果可能为：

```
char          1
int           4
long int      8
…
```

11. 编写一个程序，读入一个由英文单词组成的文件，统计每个单词在文件中出现的频率，并按字母顺序输出这些单词及出现的频率。假设单词与单词之间是用空格分开的。

12. 在图书馆系统中，为了方便读者迅速找到所需要的图书，通常程序员会建立一些称为**倒排文件**的辅助文件。例如，读者希望查找某个作者编写的图书可以建立一个作者的倒排文件，读者希望查找书名中包含某个单词的书可以建立一个书名中的关键词的倒排文件。如果在本章介绍的图书馆系统中建立一个书名关键词倒排文件，它的记录格式可以是：

关键词	一组包含此关键词的图书编号

例如：

```
computer    5  7  8  12  30
```

表示书目文件中馆藏号为5、7、8、12、30的图书书名中包含单词computer。当读者要查找某一方面的图书时，先在倒排文件中查到这些书的编号，再到书目文件中查看书的详细信息。

在图书馆系统中增加两个功能：为书目文件创建一个倒排文件及查找包含某个关键词的图书。假设图书馆中的图书都是英文的，倒排文件必须按关键词排序。

13. 书名中通常包含一些冠词、介词，这些单词对书目查询没有意义。试编写程序过滤掉这些词，这里可以在以上第12题创建倒排文件的功能中增加过滤冠词、介词的功能，即书名中的冠词、介词不在倒排文件中建立倒排项。

14. 编写一个程序，输入任意多个实型数存入文件，最后将这批数据的均值和方差也存入文件。

第 15 章 异常处理

在程序设计中，通常会设计出这样一些程序：在一般情况下，它不会出错，但在一些特殊的情况下，就不能正确运行了。例如，一个完成两个数除法的程序。用户从键盘输入两个数 a 和 b，输出 a/b 的结果。一般情况下，该程序执行是正确的，但当输入的 b 是 0 时，该程序就会异常终止。为了保证程序的健壮性，程序员需要对程序中可能出现的异常情况进行考虑，并给出相应的处理。例如，在除法程序中，当输入了 a 和 b 后，应该对 b 进行检查：如果 b 等于 0，则报错，否则给出除法的结果。这些情况称为**异常**。

15.1 传统的异常处理方法

传统的异常处理就像除法程序一样，在检测到错误时，就地解决。在这种处理方式中，错误处理代码分布于整个程序代码中，代码中可能出错的地方都要当场进行错误处理。这种做法的好处是：程序员阅读代码时能够直接看到错误处理情况，确定是否实现了正确的错误检查。它的缺点是：解决问题的主逻辑受到错误处理的“污染”，难以看出功能是否正确实现，使代码的理解和维护更加困难。而且在某些情况中，程序员并不知道如何处理这个异常。

15.2 异常处理机制

传统的异常处理方法不能满足大规模程序设计的要求。大规模程序的逻辑非常复杂，如果在其中再掺杂异常处理代码，程序会更难理解。另外，在大规模程序设计中，程序通常被分成了很多函数或自定义的类。写函数的程序员可以检测到函数运行时的错误，但通常并不知道应该如何处理这些错误。例如，把一个除法程序写成一个函数，当在函数中遇到了除数为 0 的情况，函数该如何处理呢？是退出整个程序，还是忽略这次除法让程序继续运行？函数本身很难决定，这取决于函数被用在什么场合。如果该除法运算是某个大型计算中的一个步骤，出现除零错误将会使整个计算无法进行下去，此时应该终止程序的运行。但是，如果调用该函数的是一个计算器软件，出现除零错误时，将忽略这次除法，请用户输入下一个计算请求。因此，如何处理这个错误必须由调用除法函数的函数来决定。C++异常处理的基本想法就是“踢皮球”，矛盾上交，让一个函数在发现自己无法处理的错误时抛出一个异常，希望它的（直接或间接）调用者能够处理这个问题。把异常检测和异常处理分开，将异常处理与解决问题的主逻辑分开，使解决问题的“主线条”更加清晰。

异常处理

基于这个思想，C++把异常处理工作分成了**异常抛出**以及**异常捕获和处理**两个部分。

15.2.1 异常抛出

异常抛出

如果程序发生了异常情况，而在当前的环境中获取不到异常处理的足够信息，此时可以创建一个包含出错信息的对象并将该对象抛出当前环境，将错误信息发送到更大的环境中，这一操作称为**异常抛出**。例如：

```
throw  myerror("something bad happened");
```

myerror 是一个自定义的类，它有一个以字符串为形式参数的构造函数。这条语句构建一个 myerror 类的对象并抛出，而：

```
throw 5;
```

则抛出了一个整型数。

异常抛出语句的一般形式如下：

```
throw <操作数>;
```

throw 指定一个操作数，throw 的操作数可以是任何类型。如果操作数是一个对象，则称为**异常对象**。throw 也可以抛出一个结果为任何类型的表达式，而不是抛出对象。

异常抛出时，会用 throw 后面的操作数初始化该类型的一个临时对象，跳出当前程序块。如果异常是由某个函数抛出的，它的处理类似于 return 的处理，会用 throw 后面的操作数初始化该类型的一个临时副本，传回调用该函数的程序。当前函数终止，函数中定义的局部变量被析构。

例 15.1 定义一个整数除法函数，当除数为 0 时，抛出一个用户定义的异常类对象，该对象能告诉用户发生了除零错误。当除数非 0 时，返回一个实型的除后结果。

按照题意，定义一个异常类。这个类一般只需要告诉用户出现了什么异常，因此需要一个数据成员记录出现的异常，需要一个成员函数告诉用户出现了什么异常。异常类的定义如代码清单 15-1 所示。

代码清单 15-1 异常类的定义

```
//类 DivideByZeroException 是用户定义的类，用于表示除零错误
class DivideByZeroException {
public:
    DivideByZeroException(): message( "attempted to divide by zero" ) { }
    const char *what() const { return message; }
private:
    const char *message;
};
```

当设计一个除法函数时，一旦检测到除数为 0，则抛出这个异常类的对象，否则返回 x/y 的结果。函数的实现如代码清单 15-2 所示。

代码清单 15-2 异常对象抛出的实例

```
//带有异常抛出的除法函数，发生异常时抛出一个事先定义的异常类对象
double div(int x, int y)
{
    if (y == 0)  throw  DivideByZeroException();
    return static_cast< double > (x) / y;
}
```

在代码清单 15-2 所示的函数中，如果 y 不等于 0，函数返回 x/y 的值。如果 y 等于 0，则执行：

```
throw  DivideByZeroException();
```

这条语句用默认构造函数生成了一个 DivideByZeroException 类的对象，并把这个对象返回给了调用它的函数，div 函数执行结束。

抛出的异常不一定是对象，可以是一个表达式。例如，代码清单 15-3 中的函数在检测到错误时，抛出一个整型数。

代码清单 15-3　抛出异常表达式

```
//带有异常抛出的除法函数，发生异常时抛出一个内置类型的值
int div(int x, int y)
{
    if (y == 0) throw y;
    return x / y;
}
```

15.2.2　异常捕获

异常捕获

一旦函数抛出了异常，控制权就回到了调用该函数的函数。调用者必须能捕获和处理这个异常。异常捕获机制使 C++可以把问题集中在一处解决。

某段程序如果可能会抛出异常，必须通知系统启动异常处理机制，这一操作是通过 try 语句块实现的。C++的异常捕获格式如下：

```
try{
    可能抛出异常的代码;
}
catch(类型 1  参数 1){ 处理该异常的代码; }
catch(类型 2  参数 2){ 处理该异常的代码; }
…
```

try 块中包含了可能抛出异常的代码。一旦抛出了异常，则退出 try 块，即跳过 try 块后面的语句，进入 try 后面的异常捕获和处理。如果 try 块没有抛出异常，则执行完 try 块的最后一个语句后，跳过所有的 catch 处理器，执行所有 catch 后的语句。

一个 catch 块是一个处理某种类型异常的异常处理器，它的形式如下：

```
catch (捕获的异常类型  参数) {
    异常处理代码;
}
```

catch 处理器定义了自己处理的异常范围。异常范围是按类型区分的。catch 在小括号中指定要捕获的异常类型以及参数。参数是所捕获的异常类型的一个对象，即 try 块中的某个语句抛出的对象。catch 处理器中的参数名是可选的。如果给出了参数名，则可以在异常处理代码中引用这个异常对象。如果没有指定参数名，只指定匹配抛出对象的类型，则信息不从抛出点传递到处理器中，只是把控制从抛出点转到处理器中。如果 try 块中的某个语句抛出了异常，则跳出 try 块，开始异常捕获。先将抛出的异常类型与第一个异常处理器捕获的类型相比较，如果可以匹配，则执行异常处理代码，然后转到所有 catch 后的语句继续执行。如果不匹配，则与下一个异常处理器比较，直到找到一个匹配的异常处理器。如果找遍了所有的异常处理器，都不匹配，则函数执行结束，并将该异常抛给调用它的函数，由调用它的函数来处理该异常。例如，有了 DivideByZeroException 这个异常类，可以写一个带有异常检测的除法程序，如代码清单 15-4 所示。

代码清单 15-4　带有异常检测的除法程序

```
int main()
{
    int number1, number2;
    double result;

    cout << "Enter two integers (end-of-file to end): ";
    while (cin >> number1 >> number2) {
        try {
            if (number2 == 0)  throw DivideByZeroException();
            result =  static_cast< double > (number1) / number2;
            cout << "The quotient is: " << result << endl;
        }
        catch (DivideByZeroException ex) {
```

```
            cout << "Exception occurred: " << ex.what()  << '\n';   }
        cout << "\nEnter two integers (end-of-file to end): ";
    }
    cout << endl;

    return 0;
}
```

代码清单 15-4 所示的程序重复下列过程：提示用户输入两个数，执行两个数的除法，输出结果。由于在执行除法时可能会遇到除数为 0 的情况，因此把执行除法并显示结果的那段程序放入了一个 try 块。当 number2 不等于 0 时，执行除法，并输出除的结果，退出 try 块。由于该 try 块没有抛出异常，因此跳过所有的 catch，执行 catch 后的语句，即显示提示信息，重新开始一次除法。如果遇到 number2 为 0 的情况，程序立即跳出 try 块，开始异常捕获，计算和显示除法结果的语句就不执行了。第一个异常处理器就是一个匹配的处理器，于是执行该处理器的处理代码，显示出错的内容，然后执行所有 catch 后的语句，即显示提示信息。由于该异常捕获时设置了对象的名称，因此在异常处理语句中可以用这个对象。这个程序的某次运行结果如下：

```
Enter two integers (end-of-file to end); 100 7
The quotient is: 14.2857
Enter two integers (end-of-file to end); 100  0
Exception occurred: attempted to divide by zero
Enter two integers (end-of-file to end); 33 9
The quotient is: 3.66667
Enter two integers {end-of-file to end}:^Z
```

此外，也可以把除法写成一个函数，如代码清单 15-2 所示。该函数只有抛出异常的语句，而没有异常捕获。当函数抛出异常时，程序将会回到调用它的函数，由调用它的函数来处理异常。抛出异常函数的应用如代码清单 15-5 所示。

代码清单 15-5　抛出异常函数的应用

```
int main()
{
    int number1, number2;
    double result;

    cout << "Enter two integers (end-of-file to end): ";
    while (cin >> number1 >> number2) {
        try { result = div(number1, number2);
            cout << "The quotient is: " << result << endl;
        }
        catch (DivideByZeroException ex) {
            cout << "Exception occurred: "  << ex.what() << '\n';   }
        cout << "\nEnter two integers (end-of-file to end): ";
    }
    cout << endl;

    return 0;
}
```

由于 div 函数可能抛出一个异常，因此 main 函数将它放在了一个 try 块中。一旦 div 函数抛出了异常，则会返回到 main 函数，而 main 函数会跳出 try 块，执行异常处理。这个程序的运行过程与代码清单 15-4 所示程序的运行过程完全一样。

异常捕获时也可以只捕获类型，而不指明该类型的对象。例如，对于代码清单 15-3 所示的函数，我们可以写一个应用它的 main 函数，如代码清单 15-6 所示。

代码清单 15-6　只捕获类型，不指明对象的实例

```
int main()
{
    try {
        cout << div(6, 3) << endl;
```

```
        cout << div(10, 0) << endl;
        cout << div(5, 2) << endl;
        }
    catch (int) { cout << "divide by zero" << endl; }
    cout << "It's Over" << endl;

    return 0;
}
```

代码清单 15-6 中的程序先执行 6/3，并显示除法的结果。然后执行 10/0，这时 div 函数会抛出一个整型的异常，函数执行结束，返回 main 函数，程序的控制转到 catch 语句。执行该异常处理语句后，输出 divide by zero，再继续执行 catch 后面的语句，即一条输出语句，显示 It's Over，程序执行结束。

如果 try 块中抛出的异常没有相应的异常处理器，则函数执行结束，将异常继续抛给调用该函数的函数。如果调用该函数的函数也没有对应于这个异常的异常处理器，则会将此异常再抛给调用它的函数。这样层层“踢皮球”，最终会将这个异常抛给 main 函数。如果 main 函数也没有对应的异常处理器，则会调用系统的 terminate 函数。该函数终止整个程序的执行，使这个程序的执行异常终止。

要使程序在任何情况下都能按照程序员设计的执行过程一步步走到程序的出口，程序员必须考虑到所有异常，并对每个异常进行处理。但有时程序员只需要对其中的某几个异常进行特殊处理，其他异常统一处理，此时可对所有统一处理的异常用一个特殊的异常捕获器 catch(…)。catch(…)会捕获任意类型的异常。例如，函数 fun 会抛出 A、B、C 3 类异常，但用户程序只对 B 类异常感兴趣，则此时可以用下列代码形式实现。

```
try {
    fun();
}
catch (B)
    { 处理异常 B 的代码; }
catch (…)
    { 对异常 A、C 的处理代码; }
```

注意：在安排异常处理器时，catch(…)必须作为最后一个异常处理器。在一个异常处理器内，如果希望继续抛出当前处理的异常，此时可以直接用 throw。

代码清单 15-7 所示的程序是 catch(…)和再抛出异常的一个简单应用。在代码清单 15-7 所示的程序中，main 函数用 i 等于 0、1、2 分别调用函数 fun2，函数 fun2 调用了函数 fun1。fun1 对参数 i 等于 0、1、2 分别抛出 A、B、C 3 类异常的对象。fun2 只对 C 类异常感兴趣，处理了 C 类异常，而把 A、B 两类异常继续抛给 main 函数。main 函数分别处理了 A、B 两类异常。程序执行的结果为：

```
main 函数输出 i = 0
main 函数输出 i = 1
fun2 函数输出 i > 1
```

如果去掉了 main 函数中的异常处理，main 函数收到异常时会调用 terminate 函数，整个程序会异常终止。

代码清单 15-7　catch(…)和再抛出异常实例

```
//文件名：15-7.cpp
//catch(…)和再抛出异常实例
#include <iostream>
using namespace std;

//定义异常类
class A {};
class B {};
```

```
class C {};

void fun1(int i);
void fun2(int i);

int main()
{
    for (int i = 0; i < 3; ++i)
    try { fun2(i);}
    catch (A) { cout << "main 函数输出 i = 0" << endl; }
    catch (B) { cout << "main 函数输出 i = 1" << endl; }

  return 0;
}

void fun1(int i)
{
    switch(i) {
        case 0: throw A();
        case 1: throw B();
        default: throw C();
    }
}

void fun2(int i)
{
    try { fun1(i); }
    catch (C) { cout << "fun2 函数输出 i > 1" << endl; }
    catch(…) { throw; }
}
```

异常处理机制可以将处理问题的主流程放在 try 块中，将主流程中出现的所有异常情况集中在一起处理，使程序的主线更加明确。代码清单 3-4 给出了一个可靠性较高的解一元二次方程的程序，该程序考虑了各种异常情况，但使得解一元二次方程的算法“淹没”在很多错误检测中。代码清单 15-8 给出了一个采用异常处理机制解一元二次方程的程序。

代码清单 15-8 采用异常处理机制解一元二次方程的程序

```
//文件名：15-8.cpp
#include <iostream>
#include <cmath>
using namespace std;

//异常类定义
class noRoot {};
class divByZero {};

double Sqrt(double x)
{  if (x < 0) throw noRoot();
   return sqrt(x);
}

double div(double x, double y)
{  if (y == 0) throw divByZero();
   return x / y;
}

int main()
{
    double a, b, c, x1, x2, dlt;

    cout << "请输入 3 个参数：" << endl;
```

```
    cin >> a >> b >> c;

    try {
        dlt = Sqrt(b * b - 4 * a * c);
        x1 = div(-b + dlt,  2 * a);
        x2 = div(-b - dlt,  2 * a);
        cout << "x1=" << x1 << "   x2=" << x2 << endl;
    }
    catch (noRoot) { cout << "无根" << endl; }
    catch (divByZero) { cout << "不是一元二次方程" << endl; }

    return 0;
}
```

在代码清单 15-8 所示的程序中，解决问题的过程集中在一个 try 块中，所有异常处理都在 try 块外，使算法主线非常清晰。

15.3　异常规格说明

调用一个函数可能会收到一个异常，如代码清单 15-6 所示。当调用一个函数时，程序员如何知道是否会收到异常，以及收到的是什么样的异常呢？这些可以通过异常规格说明来实现。

异常规格说明

当一个程序用到某一个函数时，先要声明该函数。函数声明的形式如下：

```
返回类型　函数名(形式参数表);
```

当这样声明一个函数时，表示这个函数可能抛出任何异常。通常程序员希望在调用函数时，知道该函数会抛出什么样的异常，这样可以对每个抛出的异常做相应的处理。C++允许在函数原型声明中指出函数可能抛出的异常。例如：

```
void f() throw(toobig,toosmall,divzero);
```

表示函数 f 会抛出 3 个异常类 toobig、toosmall、divzero 的对象。代码清单 15-9 给出了一个示例。

代码清单 15-9　抛出指定异常的函数示例

```
//文件名：15-9.cpp
#include <iostream>
using namespace  std;
class up{};
class down{};
void f(int i) throw(up, down);        //f 函数可能抛出两类异常：up 和 down

int main()
{
    for (int i = 1;i <= 3; ++i)
        try { f(i); }
        catch (up) { cout << "up catched" << endl; }
        catch (down) {cout << "down catched" << endl;}
    return 0;
}

void f(int i) throw(up,down)
{   switch(i) {
        case 1: throw up();
        case 2: throw down();
    }
}
```

在代码清单 15-9 所示的程序中，定义了两个异常类 up 和 down，并声明函数 f 会抛出这两类的异常。main 函数知道函数 f 会抛出这两个异常，因此把函数 f 的调用写在一个 try 块中，try 块的后面是这两个异常的处理器。这个程序对每种异常都进行了处理，因此可靠性比较高，不太可能出现异常终止。

如果一个函数把所有的问题都自己解决了，不需要抛出异常，则程序员可以在函数声明中用 throw 表示不抛出异常。例如：

```
void f() throw();
```

说明函数 f 不会抛出异常。

由于异常规格说明只是说明了这个函数可能会抛出哪些异常，而无法完整说明可能抛出的所有异常。例如，函数 A 调用了一个可能会抛异常的函数 B，但函数 B 没有声明会抛哪些异常，函数 A 也就没有对 B 抛出的异常执行任何处理。遇到函数 B 抛异常时，函数 A 只能继续往上抛。

既然在函数 A 的声明中无法声明所有可能抛出的异常，C++11 取消了函数声明中的异常规格声明，建议将可能抛出的异常通过注释说明。如果函数不会抛任何异常，则程序员在函数声明时需加关键字 noexcept。例如：

```
int f(double) noexcept;
```

说明 f 函数不会抛任何异常。

15.4 编程规范及常见错误

系统设计时必须考虑可能会出现哪些异常，以及如何处理这些异常。这是因为在系统实现后再加入异常处理是很困难的。

异常处理器由两个部分组成：异常捕获和异常处理。异常捕获是由 catch 实现的，每个 catch 捕获一类异常。对应的异常处理就是处理这类异常。在编写异常处理代码时比较常见的一个错误是在 catch 中指定多个异常类，例如 catch(A a, B b)。捕获多个异常，只能用 catch(…)。catch(…)必须作为最后一个异常捕获器。

15.5 小结

为了保证程序的正确性，程序中必须随时检测可能出现的错误。在传统的程序设计中，程序在检测到错误时会马上解决错误。这样使得解决问题的主逻辑和处理错误的逻辑混在一起，降低了程序的可读性和效率。特别是对那些发生概率很小的错误，建议用异常处理。当没有异常发生时，异常处理代码只会造成很小的损失，甚至没有性能的损失。

为此，C++提出了一种新的异常处理机制。C++的异常处理机制由 try、throw 和 catch 构成。try 用于启动异常捕获机制，把可能抛出异常的代码括在一个语句块中；异常的抛出用 throw 语句实现；try 块后面是一组异常处理器。如果 try 块中出现了某个异常，则忽略 try 块中后面的语句，跳出 try 块，将抛出的异常与异常处理器逐个比较，直到找到一个匹配的异常处理器，执行该异常处理器的语句。如果没有可供匹配的异常处理器，则函数终止，把该异常继续抛向其调用函数。

15.6 习题

一、简答题

1. 采用异常处理机制有什么优点？

2. 是不是每个函数都需要抛出异常?

3. 抛出一个异常一定会使程序终止吗?

4. 在哪种情况下，异常捕获时可以不指定异常类的对象名?

5. 为什么 catch(…)必须作为最后一个异常捕获器? 将它放在前面会出现什么问题?

6. 写出下面程序运行的结果。

```
class up
{
public:
    up() {  cout << "It is up" << endl; }
};
class down
{
public:
    down() { cout << "It is down" << endl; }
};
int f(int i) throw(up, down)
{
    switch(i) {
        case 1: throw up();
        case 2: throw down();
    default: return i;
    }
}
int main()
{
    for (int i = 1; i <= 3; i++) try { cout << f(i) << endl; }
        catch (up) { cout << "up catched" << endl; }
        catch (down) {cout << "down catched" << endl; }

    return 0;
}
```

二、程序设计题

1. 修改第 11 章中的 DoubleArray 类，使之在下标越界时抛出一个异常。

2. 编写一个安全的整型类，要求可以处理整型数的所有操作，且当整型数操作结果溢出时，抛出一个异常。

3. 修改第 11 章程序设计题中实现的 string 类的取子字符串函数，当出现所取的子字符串范围不合法时抛出一个异常。

4. 修改第 13 章中的栈类，出栈时发现栈为空，则抛出一个异常。

第 16 章 *容器和迭代器

容器和迭代器是 C++中的重要概念。容器是保存和处理一组有某种关系的同类数据的类型。迭代器是一个抽象指针，它指向容器中的某个元素；通过迭代器可以访问容器中的某个元素。

容器和迭代器是学习数据结构的基础。数据结构研究的是处理有某种关系的同类数据的技术。数据结构的实现通常要用到容器和迭代器的概念。

16.1 容器

容器是特定类型对象的集合，是为了保存一组类型相同且有某种关系的对象而设计的类。容器一般需要提供插入对象、删除对象、查找某一个对象以及按对象之间的某种关系访问容器中的所有对象等功能。

一旦定义了一个保存对象的容器，用户可以使用容器提供的插入操作将对象放入容器，用删除操作将对象从容器中删除，而不必关心容器中的对象是如何保存的、对象之间的关系又是如何保存的、插入是如何实现的、删除又是如何实现的。这样将会给需要处理一组同类对象的用户带来极大的便利。

容器可以存放各种同类型的对象,例如可以存放一组整型对象，也可以存放一组实型对象，还可以存放一组自定义类型的对象。不管容器存放的是什么类型的对象，它们的操作都是类似的。因此，容器通常都被设计成一个类模板，模板参数是容器中的元素类型。

16.2 迭代器

容器可以用多种方法实现。数组是容器的一种实现方法，链表也是容器的一种实现方法。当要访问容器中的某一对象时，程序必须有一种方式标识该对象。如果用一个数组保存对象，则程序可用数组的下标标识正在访问的元素，也可以用指向数组元素的指针来表示。当用链表保存对象时，程序可以用一个指向某一结点的指针来标识链表中的某个元素。但容器是抽象的，它保存对象的方法对于用户来说是不可见的，因而用户无法知道该如何标识容器中的某一对象。为此，通常为每种容器定义一个相应的表示其中对象位置的类型，称为**迭代器**。迭代器对象相当于指向容器中对象的指针。迭代器对象“穿行”于容器，返回容器中与当前指向对象有关系的对象位置或对指向的对象执行某种操作。有了迭代器，可以进一步隐藏数据的存储方式。

事实上，我们可以把迭代器看成一种抽象的指针。因此，迭代器的常用操作与指针的常用操作类似，包括给迭代器对象赋值、迭代器对象的比较、让迭代器移到与当前对象有关系的某个对象、访问迭代器指向的对象，以及判断迭代器指向的对象是否存在（即是否为空指针）等。

16.3 容器和迭代器的设计示例

本节分别以一个用数组实现的顺序容器和一个用链表实现的顺序容器的设计为例，说明容器和迭代器的设计。顺序容器是指容器中的对象之间具有线性关系，可以排成一个序列 $a_0a_1a_2\cdots\cdots a_{n-1}$。容器需要具备的功能如下。

容器迭代设计要求

- 将一个元素插入容器尾。
- 在迭代器指出的位置插入一个元素，迭代器指向新插入元素。
- 删除迭代器指出位置的元素，迭代器指向被删元素的下一个元素。
- 返回指向第一个元素的迭代器。
- 返回指向表尾的迭代器。

迭代器包括的常规操作如下。

- 设置迭代器的值。
- 访问迭代器指向的对象。
- 让迭代器指向下一个对象。
- 迭代器对象的不等于比较。

基于数组的顺序容器（1）

16.3.1 用数组实现的顺序容器

用数组实现顺序容器时，可以将容器中的对象依次存放在数组中。除了必备功能之外，这种容器由于是用数组实现，可以很容易地重载下标运算符，因此添加了下标运算符重载。由于采用数组存储会存在数组空间用完的问题，因此当数组不够大时，容器自动扩展数组。

设计这样一个容器，程序需要设计两个类：容器类和迭代器类。由于迭代器类是对应的容器专用的，因此我们容器类的用户可将迭代器类设计成容器类的公有内嵌类。可以通过：

```
容器类名::迭代器类名 对象名;
```

定义迭代器类的对象。

容器的每个行为对应一个公有的成员函数。由于两个插入行为都可能引起数组空间的扩展，因此，我们可设计一个扩展数组空间的函数作为容器类的私有成员函数。容器中的元素位置可以用数组的下标表示，也可以用指向数组元素的指针表示。由于指向数组元素的指针可以完成迭代器指定的所有功能，因此直接将指向数组元素的指针命名为迭代器。容器和迭代器类的定义及成员函数的实现如代码清单 16-1 所示，容器的使用如代码清单 16-2 所示。

代码清单 16-1 用数组实现的顺序容器类定义

```
template <class T>
class seqList {
private:
    int size;                                         //数组规模
    int current_size;                                 //容器中的对象个数
    T *storage;                                       //数组的起始地址
    void doubleSpace();                               //将数组容量扩大一倍

public:
    seqList(int s = 10):size(s), current_size(0)  { storage = new T[size]; }
   ~seqList() {delete [] storage;}
```

```
    void push_back(const T &x)
    {
        if (size == current_size) doubleSpace();
            storage[current_size++] = x;
    }

    T &operator[](int i) { return storage[i]; }     //下标运算符重载

    typedef T * Itr;                                 //迭代器定义

    Itr begin() { return storage; }                  //返回指向第一个对象的迭代器
    Itr end() { return storage + current_size; }    //返回指向表尾的迭代器
    void insert(Itr &p, const T &x) ;               //在迭代器指定的位置上插入对象
    void erase(const Itr &p);                        //删除迭代器指定的位置上的对象
};

template <class T>
void seqList<T>::doubleSpace()
{
    T *tmp = storage;

    size *= 2;
    storage = new T[size];
    for (int i = 0; i < current_size; ++i)
        storage[i] = tmp[i];
    delete [] tmp;
}

template <class T>
void seqList<T>::insert(Itr &p, const T &x)
{
    T *q;

    if (size == current_size) {
        int offset = p - storage;
        doubleSpace();
        p = storage + offset;         //迭代器指回新空间中的相应对象
    }

    for  (q = storage + current_size; q > p; --q) //后移一个位置
        *q = * (q-1);
    *p = x;
    ++current_size;
}

template <class T>
void seqList<T>::erase(const Itr &p)
{
    T *q ;

    --current_size;
    for  (q = p; q < storage + current_size; ++q)
        *q = * (q+1);
}
```

基于数组的顺序容器（2）

代码清单 16-2 seqList 类的使用

```
//文件名: 16-2.cpp
int main()
{
    seqList<int>  sq(10);          //定义一个存放整型对象的顺序容器，初始容量为 10 个对象
```

```
    seqList<int>::Itr itr1;  //定义一个对应的迭代器类的对象

    for (int i = 0; i < 10; ++i)
       sq.push_back(2 * i + 1);

    cout << "用下标运算符输出:\n";
    for (int i = 0; i < 10;  ++i)
       cout << sq[i] << '\t';

    cout << "用迭代器输出:\n";
    for (itr1 = sq.begin(); itr1 != sq.end();  ++itr1)
       cout << *itr1 << '\t';

    //插入 0,2,4,6,8,10,12,14,16,18
    for (itr1 = sq.begin(), i = 0 ; i < 20; ++itr1, ++itr1, i += 2)
       sq.insert(itr1, i);

    cout << "插入 0,2,4,6,8,10,12,14,16,18 后:\n";
    for (itr1 = sq.begin() ; itr1 != sq.end();  ++itr1)
       cout << *itr1 << '\t';

    //删除 0,2,4,6,8,10,12,14,16,18
    for (itr1 = sq.begin(); itr1 != sq.end(); ++itr1)
       sq.erase(itr1);

    cout << "删除 0,2,4,6,8,10,12,14,16,18 后:\n";
    for (itr1 = sq.begin() ; itr1 != sq.end();  ++itr1)
       cout << *itr1 << '\t';

    return 0;
}
```

代码清单 16-2 所示的程序首先将 1、3、5……19 依次插入容器，然后分别用下标运算符和迭代器输出容器中的所有对象，得到的输出结果如下：

```
用下标运算符输出:
1 3 5 7 9 11 13 15 17 19
用迭代器输出:
1 3 5 7 9 11 13 15 17 19
```

这两种方式输出的结果是相同的。

接下来测试用迭代器指定位置的插入。这里的循环是让迭代器依次指向 1、3、5……，然后在当前位置上插入 0、2、4……由于容器的初始大小是 10，因此插入时自动扩展了数组的空间。插入后容器中的内容为：

```
0 1 2 3 4 5 6 7 8 9 10 11 12 13 14 15 16 17 18 19
```

最后，测试删除功能。此时依次让迭代器指向 0、2、4……，然后删除迭代器指向的对象。删除后，容器中又只剩下 1 3 5 7 9 11 13 15 17 19。

基于链表的顺序容器（1）

16.3.2 用双链表实现的顺序容器

顺序容器也可以用双链表实现，容器的每个元素存放在双链表的一个结点中。双链表通常带有头尾结点，头尾结点是不存储数据的。图 16-1 所示是一个双链表的示意图。

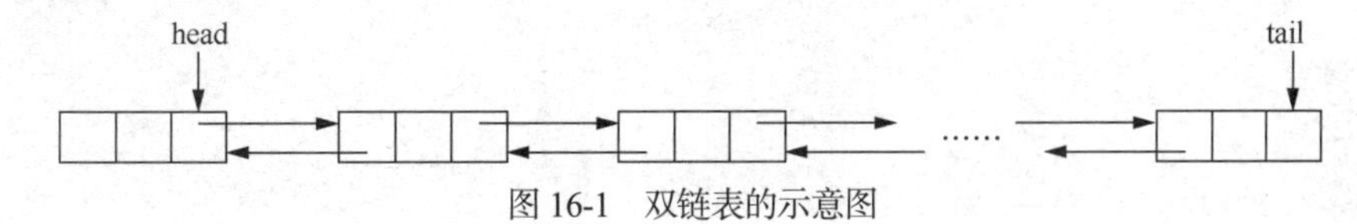

图 16-1 双链表的示意图

双链表中的每一个元素存储在一个结点中，因此需要一个结点类。结点类是链表专用的，链表类的用户无须知道有这样的一个类型存在，因此，结点类可设计成链表类的内嵌类，并且是私有的。与容器相关的还有一个迭代器。迭代器也是容器专用的，也可以设计成链表的内嵌类。但容器的用户需要使用迭代器访问容器中的对象，因此迭代器类被设计成公有的内嵌类。保存双链表需要保存一个指向头结点的指针和一个指向尾结点的指针，所以容器有两个数据成员。双链表中表示一个元素的位置可以用指向结点的指针表示，所以迭代器的数据成员是指向结点的指针。双链表和相应的迭代器的所有操作都涉及结点中的成员，为方便起见，我们把结点类的所有成员都设计成公有的，即把结点类定义成结构体。双链表的许多操作也必须访问迭代器的成员，为此将双链表类设计成迭代器类的约束友元。按照这个思想设计的容器如代码清单 16-3 所示，该类的一个使用示例如代码清单 16-4 所示。

基于链表的顺序容器（2）

代码清单 16-3　用双链表实现的顺序容器类的定义

```
template <class elemType>
class linkList {
private:
    struct Node {              // 结点类的定义
        elemType  data;
        Node  *prev, *next;

        Node(const elemType &x, Node *P = NULL, Node  *N = NULL)
           :data(x), prev(P), next(N) {}
        Node():prev(NULL), next(NULL) {}
    };

    Node  *head, *tail;

public:
linkList()
{
    head = new Node;
    head->next = tail = new Node;
    tail->prev = head;
 }
~linkList()
{
    Node  *p = head, *q;

    while (p != NULL) {
      q = p->next;
      delete p;
      p = q;
    }
}

void push_back(const elemType &x)
{
    Node *p = new Node(x, tail->prev, tail);
    tail->prev->next = p;
    tail->prev = p;
}

class Itr {
    Node  *current;    // 指向当前对象的位置
public:
    Itr(Node *p = NULL) { current = p; }
    const elemType &operator* () const { return current->data; }
    Itr& operator++() { current = current->next; return *this; }
    bool operator!=(const Itr &p) const
```

```
        { return p.current != current; }

        friend class linkList<elemType>;
    };

    void insert(Itr &p, const elemType &x)
    {
        Node *tmp = new Node (x, p.current->prev, p.current);
        p.current->prev->next = tmp;
        p.current->prev = tmp;
        p.current = tmp;
    }

    void erase(Itr &p)
    {
        Node  *q = p.current;
        q->prev->next = q->next;
        q->next->prev = q->prev;
        p.current = q->next;
        delete q;
    }

    Itr begin() { return Itr(head->next); }
    Itr end() { return Itr(tail); }
    };
```

代码清单 16-4　linkList 类的使用

```
int main()
{
    linkList<int>  sq;          //定义一个存放整型对象的顺序容器，初始容量为 10 个对象
    linkList<int>::Itr  itr1;//定义一个对应的迭代器类的对象
    int i;

    for (i = 0; i < 10; ++i) sq.push_back(2 * i + 1);

    cout << "用迭代器输出:\n";
    for (itr1 = sq.begin(); itr1 != sq.end();  ++itr1)
       cout << *itr1 << '\t';

    //插入 0,2,4,6,8,10,12,14,16,18
    for (itr1 = sq.begin(), i = 0; i < 20; ++itr1, ++itr1, i += 2)
       sq.insert(itr1, i);

    cout << "插入 0,2,4,6,8,10,12,14,16,18 后:\n";
    for (itr1 = sq.begin(); itr1 != sq.end();  ++itr1)
       cout << *itr1 << '\t';

    //删除 0,2,4,6,8,10,12,14,16,18
    for (itr1 = sq.begin(); itr1 != sq.end(); ++itr1)
       sq.erase(itr1);

    cout << "删除 0,2,4,6,8,10,12,14,16,18 后:\n";
    for (itr1 = sq.begin() ; itr1 != sq.end();  ++itr1)
       cout << *itr1 << '\t';

    return 0;
}
```

观察代码清单 16-2 和代码清单 16-4，发现除了定义容器和迭代器类对象时的类名不一样之外，其他操作完全相同。也就是说，完全封装了容器和迭代器的实现。程序的输出结果如下：

```
用迭代器输出:
```

```
1 3 5 7 9 11 13 15 17 19
插入 0,2,4,6,8,10,12,14,16,18 后:
0 1 2 3 4 5 6 7 8 9 10 11 12 13 14 15 16 17 18 19
删除 0,2,4,6,8,10,12,14,16,18 后:
1 3 5 7 9 11 13 15 17 19
```

16.4 小结

容器用于存放一组对象。用户不必关心容器是如何保存这组数据的，只需要通过容器提供的工具访问容器中的对象。有了容器这个工具，可以进一步减少程序员在处理具有某种关系的批量数据时的编程工作量和编程难度。

迭代器相当于一个抽象的指针，指向容器中的对象。迭代器可以在容器中移动，用户可以通过迭代器访问容器中的对象。

容器和迭代器是 C++实现各种数据结构的主要手段。

16.5 习题

一、简答题

1. 什么是容器？什么是迭代器？
2. 为什么通常都将迭代器类设计成容器类的公有内嵌类？这样设计有什么好处？
3. linkList 类中的结点类为什么用 struct 定义？这种定义方式是否安全？

二、程序设计题

1. 在 linkList 类中增加一个删除容器中一部分对象的成员函数 erase，要求该函数有两个迭代器对象的参数 itr1 和 itr2，删除[itr1,itr2]之间的所有对象。
2. 为 linkList 类重载==运算符。
3. 为 seqList 类重载赋值运算符，使之实现两个容器的赋值。
4. 为 linkList 类和 seqList 类增加一个查找功能，查找某一元素在容器中是否存在。如果存在，返回指向该元素的迭代器对象。如果不存在，抛出一个异常。
5. seqList 类有一个问题。如果对应某一容器有多个迭代器类对象，在执行 doubleSpace 后，这些迭代器都会指向无效的空间。是否可以用数组的下标作为迭代器的数据成员？如果可以，请实现相应的容器和迭代器类。
6. 在 seqList 和 linkList 的迭代器类中增加一个操作，即将迭代器移到前一个元素。